Finanzmarktökonometrie

Wirtschaftswissenschaftliche Beiträge

Informationen über die Bände 1–110 sendet Ihnen auf Anfrage gerne der Verlag.

Band 111: G. Georgi, Job Shop Scheduling in der Produktion, 1995, ISBN 3-7908-0833-4

Band 112: V. Kaltefleiter, Die Entwicklungshilfe der Europäischen Union, 1995, ISBN 3-7908-0838-5

Band 113: B. Wieland, Telekommunikation und vertikale Integration, 1995, ISBN 3-7908-0849-0

Band 114: D. Lucke, Monetäre Strategien zur Stabilisierung der Weltwirtschaft, 1995, ISBN 3-7908-0856-3

Band 115: F. Merz, DAX-Future-Arbitrage, 1995, ISBN 3-7908-0859-8

Band 116: T. Köpke, Die Optionsbewertung an der Deutschen Terminbörse, 1995, ISBN 3-7908-0870-9

Band 117: F. Heinemann, Rationalisierbare Erwartungen, 1995, ISBN 3-7908-0888-1

Band 118: J. Windsperger, Transaktionskostenansatz der Entstehung der Unternehmensorganisation, 1996, ISBN 3-7908-0891-1

Band 119: M. Carlberg, Deutsche Vereinigung, Kapitalbildung und Beschäftigung, 1996, ISBN 3-7908-0896-2

Band 120: U. Rolf, Fiskalpolitik in der Europäischen Währungsunion, 1996, ISBN 3-7908-0898-9

Band 121: M. Pfaffermayr, Direktinvestitionen im Ausland, 1996, ISBN 3-7908-0908-X

Band 122: A. Lindner, Ausbildungsinvestitionen in einfachen gesamtwirtschaftlichen Modellen, 1996, ISBN 3-7908-0912-8

Band 123: H. Behrendt, Wirkungsanalyse von Technologie- und Gründerzentren in Westdeutschland, 1996, ISBN 3-7908-0918-7

Band 124: R. Neck (Hrsg.) Wirtschaftswissenschaftliche Forschung für die neunziger Jahre, 1996, ISBN 3-7908-0919-5

Band 125: G. Bol, G. Nakhaeizadeh/ K.-H. Vollmer (Hrsg.) Finanzmarktanalyse und -prognose mit innovativen quantitativen Verfahren, 1996, ISBN 3-7908-0925-X

Band 126: R. Eisenberger, Ein Kapitalmarktmodell unter Ambiguität, 1996, ISBN 3-7908-0937-3

Band 127: M. J. Theurillat, Der Schweizer Aktienmarkt, 1996, ISBN 3-7908-0941-1

Band 128: T. Lauer, Die Dynamik von Konsumgütermärkten, 1996, ISBN 3-7908-0948-9

Band 129: M. Wendel, Spieler oder Spekulanten, 1996, ISBN 3-7908-0950-0

Band 130: R. Olliges, Abbildung von Diffusionsprozessen, 1996, ISBN 3-7908-0954-3

Band 131: B. Wilmes, Deutschland und Japan im globalen Wettbewerb, 1996, ISBN 3-7908-0961-6

Band 132: A. Sell, Finanzwirtschaftliche Aspekte der Inflation, 1997, ISBN 3-7908-0973-X

Band 133: M. Streich, Internationale Werbeplanung, 1997, ISBN-3-7908-0980-2

Band 134: K. Edel, K.-A. Schäffer, W. Stier (Hrsg.) Analyse saisonaler Zeitreihen, 1997, ISBN 3-7908-0981-0

Band 135: B. Heer, Umwelt, Bevölkerungsdruck und Wirtschaftswachstum in den Entwicklungsländern, 1997, ISBN 3-7908-0987-X

Band 136: Th. Christiaans, Learning by Doing in offenen Volkswirtschaften, 1997, ISBN 3-7908-0990-X

Band 137: A. Wagener, Internationaler Steuerwettbewerb mit Kapitalsteuern, 1997, ISBN 3-7908-0993-4

Band 138: P. Zweifel et al., Elektrizitätstarife und Stromverbrauch im Haushalt, 1997, ISBN 3-7908-0994-2

Band 139: M. Wildi, Schätzung, Diagnose und Prognose nicht-linearer SETAR-Modelle, 1997, ISBN 3-7908-1006-1

Fortsetzung auf Seite 340

Hermann Singer

Finanzmarktökonometrie

Zeitstetige Systeme und ihre Anwendung in Ökonometrie und empirischer Kapitalmarktforschung

Mit 159 Abbildungen
und 42 Tabellen

Physica-Verlag
Ein Unternehmen
des Springer-Verlags

Reihenherausgeber
Werner A. Müller

Autor
Dr. habil. Hermann Singer
Wirtschaftswissenschaftliche Fakultät
Universität Regensburg
Universitätsstr. 31
D-93040 Regensburg

Als Habilitationsschrift auf Empfehlung der wirtschaftswissenschaftlichen Fakultät der Universität Regensburg gedruckt mit Unterstützung der Deutschen Forschungsgemeinschaft

ISBN 3-7908-1204-8 Physica-Verlag Heidelberg

Die Deutsche Bibliothek – CIP-Einheitsaufnahme
Singer, Hermann: Finanzmarktökonometrie: Zeitstetige Systeme und ihre Anwendung in Ökonometrie und empirischer Kapitalmarktforschung / Hermann Singer. – Berlin; Heidelberg: Physica-Verl., 1999
(Wirtschaftswissenschaftliche Beiträge; Bd. 171)
ISBN 3-7908-1204-8

Umschlaggestaltung: Erich Kirchner, Heidelberg

SPIN 10720775 88/2202-5 4 3 2 1 0 – Gedruckt auf säurefreiem und alterungsbeständigem Papier

Vorwort

Differentialgleichungen dienen in der Physik als grundlegende Modelle der zeitlichen Veränderung von Systemen. Dabei wird der Meinung Rechnung getragen, daß die Zeit ein kontinuierliches Phänomen ist. In ähnlicher Weise sind theoretische Modelle der Volkswirtschaftslehre und der Soziologie oft in stetiger Zeit formuliert. Andererseits sind Meßdaten aus praktischen Gründen meistens nur als Zeitreihen oder Paneldaten mit Meßabständen von Tagen, Monaten, Quartalen etc. erhältlich. Dies führte in der empirischen Forschung zu einer starken Dominanz zeitdiskreter Modelle, wobei der genaue Zusammenhang zwischen stetiger Theorie und diskreter Empirie ungeklärt bleibt. Seit den fünfziger Jahren sind im Rahmen der Ökonometrie und Soziologie immer wieder Anstrengungen zu verzeichnen, aus den theoretischen Gleichungen exakte Diskretisierungen abzuleiten und diese empirisch zu überprüfen. Dieser Tradition ist die vorliegende Arbeit verpflichtet.

Mein besonderer Dank richtet sich an Herrn Prof. Dr. Alfred Hamerle vom Lehrstuhl für Statistik der Universität Regensburg für seine Unterstützung dieses Forschungsansatzes. Ohne sein stetiges Interesse und großzügiges langjähriges Engagement wäre diese Arbeit nicht entstanden.

Herrn Prof. Dr. Walter Oberhofer vom Lehrstuhl für Ökonometrie danke ich für die Bereitschaft, sich als Gutachter zur Verfügung zu stellen. Seine sorgfältige Lektüre des Manuskripts und wertvolle Hinweise ermöglichten mir eine klarere Darstellung vieler Sachverhalte.

Mein herzlicher Dank gilt Herrn akad. Oberrat Dr. Willi Nagl (Universität Konstanz), dem ich unzählige hilfreiche Hinweise und Diskussionen verdanke. Das von ihm und Prof. Hamerle initiierte und geleitete DFG-Projekt *Zeitstetige Panelmodelle* (1989 – 1993) bildete die Grundlage dieser Arbeit.

Ich danke dem Lehrstuhl für Statistik, in konkreter Ausformung Marietta Dostert, Dr. Ulrich Hornsteiner, Michael Knapp, Birgit Ott, Renate Meier-Reusch, Dr. Daniel Rösch, Wolfgang Schneeberger, Rita Spatz und Dr. Martin Spieß, für die freundliche Unterstützung.

Mein Dank gilt auch Frau Dr. Martina Bihn und dem Physica-Verlag für die Bereitschaft, das Manuskript, welches in leicht modifizierter Form als Habilitationsschrift an der wirtschaftswissenschaftlichen Fakultät der Universität Regensburg angenommen wurde, in ihr Verlagsprogramm aufzunehmen. Das kamerafertige Manuskript wurde vom Autor mit Hilfe von LaTeX als Postscript-Datei erstellt und mit einem 1200 dpi-Laserdrucker ausgegeben.

Die Deutsche Forschungsgemeinschaft hat die Drucklegung mit einer großzügigen Druckbeihilfe unterstützt. Dafür danke ich besonders.

Zum Abschluß der Arbeit möchte ich meiner Frau Sabine für Ihre Unterstützung, Geduld und Ihren guten Zuspruch danken, die mir über manches Tief hinweghalfen. Ihr verdanke ich mehr, als ich sagen kann.

Regensburg, im November 1998 Hermann Singer

Inhaltsverzeichnis

1. Zeitstetige Modellierung

Wirft man einen Blick in theoretische Abhandlungen der Volkswirtschaftslehre oder Soziologie, so sind im Rahmen dynamischer Modellierung häufig (deterministische) Differentialgleichungsmodelle anzutreffen, bei denen die Zeitvariable als kontinuierlich angesehen wird (physikalische Zeit, vgl. Koopmans, 1950, Coleman, 1968, Blalock, 1969). Auf der anderen Seite werden ökonometrische Schätzverfahren für die unbekannten strukturellen Parameter dynamischer Systeme aufgrund der verfügbaren Daten meistens in diskreter Zeit, d.h. als Zeitreihen- oder Panelmodelle, formuliert. Auf den ersten Blick scheint hierbei kein Problem zu bestehen, da ja Differenzen- und Differentialgleichungen völlig analog definiert werden können. Solange die Zeitabstände Δt der Messungen klein sind oder das betrachtete System tatsächlich eine diskrete Dynamik aufweist, ist gegen eine diskrete Modellierung kein Einwand zu erheben. Anders ist die Situation, wenn große Meßintervalle vorliegen, wie dies bei ökonomischen Zeitreihen und Panelstudien meistens der Fall ist. Intervalle von einem Vierteljahr bis hin zu mehreren Jahren sind hier keine Seltenheit. Selbst wenn das betrachtete System, beispielsweise eine Volkswirtschaft, in Wahrheit eine diskrete Dynamik aufweist, ist nicht einzusehen, warum diese gerade zwischen den mehr oder weniger willkürlich gewählten Meßzeitpunkten formuliert werden soll. Ähnlich sind die Verhältnisse bei Bewegungsmassen (flows), die über einen bestimmten Zeitraum kumuliert werden: auch hier sind die Kumulationsintervalle (etwa 1 Jahr beim Bruttoinlandsprodukt) konventionell vorgegeben.

Diese Überlegungen führen zu der Forderung, daß im Rahmen dynamischer Formulierungen zwei Zeitskalen unterschieden werden müssen:

- Ein *dynamisch relevantes* Zeitintervall δt
- Ein *Meßintervall* Δt

wobei das Meßintervall im allgemeinen größer sein wird als das dynamische Intervall. Differentialgleichungsmodelle nehmen im Rahmen dieses Ansatzes gewissermaßen eine Extremposition ein, da hier sehr kleine δt betrachtet werden, im Grenzfall sogar von infinitesimaler Ordnung. Dies hat den Vorzug, daß das dynamisch relevante Intervall in seiner Größe gar nicht bestimmt werden muß. Selbst wenn sich das betrachtete Phänomen aus diskreten Ereignissen zusammensetzt (etwa Vertragsabschlüsse oder Verkäufe etc.), so kann doch bei genügend dichter Abfolge von solchen Ereignissen ein stetiges Modell eine gute Approximation darstellen.

Konventionelle Zeitreihenmodelle nehmen eine andere Extremposition ein, indem sie δt und Δt gleichsetzen. Dynamische Strukturen, die einfach und linear auf ihrer eigenen Zeitebene sind, können jedoch durch fortgesetzte Kumulation über das Meßintervall kompliziert und nichtlinear werden. Diese verwickelten Restriktionen lassen sich aber im Rahmen eines nur für die Meßzeitpunkte formulierten dynamischen Modells gar nicht thematisieren. Erst die Trennung der Zeitebenen erlaubt es, die Dynamik angemessen zu formulieren und von der weitgehend willkürlichen Messung zu abstrahieren. Dieser Schritt muß in den Wirtschafts- und Sozialwissenschaften partiell noch gegangen werden.

Tatsächlich wurden verwandte Argumente seit vielen Jahrzehnten immer wieder vorgebracht (vgl. Bartlett, 1946, Koopmans, 1950, A.W. Phillips, 1959, Bergstrom, 1976, 1988, 1990, Coleman 1968, P.C.B. Phillips, 1976b).

Phillips (1976b) schreibt z.B.:

> Many macroeconomic models are now constructed in a form in which time is considered as a continuous variable. This form is intuitively appealing because the actual movements of economic variables, as distinct from the observations of them, are dependent on the continuous passage of time...Differential equation models are currently used to explain various economic phenomena; for example trade cycles in macroeconomic theory. They also have the advantage of prescribing a continuous time path for each variable in the model. This latter property is useful for purposes of *prediction* when we may be interested in estimating the value at any point in time. (Heraushebung H.S.)

Bartlett (1946) argumentiert folgendermaßen:

> It will have been apparent that the discrete nature of our observations in many economic and other time series does not reflect any lack of continuity in the underlying series. Thus theoretically it should often prove more fundamental to eliminate this imposed artificiality. *An unemployment index does not cease to exist between readings, nor does Yule's pendulum cease to swing.* (Heraushebung H.S.)

Der Hinweis auf das Yulesche Pendel aus der klassischen Arbeit (Yule, 1927) verweist auf die Theoriebildung in der Physik, wo es undenkbar ist, die willkürlich erzeugte Meßbarkeit eines Sachverhalts zur Grundlage der Systemdynamik zu machen. Auch wenn Messungen nur alle fünf Minuten oder gar nicht erfolgen, wird sich das Pendel nicht ruckartig bewegen oder gar stehenbleiben und die Bewegungsgleichung wird nicht zwischen diesen Zeitpunkten modelliert. In der Tat zeigt sich, daß die aus den differentiellen Bewegungsgesetzen abgeleiteten diskreten Gleichungen (sogenannte *exakte diskrete Modelle*) äußerst kompliziert sind und sich bestimmte einfache strukturelle Restriktionen nicht übertragen. Arbeitet man nur auf der Ebene der

Zeitreihe (Δt), so spiegelt sich die Vernachlässigung der wahren Restriktionen in Fehlspezifikation, größeren Schätzfehlern der Parameter und größeren Prognosefehlern wider (vgl. Kap. 6.1).

Wenn also in der Physik und Ingenieurwissenschaft die Theoriebildung auf der Systemebene ($\delta t \to 0$) erfolgt und die Wirtschafts- und Sozialwissenschaft traditionell der Physik nachgebildet wurde (man vergleiche den Titel *Physique Sociale* des Standardwerks von von Quêtelet (1835) [1]), so bleibt zu fragen, warum das zeitstetige Paradigma nicht unbedingt zum 'mainstream' der Ökonometrie zählt. Beispielsweise wird in dem immerhin über 800-seitigen Lehrbuch von Greene (1993) der Ansatz gar nicht erwähnt.

Die Gründe hierfür sind vielfältiger Natur. Ein Hauptgrund mag darin bestehen, daß zur Schätzung zeitstetiger Modelle mit diskreten Messungen spezielle Software erforderlich ist, die in den üblichen Statistikpaketen nicht enthalten ist. Versuche, konventionelle Zeitreihen- und Strukturgleichungs-Software (z.B. LISREL, Jöreskog u. Sörbom, 1988) zu nutzen, sind gescheitert, da die erforderlichen Restriktionen nicht implementiert werden können bzw. unlösbare Identifikationsprobleme bei voller, unrestringierter Parametrisierung entstehen (zur Kritik dieser 'indirekten' Ansätze vgl. Hamerle, Nagl und Singer, 1991). Bergstrom (1990, S. 3) vermutet die Gründe

> ...in the technical difficulty of developing methods for the efficient estimation of complex continuous time models from discrete data, the intellectual effort required for understanding these methods, and the computing power required for their implementation.

In der Tat mag die Vorstellung, daß zukünftige *Messungen* von gegenwärtigen und vergangenen Messungen beinflußt werden, leichter verständlich sein als die Denkweise, daß infinitesimale, aber zunächst unbeobachtbare Veränderungen im Zeitintervall δt durch die gegenwärtigen Variablenausprägungen und deren Ableitungen gegeben sind.

Beispielsweise ist in der Newtonschen Mechanik die momentane Veränderung der Geschwindigkeit eines Autos (Beschleunigung) durch eine nichtlineare Funktion des Ortes (Kraft) gegeben, so daß die *Veränderung der*

---

[1] Mirowski (1989) hat in der breit angelegten Studie 'More Heat than Light' gezeigt, in welch überraschendem Ausmaß die Physik des 19. Jahrhunderts Eingang in die ökonomische Modellbildung gefunden hat. Folgt man dem Autor, so hat die neoklassische ökonomische Theorie frappierende Ähnlichkeiten mit den herrschenden physikalischen Theorien um 1870:

> The further one digs, the greater the realization that those neoclassicals did not imitate physics in a desultory or superficial manner; no, they copied their models mostly term for term and symbol for symbol, and said so. (S. 3) ...Utility became the analogue of potential energy; the budget constraint became the slightly altered analogue of kinetic energy...Unfortunately, there had been one little oversight: The neoclassicals had neglected to appropriate the most important part of the formalism,...,the conservation of energy.(S. 9)

Veränderung des Orts im Zeitintervall δt durch den Ort determiniert wird (Newtonsche Gleichung Kraft = Masse × Beschleunigung). In einem physikalischen Kontext läßt sich die Ortsveränderung sogar momentan erfassen (Radarfalle), möglicherweise auch deren Veränderung (zwei Radarfallen), während man in den Wirtschafts- und Sozialwissenschaften auf Zustandsmessungen oder sogar kumulierte Messungen mit großen Zeitabständen Δt angewiesen ist.

Trotz dieser Hemmnisse werden gemischte Modelle, sogenannte *kontinuierlich-diskrete Zustandsraum-Modelle* in den Ingenieurwissenschaften (vgl. Jazwinski, 1970) und Wirtschaftwissenschaften (vgl. Bergstrom, 1976, Gandolfo, 1981) verstärkt neben konventionellen rein diskreten Zeitreihen bzw. rein zeitstetigen Ansätzen (vgl. Young, 1981) angewandt. Gerade auf dem Gebiet der Lenkung von Raumfahrzeugen (z.B. Mondlandung) ist die zeitstetige Extrapolation (Newtonsche Bewegungsgleichungen) und diskrete Kurskorrektur durch Messungen besonders einleuchtend (vgl. Bass, 1995). Die damit verbundene Kalman-Filter-Methodik fand erst später Eingang in die Wirtschaftswissenschaften und wurde zunächst in diskreter Zeit angewandt.

Interessanterweise stellt sich die Situation im Gebiet der Finanzwirtschaft, speziell auf dem Sektor der Optionsbewertung, ganz anders dar. Hier wurde in der berühmten Arbeit von Black und Scholes (1973) [2] unter Annahme einer zeitstetigen Aktienkursdynamik die inzwischen weitbekannte und vielbenutzte Optionsformel abgeleitet. Dies führte zu einer starken Dominanz zeitstetiger Ansätze (Merton, 1990), was allerdings auch mit den recht kurzen Meßintervallen finanzwirtschaftlicher Zeitreihen (Tage und kürzer) zusammenhängen mag. Außerdem spielt in dieser Literatur das stochastische Kalkül von Itô eine große Rolle, da sich Optionspreise als nichtlineare zeitabhängige Transformationen der zugrundeliegenden Basiswerte auffassen lassen.

Gelegentlich wird in der Literatur ein Gegensatz zwischen Differentialgleichungsansätzen in der Ökonometrie und Finanzwirtschaft konstruiert, wobei die ersteren linear und von n-ter Ordnung (d.h. autoregressiv von n-ter Ordnung) und die letzteren nichtlinear und von erster Ordnung seien, wobei alle Zustandsvariablen als meßbar angenommen werden (Lo, 1988, S. 232). Diese Unterscheidung erscheint künstlich, da auch nichtlineare ökonometrische Ansätze im Rahmen der Chaos-Theorie diskutiert wurden (vgl. Goodwin, 1990) und weiterhin Gleichungen mit Ableitungen n-ter Ordnung als Zustandsraum-Modelle mit ausschließlicher Meßbarkeit der ersten Komponente geschrieben werden können. Zusätzlich enthalten z.B. Aktienkurs- oder Zins-Modelle mit stochastischen Volatilitäten einen unbeobachtbaren stochastischen Prozeß, der eine Komponente der Systemdynamik ist.

Daher sind alle oben diskutierten Ansätze als Spezialfälle eines nichtlinearen System-Modells (Itô- oder Stratonovich-Differentialgleichung) mit kombinierter Meßgleichung aufzufassen, wobei der rekursive Kalman-Filter-

[2] Nobelpreis für Wirtschaftswissenschaften 1997

Algorithmus eine zentrale Rolle spielt. Dieser erlaubt es, unbeobachtbare Systemzustände zu filtern, zu glätten (Interpolation) und zu prognostizieren (Extrapolation). Dabei ermöglicht es der diskret-kontinuierliche Ansatz, beliebige Zeitpunkte, die nicht mit den Messungen übereinstimmen müssen, ins Auge zu fassen. Umgekehrt sind in solch einem Ansatz regelmäßige Zeittakte für alle oder einige Variablen gar nicht mehr erforderlich, da die Modellierung des Systems von der Meßbarkeit abgetrennt wird (vgl. Singer, 1995). Die nicht beobachtbaren Systemzustände können daher auch als fehlende Werte (missing data) aufgefaßt werden, deren Ausprägungen durch die optimale Glättung rekonstruiert werden können. Weiterhin liefert der lineare Kalman-Filter bzw. entsprechende nichtlineare Filter eine rekursive Möglichkeit, die Likelihood-Funktion der gemessenen Daten zu berechnen und Schätzungen der unbekannten strukturellen Parameter vorzunehmen. Außerdem erlaubt der Ansatz auch die einfache Modellierung gemischter Bestands- und Bewegungsmassen (stocks und flows), da die flow-Daten als Integrale unbeobachtbarer stocks im Zustandsraum-Modell spezifiziert werden können.

Zusammenfassend lassen sich folgende *Vorteile einer zeitstetigen Modellbildung* nennen (vgl. Möbus u. Nagl, 1983):

1. Die Modellspezifikation der Systemdynamik ist völlig unabhängig vom Meß-Schema und erfolgt auf der Prozeß-Ebene des Phänomens (Mikro-Kausalität im infinitesimalen Zeitintervall).
2. Das Design der Erhebung wird in einem Meß-Modell integriert.
3. Änderungen in den Variablen können zu jedem Zeitpunkt erfolgen.
4. Extrapolation und Interpolation der beobachteten Daten können für beliebige Zeitpunkte vorgenommen werden und sind nicht an den Zeittakt der Messungen gebunden.
5. Studien mit unterschiedlichem Zeitintervall der Messungen (Panel-Wellen) können verglichen werden, da sich die strukturellen Parameter auf die kontinuierliche Zeitebene beziehen (Kreuzvalidierung).
6. Datensätze mit unterschiedlichem Zeittakt können gemeinsam multivariat analysiert werden.
7. Irreguläre Zeitabstände der Messungen und fehlende Werte werden in einem einheitlichen Rahmen behandelt.
8. Daten, die durch Kumulation über Zeitintervalle entstehen (Flow-Daten), können in der zeitstetigen Methodik explizit dargestellt werden.
9. Nichtlineare Transformationen der Variablen (z.B. Optionen) können mit einem Differential-Kalkül (Itô-Kalkül) behandelt werden.

Teil I

Zeitstetige Dynamische Systeme

2. Deterministische Differentialgleichungen

Deterministische Differentialgleichungen enthalten keine stochastischen Terme und erscheinen daher ungeeignet für die Modellierung komplexer Phänomene. Trotzdem sind sie grundlegend für die in dieser Arbeit dominierende stochastische Modellierung. Häufig entstehen stochastische Gleichungen durch Erweiterung bestehender Ansätze, z.B. durch stochastische Anfangsbedingungen, Inhomogenitäten oder zufällige Parameter (vgl. Bunke, 1972). Außerdem hat die Chaos-Forschung gezeigt, daß auch genügend komplexe nichtlineare deterministische Systeme ein zufallsartiges Zeitverhalten aufweisen können, welche das Verhältnis von Zufall und Notwendigkeit in einem neuen Licht erscheinen lassen.

Differentialgleichungen können nach Anzahl der unabhängigen Variablen in *gewöhnliche* (ODE) und *partielle Differentialgleichungen* (PDE) unterteilt werden. Es zeigt sich, daß Wahrscheinlichkeitsdichten stochastischer Systeme als Lösungen von PDE gewonnen werden können (Fokker-Planck- und Kolmogoroff-Gleichungen), die ähnlich zu Diffusions- und Wärmeleitungsproblemen der mathematischen Physik aufgebaut sind. Da sich Preise von Finanzderivaten wie Optionen als Erwartungswerte einer diskontierten Endbedingung auffassen lassen, ist es nicht verwunderlich, daß diese Werte (deterministische) partielle Differentialgleichungen erfüllen, deren Struktur die stochastische Dynamik des zugrundeliegenden Basispapiers widerspiegelt, die als Diffusionsprozeß aufgefaßt werden kann. Die sogenannte Feynman-Kac-Formel beschreibt diesen Zusammenhang allgemein, so daß stochastische Monte-Carlo-Methoden zur Lösung von PDE-Problemen vorteilhaft eingesetzt werden können. Die Pfadintegral-Methode von Feynman entstand gerade aus dem Versuch, die partielle Schrödinger-Differentialgleichung als Überlagerung von Einzelpfaden zu interpretieren, die an einem Potential gestreut werden. Mit der Identifikation von Potential und risikolosem Zinssatz ist eine interessante Analogie zwischen Quantenmechanik und Optionspreistheorie vorhanden. Während PDE-Methoden früher typisch für die Physik waren, ist durch die Black-Scholes-Optionspreisformel (1973), die als Lösung der Wärmeleitungsgleichung dargestellt werden kann, ein starkes Interesse an der Behandlung solcher Systeme entstanden. Dabei ist von Vorteil, daß sich die Lösung automatisch aus der zugrundeliegenden Differentialgleichung unter Berücksichtigung von Anfangs-, Rand- oder Endbedingungen ergibt.

Gerade der Erfolg der Black-Scholes-Formel über alternative Ansätze zeigt, daß diese Vorgehensweise einer ad hoc-Modellierung mit plausiblen Lösungsfunktionen und Parameteranpassung überlegen ist.

Ähnliches gilt auch für die Modellierung von Längsschnitt-Daten, wo traditionell versucht wurde, Polynome, trigonometrische Funktionen etc. an die beobachteten Zeitverläufe anzupassen (vgl. Nesselroade und Baltes, 1979). Auch hier stellt sich die Aufgabe, differentielle Modelle des Phänomens aufzustellen und die Beobachtungen als Lösungen der Modellgleichungen zu gewinnen. Damit werden auch Aussagen über den 'Mechanismus' des Phänomens möglich, wobei die involvierten Gleichungen nicht unbedingt der Mechanik entstammen müssen.

Das Gebiet der *deterministischen* gewöhnlichen und partiellen Differentialgleichungen ist außerordentlich komplex und Gegenstand aktueller Forschung, so daß nur einige zentrale Punkte im Rahmen dieser Arbeit behandelt werden, nämlich insofern, als sie für die stochastische Modellierung relevant sind. Ansonsten muß auf die Literatur verwiesen werden (ODE: Coddington u. Levinson, 1955, V.I. Arnold, 1973, 1978, 1986, Hirsch u. Smale, 1974, Guckenheimer u. Holmes, 1986, Gandolfo, 1996; PDE: Courant u. Hilbert, 1968, Risken, 1989, Ames, 1992).

2.1 Nichtlineare Systeme 1. Ordnung

Systeme von Differentialgleichungen 1. Ordnung enthalten einen Vektor von Systemzuständen $y(t) : p \times 1$ und dessen Veränderung $dy(t)/dt := \dot{y}(t)$ in folgender Form:

$$\dot{y}(t) = f(y(t), t);\ y(t_0) = y_0. \tag{2.1}$$

Hierbei ist die Veränderung $\dot{y}(t)$ explizit durch die Vektorfunktion $f(y(t), t)$ (*Vektorfeld*) gegeben. Systeme mit explizit zeitunabhängigen Vektorfeldern werden als *autonom* bezeichnet. Insbesondere sind also Systeme mit exogenen Variablen *nichtautonom* oder *offen*. Da man sich die Zustände y als Punkte in einem p-dimensionalen Raum vorstellen kann, der *Zustands- oder Phasenraum* genannt wird, läßt sich die Veränderung von y, die sogenannte *Phasengeschwindigkeit* $\dot{y}(t)$ durch eine graphische Darstellung von Vektoren f im Phasenraum visualisieren (vgl. Abb. 2.1). Schreibt man die Lösung von (2.1) formal als $y(t) = g^t y_0$, wobei y_0 der Anfangswert zur Zeit t_0 ist, so beschreibt $y(t)$ eine Phasenkurve im Phasenraum und die Familie von Abbildungen $\{g^t\}$ ist eine Gruppe von Transformationen im Phasenraum M, falls gilt $g^{t+s} = g^t g^s$ und $g^0 = I$ (identische Abbildung). Das Paar $(M, \{g^t\})$ wird dann als *Phasenfluß* und g^t als *Abbildung in der Zeit (t-advance mapping)* bezeichnet. Unter *Gleichgewichtspunkten (Fixpunkten)* eines Phasenflusses versteht man Punkte $y(t) = g^t x = x$, die für alle Zeiten unverändert bleiben. Man kann zeigen, daß diese Punkte mit den *Singularitäten* des Vektorfelds $f(x) = 0$ übereinstimmen.

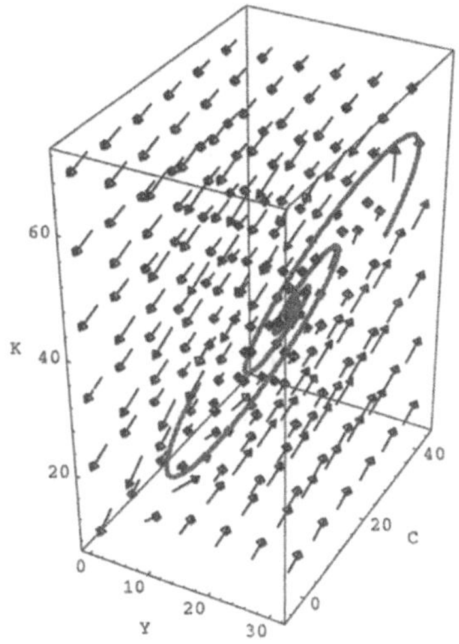

Abbildung 2.1. Vektorfeld der Phasengeschwindigkeiten im Phasenraum für ein Konjunkturzyklus-Modell (Phillips-Modell, vgl. Abs. 6.1.5).

Aufgabe der Analyse ist es, geeignete Funktionen $y(t)$ zu finden, die, entsprechend abgeleitet, die vorgelegte Differentialgleichung erfüllen (Integration der Differentialgleichung). Anders ausgedrückt besteht das Ziel darin, aus dem lokalen Evolutionsgesetz, welches durch das Vektorfeld der Phasengeschwindigkeiten gegeben ist, die Vergangenheit und Zukunft des Prozesses zu bestimmen (vgl. V.I. Arnold, 1973, S. 8).

Gleichungen p-ter Ordnung können durch Einführung von Komponenten

$$y_i(t) = (\tfrac{d}{dt})^i y(t);\ i = 0, \ldots, p \tag{2.2}$$

auf Systeme erster Ordung reduziert werden. Beispielsweise ist die Newtonsche Gleichung 'Kraft = Masse × Beschleunigung', $F = m \times a$, eine Gleichung 2. Ordnung:

$$m\ddot{x}(t) = F(x(t), \dot{x}(t)). \tag{2.3}$$

Setzt man nun $a = \dot{v}$ und $v = \dot{x}$, so ist die Veränderung des Vektors $[x, v]'$ pro Zeiteinheit durch das System

$$\frac{d}{dt}\begin{bmatrix} x \\ v \end{bmatrix} = \begin{bmatrix} v \\ \frac{1}{m}F(x, v) \end{bmatrix} \tag{2.4}$$

gegeben. Durch die Setzung eines Anfangswerts $y(t_0) = y_0 = [x_0, v_0]'$ ist damit ein Anfangswertproblem definiert. Das Beispiel zeigt, daß eine Differentialgleichung 2. Ordnung, z.B. $m\ddot{x} + \gamma\dot{x} + \sin(x) = 0$ als Bewegung in einem 2-dimensionalen Raum beschrieben werden kann. Außerdem sind zur Lösung 2 Anfangsbedingungen, $x(t_0)$ und $\dot{x}(t_0)$ erforderlich.

Ganz allgemein kann durch Einführung verallgemeinerter Koordinaten q und deren Ableitungen $\dot{q}$ eine Lagrangefunktion $L(q, \dot{q}, t)$ definiert werden. Die Variation des *Wirkungsintegrals (Wirkungsprinzip von Hamilton)* $J = \int_{P_0}^{P_1} L(q, \dot{q}, t)dt$ zwischen zwei Punkten P_0 und P_1 führt zu den Bewegungen, die das System tatsächlich ausführt ($S =$ Extremum von J) und den *Lagrange-Gleichungen*

$$\frac{d}{dt}\frac{\partial L}{\partial \dot{q}} = \frac{\partial L}{\partial q}. \tag{2.5}$$

Die Lagrangefunktion $L = \frac{1}{2}m\dot{q}^2 - \phi(q,t)$ (kinetische – potentielle Energie) führt zum Newtonschen Bewegungsgesetz zurück, da $-\frac{\partial \phi}{\partial q} = F(q,t)$ eine Potentialkraft darstellt [1]. Zusätzliche Restriktionen für die Koordinaten in der Form $h_i(q,t) = 0$ können durch Einführung von *Lagrange-Multiplikatoren* λ_i in den Lagrange-Gleichungen berücksichtigt werden.

Durch die Definition von neuen Koordinaten $p = \frac{\partial L}{\partial \dot{q}}$ (generalisierte Impulse) und Übergang zur Hamiltonfunktion $H = p\dot{q} - L$ erhält man die *Hamiltonschen Bewegungsgleichungen*

$$\dot{q} = \frac{\partial H}{\partial p} \tag{2.6}$$

$$\dot{p} = -\frac{\partial H}{\partial q}. \tag{2.7}$$

Die im obigen Beispiel angegebene Lagrangefunktion führt daher zur Hamiltonfunktion $H = \frac{p^2}{2m} + \phi(q,t)$ und damit zurück zu den Newtonschen Gleichungen ($\frac{\partial H}{\partial p} = \frac{p}{m} = v$). Die Hamiltonfunktion ist die Summe aus kinetischer und potentieller Energie (Gesamtenergie E) und daher eine Konstante der Bewegung ($dH/dt = 0$, falls das Potential ϕ explizit zeitunabhängig ist).

Der *Satz von Liouville* besagt, daß die Veränderung des Phasenvolumens $V(t)$ des Gebiets $D(t)$ durch die Wirkung des Phasenstroms gegeben ist als

$$\frac{dV}{dt} = \int_{D(t)} \nabla \cdot f(x)dx, \tag{2.8}$$

was zu der interessanten Schlußfolgerung führt, daß bei Hamilton-Systemen Phasenraum-Volumina erhalten bleiben:

$$\nabla \cdot f(x) = [\tfrac{\partial}{\partial q}, \tfrac{\partial}{\partial p}][\tfrac{\partial}{\partial p}H, -\tfrac{\partial}{\partial q}H]' \tag{2.9}$$

$$= \sum_{k=1}^{n} \frac{\partial^2 H}{\partial p_k \partial q_k} - \frac{\partial^2 H}{\partial q_k \partial p_k} = 0. \tag{2.10}$$

---

[1] $F(x, \dot{x})$ enthält jedoch auch Reibungsterme (dissipative Anteile) $\propto \dot{x}$, die im Lagrange- und Hamiltonformalismus nicht enthalten sind, da Reibungskräfte nicht als Potentialkräfte dargestellt werden können. Dissipation hängt mit einer Schrumpfung des Phasenvolumens $V(t)$ durch die Wirkung des Vektorfelds zusammen (Satz von Liouville). Die Unterscheidung in konservative und dissipative Systeme spielt eine wichtige Rolle in der Chaos-Forschung (vgl. Schuster, 1984).

Derartige Systeme werden als *konservativ* bezeichnet, während andere mit schrumpfendem Phasenvolumen die Bezeichnung *dissipativ* tragen. In obigen Formeln wurde die Notation $x = [q,p]'$, $f = [\frac{\partial H}{\partial p}, -\frac{\partial H}{\partial q}]'$ (Vektorfeld des Hamilton-Systems) und $\nabla \cdot f(x) = \frac{\partial}{\partial x} \cdot f(x)$ für die Divergenz des Vektorfelds benutzt. Insbesondere gilt also für die totale zeitliche Veränderung einer Phasenfunktion $A(x_0,t) := A(x(t)) = A(g^t x_0)$; $A(x_0,t_0) = A(x_0)$ die Gleichung

$$\begin{aligned} \frac{d}{dt}A(x(t)) &= (\frac{\partial}{\partial x}A)(x(t))f(x(t)) \\ &= (f\frac{\partial}{\partial x}A)(x(t)) \\ &= (L_f A)(x(t)), \end{aligned} \tag{2.11}$$

wobei $L_f A(x)$ die Richtungsableitung darstellt und L_f als Liouville-Operator bezeichnet wird [2].

Für Funktionen mit $L_f A(x) = 0$ gilt also ein Erhaltungssatz (Integral der Bewegung). Im Falle von Hamilton-Systemen findet man:

$$\frac{d}{dt}A(q(t),p(t)) = \frac{\partial H}{\partial p}\frac{\partial A}{\partial q} - \frac{\partial H}{\partial q}\frac{\partial A}{\partial p} \tag{2.12}$$

$$:= [H,A] \tag{2.13}$$

$$:= LA \tag{2.14}$$

so daß die Gesamtenergie (Hamiltonfunktion $H(q,p)$) erhalten bleibt (Konservierung der Energie). In Systemen mit Reibung (Dissipation) verschwindet dagegen Energie an die Umgebung. Dieser Mechanismus wird in stochastischen Modellen oft benutzt, um die Energiezufuhr durch stochastische Prozeßfehler zu kompensieren, da ansonsten kein stationärer Prozeß erreicht werden kann (vgl. Kap. 7.5)

Die Ersetzung der Impulsvariablen p durch den Impulsoperator $-i\hbar\partial/\partial q$ führt zum Hamiltonoperator

$$H = -\frac{\hbar^2}{2m}\frac{\partial^2}{\partial q^2} + \phi(q,t) \tag{2.15}$$

und damit von der *Hamilton-Jacobi-Gleichung* für die Wirkungsfunktion $S(q_1,t_1) := J(P_1,P_0)$ (extremale Wirkung)

$$\frac{\partial S}{\partial q} = p \tag{2.16}$$

$$\frac{\partial S}{\partial t} = -H(p,q) \tag{2.17}$$

[2] $L_f = f\frac{\partial}{\partial x}$ wird auch als infinitesimaler Generator der Gruppe $T_t = \exp L_f t$ bezeichnet, da die Funktion A durch $A(x_0,t) = T_t A(x_0) := \int A(x)p(xt|x_0)dx = \int A(x)\delta(x - g^t x_0)dx$ repräsentiert werden kann. A erfüllt dann die Gleichung $\frac{d}{dt}A(x_0,t) = L_f A(x_0,t)$, die formal durch $A(x_0,t) = \exp(L_f t)\, A(x_0)$ gelöst wird. Im Rahmen der Markoff-Prozesse läßt sich analog die Markoff-Halbgruppe (für $t \geq 0$) definieren. L ist in diesem Falle der Rückwärtsoperator, welcher zum Fokker-Planck-Operator F adjungiert ist.

zur *Schrödingergleichung*

$$i\hbar\frac{\partial\psi}{\partial t} = H\psi, \tag{2.18}$$

die eine partielle Differentialgleichung für die Wellenfunktion $\psi(q,t)$ darstellt (vgl. Fick, 1968, Kap. 3). Interessanterweise führt die Optionsbewertungstheorie von Black-Scholes auf eine analoge Gleichung, wenn die Ersetzungen $\psi \to C$ (Optionspreis), $q \to S$ (Aktienkurs), $\phi \to r$ (risikoloser Zinssatz) und $i\hbar\partial/\partial t \to \partial/\partial\tau$ bzw. $\hbar^2/2m = 1$ vorgenommen werden. Dies ist nicht überraschend, da die Schrödingergleichung eine Analogie zur Rückwärtsgleichung für die Übergangswahrscheinlichkeiten eines stochastischen Systems aufweist und die Black-Scholes-PDE als Gleichung für diskontierte Erwartungswerte eine inhomogene Rückwärtsgleichung erfüllt. Jedenfalls stellt die Beziehung zu Quantensystemen dort entwickelte Methoden zur Verfügung (Pfadintegrale, Greensche Funktionen und Propagator-Methoden, vgl. Feynman, 1961), die neuerdings auch in der finanzwirtschaftlichen Literatur aufgegriffen werden (Chen, 1996 und Kap. 9 dieser Arbeit).

2.2 Lineare Systeme 1. Ordnung

In erster Näherung können häufig nichtlineare Systeme durch lineare Vektorfelder beschrieben werden, beispielsweise durch Taylorentwicklung von $f(y)$ (autonomes System) um den Punkt $y_0 \in M$:

$$f(y) = f(y_0) + \left.\frac{\partial f}{\partial y}\right|_{y_0}(y - y_0) + O(||y - y_0||^2). \tag{2.19}$$

Dies ist eine gute Approximation für f in der Nähe von y_0. Beispielsweise kann die Sinusfunktion in der Differentialgleichung $m\ddot{x} + \gamma\dot{x} + \sin(x) = 0$ um 0 durch $\sin(x) \approx x$ approximiert werden, so daß ein lineares System resultiert. Setzt man in obiger Gleichung $A = \frac{\partial f}{\partial y}|_{y_0}$ und $b = f(y_0)$, so resultiert das System

$$\dot{y} = A(y - y_0) + b \tag{2.20}$$

oder

$$\dot{\delta y} = A\delta y + b, \tag{2.21}$$

falls man mit der Abweichung $\delta y = y - y_0$ arbeitet. Ist insbesondere y_0 ein singulärer Punkt des Vektorfelds, d.h. $f(y_0) = 0$, so kann das System in der Umgebung durch

$$\dot{\delta y} = A\delta y \tag{2.22}$$

beschrieben werden. Die allgemeine Lösung ist durch die Matrix-Exponentialfunktion

$$\delta y(t) = \exp[A(t - t_0)]\,\delta y(t_0) \tag{2.23}$$

gegeben, wobei $\exp A$ durch die Taylorreihe

$$\exp A = \sum_{i=0}^{\infty} \frac{A^i}{i!} \tag{2.24}$$

oder durch das Produkt

$$\exp A = \lim_{k\to\infty} (I + A/k)^k \tag{2.25}$$

definiert ist. In der Terminologie von Kap. 2.1.1 ist durch $g^t = \exp[At]$ die Abbildung in der Zeit explizit bekannt. Falls alle Eigenwerte von A verschieden sind, läßt sich die Matrix-Exponentialfunktion auch durch die Spektraldarstellung

$$\exp A = P \exp(\Lambda) P^{-1} \tag{2.26}$$

(Λ Diagonalmatrix der Eigenwerte, P Matrix der Eigenvektoren) ausdrücken. Im allgemeinen muß die Jordansche Normalform benutzt werden (vgl. V.I. Arnold, 1973, Kap. 3).

2.2.1 Inhomogene Gleichungen

Häufig werden Systeme durch externe Einflüsse gestört, die im linearen Fall durch die Inhomogenität $b(t)$ modelliert werden können:

$$\dot{y} = Ay + b(t). \tag{2.27}$$

Die Lösung dieser Gleichung läßt sich mit Hilfe der *Greenschen Funktion G* angeben, welche auch bei partiellen Differentialgleichungen eine Rolle spielt (vgl. Kap. 9.4). Die Matrix G erfüllt eine inhomogene Gleichung mit einem singulären Quellterm

$$(\tfrac{d}{dt} - A)G(t|t') = \delta(t - t')I, \tag{2.28}$$

($I : p \times p$ Einheitsmatrix), so daß die Lösung der inhomogenen Gleichung durch die Superposition

$$y_h(t) + \int G(t|t')b(t')dt' \tag{2.29}$$

dargestellt werden kann. Hierbei ist y_h eine Lösung der homogenen Gleichung $(\frac{d}{dt} - A)y_h = 0$. Im vorliegenden Fall kann G leicht angegeben werden, da der Ausdruck

$$G(t|t') = \exp[A(t - t')]\, \theta(t - t') \tag{2.30}$$

(retardierte Green-Funktion) durch Ableiten nach t und unter Berücksichtigung von

$$\tfrac{d}{dt}\theta(t - t') = \delta(t - t') \tag{2.31}$$

bzw. $\exp[A(t-t')]\,\delta(t-t') = \delta(t-t')I$ die Definition einer Green-Funktion erfüllt. Damit ergibt sich die allgemeine Lösung der inhomogenen Gleichung als

$$y(t) = \exp[A(t-t_0)]y(t_0) + \int_{t_0}^{t} \exp[A(t-t')]b(t')dt'. \tag{2.32}$$

Dieses Resultat kann natürlich auch mit der Methode der Variation der Konstanten abgeleitet werden.

2.2.2 Nichtautonome inhomogene Gleichungen

Falls auch die Systemmatrix $A(t)$ zeitabhängig ist (etwa durch exogene Einflüsse oder strukturelle Veränderungen des Systems), so kann mit Hilfe der Fundamentalmatrix Φ die Lösung gefunden werden:

$$\begin{aligned} \tfrac{d}{dt}\Phi(t,t') &= A(t)\Phi(t,t') \qquad (2.33)\\ \Phi(t',t') &= I. \end{aligned}$$

Die Fundamentalmatrix ist daher die Abbildung in der Zeit $g^t_{t'}$ des homogenen Systems. Auch hier ist die Greensche Funktion durch $G(t|t') = \Phi(t,t')\theta(t-t')$ gegeben und es gilt

$$\tfrac{d}{dt}y(t) = A(t)y(t) + b(t) \tag{2.34}$$

$$y(t) = \Phi(t,t_0)y(t_0) + \int_{t_0}^{t} \Phi(t,t')b(t')dt'. \tag{2.35}$$

Die explizite Darstellung der Lösung der Matrixgleichung (2.33) erfordert die Berücksichtigung der Nichtvertauschbarkeit der Matrizen $A(t)$ und $A(s)$ für $t \neq s$. Integration über s liefert

$$\Phi(t,t') = I + \int_{t'}^{t} A(s)\Phi(s,t')ds. \tag{2.36}$$

Dieser Ausdruck kann iteriert werden und ergibt schließlich die explizite Darstellung

$$\Phi(t,t') = \overleftarrow{T} \exp \int_{t'}^{t} A(s)ds, \tag{2.37}$$

wobei der Zeitordnungsoperator $\overleftarrow{T}\, A(t)A(s) = A(s)A(t); t < s$ die erforderliche Reihenfolge in der Taylorentwicklung bewirkt (vgl. Fick, 1968, Kap. 3.5). Alternativ kann die Produktdarstellung

$$\Phi(t,t') = \lim_{J\to\infty} \overleftarrow{T} \prod_{j=0}^{J-1} (I + A(t_j)\tfrac{t-t'}{J}) \tag{2.38}$$

benutzt werden, welche die Gruppeneigenschaft $\Phi(t,t') = \Phi(t,s)\Phi(s,t')$ verwendet.

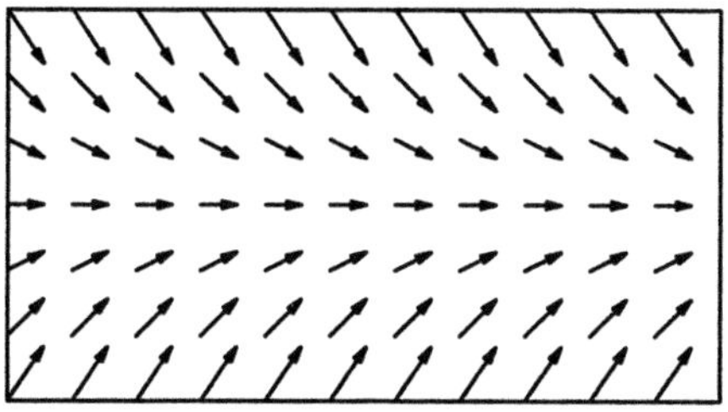

Abbildung 2.2. Vektorfeld im erweiterten Phasenraum $M \times R$ für das lineare System $\dot{y} = \lambda y$; $\dot{t} = 1$ mit $\lambda = -0.5$.

2.3 Beispiele

Beispiel 2.3.1 (Lineare Gleichung 1. Ordnung CAR(1)).
Die lineare Differentialgleichung 1. Ordnung

$$\dot{y} \;=\; \lambda y \tag{2.39}$$

entsteht aus der Annahme, daß die Veränderung einer Größe dem momentanen Bestand proportional ist. Etwa ist die Veränderung eines Kapitals $K(t)$ durch einen Zinssatz p (Einheit 1/Zeit)) im Zeitintervall durch $dK = pKdt$ gegeben. Ähnlich ist die Veränderung einer Population oder die Schwächung eines radioaktiven Strahls in Blei proportional zur momentanen Größe. Die Lösung $y(t) = \exp[\lambda(t - t_0)]y(t_0)$ von (2.39) kann durch die Trennung der Variablen und Integration leicht gewonnen werden: $\int dy/y = \log y = \lambda \int dt$. Die Singularität des Vektorfelds λy liegt also bei $y = 0$ und die Abbildung in der Zeit ist durch $g_{t_0}^t = \exp[\lambda(t - t_0)]$ gegeben. Schreibt man die Gleichung als System im erweiterten Phasenraum $M \times R$

$$\dot{t} \;=\; 1 \tag{2.40}$$

$$\dot{y} \;=\; \lambda y, \tag{2.41}$$

so zeigt eine graphische Darstellung des Vektorfelds $f(t, y) = [1, \lambda y]'$ das exponentielle Verhalten der Lösung. Obiges Proportionalgesetz kann als Ursache für das häufige Auftreten von Exponentialfunktionen in sozialen und natürlichen Gesetzmäßigkeiten angesehen werden.

Galilei hat bei seinen Untersuchungen der Bewegungsgesetze fälschlicherweise angenommen, daß die Geschwindigkeit eines frei fallenden Körpers proportional zum zurückgelegten Weg ist (vgl. Simonyi, 1990, S. 204), d.h. $\dot{s} = \alpha s$, so daß eine exponentielle Geschwindigkeitszunahme resultieren müßte. Trotzdem kam er zum richtigen Resultat, daß der zurückgelegte Weg proportional zu t^2 ist, woraus $\dot{s} \propto t \propto \sqrt{s}$ folgt. Betrachtet man die allgemeine Newtonsche Gleichung $m\ddot{s} + \gamma\dot{s} = F(s)$, so sieht man, daß ein stark gedämpftes lineares System die Gleichung $\dot{s} = -\frac{D}{\gamma}s$ in der Tat erfüllt. Stark gedämpfte Systeme kommen daher der alten aristotelischen Ansicht näher, daß die Geschwindigkeit $\dot{s}$ in dynamischer Relation zur Kraft stehe, während

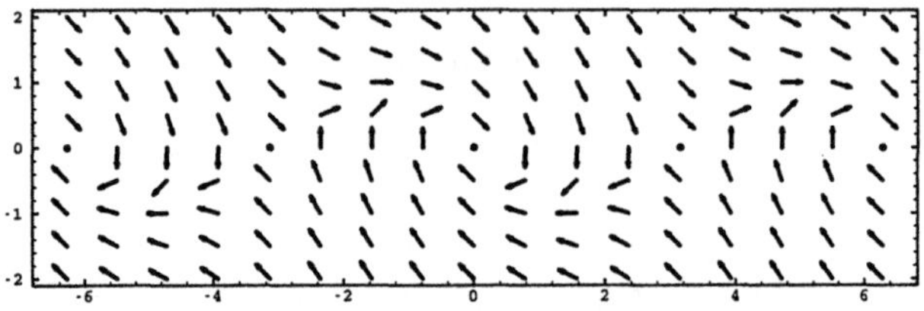

Abbildung 2.3. Vektorfeld im Phasenraum für das mathematische Pendel $m\ddot{y}+\gamma\dot{y}+\omega^2 \sin y = 0$ mit Parameterwerten $m = 1, \gamma = 1$ und $\omega^2 = 1$.

im Newtonschen System eine Beziehung der Kraft F zur Beschleunigung a besteht ($F = ma = m\ddot{s}$). Modellierungsansätze in der Sozial- und Wirtschaftswissenschaft sind häufig von der Form $\dot{y} = f(y)$, so daß im Prinzip ein aristotelisches Modell zugrundeliegt, d.h. Bewegung ist nur durch Kräfte möglich – ohne Kraft findet eine Relaxation zum Gleichgewicht statt. In krassem Gegensatz dazu sind im System von Galilei und Newton auch kräftefreie Bewegungen möglich, da $m\ddot{s} = 0$ eine gleichförmige Bewegung $s = vt + s_0$ impliziert.

Da die Gleichung erster Ordnung der Differenzengleichung $y_{i+1} = \alpha y_i$ (AR(1)) analog ist, spricht man auch von einem kontinuierlichen autoregressiven Modell 1. Ordnung (CAR(1)).

Beispiel 2.3.2 (Lineare Gleichung 2. Ordnung CAR(2)).
Die Pendelgleichung (linearisiertes mathematisches Pendel)

$$m\ddot{y} + \gamma\dot{y} + \omega^2 y = 0 \tag{2.42}$$

ist ein einfaches mechanisches Modell für periodische Vorgänge in der Zeit. Sie enthält sowohl Reibung (Dissipation) proportional zur Geschwindigkeit als auch Trägheit, da ein Beschleunigungsterm $m\ddot{y}$ vorkommt. Daher ist mit gedämpften Schwingungen als Lösungen zu rechnen (lineare Rückstellkraft $\omega^2 y$). Der dissipative Anteil ist besonders wichtig bei stochastischen Modellen (CAR(2)), da er die Energiezufuhr der stochastischen Einflüsse kompensiert und stationäre Lösungen ermöglicht. Ohne Rechnung kann das Vektorfeld die Lösungen charakterisieren. Dazu wird (2.42) oder die exakte Gleichung $m\ddot{y} + \gamma\dot{y} + \omega^2 \sin y = 0$ als 2-dimensionales System geschrieben:

$$\dot{y} = v \tag{2.43}$$
$$\dot{v} = -(\gamma/m)v - (\omega^2/m)\sin(y). \tag{2.44}$$

Hierbei kann y als Auslenkungswinkel des Pendels interpretiert werden. Das Feld der Phasengeschwindigkeiten zeigt Strudelpunkte bei $[y, v] = [2k\pi, 0]$ und Sattelpunkte bei $[y, v] = [(2k + 1)\pi, 0]$. Dies kann durch Untersuchung der Jacobimatrix $A = \frac{\partial f}{\partial y}$ an den Singularitäten gezeigt werden. Hier gilt

$$A = \begin{bmatrix} 0 & 1 \\ -(\omega^2/m)\cos(y) & -\gamma/m \end{bmatrix} \tag{2.45}$$

und somit für die Eigenwerte

$$\lambda_{1,2} = -\frac{\gamma}{2m} \pm \sqrt{\frac{\gamma^2}{4m^2} - \frac{\omega^2}{m}} \text{ (Strudel)} \tag{2.46}$$

$$\lambda_{1,2} = -\frac{\gamma}{2m} \pm \sqrt{\frac{\gamma^2}{4m^2} + \frac{\omega^2}{m}} \text{ (Sattelpunkt)}. \tag{2.47}$$

Falls also $\omega^2 > \frac{\gamma^2}{4m}$ ist (kleine Reibung), so erhält man einen stabilen Strudelpunkt bei $[2k\pi, 0]$ (konjugiert komplexe Eigenwerte), anderenfalls negative reelle Eigenwerte. Die Eigenwerte bei $[(2k+1)\pi, 0]$ sind reell sowie von verschiedenem Vorzeichen, so daß ein Sattelpunkt resultiert.

3. Stochastische Differentialgleichungen

3.1 Differentialgleichungen mit zufälligen Parametern

Stochastische Differentialgleichungen lassen sich durch praktische Probleme in der Modellierung und mathematische Erfordernisse motivieren. Einerseits sind häufig Variablen nur schwer oder gar nicht zu erfassen, gerade in den komplexen Systemen der Sozial- und Wirschaftwissenschaft, andererseits kann deren völlige Vernachlässigung zu unrealistischen Modellen führen. Als Mittelweg bietet sich die Modellierung weggelassener Variablen durch Zufallsgrößen an, entweder als stochastische Anfangsbedingungen, stochastische Parameter (z.B. Personeneffekte) oder als zeitabhängige Rauschgrößen, die durch stochastische Prozesse charakterisiert werden. Anstelle der genauen Definition als deterministische Funktion, begnügt man sich mit einer statistischen Charakterisierung, etwa durch Angabe des Erwartungswerts und der Autokorrelation. Im Rahmen dieser stochastischen Modelle sind zwei Fälle zu unterscheiden:

Einerseits kann man die Differentialgleichung

$$\begin{aligned} \dot{y} &= f(y,t,\omega) \\ y(t_0,\omega) &= y_0(\omega) \end{aligned} \tag{3.1}$$

als Familie von gewöhnlichen Differentialgleichungen auffassen, solange für alle $\omega \in \Omega$ Lösungen $y(t,\omega)$ im üblichen Sinne existieren. Diese trajektorienweisen (bzw. realisierungsweisen) Lösungen werden in der Literatur als *R-Lösungen* bezeichnet (Bunke, 1972, Ruymgaart und Soong, 1971). Sie kommen der intuitiven Auffassung des Praktikers am nächsten, der sich ein Ensemble von identischen Systemen vorstellt, die aber unterschiedlichen Rauschbedingungen, exogenen Einflüssen und spezifischen Effekten unterworfen sind.

Auf der anderen Seite kommt es vor, daß als Rauschprozesse Größen in Frage kommen, die durch (formale) Ableitung eines stetigen, aber nicht differenzierbaren stochastischen Prozesses (z.B. dem Wiener-Prozeß) ins Spiel kommen. Solche im üblichen Sinne nicht definierten Rauschprozesse entstehen durch die Forderung, daß die Werte zu unterschiedlichen Zeitpunkten völlig unabhängig sein sollen (weißes Rauschen). Dies führt zu dem Problem, daß die Lösungen der Differentialgleichung gar nicht mehr differenzierbar sind, was eine spezielle Theorie (als Integralgleichung oder im Sinne der

Distributionen) notwendig macht. In einem physikalischen Kontext lassen sich diese (von vielen Naturwissenschaftlern als 'pathologisch' betrachteten) mathematischen Erwägungen vermeiden, indem man völlige Unabhängigkeit als nicht physikalisch realisierbare Idealisierung einstuft und entsprechende Prozesse vermeidet (vgl. van Kampen, 1981, 1987, 1992). Im Rahmen finanzwirtschaftlicher Modellierung (z.B. Devisen, Optionspreise, Zinsstruktur) sind jedoch Modelle im Gebrauch, die von einer völligen Unvorhersagbarkeit der Kursänderungen ausgehen. Es zeigt sich, daß hier Modelle mit theoretischer Integration des weißen Rauschens von Vorteil sind. Diese machen ein Kalkül von stochastischen Integralen bzw. formalen Ableitungsregeln notwendig, die aus der reinen Mathematik (Itô, 1951) den Weg in die Anwendung gefunden haben (vgl. etwa Stratonovich, 1966, Jazwinski, 1970, L. Arnold, 1973, Soong, 1973, Ingersoll, 1987, Duffie, 1992, Kloeden u. Platen, 1992).

3.2 Wiener-Prozeß und weißes Rauschen

Die allgemeinste in dieser Arbeit diskutierte stochastische Differentialgleichung ist von der Form

$$\begin{aligned} \dot{y}(t) &= f(y(t),t) + g(y(t),t)\zeta(t) \\ y(t_0) &= y_0. \end{aligned} \tag{3.2}$$

Dieser Ansatz berücksichtigt die Möglichkeit, daß die Systemdynamik durch Rauschquellen $\zeta(t)$ beeinflußt wird, die als Inhomogenität in die ursprünglich deterministische Gleichung eingehen. Weiterhin wird die Anfangsbedingung als zufällig modelliert. Dies gibt auch im Falle einer deterministischen Dynamik ($g = 0$) die Möglichkeit, ein Ensemble von Trajektorien zu betrachten [1]. Gleichungen dieser Art wurden erstmals von Langevin (1908) betrachtet, um die Bewegung Brownscher Teilchen zu beschreiben. Um die Stöße von Flüssigkeitsmolekülen zu modellieren, fügte Langevin zur Newtonschen Gleichung eine Kraft X hinzu und erhielt den Ansatz

$$m\frac{d^2x}{dt^2} = -6\pi\mu a\frac{dx}{dt} + X, \tag{3.3}$$

wobei der Reibungsterm aus dem Stokeschen Gesetz für eine Kugel im viskosen Medium folgt. Stochastische Gleichungen dieser Art werden daher häufig auch als *Langevin-Gleichungen* bezeichnet. Sie sind jedoch problematisch, da sie Funktionen enthalten, die nicht differenzierbar sind. Doob (1942, S. 352) schreibt über die Langevin-Gleichung:

[1] Dies entspricht dem Ansatz der statistischen Mechanik, wo die zeitliche Veränderung einer Phasenraumdichte $p(y,t)$ durch deterministische Trajektorien N identischer Kopien eines Systems betrachtet wird.

> A stochastic differential equation will be introduced in a rigorous way to give a precise meaning to the Langevin differential equation for the velocity function $dx(s)/ds$. This will avoid the usual embarrassing situation in which the Langevin equation, involving the second derivative of $x(s)$ is used to find a solution $x(s)$ not having a second derivative.

Während im linearen Fall der Ansatz formal zum korrekten Resultat führt, ergeben sich bei nichtlinearen Gleichungen Modellierungprobleme (Itô-Stratonovich-Dilemma) und mathematische Schwierigkeiten, die in der Literatur wohlbekannt sind (vgl. van Kampen, 1981, L. Arnold, 1973). Wie schon erwähnt, kann Gleichung (3.2) nur dann als Familie von deterministischen Differentialgleichungen interpretiert werden, wenn der Rauschprozeß ζ bestimmte Eigenschaften besitzt, etwa wenn es sich um einen trajektorienweise stetigen Prozeß handelt. Schwierigkeiten ergeben sich dann, wenn Prozesse vom Typ des weißen Rauschens eingesetzt werden sollen, die für unterschiedliche Zeitpunkte unkorreliert sind. In stetiger Zeit ergibt sich die Forderung

$$\gamma(t-s) := E[\zeta(t)\zeta(s)] = \delta(t-s) \tag{3.4}$$

für die Autokovarianz ($E[\zeta(t)] = 0$), wobei die Wahl der Deltafunktion als Autokorrelation zu einer konstanten Spektraldichte

$$S(\nu) = \int_{-\infty}^{\infty} \gamma(t)\exp(2\pi i\nu t)dt = 1 \tag{3.5}$$

und unendlicher Varianz führt. Dies ist auch der Grund für die Bezeichnung *weißes Rauschen*, da in S alle Frequenzen mit gleicher Stärke vertreten sind[2]. Genauso wie es sich bei der Delta-Funktion um eine verallgemeinerte Funktion handelt, kann eine Theorie des weißen Rauschens im Rahmen der verallgemeinerten stochastischen Prozesse entwickelt werden (Urbanik, 1958, Gelfand u. Wilenkin, 1964, Kuo, 1996). Beispielsweise läßt sich die Delta-Funktion als Funktionenfolge $\delta_n(t)$ definieren, so daß $\lim_{n\to\infty} \int \delta_n(t-s)\phi(t)dt = \phi(s)$ (vgl. Lighthill, 1966). Analog führt die Reihe (Fourier-Reihe mit zufälligen Koeffizienten)

$$\zeta_n(t,\omega) = \sum_{l=1}^{n} z_l(\omega)\phi_l(t) \tag{3.6}$$

auf einen Prozeß mit Autokovarianz

$$\delta_n(t,s) = E[\zeta_n(t)\zeta_n(s)] = \sum_{l=1}^{n} \phi_l(t)\phi_l(s), \tag{3.7}$$

wobei $\{\phi_l(t)\}$ ein vollständiges Funktionensystem im Hilbertraum $L_2[a,b]$ und z_l eine Folge von unabhängigen und identisch verteilten Zufallsvariablen mit $E[z_l] = 0$ und $\mathrm{Var}[z_l] = 1$, etwa $z_l \sim N(0,1)$, darstellt. Dann strebt

[2] Zur Definition verallgemeinerter Funktionen und deren Fourierintegralen siehe Lighthill (1966). Die Fouriertransformierte der Diracschen Deltafunktion ist die verallgemeinerte Funktion 1.

ζ_n gegen ein weißes Rauschen und $\delta_n(t,s) \to \delta(t-s)$. Letztere Gleichung stellt die sogenannte Vollständigkeitsrelation für das Funktionensystem $\{\phi_l\}$ dar. Betrachtet man an Stelle von ϕ_l das Integral $\Phi_l(t) = \int_0^t \phi_l(u)du$ und die Reihe

$$W_n(t,\omega) = \sum_{l=1}^{n} z_l(\omega)\Phi_l(t), \tag{3.8}$$

so ist dies im Grenzwert eine konstruktive Definition des sogenannten *Wiener-Prozesses*, der bereits im Jahre 1923 von N. Wiener als Modell für Funktionen mit unabhängigen Zuwächsen konstruiert wurde. In der Tat gilt (Liptser u. Shiryayev, 1977, Satz 1.13):

Die Reihe W_n konvergiert für jedes $t \in [0,T]$ fast sicher und definiert die Brownsche Bewegung (Wiener-Prozeß) $W(t)$ mit den Eigenschaften:

1. $W(0) = 0$.
2. $W(t)$ hat stationäre unabhängige Zuwächse.
3. Die Zuwächse $W(t) - W(s)$ sind normalverteilt mit $E[W(t) - W(s)] = 0$ und $E[W(t) - W(s)]^2 = |t-s|$.
4. Die Funktionen $W(t)$ sind stetig für fast alle $\omega \in \Omega$.

Unter den weiteren Eigenschaften des Wiener-Prozesses wären die *Martingaleigenschaft*

$$E[W(t)|A_s] = W(s) \tag{3.9}$$

($A_s, s \leq t$: aufsteigende Folge von Sigma-Algebren) und die unbeschränkte Schwankung in jedem Zeitintervall zu nennen. Etwas genauer gilt die Formel von Levy

$$\text{qm-}\lim_{T\to\infty} \sum_{i=0}^{T-1} \Delta W(t_i)^2 \quad = \quad t - t_0, \tag{3.10}$$

wobei $\Delta W(t_i) = W(t_{i+1}) - W(t_i)$ die Zuwächse im Intervall $[t_i, t_{i+1}]$ darstellen und $t_0 \leq t_1, \ldots, \leq t_T = t$ eine Zerlegung des Intervalls $[t_0, t]$ ist. In obigem Grenzwert wird unterstellt, daß die maximale Intervall-Länge $\delta_T = \max \Delta t_i$ gegen 0 geht. Wenn auch noch die Summe $\sum \delta_T$ konvergiert, gilt obiger Limes sogar mit Wahrscheinlichkeit 1. Häufig wird die Formel in der symbolischen Form $dW^2 = dt$ oder $\int_s^t dW^2 = t - s$ benutzt. Sie zeigt, daß die Zuwächse dW nur von Ordnung $\sqrt{dt}$ sind und daß der Differentialquotient $dW(t)/dt$ formal von Ordnung $1/\sqrt{dt}$ ist. Die Stetigkeit, aber Nichtdifferenzierbarkeit der Realisierungen des Wiener-Prozesses kann streng bewiesen werden (vgl. z.B. Hida, 1980). Aus der Abschätzung

$$\sum_{i=0}^{T-1} \Delta W(t_i)^2 \leq \max |\Delta W(t_i)| \sum_{i=0}^{T-1} |\Delta W(t_i)| \tag{3.11}$$

und der fast sicheren Stetigkeit von $W(t)$ folgt dann

$$\sum_{i=0}^{T-1} |\Delta W(t_i)| \to \infty. \tag{3.12}$$

(nicht beschränkte Schwankung; vgl. L. Arnold, 1973, S. 64 ff.). Diese Eigenschaft wird jedoch bei der Definition von Stieltjes-Integralen benötigt (vgl. die Ausführungen über stochastische Integrale). Wenn der Wiener-Prozeß eine Ableitung $|\dot{W}| \leq C$ besitzen würde, wäre $|\Delta W(t_i)| \leq C\Delta t$, so daß die beschränkte Schwankung, also ein Widerspruch, resultiert.

Aus Eigenschaft (1) und (3) folgt die in Definitionen häufig benutzte Eigenschaft

$$E[W(t)W(s)] = \tfrac{1}{2}(|t| + |s| - |t-s|) = \min(t,s). \tag{3.13}$$

Dies läßt sich auch direkt aus der Reihe (3.8) und

$$\begin{aligned} E[W_n(t)W_n(s)] &= \sum_{l=1}^{n} \int_0^t \int_0^s \phi_l(u)\phi_l(v)dudv \\ &= \int_0^t \int_0^s \delta_n(u,v)dudv \end{aligned} \tag{3.14}$$

ersehen. Das Doppelintegral über $\delta_n(u,v) = \sum_{l=1}^{n} \phi_l(u)\phi_l(v)$ ergibt aber gerade im Limes $\min(t,s)$.

Die Darstellung (3.6) ist insofern nützlich, als sie eine numerische Simulation von Approximationen des weißen Rauschens bzw. des Wiener-Prozesses ermöglicht. Abb. (3.2) zeigt die Kovarianzfunktion, simulierte Rausch- und Wiener-Prozesse unter Verwendung der Hermiteschen Polynome H_l und dem Orthonormalsystem (ONS)

$$\phi_l(t) = \exp(-\tfrac{1}{2}t^2)H_l(t)/\sqrt{\sqrt{\pi}l!2^l} \tag{3.15}$$

(Oszillator-Eigenfunktionen, vgl. Fick, 1968, S. 287). Mit den so gewonnenen Approximationen kann man nun in die zufällige Differentialgleichung eingehen und so eine Folge von Lösungen $y_n(t)$ erzeugen. Es zeigt sich jedoch, daß unterschiedliche Lösungen resultieren, je nachdem, ob man den Grenzübergang in $y_n(t)$ (nach erfolgter Integration der Differentialgleichung) oder in der Ausgangsgleichung (formal) durchführt (vgl. L. Arnold, 1973, Kap. 10).

Ein anderer Weg, die stochastische Differentialgleichung (3.2) zu interpretieren, wurde in den 40er-Jahren durch den japanischen Mathematiker Itô gegangen (eine ähnliche Theorie wurde fast gleichzeitig durch Gikhman in der Sowjetunion und Doob in den Vereinigten Staaten ausgearbeitet). Die Idee besteht darin, zu einer analogen Integralgleichung überzugehen und das weiße Rauschen durch die formale Ersetzung $\zeta(t)dt \to dW(t)$ zu eliminieren.

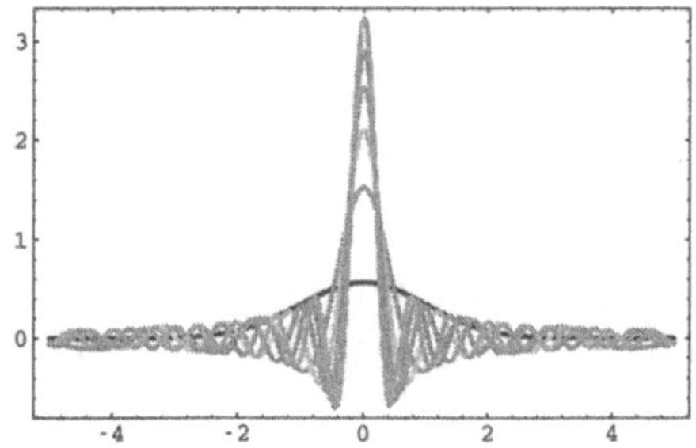

Abbildung 3.1. Kovarianzfunktion δ_n des approximativen weißen Rauschens $\zeta_n(t)$ mit $n = 0, 10, \ldots, 50$ unter Verwendung der Hermite-Polynome (ONS ϕ_l).

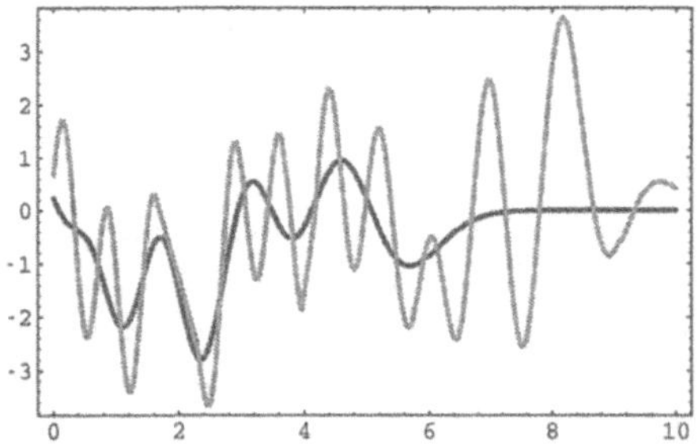

Abbildung 3.2. Approximatives weißes Rauschen $\zeta_n(t)$ mit $n = 20, 50$ unter Verwendung der Hermite-Polynome.

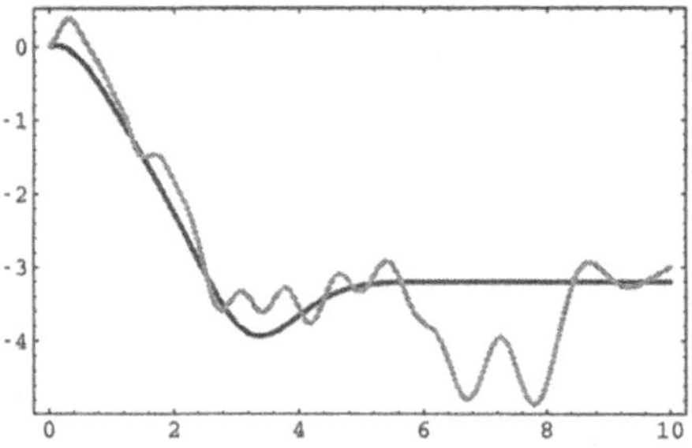

Abbildung 3.3. Approximativer Wiener-Prozeß $W_n(t)$ mit $n = 20, 50$ unter Verwendung der Hermite-Polynome.

3.3 Stochastische Integrale und Itô-Differentialgleichungen

Schreibt man die Differentialgleichung (3.2) in folgender *symbolischer Form* mit der Ersetzung $\zeta(t)dt \rightarrow dW(t)$

$$\begin{aligned} dy(t) &= f(y(t),t)dt + g(y(t),t)dW(t) \\ y(t_0) &= y_0, \end{aligned} \tag{3.16}$$

so ist dies eine Kurzschreibweise für die Integralgleichung

$$\begin{aligned} y(t) - y(t_0) &= \int_{t_0}^{t} f(y(s),s)ds + \int_{t_0}^{t} g(y(s),s)dW(s) \\ y(t_0) &= y_0, \end{aligned} \tag{3.17}$$

wobei $y(t) : p \times 1$ ein *Systemzustand* ist, dessen zeitliche Veränderung im Zeitintervall dt durch die Vektorfunktion $f(y(t),t)$ (*Vektorfeld, Drift*) und durch eine additive stochastische Inhomogenität $g(y(t),t)dW(t)$ gegeben ist. Diese setzt sich aus einem zustandsabhängigen Koeffizienten $g : p \times r$ (*Diffusionskoeffizient*) und einer Störkomponente $dW(t) : r \times 1$ zusammen, wobei $W(t)$ ein r-dimensionaler *Wiener-Prozeß* ist. Durch die Umschreibung in eine Integralgleichung gelingt es also, den weißen Rauschprozeß wegzuschaffen. Man hat jedoch nach wie vor das Problem, wie das stochastische Integral $\int g(y(s),s)dW(s)$ zu definieren ist, da es sich bei $W(s)$ um eine Funktion von unbeschränkter Schwankung handelt. Dies hängt mit der bekannten Tatsache zusammen, daß der Wiener-Prozeß zwar stetig, aber nicht differenzierbar ist. Falls die Funktion g nicht von y abhängt (d.h. kein *multiplikatives Rauschen*) kann ähnlich wie im Falle der verallgemeinerten Funktionen die Ableitung durch partielle Integration auf g abgewälzt werden, indem man (im skalaren Fall) für das *Wiener-Integral* definiert (vgl. Doob, 1942, Wiener et al. 1966)

$$\int_{t_0}^{t} g(s)dW(s) := g(s)W(s)|_{t_0}^{t} - \int_{t_0}^{t} g'(s)W(s)ds. \tag{3.18}$$

Hierbei muß vorausgesetzt werden, daß g' existiert und stetig ist [3]. Im allgemeinen ist jedoch $g(y,t)$ vom Lösungsprozeß $y(t)$ abhängig, so daß auch der Diffusionskoeffizient einen ähnlich irregulären Verlauf wie $W(t)$ aufweisen kann. Daher sind bei der Definition des Integrals als Grenzwert von Summen Probleme zu erwarten, die mit den lokalen Fluktuationen der Prozesse zusammenhängen (vgl. L. Arnold, 1973, S. 73 ff.). Das Standardbeispiel ist die Wahl $g = W$. Man kann nun zeigen, daß das Integral

[3] Allgemeinere Funktionen können durch differenzierbare g_n im Quadratmittel approximiert werden, so daß die Folge $G_n = \int g_n dW$ eine Cauchyfolge mit $E[G_n - G_m]^2 = \int (g_n - g_m)^2 dt$ bildet. Dann existiert eine Grenzfunktion $G = \text{qm-}\lim G_n$ (Satz von Riesz-Fischer) und es gilt $E[G^2] = \int g^2 dt$ (vgl. Nelson, 1967, Kap. 7).

$$\int_{t_0}^{t} W(s)dW(s) = \text{qm-}\lim_{T\to\infty} \sum_{i=0}^{T-1} W(\tau_i)\Delta W(t_i) \tag{3.19}$$

für die Zerlegung $t_0, \ldots, t_T = t$ und Zwischenpunkte $\tau_i \in [t_i, t_{i+1}]$ nicht unabhängig von der Wahl dieser Zwischenpunkte ist, wie dies beim klassischen Riemann-Stieltjes-Integral gilt. Itô wählte in seiner Definition den linken Rand des Intervalls, d.h. $\tau_i = t_i$, so daß sich das stochastische Integral $\int WdW$ im Sinne von Itô als

$$\int_{t_0}^{t} W(s)dW(s) = \tfrac{1}{2}[W(t)^2 - W(t_0)^2 - (t - t_0)] \tag{3.20}$$

ergibt. Diese Abweichung von den klassischen Rechenregeln führte zu anderen Definitionen, von denen das *Fisk-Stratonovich-Integral* am bekanntesten ist. In diesem Fall werden die Zwischenpunkte in die Mitte des Intervalls gelegt und man erhält die klassischen Rechenregeln (vgl. Arnold, 1973, S. 75, Karatzas u. Shreve, 1991, S. 148). In mathematischen und finanzwirtschaftlichen Arbeiten wird fast ausschließlich das Itô-Integral benutzt, während in physikalischen Anwendungen oft auf die Stratonovich-Definition zurückgegriffen wird (vgl. van Kampen, 1981, 1992). Auch Rückwärtsintegrale sind gängig (vgl. Kohlmann, 1987), wobei die Zwischenpunkte an den rechten Rand des Intervalls zu liegen kommen (für einen historischen Abriß vgl. Karatzas u. Shreve, 1991, S. 236 ff.).

Das *stochastische Integral im Sinne von Itô* wird nun folgendermaßen definiert: Für die Matrixfunktion $g(t, \omega) : p \times r$ aus dem Raum $M_2[t_0, t]$ der nicht vorgreifenden Funktionen gilt

$$\int_{t_0}^{t} g(s)dW(s) := \text{p-}\lim_{n\to\infty} \int_{t_0}^{t} g_n(s)dW(s), \tag{3.21}$$

wobei $W(s)$ ein r-dimensionaler Wiener-Prozeß ist und g_n eine Folge von Treppenfunktionen darstellt, die g im Sinne

$$\text{p-}\lim_{n\to\infty} \int_{t_0}^{t} ||g(s) - g_n(s)||ds = 0 \tag{3.22}$$

approximieren, wobei $||g||^2 = \text{tr}[gg']$ die Euklidische Norm der Matrix g ist (vgl. etwa L. Arnold, S. 85 ff.). Falls $\int E||g||^2 dt < \infty$ gilt, läßt sich das stochastische Integral auch im Quadratmittel approximieren (L. Arnold, Lemma 4.4.12).

Falls der Integrand $g(t)$ sogar stetig ist (fast sicher oder in Wahrscheinlichkeit), kann das Itô-Integral direkt aus den Werten $g(t_i)$ und $W(t_i)$ berechnet werden (L. Arnold, Korollar 4.5.2):

$$\int_{t_0}^{t} g(s)dW(s) := \text{p-}\lim_{T\to\infty} \sum_{i=0}^{T-1} g(t_i)\Delta W(t_i). \tag{3.23}$$

Dies zeigt noch einmal direkt die asymmetrische Struktur bezüglich der Lage der Zwischenpunkte und die in die Zukunft gerichteten Zuwächse, die von $g(t_i)$ unabhängig sind. Daraus sind verschiedene einfache Beziehungen ableitbar:

Das stochastische Integral hat unter der Bedingung $\int E||g||^2 dt < \infty$, $\int E||h||^2 dt < \infty$ unter anderem folgende *Eigenschaften*:

1. $E[\int_{t_0}^t g dW] = 0.$
2. $E[\int_{t_0}^t g dW (\int_{t_0}^s h dW)'] = \int_{t_0}^{\min(t,s)} E[gh'] dt.$
3. $X(t) := \int_{t_0}^t g dW$ ist ein Martingal.
4. $X(t) := \int_{t_0}^t g dW$ hat orthogonale Zuwächse, d.h. $E[X(t_4) - X(t_3)][X(t_2) - X(t_1)]' = 0$, falls $t_1 \leq t_2 \leq t_3 \leq t_4$.
5. $\int_{t_0}^t dX dX' = \int_{t_0}^t g g' dt.$

(Arnold, Kap. 5.1, 5.2). Die letzte Eigenschaft ist eine Verallgemeinerung der Formel $dW dW' = I dt$, die man formal aus $dX = g dW$ und $dX dX' = g(dW dW')g' = gg' dt$ erhält. Genauer gilt (Wong u. Zakai, 1965b, Goldstein, 1969):

$$\text{p-}\lim_{T \to \infty} \sum_{i=0}^{T-1} \Delta X(t_i) \Delta X'(t_i) = \int_{t_0}^t g(s) g'(s) ds \tag{3.24}$$

wobei $t_0 < t_1, \ldots, < t_T = t$. Für das stochastische Differential mit Drift $dy = f dt + g dW$ erhält man analog:

$$\text{p-}\lim_{T \to \infty} \sum_{i=0}^{T-1} \Delta y(t_i) \Delta y'(t_i) = \int_{t_0}^t g(y(s), s) g'(y(s), s) ds \tag{3.25}$$

(Wong u. Zakai, 1965b, Goldstein, 1969, Satz 4.1). Diese Resultate sind wichtig bei der Parameterschätzung, wenn der Diffusionskoeffizient unbekannte Größen enthält.

Ein weiterer wichtiger Spezialfall ist die Unabhängigkeit des Integranden vom Zufall. In diesem Fall ist das Itô-Integral eine p-variate normalverteilte Zufallsgröße und es gilt:

$$\int_{t_0}^t g(s) dW(s) \sim N(0, \int_{t_0}^t g(s) g'(s) ds). \tag{3.26}$$

Unter Berücksichtigung der Definition des stochastischen Integrals wird die Integralgleichung

$$\begin{aligned} y(t) - y(t_0) &= \int_{t_0}^t f(y(s), s) ds + \int_{t_0}^t g(y(s), s) dW(s) \\ y(t_0) &= y_0 \end{aligned} \tag{3.27}$$

als **(Itôsche) stochastische Differentialgleichung (SDE)** bezeichnet.

Für Referenzzwecke sei folgender Existenz- und Eindeutigkeitssatz zitiert (vgl. L. Arnold, 1973, Wong u. Hajek, 1985):

Theorem 3.3.1 (Existenz- und Eindeutigkeitssatz).
Es gelte eine Lipschitz-Bedingung

$$||f(y,s) - f(x,s)|| + ||g(y,s) - g(x,s)|| \leq K||y-x||; \; s \in [t_0, T] \quad (3.28)$$

und eine Wachstumsbeschränkung

$$||f(y,s)||^2 + ||g(y,s)||^2 \leq K^2(1 + ||y||^2); \; s \in [t_0, T] \quad (3.29)$$

$(||g(y,s)||^2 = \text{tr}(gg'))$. *Dann besitzt die SDE (3.27) im Intervall* $[t_0, T]$ *eine eindeutige, mit Wahrscheinlichkeit 1 stetige Lösung mit Anfangswert* $y(t_0) = y_0$.

Beispiel 3.3.1 (CEV-Diffusionsmodell).
Das Aktienkurs-Modell $dy = \mu y dt + \sigma y^{\alpha/2} dW$ (konstante Elastizität der Varianz; vgl. Cox u. Ross, 1976) erfüllt $g(y)^2 = \sigma^2 |y|^\alpha \leq K^2(1 + |y|^2)$ nur, wenn $\alpha \leq 2$ ist. Dies, weil $y^\alpha \leq 1$ für $y \in [0,1]$. Allerdings gilt keine globale Lipschitzbedingung $|y^{\alpha/2} - x^{\alpha/2}| \leq K|y-x|$, wie man für $x = 0$, $y \leq 1$ und $\alpha < 2$ sieht. Im Fall der geometrischen Brownschen Bewegung ($\alpha = 2$) sind jedoch beide Bedingungen erfüllt. Ein oft zitiertes Beispiel von Girsanov besagt, daß die Gleichung $dy = |y|^\beta dW$ nur für $\beta \geq \frac{1}{2}$ *eine* nichtvorgreifende Lösung hat, jedoch unendlich viele für $0 < \beta < \frac{1}{2}$. Der Spezialfall $dy = (a+by)dt + c\sqrt{y}dW$ ist der von Feller (1951) behandelte Quadratwurzelprozeß.

3.4 Itô-Kalkül

3.4.1 Totales Differential bei deterministischen Funktionen

Im Rahmen der Lösung von deterministischen Differentialgleichungen wird häufig von Ableitungsregeln der Analysis ausgegangen, z.B. kann $\frac{d}{dt}[y(t)^2] = 2y\dot{y}$ bzw. $d(y^2) = 2ydy$ zur Berechnung des Integrals

$$\int_{t_0}^t y(s)dy(s) = \tfrac{1}{2}[y(t)^2 - y(t_0)^2] \quad (3.30)$$

herangezogen werden. Allgemein gilt für die totale Ableitung einer Funktion $h(y(t), t)$ die Formel

$$\tfrac{d}{dt} h(y(t), t) = \left.\frac{\partial h}{\partial y}\right|_{y(t)} \dot{y}(t) + \frac{\partial h}{\partial t}, \quad (3.31)$$

was oft auch in Form des *totalen Differentials*

$$dh(y(t), t) = \left.\frac{\partial h}{\partial y}\right|_{y(t)} dy(t) + \frac{\partial h}{\partial t} dt \quad (3.32)$$

oder einfach

$$dh = \frac{\partial h}{\partial y} dy + \frac{\partial h}{\partial t} dt \quad (3.33)$$

geschrieben wird. Formal ist dies eine Taylorentwicklung von $h(y(t),t)$ um $[y(t_0),t_0]$, die nur bis zu Termen der Ordnung $O(dy)$ und $O(dt)$ ausgeführt wurde. Falls sich dy aus der Differentialgleichung $dy = f(y,t)dt$ ergibt, kann man diese einsetzen und erhält

$$\begin{aligned} dh(y(t),t) &= \frac{\partial h}{\partial y} f(y,t)dt + \frac{\partial h}{\partial t} dt \\ &= (f\tfrac{\partial}{\partial y}h)(y(t),t)dt + \tfrac{\partial}{\partial t}hdt \\ &= (L_f h)(y(t),t)dt + \tfrac{\partial}{\partial t}hdt \end{aligned} \tag{3.34}$$

mit dem Operator $L_f := f\frac{\partial}{\partial y}$ (vgl. Abs. 2.1.1) oder in Integralform

$$h(y(t),t) - h(y(t_0),t_0) = \int_{t_0}^{t} \frac{\partial h}{\partial y} f(y(s),s)ds + \int_{t_0}^{t} \frac{\partial h}{\partial s} ds \tag{3.35}$$

$$= \int_{t_0}^{t} (L_f h)(y(s),s)ds + \int_{t_0}^{t} \frac{\partial h}{\partial s} ds. \tag{3.36}$$

Speziell für $h(y,t) = y$ erhält man so die Darstellung

$$y(t) - y(t_0) = \int_{t_0}^{t} f(y(s),s)ds. \tag{3.37}$$

was man als Integraldarstellung der ODE $\dot{y} = f(y,t)$ interpretieren kann.

Die Wahl $h = h(y)$ führt zur Integralgleichung

$$h(y(t)) - h(y(t_0)) = \int_{t_0}^{t} (L_f h)(y(s))ds, \tag{3.38}$$

die iteriert werden kann und die *Taylorformel in Integralform* ergibt:

$$\begin{aligned} h(y(t)) &= \sum_{i=0}^{n} \frac{(t-t_0)^i}{i!} L_f^i h(y(t_0)) + \\ &\quad \int_{t_0}^{t} \cdots \int_{t_0}^{s_2} L_f^{n+1} h(y(s_1))ds_1 \ldots ds_{n+1} \\ &= \exp[(t-t_0)L_f]h(y(t_0)) \end{aligned} \tag{3.39}$$

Die Operatoren $T_{t,t_0} = \exp[(t-t_0)L_f]$ bilden dabei wieder eine Gruppe mit der Eigenschaft $T_{t,t_0} = T_{t,s}T_{s,t_0}$ (Markoffsche Übergangsoperatoren) und L_f ist der infinitesimale Generator. Die Taylor-Formel kann benutzt werden, um in der Integraldarstellung der Lösung $y(t) - y(t_0) = \int_{t_0}^{t} f(y(s))ds$ das Vektorfeld $f(y(s))$ durch eine entsprechende Approximation zu ersetzen. Dies ist speziell nützlich bei stochastischen Differentialgleichungen.

3.4.2 Itô-Formel und Itô-Taylor-Entwicklung

Im stochastischen Fall sind die Funktionen $h(y(t),t)$ nicht differenzierbar, weil sich diese Eigenschaft von $W(t)$ auf $y(t)$ überträgt. Trotzdem konnte K. Itô zeigen, daß eine analoge Formel für das stochastische Differential $dh(y(t), t)$ abgeleitet werden kann. Aufgrund der Eigenschaft $dW^2 = dt$ bzw. $(gdW)^2 = g^2 dt$ muß man die Taylorentwicklung bis zur 2. Ordnung treiben und erhält formal:

$$\begin{aligned} dh &= \frac{\partial h}{\partial y} dy + \tfrac{1}{2} \frac{\partial^2 h}{\partial y^2} dy^2 + \frac{\partial h}{\partial t} dt \\ &= \frac{\partial h}{\partial y}(f dt + g dW) + \tfrac{1}{2} \frac{\partial^2 h}{\partial y^2} g^2 dt + \frac{\partial h}{\partial t} dt && (3.40) \\ &= (f \frac{\partial}{\partial y} + \tfrac{1}{2} g^2 \frac{\partial^2}{\partial y^2}) h(y(t), t) dt + \frac{\partial h}{\partial t} dt + (g \frac{\partial}{\partial y} h(y(t), t)) dW. && (3.41) \end{aligned}$$

Führt man die Operatoren $L = f \frac{\partial}{\partial y} + \frac{1}{2} g^2 \frac{\partial^2}{\partial y^2}$ (Rückwärtsoperator) und $L_g = g \frac{\partial}{\partial y}$ ein, so kann man die Itô-Formel abgekürzt als

$$dh = Lh dt + \tfrac{\partial}{\partial t} h dt + L_g h dW \qquad (3.42)$$

schreiben. Zusätzlich zu den üblichen linearen Termen ist also noch ein quadratischer Term $\frac{1}{2} \frac{\partial^2 h}{\partial y^2} g^2 dt$ hinzugekommen, der die Größenordnung $dy^2 = g^2 dt = O(dt)$ berücksichtigt. Eine multidimensionale Version des Satzes von Itô lautet:

$$\begin{aligned} dh_i &= \frac{\partial h_i}{\partial y_j}(f_j dt + g_{jk} dW_k) + \tfrac{1}{2} \frac{\partial^2 h_i}{\partial y_j \partial y_k} g_{jl} g_{kl} dt + \frac{\partial h_i}{\partial t} dt \\ &= (f_j \frac{\partial}{\partial y_j} + \tfrac{1}{2} g_{jl} g_{kl} \frac{\partial^2}{\partial y_j \partial y_k}) h_i(y(t)) dt + \frac{\partial h_i}{\partial t} dt + (g_{jk} \frac{\partial}{\partial y_j} h_i) dW_k \\ &:= L h_i dt + \tfrac{\partial}{\partial t} h_i dt + L_{g.k} h_i dW_k && (3.43) \end{aligned}$$

Man kann diese Formel durch die Multiplikationsregeln $dt^2 = 0$, $dt dW_i = 0$ und $dW_j dW_k = \delta_{jk}$ bzw. $dy_j dy_k = g_{jl} g_{kl} dt = (gg')_{jk} dt$ formal ableiten. In obigen Formeln ist über mehrfach vorkommende Indizes zu summieren (Einsteinsche Summenkonvention) und $L_{g.k} = g_{jk} \frac{\partial}{\partial y_j}$.

Setzt man nun beispielsweise in die Integraldarstellung der *autonomen* stochastischen Differentialgleichung

$$y(t) - y(t_0) = \int_{t_0}^{t} f(y(s)) ds + \int_{t_0}^{t} g(y(s)) dW(s) \qquad (3.44)$$

die Itô-Formel für $f(y(s))$ und $g(y(s))$ ein, so erhält man

$$y(t) - y(t_0) = \int_{t_0}^{t} f(y(t_0)) ds + \int_{t_0}^{t} g(y(t_0)) dW(s) + R \qquad (3.45)$$

wobei der Restterm R Doppelintegrale bzgl. $dsdu$, $dsdW(u)$ und $dW(s)dW(u)$ enthält. Derartige Ausdrücke werden als *Itô-Taylor-Entwicklungen* bezeichnet und sind grundlegend für die numerische Behandlung von stochastischen Differentialgleichungen (vgl. Kloeden u. Platen, 1992, Kap. 5 und Kap. 10.4 dieser Arbeit).

3.4.3 Beispiele

Die Itô-Formel bildet das Pendent zur klassischen Kettenregel und kann daher zur Lösung stochastischer Differentialgleichungen und zur Berechnung transformierter Prozesse (z.B. Optionspreise) vorteilhaft eingesetzt werden. In diesem Abschnitt sollen einige bekannte Beispiele referiert werden.

Beispiel 3.4.1.
Das Differential der Funktion $h(y) = y^2$ mit $dy = fdt + gdW$ lautet

$$\begin{aligned} d(y^2) &= 2ydy + \tfrac{1}{2}2dy^2 \\ &= 2ydy + g^2dt, \end{aligned} \tag{3.46}$$

so daß bei konstantem g die Formel

$$\int_{t_0}^{t} d(y^2) := y(t)^2 - y(t_0)^2 \;=\; \int_{t_0}^{t} 2ydy + g^2(t - t_0)$$

und somit

$$\int_{t_0}^{t} ydy = \tfrac{1}{2}[y(t)^2 - y(t_0)^2 - g^2(t - t_0)] \tag{3.47}$$

resultiert. Diese Abweichung von klassischen Resultat für Stieltjes-Integrale ist beispielsweise wichtig bei der Berechnung von Maximum-Likelihood-Schätzern für das lineare Modell $dy = \alpha ydt + gdW$, wo die Formel $\hat{\alpha} = \int ydy / \int y^2 dt$ bei Nichtbeachtung der Rechenregeln zu einem inkonsistenten Schätzer führt (vgl. Fußnote 1, Kap. 5.2).

Beispiel 3.4.2 (Geometrische Brownsche Bewegung GBB).
Die SDE $dS = \mu Sdt + \sigma SdW$ ist ein zentrales Aktienkursmodell in der Black-Scholes-Theorie der Optionsbewertung. Sie enthält einen multiplikativen Rauschterm SdW, was zu Lösungen führt, die vom klassischen Kalkül abweichen. Die Gleichung kann durch die Transformation $y = \log S$ und den Satz von Itô folgendermaßen gelöst werden:

$$\begin{aligned} dy = d\log S &= \frac{dS}{S} - \tfrac{1}{2}\frac{\sigma^2 S^2 dt}{S^2} \\ &= \frac{\mu Sdt + \sigma SdW}{S} - \tfrac{1}{2}\sigma^2 dt \\ &= (\mu - \tfrac{1}{2}\sigma^2)dt + \sigma dW. \end{aligned} \tag{3.48}$$

Diese Gleichung im transformierten Aktienkurs y hängt auf der rechten Seite gar nicht von y ab und führt auf die Lösung

$$y(t) - y(t_0) \;=\; \int_{t_0}^{t} (\mu - \tfrac{1}{2}\sigma^2)ds + \int_{t_0}^{t} \sigma dW(s) \tag{3.49}$$

oder

$$S(t) \;=\; S(t_0) \exp\left[\int_{t_0}^{t} (\mu - \tfrac{1}{2}\sigma^2)ds + \int_{t_0}^{t} \sigma dW(s)\right]. \tag{3.50}$$

Hierbei wurden die erwartete Rendite $\mu(t)$ und die Volatilität $\sigma(t)$ als deterministische Funktionen der Zeit eingesetzt. Konstanten ergeben den Standardfall

$$S(t) = S(t_0)\exp[(\mu - \tfrac{1}{2}\sigma^2)(t - t_0) + \sigma(W(t) - W(t_0))]. \tag{3.51}$$

Obige Gleichungen rechtfertigen die übliche Sprechweise, daß die Renditen normalverteilt und der Aktienkurs log-normalverteilt ist, allerdings in folgendem präziseren Sinn: die übliche deterministische Formel $d\log S = \frac{dS}{S}$ gilt hier nicht, was zu einer Korrektur $\tilde{\mu} = \mu - \frac{1}{2}\sigma^2$ (Wong-Zakai-Korrektur) im Drift-Koeffizient der transformierten Gleichung führt. Definiert man die *zeitstetige Rendite* als

$$r(t) = \frac{dS}{Sdt} = \mu + \sigma\frac{dW}{dt}, \tag{3.52}$$

so ist dies ein Gaußsches weißes Rauschen mit $E[r] = \mu$ und Kovarianz $\gamma(t-s) = \sigma^2\delta(t-s)$. Trotzdem führt die Gleichung auf ein akzeptables Verhalten für den Erwartungswert $E[S(t)] = \exp[\int_{t_0}^t \mu(s)ds]$, was man direkt den Formeln für die Log-Normalverteilung und $E[\int_{t_0}^t \sigma(s)dW(s)] = 0$ bzw. $\text{Var}[\int_{t_0}^t \sigma(s)dW(s)] = \int_{t_0}^t \sigma(s)^2 ds$ entnehmen kann. Alternativ erhält man dies auch aus $dS = \mu S dt + \sigma S dW$ durch Erwartungswertbildung und $E[SdW] = 0$, was wieder bedeutet, daß Zustand und Zuwächse des Rauschterms unabhängig sind (nicht vorgreifend, unabhängig von der Zukunft; vgl. Liptser u. Shiryayev, 1977, Band 1, S. 91).

Beispiel 3.4.3 (Rausch-induzierte Drift).
Häufig entstehen Gleichungen mit multiplikativen Rauschtermen wie im vorigen Beispiel durch stochastische Parameter, etwa in folgender Form:

$$\dot{y}(t) = (\mu + g\zeta)y(t) = \mu y(t) + gy(t)\zeta(t) \tag{3.53}$$

oder umgeschrieben als Itô-Gleichung

$$dy(t) = \mu y(t)dt + gy(t)dW(t). \tag{3.54}$$

Auch hier führt das multiplikative Rauschen zu einer modifizierten Drift $\tilde{\mu} = \mu - \frac{1}{2}g^2$ (Wong-Zakai-Korrektur) in der transformierten Gleichung ($z = \log y$)

$$dz(t) = (\mu - \tfrac{1}{2}g^2)dt + gdW(t). \tag{3.55}$$

Löst man die Ausgangsgleichung trajektorienweise formal als gewöhnliche Differentialgleichung, so ergibt sich

$$y(t) = y(t_0)\exp[\mu(t - t_0) + g(W(t) - W(t_0))], \tag{3.56}$$

wobei $\int \zeta(s)ds = \int dW(s)$ gesetzt wurde. Der Erwartungswert $m(t)$ von $y(t)$ ist nun (unter Beachtung der Momente der Lognormal-Verteilung)

$$E[y(t)] = E[y(t_0)]\exp[(\mu + \tfrac{1}{2}g^2)(t - t_0)]. \tag{3.57}$$

Dies bedeutet, daß $m(t)$ die gewöhnliche Differentialgleichung

$$\dot{m} \;=\; (\mu + \tfrac{1}{2}g^2)m \tag{3.58}$$

erfüllt, was man als durch den verrauschten Parameter $\mu + g\zeta(t,\omega)$ induzierte Drift interpretieren kann. In der Tat würde eine solche Momentengleichung der Itô-Differentialgleichung

$$dy(t) \;=\; (\mu + \tfrac{1}{2}g^2)y(t)dt + gy(t)dW(t). \tag{3.59}$$

entsprechen. Es zeigt sich, daß die Itô-Interpretation der Differentialgleichung unter Verwendung des Satzes von Itô zu modifizierten Lösungen, jedoch zu den naiv erwarteteten Gleichungen für das 1. Moment führt. Diese für die empirische Modellbildung äußerst wichtigen Sachverhalte lassen sich durch die Einführung des stochastischen Integrals von Stratonovich und den Satz von Wong u. Zakai genauer aufklären.

Beispiel 3.4.4 (Optionspreise).
Optionspreise $C(S,t)$ können als nichtlineare Transformationen eines zugrundeliegenden Basiswerts $S(t)$ aufgefaßt werden. Deren zeitliche Veränderung ist dann mit dem Satz von Itô durch

$$\begin{aligned} dC &= L_{f,g}Cdt + \tfrac{\partial}{\partial t}Cdt + L_gCdW \\ &= C_SdS + \tfrac{1}{2}g^2C_{SS}dt + C_tdt \end{aligned} \tag{3.60}$$

gegeben, falls das Basispapier $dS = fdt + gdW$ erfüllt. Hierbei wurden die partiellen Ableitungen mit der Notation $C_S = \frac{\partial C}{\partial S}$ etc. geschrieben und die Argumente im Rückwärtsoperator $L_{f,g}$ explizit angegeben. Setzt man nun für die Verzinsung des sog. Hedge-Portefeuilles $V_H = S + \tau C$ aus Aktie und Option mit dem relativen Anteil τ (Hedge ratio) die Zinsformel mit Zinssatz r an, d.h. $dC + \tau dS = r(C + \tau S)dt$, so folgt aus der Itô-Formel

$$\begin{aligned} dC - C_SdS &= \tfrac{1}{2}g^2C_{SS}dt + C_tdt \\ &= r(C - C_SS)dt \end{aligned} \tag{3.61}$$

falls man $\tau = -C_S$ setzt. Mit dieser Wahl lassen sich die stochastischen Differentiale eliminieren und die rechten Seiten führen zur partiellen Differentialgleichung

$$C_t + rSC_S + \tfrac{1}{2}g^2C_{SS} - rC \;=\; 0 \tag{3.62}$$

$$C_t + L_{rS,g}C - rC \;=\; 0 \tag{3.63}$$

wobei der ursprüngliche Driftterm f herausfällt und durch den zum risikolosen Zinssatz proportionalen Term rS ersetzt wird. Diese Gleichung ist eine Rückwärtsgleichung mit der Inhomogenität $-rC$, die mit Hilfe der Substitution $\tilde{C} = C\exp(-rt)$ (Abzinsung) eliminiert werden kann. Zustandsabhängige Zinssätze $r(S,t)$ können beispielsweise mit der Feynman-Kac-Formel behandelt werden. Der Spezialfall $g = \sigma S$ (konstante Volatilität) führt zur berühmten Black-Scholes-Formel (1973), wobei die Endbedingung $C(S,T) = (S-K)^+ = \max(S-K,0)$ für eine Kaufoption angesetzt wird. Siehe Teil II.

Beispiel 3.4.5 (Transformation des Diffusionskoeffizienten).
In Anwendungen ist man häufig mit dem Problem konfrontiert, daß der Diffusionskoeffizient $g(y,t)$ unbekannte Parameter enthält (z.B. in den häufig benutzten Aktienkursmodellen GBB oder im CEV-Modell von Cox u. Ross, 1976) oder daß die Theorie nur für eine bestimmte Form, etwa $g = \sigma\sqrt{y}$ (Quadratwurzel-Prozess von Feller, 1951) ausgearbeitet ist. Dann kann der Satz von Itô

$$dh = h_y(fdt + gdW) + \tfrac{1}{2}h_{yy}g^2dt \tag{3.64}$$

zur Transformation der Gleichung für y benutzt werden, wenn man $h_y(y,t)g(y,t) = G(h,t)$ als Bestimmungsgleichung für die unbekannte Transformation setzt. Beispielsweise liefert die Setzung $h_y g = 1$ für $g(y) = \sigma y$ (GBB) die Differentialgleichung $dh = dy/y$, die zur gesuchten Transformation $h(y) = \log y$ führt (vgl. Beispiel 3.3).

Im Fall des CEV-Modells gilt $g(y) = \sigma y^{\alpha/2}$, was mit $G(h) = h^{1/2}$ zur Bestimmungsgleichung $dhh^{-1/2} = dyy^{-\alpha/2}$ und somit zur Transformation $z = h(y) = (2-\alpha)^{-2}y^{2-\alpha}$ führt. In der transformierten Variable ergibt sich daher die SDE ($f = \mu y$)

$$dz = \mu(2-\alpha)zdt + \tfrac{\sigma^2}{2}\tfrac{1-\alpha}{2-\alpha}dt + \sigma z^{1/2}dW, \tag{3.65}$$

wobei wieder die Wong-Zakai-Korrektur zu beobachten ist. Dieses Beispiel zeigt jedoch auch, daß unbekannte Parameter in die Transformation eingehen und daher Schätzverfahren für parameterfreie Diffusionskoeffizienten für empirische Zwecke nicht ausreichen.

3.5 Stratonovich-Integrale, Satz von Wong u. Zakai, Modellierungsprobleme

Wie im vorigen Abschnitt bereits diskutiert, führt das Itô-Integral zwar zu einer mathematisch sauberen Theorie des weißen Rauschens, jedoch müssen diese Vorteile mit abgeänderten Rechenregeln für Differentiale nichtlinearer Funktionen erkauft werden. Eine von Fisk (1963) und Stratonovich (1966) vorgeschlagene Definition geht von einer symmetrischen Wahl der Zwischenpunkte in

$$\int_{t_0}^{t} W(s)dW(s) = \text{qm-}\lim_{T\to\infty}\sum_{i=0}^{T-1} W(\tau_i)\Delta W(t_i),$$

d.h. $\tau_i = t_i + \frac{1}{2}(t_{i+1} - t_i)$ bzw. von der Definition

$$\int_{t_0}^{t} W(s)dW(s) = \text{qm-}\lim_{T\to\infty}\sum_{i=0}^{T-1} \tfrac{1}{2}[W(t_i) + W(t_{i+1})]\Delta W(t_i),$$

aus. Dies führt zu einer Teleskopreihe und dem Resultat $\frac{1}{2}[W(t_T)^2 - W(t_0)^2]$, was der klassischen Definition entspricht. Allgemeiner setzt man

$$(S)\int_{t_0}^{t} h(W(s),s)dW(s) =$$

$$\text{qm-}\lim_{T\to\infty}\sum_{i=0}^{T-1} h(\tfrac{1}{2}[W(t_i)+W(t_{i+1})],t_i)\Delta W(t_i), \tag{3.66}$$

für eine in t stetige und in x stetig differenzierbare Funktion $h(x,t)$. Dieser als *Stratonovich-Integral* bezeichnete Ausdruck, der symbolisch als

$$\int_{t_0}^{t} h(W(s),s)\circ dW(s) \tag{3.67}$$

geschrieben werden kann, hängt mit der Itôschen Definition so zusammen

$$\int_{t_0}^{t} h(W(s),s)\circ dW(s) = \int_{t_0}^{t} h(W(s),s)dW(s) + \tfrac{1}{2}\int_{t_0}^{t} \frac{\partial h(x,s)}{\partial x}(W(s))ds,$$

da folgende Taylor-Entwicklung gilt

$$h(\tfrac{1}{2}[W(t_i)+W(t_{i+1})],t_i) = h(W(t_i),t_i) + \frac{\partial h(x,t_i)}{\partial x}(W(t_i))\tfrac{1}{2}\Delta W(t_i),$$

oder kurz

$$h(\overline{W_i},t_i) = h(W_i,t_i) + h_x(W_i,t_i)\tfrac{1}{2}\Delta W_i. \tag{3.68}$$

Für die stochastischen Differentiale kann man daher auch symbolisch

$$h(W(s),s)\circ dW(s) = h(W(s),s)dW(s) + \tfrac{1}{2}h_x(W(s),s)ds \tag{3.69}$$

schreiben. Hierbei wurde wieder die Formel $dW^2 = dt$ eingesetzt.

Da in stochastischen Differentialgleichungen auch Terme der Form $h(y(s),s)\circ dy(s)$ auftreten können, definiert man allgemeiner

$$\int_{t_0}^{t} h(y(s),s)\circ dy(s) =$$

$$\text{qm-}\lim_{T\to\infty}\sum_{i=0}^{T-1} h(\tfrac{1}{2}[y(t_i)+y(t_{i+1})],t_i)\Delta y(t_i), \tag{3.70}$$

wobei wieder durch Taylor-Entwicklung der symbolische Zusammenhang

$$\begin{aligned} h(y,t)\circ dy &= h(y,t)dy + \tfrac{1}{2}h_y(y,t)dydy \\ &= h(y,t)dy + \tfrac{1}{2}h_y(y,t)g^2 dt \end{aligned} \tag{3.71}$$

hergestellt werden kann. Hierbei wurde angenommen, daß y durch das stochastische Differential $dy = fdt + gdW$ (Itô) aus dem Wiener-Prozeß entsteht. Insbesondere stimmen die Integrale also für deterministische Funktionen $h = h(t)$ überein.

Eine multidimensionale Form der Umrechnung lautet analog

$$\begin{aligned} h_{ij}(y,t)\circ dy_j &= h_{ij}(y,t)dy_j + \tfrac{1}{2}h_{ij,y_k}(y,t)dy_k dy_j \\ &= h_{ij}(y,t)dy_j + \tfrac{1}{2}h_{ij,y_k}(y,t)g_{kl}g_{jl}dt \\ &= h_{ij}(y,t)dy_j + \tfrac{1}{2}h_{ij,y_k}(y,t)(gg')_{kj}dt \end{aligned} \tag{3.72}$$

Hierbei wurde wieder die Multiplikationsregel $dW_l dW_m = \delta_{lm} dt$ eingesetzt und die Einsteinsche Summenkonvention verwandt. Insbesondere ergibt sich die Umrechnung

$$\begin{aligned} g_{ij}(y,t) \circ dW_j &= g_{ij}(y,t)dW_j + \tfrac{1}{2} g_{ij,y_k}(y,t)dy_k dW_j \\ &= g_{ij}(y,t)dW_j + \tfrac{1}{2} g_{ij,y_k}(y,t) g_{kj} dt \end{aligned} \tag{3.73}$$

die zur Transformation der Differentialgleichung im Sinne von Stratonovich

$$dy_i = f_i(y,t)dt + g_{ij}(y,t) \circ dW_j \tag{3.74}$$

in die Itô-Gleichung

$$dy_i = [f_i(y,t) + \tfrac{1}{2} g_{ij,y_k}(y,t) g_{kj}(y,t)]dt + g_{ij}(y,t)dW_j \tag{3.75}$$

benutzt werden kann. Beide Gleichungen sind von unterschiedlicher Form im Drift-Term, weisen jedoch die gleiche Lösung auf. Im skalaren Fall gilt

$$dy = f(y,t)dt + g(y,t) \circ dW \tag{3.76}$$

bzw.

$$dy = [f(y,t) + \tfrac{1}{2} g_y(y,t) g(y,t)]dt + g(y,t)dW. \tag{3.77}$$

Umgekehrt kann man für

$$dy = f(y,t)dt + g(y,t)dW \tag{3.78}$$

$$dy = [f(y,t) - \tfrac{1}{2} g_y(y,t) g(y,t)]dt + g(y,t) \circ dW. \tag{3.79}$$

schreiben. Falls also der Diffusionskoeffizient stetig differenzierbar ist, kann man beide Formen der Dgl. immer ineinander umrechnen. Dies ist vor allem günstig, da das Stratonovich-Differential die klassischen Regeln der Analysis erfüllt und somit die üblichen Regeln (partielle Integration, Kettenregel etc.) angewandt werden können. Beispielsweise kann die Itô-Formel

$$\begin{aligned} dh &= h_y dy + \tfrac{1}{2} h_{yy} g^2 dt \\ &= (h_y \circ dy - \tfrac{1}{2} h_{yy} g^2 dt) + \tfrac{1}{2} h_{yy} g^2 dt \\ &= h_y \circ dy \end{aligned} \tag{3.80}$$

mit Hilfe des Stratonovich-Differentials in ein konventionelles totales Differential transformiert werden.

Weiterhin läßt sich die Produktregel für $h = x_1 x_2$ mit $dx_i = f_i dt + g_i dW$ im Itô-Kalkül als $dh = x_2 dx_1 + x_1 dx_2 + dx_1 dx_2 = x_2 dx_1 + x_1 dx_2 + g_1 g_2 dt$ schreiben. Das Differential $x_2 \circ dx_1$ ist jedoch $x_2 dx_1 + \frac{1}{2}[(x_2)_{x_1} dx_1 dx_1 + (x_2)_{x_2} dx_2 dx_1] = x_2 dx_1 + \frac{1}{2} dx_2 dx_1 = x_2 dx_1 + \frac{1}{2} g_2 g_1 dt$, was zur *Produktregel* im Stratonovich-Kalkül

$$d(x_1 x_2) = x_2 \circ dx_1 + x_1 \circ dx_2, \tag{3.81}$$

also zur gewohnten Rechenregel führt.

Als drittes Beispiel kann man die *geometrische Brownsche Bewegung* $dS = \mu S dt + \sigma S dW$ in die Stratonovich-Gleichung $dS = \mu S dt - \frac{1}{2}\sigma^2 S dt + \sigma S \circ dW$

umschreiben, was zur korrekten Lösung $dS/S = (\mu - \frac{1}{2}\sigma^2)dt + \sigma \circ dW$ bzw. $S(t) = S(t_0)\exp[(\mu - \frac{1}{2}\sigma^2)(t - t_0) + \sigma(W(t) - W(t_0))]$ führt. Dies gilt auch im zeitabhängigen (jedoch deterministischen) Fall $\sigma = \sigma(t)$, da ja Itô- und Stratonovich-Integral für deterministische Integranden übereinstimmen.

Der Zusammenhang zwischen den verschiedenen Integraldefinitionen bzw. den entsprechenden Differentialgleichungen wird durch einen *Satz von Wong u. Zakai* (1965a, 1965b, 1969) genauer aufgeklärt. Man betrachtet hierbei eine Polygon-Approximation des Wiener-Prozesses $W(s)$, wobei das Zeitintervall $[t_0, t]$ wie üblich in $t_0 \leq t_1, \ldots, \leq t_T = t$ partitioniert wird. Im Intervall $s \in [t_i, t_{i+1}]$ setzt man

$$W_T(s) = W(t_i) + \frac{\Delta W_i}{\Delta t_i}(s - t_i) \tag{3.82}$$

als Polygonstück und nimmt wieder an, daß die Funktion $h(x,t)$ stetige partielle Ableitungen h_x und h_t aufweist. Dann gilt:

Theorem 3.5.1 (Wong u. Zakai).

$$\begin{aligned} \text{qm-}\lim_{T\to\infty} \int_{t_0}^{t} h(W_T(s), s)dW_T(s) &= \int_{t_0}^{t} h(W(s), s)dW(s) \\ &+ \frac{1}{2}\int_{t_0}^{t} h_x(W(s), s)ds. \end{aligned} \tag{3.83}$$

Hierbei ist das linke Integral ein gewöhnliches Riemann-Stieltjes-Integral für die einzelnen Trajektorien.

Wenn weiterhin $y_T(t)$ trajektorienweise die Gleichung

$$\frac{d}{dt}y_T(t) = f(y_T, t) + g(y_T, t)\frac{dW_T(t)}{dt} \tag{3.84}$$

erfüllt, wobei die Polygonapproximation eine stückweise stetige Ableitung aufweist (die Ableitung $\zeta_T(t) = dW_T(t)/dt$ ist dann eine Treppenfunktion mit Werten $\Delta W_i/\Delta t_i$), so strebt y_T gegen die Lösung der Itô-Differentialgleichung

$$dy = [f(y,t) + \tfrac{1}{2}g_y(y,t)g(y,t)]dt + g(y,t)dW. \tag{3.85}$$

die ja zur Stratonovich-Gleichung

$$dy = f(y,t)dt + g(y,t) \circ dW \tag{3.86}$$

äquivalent ist. Genauer gilt: $\text{qm-}\lim_{T\to\infty} y_T(t) = y(t);\ t \in [t_0, t]$. Damit kann gesagt werden, daß man zu einer Stratonovich-Gleichung gelangt, wenn der Grenzübergang zum weißen Rauschen bzw. zum Wiener-Prozeß mit unbeschränkter Schwankung erst in der Lösung bzw. nach Ausführung der Stieltjes-Integration durchführt wird (vgl. L. Arnold, Kap. 10.3, Wong u. Hajek, 1985, Kap. 4.5). Obige Zusammenhänge gelten auch sinngemäß im multivariaten Fall.

	Itô	Stratonovich
Integral	$I(t) = \int_{t_0}^t g(y,s)dW(s)$	$S(t) = \int_{t_0}^t g(y,s) \circ dW(s)$
Erwartungswert	$E[I] = 0$	$E[S] = \frac{1}{2}E[\int g_y g ds]$
Martingal	ja	nein
Rechenregeln	Itô-Kalkül	klassische Analysis
Zusammenhang	$gdW = g \circ dW - \frac{1}{2}g_y g dt$	$g \circ dW = gdW + \frac{1}{2}g_y g dt$
SDE	$dy = fdt + gdW$	$dy = (f - \frac{1}{2}g_y g)dt + g \circ dW$
	$dy = (m + \frac{1}{2}g_y g)dt + gdW$	$dy = mdt + g \circ dW$
Fokker-Planck	$\partial_t p = -\partial_y(fp) + \frac{1}{2}\partial_y\partial_y(g^2p)$	$\partial_t p = -\partial_y(mp) + \frac{1}{2}\partial_y g\partial_y(gp)$

Tabelle 3.1. Itô vs. Stratonovich.

3.6 Itô oder Stratonovich ?

Im Zusammenhang von Anwendungen stellt sich nun die Frage, welches von den beiden Kalkülen von Vorteil ist. Diese Frage kann nicht rein mathematisch behandelt werden, sondern ist durch die Erfordernisse der jeweiligen Substanzwissenschaft zu beantworten. Einerseits sind mathematische Eigenschaften der Kalküle von Interesse, die in Tabelle (3.1) zusammengestellt sind.

Durch den *Wong-Zakai-Korrekturterm* $\frac{1}{2}g_y g$ können die Kalküle jederzeit ineinander umgerechnet werden.

Andererseits ist zu überlegen, wie die mathematische Modellierung mit dem realen Phänomen zusammenhängt. Zur Stratonovich-Interpretation gelangt man auf zwei Weisen: Einerseits als Lösung einer R-Gleichung, die von einem nur für kurze Zeiträume autokorrelierten stetigen Rauschterm angetrieben wird. Dies ist die übliche Interpretation in der Physik und Ingenieurwissenschaft, wo im Prinzip alle Größen differenzierbar sind (vgl. van Kampen, 1981, 1992). Auf der anderen Seite beinhaltet die Form des S-Differentials $g(y) \circ dW = g(\frac{1}{2}[y(t) + y(t+dt)])dW(t)$ die Hypothese, daß schon Werte aus der Zukunft beteiligt sind, die erst durch den Zuwachs dW (random shock) erzeugt werden (vorgreifende Definition). Diese Erwägung macht es plausibel, daß in der Finanzwirtschaft die Interpretation der Gleichung (stochastische Inflationsrate, geometrische Brownsche Bewegung) $dS = (\mu dt + \sigma dW)S = \mu S dt + \sigma S dW$ als Itô-Gleichung vorgenommen wird. Hier ist die Wirkung des Schocks unabhängig vom zukünftigen Wert, was sich dahin auswirkt, daß der Erwartungswert $m(t) = E[S(t)]$ das übliche, im deterministischen Fall (Zinseszinsformel) zu erwartende Verhalten $m(t) = m(0)\exp(\mu t)$ aufweist. In analoger Weise ist die Veränderung des Hedge-Portefeuilles $V_H = C + \tau S$ sinnvollerweise durch $dV_H = dC + \tau dS$ im Sinne von Itô zu modellieren, da sich der relative Anteil von Aktie zu Option immer nur im nachhinein adjustieren läßt. In der Tat führt hier eine Anwendung des

Stratonovich- Kalküls zu einer Formel für den Optionspreis, die empirisch nicht gedeckt erscheint (vgl. Kap. 9, Fußnote 6).

3.7 Lineare stochastische Differentialgleichungen

Ähnlich wie im deterministischen Fall läßt sich für lineare stochastische Differentialgleichungen eine explizite Theorie entwickeln, die ohne numerische Approximationen der Lösungen auskommt (vgl. Kap. 4). Im Prinzip handelt es sich um lineare Transformationen des Wiener-Prozesses, so daß als Lösungen linearer Systeme im engeren Sinn Gaußsche Prozesse resultieren. Im allgemeinen handelt es sich um Produkte bzw. Wiener-Integrale aus normalverteilten und log-normalverteilten Größen.

Eine SDE heißt *linear*, wenn Drift- bzw. Diffusionskoeffizienten lineare Funktionen des Systemzustands sind, d.h.

$$f(y,t) = A(t)y + b(t) \quad (3.87)$$

$$g(y,t) = [G_1(t)y(t) + g_1, \ldots, G_r(t)y(t) + g_r] \quad (3.88)$$

$$dy(t) = [A(t)y(t) + b(t)]dt + \sum_{j=1}^{r}[G_j(t)y(t) + g_j(t)]dW_j(t). \quad (3.89)$$

Hierbei sind A und G_j Matrizen der Dimension $p \times p$ und b bzw. g_j sind Vektoren der Dimension p. Der Anfangswert $y(t_0)$ wird als zufällig betrachtet. Da der Diffusionskoeffizient linear von y abhängt, erhält man einen multiplikativen Rauschterm ydW und daher eine Wong-Zakai-Korrektur bei Umschreibung in eine Stratonovich-Gleichung bzw. in der Lösung. Dies ist nicht der Fall, wenn alle $G_i = 0$ sind, wobei dieser Gleichungstyp als *lineare Gleichung im engeren Sinne* bezeichnet wird. Lineare Gleichungen erhält man beispielsweise, wenn die Parameter der Gleichung $\dot{y} = Ay + b$ verrauscht sind und durch $A + G\zeta(t)$ bzw. $b + g\zeta(t)$ ersetzt werden. Prototypisch ist etwa die schon mehrfach zitierte geometrische Brownsche Bewegung $dS = \mu S dt + \sigma S dW$, die als Modell mit stochastischer Rendite (bzw. Inflationsrate) interpretiert werden kann.

Die *lineare Gleichung im engeren Sinne* läßt sich folgendermaßen umformulieren

$$dy(t) = [A(t)y(t) + b(t)]dt + g(t)dW(t), \quad (3.90)$$

wobei $g(t) = [g_1, \ldots, g_r]$ eine $p \times r$-Matrix (Diffusionsmatrix) ist. Sie kann mit Hilfe der Fundamentalmatrix

$$\frac{d}{dt}\Phi(t,t') = A(t)\Phi(t,t') \quad (3.91)$$

$$\Phi(t',t') = I.$$

auf einfache Weise gelöst werden. In diesem Fall ist die Diffusionsmatrix unabhängig von y, so daß obige Gleichung auch im Sinne von Stratonovich interpretiert und formal mit den Regeln der klassischen Analysis manipuliert werden kann. Man erhält dann

$$y(t) = \Phi(t,t_0)y(t_0) + \int_{t_0}^{t} \Phi(t,t')b(t')dt' + \int_{t_0}^{t} \Phi(t,t')g(t')dW(t'). \quad (3.92)$$

Daß dies eine korrekte Lösung ist, läßt sich mit dem Satz von Itô leicht zeigen. Die explizite Darstellung demonstriert, daß es sich bei der Lösung um eine gewichtete Superposition von Zuwächsen dW des Wiener-Prozesses handelt. Daher ist auch die Lösung $y(t)$ bei normalverteilter Anfangsbedingung $y(t_0)$ ein Gaußscher stochastischer Prozeß. Die spezielle Wahl $t = t_{i+1}$ und $t_0 = t_i$ zeigt, daß der Übergang zwischen den Zeitpunkten mit Hilfe einer stochastischen Differenzengleichung erfolgt, deren Fehlerterme gaußverteilt sind. Systeme dieser Art werden als *exakte diskrete Modelle* bezeichnet. Sie spielen eine wichtige Rolle in der Parameterschätzung, da nur Zustände an den Meßzeitpunkten involviert sind. Die Elemente der System-Matrix $A(t)$ finden jedoch einen komplizierten nichtlinearen Eingang in die Fundamentalmatrix Φ, welche den Übergang vermittelt. Das Parameterschätzproblem ist also auch in diesem Fall nichtlinear.

Die Fundamentalmatrix muß im allgemeinen mit Hilfe des Zeitordnungsoperators $\overleftarrow{T}$ berechnet werden (vgl. (2.36)). Ist jedoch die Driftmatrix A explizit zeitunabhängig, so erhält man direkt die Lösung

$$\Phi(t,t') = \exp A(t-t'). \quad (3.93)$$

Die ersten beiden Kumulanten des Lösungsprozesses erfüllen die Gleichungen (vgl. Kap. 3.10, S. 58)

$$\dot{m}(t) = E[f] \quad (3.94)$$

$$\dot{\Sigma}(t) = \mathrm{Cov}(f,y) + \mathrm{Cov}(y,f) + E[\Omega], \quad (3.95)$$

$\Omega := g(y,t)g'(y,t)$ und somit

$$\dot{m}(t) = A(t)m(t) + b(t) \quad (3.96)$$

$$m(t_0) = E[y(t_0)]$$

und

$$\dot{\Sigma}(t) = A(t)\Sigma(t) + \Sigma(t)A'(t) + g(t)g'(t) \quad (3.97)$$

$$\Sigma(t_0) = \mathrm{Var}[y(t_0)].$$

Die Lösung dieser Gleichungen kann direkt berechnet oder durch Erwartungswert - und Varianzbildung aus der expliziten Darstellung für $y(t)$ entnommen werden. Man erhält:

$$m(t) = \Phi(t,t_0)m(t_0) + \int_{t_0}^{t} \Phi(t,s)b(s)ds \quad (3.98)$$

und

$$\Sigma(t) = \Phi(t,t_0)\Sigma(t_0)\Phi'(t,t_0) + \int_{t_0}^{t} \Phi(t,s)g(s)g'(s)\Phi'(t,s). \quad (3.99)$$

Im *allgemeinen linearen Fall* ist die Situation komplizierter (vgl. L. Arnold, 1973, Kap. 8.4). Schreibt man die Gleichung als Summe von homogenem und inhomogenem Teil, gilt

$$\begin{aligned} dy(t) &= A(t)y(t)dt + \sum_{j=1}^{r} G_j(t)y(t)dW_j(t) + \\ &+ b(t)dt + \sum_{j=1}^{r} g_j(t)dW_j(t). \end{aligned} \tag{3.100}$$

Man kann zeigen, daß die Fundamentalmatrix $\Phi(t, t_0)$ als Lösung der homogenen Gleichung mit $\Phi(t_0, t_0) = I$, d.h.

$$d\Phi(t, t_0) = A(t)\Phi(t, t_0)dt + \sum_{j=1}^{r} G_j(t)\Phi(t, t_0)dW_j(t) \tag{3.101}$$

zu einer Lösung des inhomogenen Problems mit

$$\begin{aligned} y(t) &= \Phi(t, t_0)y(t_0) + \int_{t_0}^{t} \Phi(t, s)[b(s) - \sum_{j=1}^{r} G_j(s)g_j(s)]ds \\ &+ \int_{t_0}^{t} \Phi(t, s) \sum_{j=1}^{r} g_j(s)dW_j(s) \end{aligned} \tag{3.102}$$

führt. Hierbei ist zu beachten, daß die Fundamentalmatrix nun ein stochastischer Prozeß ist. Beispielsweise ist im skalaren Fall Φ durch

$$\Phi(t, t_0) = \exp\left[\int_{t_0}^{t} [A(s) - \tfrac{1}{2} \sum_{j=1}^{r} G_j(s)^2]ds + \int_{t_0}^{t} \sum_{j=1}^{r} G_j(s)dW_j(s)\right]$$

gegeben. Der Spezialfall $g_j = 0$, $b = 0$ (homogenes System) ergibt dann wieder

$$y(t) = \Phi(t, t_0)y(t_0), \tag{3.103}$$

d.h. den log-normalen Prozeß der geometrischen Brownschen Bewegung. Obige Formeln zeigen, daß multivariate Verallgemeinerungen der GBB zu komplizierten Modellen führen. Insbesondere ist bemerkenswert, daß sich die Fundamental-Lösung zur homogenen autonomen Gleichung (mit zeitunabhängigen Koeffizienten)

$$d\Phi(t, t_0) = A\Phi(t, t_0)dt + \sum_{j=1}^{r} G_j\Phi(t, t_0)dW_j(t), \tag{3.104}$$

die eine direkte Verallgemeinerung der GBB darstellt, nicht einmal explizit angeben läßt, wenn die Matrizen A und G_j nicht miteinander vertauschbar sind.

Bemerkung: Der Term $[b(s) - \sum_{j=1}^{r} G_j(s)g_j(s)]ds$ in der allgemeinen Lösung entsteht durch Umschreiben der ursprünglichen Itô-Differentialgleichung in eine Stratonovich-Gleichung und anschließende Lösung mit den Regeln der klassischen Analysis. Dies ergibt die Korrektur $-\frac{1}{2}\sum_{j=1}^{r} G_j(s)$ $g_j(s)$ für b. Die anschließende Rücktransformation des S-Integrals in ein Itô-Itegral liefert dann nochmals dieselbe Größe, so daß insgesamt der angegebene Term entsteht.

Gleichungen für die ersten beiden Kumulanten lassen sich direkt aus der Definition der Differentialgleichung für $y(t)$ oder den allgemeinen Momentengleichungen (3.147) entnehmen. Es gilt:

$$\begin{aligned} \dot{m}(t) &= A(t)m(t) + b(t) \\ m(t_0) &= E[y(t_0)] \end{aligned} \tag{3.105}$$

und

$$\begin{aligned} \dot{\Sigma}(t) &= A(t)\Sigma(t) + \Sigma(t)A'(t) + \\ &\quad \sum_{j=1}^{r}[G_j(t)\Sigma(t)G_j'(t) + g_j(m,t)g_j'(m,t)] \\ \Sigma(t_0) &= \mathrm{Var}[y(t_0)], \end{aligned} \tag{3.106}$$

$g_j(m,t) = g_j(t) + G_j m(t)$. Man erhält also geschlossene gekoppelte Gleichungen für die ersten beiden Kumulanten. Der multiplikative Rauschterm wirkt sich nur im 2. Kumulanten aus, wo er zu einer Vergrößerung der Drift führt. Dagegen verschwinden Terme der Form ydW im Mittel, wenn das Produkt im Sinne von Itô interpretiert wird.

Beispiel 3.7.1 (Ornstein-Uhlenbeck-Prozeß; Brownsche Bewegung).
Die Brownsche Bewegung war historisch der Hauptgrund für die mathematische Untersuchung stochastischer Differentialgleichungen. Die in Kap. (3.2) erwähnte Langevin-Gleichung kann nun als lineare Itô-Differentialgleichung

$$dv(t) + \gamma v dt = g dW(t)$$

interpretiert werden. Lipschitz- und Wachstumsbedingung sind erfüllt und die Lösung läßt sich leicht als

$$v(t) = e^{-\gamma t}v(0) + e^{-\gamma t}\int_0^t e^{\gamma s} g dW(s)$$

angeben. Dies ist der sogenannte *Ornstein-Uhlenbeck-Geschwindigkeitsprozeß*. Durch Integration erhält man den Ortsprozeß $x(t) = \int_0^t v(s)ds$ eines Brownschen Teilchens. Dieser ist also einmal differenzierbar. Im Gegensatz dazu ist in der Theorie von Einstein bzw. Wiener der Ortsprozeß stetig, aber nicht differenzierbar. Für große Reibung ($\gamma \to \infty$) geht jedoch v gegen ein weißes Rauschen und x gegen den Wienerprozeß. Die Konstante g läßt sich aus dem Gleichverteilungssatz $\lim_{t\to\infty} E[\frac{1}{2}mv(t)^2] = \frac{1}{2}kT$ im Gleichgewicht und

$$\begin{aligned}\mathrm{Var}(v(t)) &= \exp(-2\gamma t)\mathrm{Var}(v(0)) + \frac{g^2}{-2\gamma}(\exp(-2\gamma t) - 1) \\ &\to \frac{g^2}{2\gamma}\end{aligned}$$

bestimmen. Man findet $g^2 = \frac{2\gamma kT}{m}$ für die Diffusionskonstante im Geschwindigkeitsraum (k = Boltzmann-Konstante, T = absolute Temperatur). Daher ist die Autokorrelation der stochastischen Kraft $F = mg(dW/dt)$ durch $E[F(t)F(s)] = 2m\gamma kT\delta(t-s)$ gegeben, was einen Zusammenhang zwischen den Fluktuationen und der Reibung (Dissipation) herstellt (Fluktuations-Dissipations-Theorem; vgl. Kubo, 1966). Dies zeigt wieder, daß im stationären Fall die Energie der stochastischen Kräfte durch Reibung kompensiert werden muß. Für die Kovarianz des Ortsprozesses ergibt sich

$$\begin{aligned}\mathrm{Cov}(x(t), x(s)) &= 2D\min(t,s) + \tfrac{D}{\gamma}[-2 + 2\exp(-\gamma t) + 2\exp(-\gamma s) \\ &\quad - \exp(-\gamma|t-s|) - \exp(-\gamma|t+s|],\end{aligned}$$

wobei $D = \frac{kT}{m\gamma}$ die Diffusionskonstante im Ortsraum ist. Bei großer Reibung erhält man also $\mathrm{Cov}(x(t), x(s)) = 2D\min(t,s)$. Dies ist jedoch gerade die Kovarianzfunktion eines mit $\sqrt{2D}$ skalierten Wiener-Prozesses. In diesem Sinne ist der Wiener-Prozeß eine Theorie des Brownschen Teilchens für große Reibung (vgl. Nelson, 1967, Kap. 9 und 10).

Im allgemeinen Fall erhält man die stochastische Differentialgleichung 2. Ordnung

$$dv + \gamma v dt + \frac{1}{m}K(x)dt = gdW(t)$$

die ein Brownsches Teilchen im Kraftfeld $K(x)$ beschreibt (vgl. Uhlenbeck u. Ornstein, 1930). Diese Gleichung kann wie üblich als 2-dimensionale Itô-Gleichung

$$\begin{aligned}dx &= vdt \\ dv &= -[\gamma v + \frac{1}{m}K(x)]dt + gdW(t)\end{aligned}$$

interpretiert werden. Insbesondere ist der Fall einer linearen Kraft $K(x) = d \cdot x$ ein Beispiel für den zeitstetigen autoregressiven Prozeß 2. Ordnung (CAR(2)). Experimentell konnte Kappler (1931) die Schwingungen eines Torsionspendels beobachten, wobei sich der Einfluß der stochastischen Kraft (Luftmoleküle) durch Änderung des Drucks (Vakuum) variieren läßt. Auch in diesem Fall ist der Ortsprozeß glatt (differenzierbar), während keine Beschleunigung $\dot{v}$ existiert (Abb. 3.4 - 3.6). Der Fall großer Reibung ist wieder von Interesse, da sich dann die Gleichung 2. Ordnung näherungsweise als

$$dx + \frac{1}{m\gamma}K(x)dt = \frac{g}{\gamma}dW(t)$$

schreiben läßt. Dies ist die *Smoluchowski-Gleichung*, deren Lösungen Markoff-Prozesse im Ortsraum sind, während sich die Lösungen der Gleichung 2.

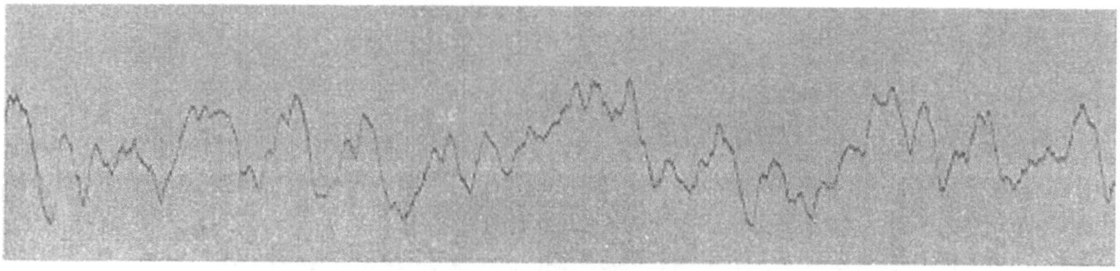

Registrieraufnahme der Brownschen Bewegung (natürliche Größe).
Direktionskraft 2,68·10^{-9} abs. Einh. Trägheitsmoment 6,1·10^{-4} abs. Einh. Abstand Spiegel-Kamera: 86,5 cm.
Zeitmarke: 28 sec $dx = 2$ mm. b) 4·10^{-3} mm Hg. Temperatur 10° C
Fig. 4b

Abbildung 3.4. Brownsche Bewegung eines Torsionspendels (Kappler, 1931, Abb. 4b). Auslenkungswinkel als Funktion der Zeit. Vakuum 4×10^{-3} mm Hg.

Registrieraufnahme der Brownschen Bewegung (natürliche Größe).
Direktionskraft 9,428·10^{-9} abs. Einh. Trägheitsmoment 1·10^{-7} abs. Einh. Abstand Spiegel-Kamera: 72,1 cm.
Zeitmarke: 30 sec $dx = 1$ mm. b) 1·10^{-3} mm Hg. Temperatur 13° C
Fig. 5b

Abbildung 3.5. Brownsche Bewegung eines Torsionspendels. Vakuum 10^{-3} mm Hg.

Registrieraufnahme der Brownschen Bewegung (natürliche Größe).
Direktionskraft 9,428·10^{-9} abs. Einh. Trägheitsmoment: 1·10^{-7} abs. Einh. Abstand Spiegel-Kamera: 72,1 cm.
Zeitmarke: 30 sec $dx = 1$ mm. a) Atmosphärendruck. Temperatur 13° C
Fig. 5a

Abbildung 3.6. Brownsche Bewegung eines Torsionspendels. Atmosphärendruck (starke Reibung).

Ordnung nur als Markoff-Prozesse im Phasenraum interpretieren lassen. Das kräftefreie Teilchen erfüllt dann wieder

$$dx = \frac{g}{\gamma} dW(t),$$

so daß es durch einen Wiener-Prozeß mit Varianz $E[x(t) - x_0]^2 = (g/\gamma)^2 t = \frac{2kT}{m\gamma} t = 2Dt$ beschrieben wird. In der Tat zeigen die Aufnahmen von Kappler, daß im Fall schwacher Reibung glatte Trajektorien, jedoch bei Atmosphärendruck rauhe Verläufe zu beobachten sind, die durch stetige, aber nicht differenzierbare Funktionen approximiert werden können. Selbverständlich muß die Trajektorie $x(t)$ eines mechanischen Systems differenzierbar sein. Dies leistet aber gerade die Ornstein-Uhlenbeck-Theorie, die deshalb von einem physikalischen Standpunkt aus befriedigender ist.

Beispiel 3.7.2 (Geometrische Brownsche Bewegung).
Die geometrische Brownsche Bewegung $dS = \mu S dt + \sigma S dW$ mit deterministischem Anfangswert S_0 ergibt die Momenten-Gleichungen $(g(S,t) = \sigma S; G = \sigma)$

$$\dot{m}(t) = \mu m(t); \; m(t_0) = S_0$$

und

$$\begin{aligned}
\dot{\Sigma}(t) &= 2\mu\Sigma(t) + \sigma\Sigma(t)\sigma + (\sigma m)(\sigma m) \\
&= (2\mu + \sigma^2)\Sigma(t) + \sigma^2 m^2 \\
\Sigma(t_0) &= 0.
\end{aligned}$$

Daraus ergibt sich die Lösung

$$\begin{aligned}
m(t) &= e^{\mu(t-t_0)} S_0 \\
\dot{\Sigma}(t) &= (2\mu + \sigma^2)\Sigma(t) + \sigma^2 e^{2\mu(t-t_0)} S_0^2
\end{aligned}$$

und für die Varianz

$$\begin{aligned}
\Sigma(t) &= e^{(2\mu+\sigma^2)(t-t_0)}\Sigma(t_0) + \sigma^2 \int_{t_0}^{t} e^{(2\mu+\sigma^2)(t-s)} e^{2\mu(s-t_0)} S_0^2 ds \\
&= S_0^2 \sigma^2 e^{2\mu(t-t_0)+\sigma^2 t} \int_{t_0}^{t} e^{-\sigma^2 s} ds \\
&= S_0^2 \sigma^2 e^{2\mu(t-t_0)+\sigma^2 t} \frac{e^{-\sigma^2 t} - e^{-\sigma^2 t_0}}{-\sigma^2} \\
&= S_0^2 e^{2\mu(t-t_0)} (e^{\sigma^2(t-t_0)} - 1).
\end{aligned}$$

Die hätte man auch direkt aus der Lognormal-Verteilung für

$$\begin{aligned}
S(t) &= S_0 \exp((\mu - \sigma^2/2)(t - t_0) + \sigma^2 W(t - t_0)) \\
Y &= S_0 \exp(X)
\end{aligned}$$

mit den Parametern $E[X] := \nu = (\mu - \sigma^2/2)(t - t_0)$ und $\text{Var}[X] := \gamma^2 = \sigma^2(t - t_0)$ entnehmen können, da gilt:

$$\begin{aligned} E[Y] &= S_0 \exp(\nu + \gamma^2/2) = S_0 \exp(\mu(t-t_0)) \\ \mathrm{Var}(Y) &= S_0^2 \exp(2\nu + \gamma^2)(\exp(\gamma^2) - 1) \\ &= S_0^2 \exp(2\mu(t-t_0))(\exp(\sigma^2(t-t_0)) - 1) \end{aligned}$$

3.8 Vorwärts- und Rückwärtsgleichung

Die bisher diskutierten Methoden werden als *direkt* bezeichnet, da sie sich mit den stochastischen Zeitpfaden $y(t,\omega)$ befassen. Alternativ kann man das zeitliche Verhalten der Wahrscheinlichkeitsverteilungen und Dichten des stochastischen Prozesses betrachten. Diese Vorgehensweise führt auf partielle Differentialgleichungen oder Integralgleichungen und wird als *indirekte* oder *analytische Methode* bezeichnet (vgl. Kolmogoroff, 1931). In einem historischen Kontext tritt diese Herangehensweise etwas früher auf, da schon Bachelier (1900) in seiner klassischen Arbeit *Théorie de la spéculation* eine spezielle Form der Chapman-Kolmogoroff-Gleichung benutzte (vgl. den historischen Abriß in Brush, 1968, Mandelbrot, 1987, Kap. 40). Auch Einstein (1905) verwandte in seiner Arbeit über suspendierte Teilchen eine Diffusionsgleichung, die aus einer Taylorentwicklung resultierte. Spätere Ableitungen von Fokker (1914), Planck (1917), Kolmogoroff (1931), Kramers (1940) und Moyal (1949) führten zu Differentialgleichungen für die Übergangswahrscheinlichkeit $p(y,t|x,s)$ mit unterschiedlichen physikalischen und mathematischen Annahmen. Dagegen ist die Theorie von Langevin (1908) ein erstes Beispiel für direkte Methoden.

3.8.1 Kramers-Moyal-Entwicklung und Kolmogoroff-Rückwärtsgleichung

Ableitungen der Fokker-Planck-Gleichung gehen im allgemeinen von einer Form der *Chapman-Kolmogoroff-Gleichung* aus, welche die Entwicklung der Übergangsdichten eines Markoff-Prozesses beschreibt:

$$p(y,t|x,s) = \int p(y,t|y_2,t_2)p(y_2,t_2|x,s)dy_2. \tag{3.107}$$

Gleichung (3.107) ensteht aus der Bayes-Formel

$$p(y,t|x,s) = \int p(y,t|y_2,t_2,x,s)p(y_2,t_2|x,s)dy_2.$$

unter Ausnützung der *Markoff-Eigenschaft*

$$p(y_n,t_n|y_{n-1},t_{n-1},\ldots,y_0,t_0) = p(y_n,t_n|y_{n-1},t_{n-1}) \tag{3.108}$$

für $t_n \geq t_{n-1},\ldots,\geq t_0$. Dies bedeutet, daß die Vorgeschichte bei Kenntnis der Gegenwart vernachlässigt werden kann. Ein solcher Markoff-Prozeß hat den Vorteil, daß nur Gleichungen für die bedingte Dichte (bzw. Wahrscheinlichkeit) $p(y,t|x,s)$ betrachtet werden müssen. Eine Taylorentwicklung der Dichte $p(y,t|y_2,t_2)$ um x, d.h.

$$p(y,t|y_2,t_2) = \sum_{n=0}^{\infty} \frac{1}{n!} \frac{\partial^n p(y,t|x,t_2)}{\partial x^n} (y_2 - x)^n$$

führt zum gewünschten Resultat, wenn man die Momente

$$M_n(\Delta t, x, s) = \int (y-x)^n p(y, s+\Delta t|x,s) dy$$

definiert. Wenn diese noch von Ordnung Δt für $\Delta t \to 0$ sind, d.h.

$$\lim_{\Delta t \to 0} M_n(\Delta t, x, s)/\Delta t := D_n(x,s),$$

dann gilt die *Kramers-Moyal-Rückwärtsgleichung*

$$\frac{\partial p(y,t|x,s)}{\partial s} + \sum_{n=1}^{\infty} \frac{1}{n!} D_n \frac{\partial^n p(y,t|x,s)}{\partial x^n} = 0. \tag{3.109}$$

Der Name drückt die Tatsache aus, daß die Ableitungen auf die hintere Variable wirken, die zeitlich früher ist ($t \geq s$). Die Gleichung enthält unendlich viele Terme und ist daher nicht leichter zu handhaben als die ursprüngliche Integralgleichung (3.107). Es zeigt sich jedoch, daß auch abgeschnittene Summen zur Modellierung eingesetzt werden können. Insbesondere ist der Fall von Bedeutung, wenn nur $n = 2$ Terme benutzt werden. Man erhält dann die *Kolmogoroffsche Rückwärtsgleichung*

$$\frac{\partial p(y,t|x,s)}{\partial s} + D_1 \frac{\partial p(y,t|x,s)}{\partial x} + \tfrac{1}{2} D_2 \frac{\partial^2 p(y,t|x,s)}{\partial x^2} = 0. \tag{3.110}$$

Führt man für die ersten und zweiten *Sprungmomente*

$$D_n(x,s) = \lim_{\Delta t \to 0} \tfrac{1}{\Delta t} \int (y-x)^n p(y, s+\Delta t|x,s) dy \tag{3.111}$$

die Bezeichnung $D_1 = f$ (Driftkoeffizient) und $D_2 = \Omega = gg'$ (Diffusionskoeffizient) ein, so ist der Differentialoperator

$$L(x,s) = f(x,s)\frac{\partial}{\partial x} + \tfrac{1}{2}\Omega(x,s)\frac{\partial^2}{\partial x^2}$$

von der im Satz von Itô benutzten Form. In der Tat sind die Lösungen von stochastischen Differentialgleichungen Markoff-Prozesse, deren Übergangsdichten unter verschiedenen technischen Bedingungen eine Rückwärtsgleichung erfüllen. Mit Hilfe von $L(x,s)$, wobei die Raum- und Zeitargumente explizit angegeben wurden, läßt sich die Rückwärtsgleichung abgekürzt als

$$\frac{\partial p(y,t|x,s)}{\partial s} + L(x,s)p(y,t|x,s) = 0. \tag{3.112}$$

schreiben. Die Lösung ist im autonomen Fall $L = L(x)$ formal als

$$p(y,t|x,s) = \exp[L(x)(t-s)]\delta(y-x) \tag{3.113}$$

gegeben, wobei die Delta-Funktion eine bei y lokalisierte Dichte (Endbedingung bei $s = t$) ist.

3.8.2 Fokker-Planck-Gleichung

Differenziert man die Lösung nach der vorderen Zeit t, so ergibt sich

$$\begin{aligned}\frac{\partial p(y,t|x,s)}{\partial t} &= L(x)p(y,t|x,s) \\ &= L^\dagger(y)p(y,t|x,s)\end{aligned} \tag{3.114}$$

Hierbei wurde die Formel

$$A(y)\delta(y-x) \quad = \quad A^\dagger(x)\delta(y-x) \tag{3.115}$$

für Operatoren mit Wirkung auf die x bzw. y-Variablen benutzt (vgl. Risken, 1989, Kap. 4.2.2) und $A^\dagger$ ist der adjungierte Operator zu A. Da $L^\dagger(y) = F(y)$ nun auf die vorderen Variablen wirkt, wird (3.114) als *Vorwärtsgleichung* oder *Fokker-Planck-Gleichung* bezeichnet. Explizit ergibt sich

$$F(y,t) = -\frac{\partial}{\partial y}f(y,t) + \tfrac{1}{2}\frac{\partial^2}{\partial y^2}\Omega(y,t). \tag{3.116}$$

für den Fokker-Planck-Operator (nichtautonomer Fall). Schreibt man nämlich die Lösung mit Hilfe des Zeitordnungsoperators

$$p(y,t|x,s) \quad = \quad \vec{T}\exp\left[\int_s^t L(x,u)du\right]\delta(y-x), \tag{3.117}$$

so kann dies mit Gleichung (3.115) in

$$p(y,t|x,s) \quad = \quad \overleftarrow{T}\exp\left[\int_s^t L^\dagger(y,u)du\right]\delta(y-x) \tag{3.118}$$

umgeschrieben werden. Bei Bildung des adjungierten Operators dreht sich hierbei die Zeitordnung der Terme um. Ableiten nach t ergibt dann die nichtautonome *Fokker-Planck-Gleichung* mit zeitabhängigen Koeffizienten

$$\frac{\partial p(y,t|x,s)}{\partial t} \quad = \quad F(y,t)p(y,t|x,s). \tag{3.119}$$

Im allgemeinen Fall hat F die Form des Kramers-Moyal-Vorwärtsoperators

$$F_{KM}(y,t) = \sum_{n=1}^{\infty}\frac{(-1)^n}{n!}\left(\frac{\partial}{\partial y}\right)^n D_n(y,t). \tag{3.120}$$

Die Frage, wieviele Terme in der Kramers-Moyal-Entwicklung berücksichtigt werden müssen, kann durch ein interessantes Theorem von Pawula beantwortet werden: Für positive Lösungen $p \geq 0$ kann die Entwicklung nach dem ersten oder zweiten Term abgebrochen werden, anderenfalls müssen unendlich viele Summanden genommen werden. Trotzdem kann eine endliche Anzahl $n \geq 2$ eine bessere Approximation von p geben, wenn man lokal negative Werte in Kauf nimmt (vgl. Risken, 1989, Kap. 4.3, 4.6).

Eine Ableitung der Fokker-Planck-Gleichung für Itô-Differentialgleichungen kann auch mit dem Satz von Itô erfolgen. Betrachtet man die Funktion $\rho(y,t,\omega) = \delta(y(t,\omega) - y)$, wobei der Prozeß $y(t)$ bei dem deterministischen Wert x startet, d.h. $y(s) = x$, so ist der Erwartungswert von ρ die Übergangsdichte

$$p(y,t|x,s) = E[\delta(y(t,\omega) - y)] = \int \delta(z-y)p(z,t|x,s)dz$$

Für ρ gilt dann $d\rho = \rho_y(fdt + gdW) + \frac{1}{2}\rho_{yy}\Omega dt$ und $dp = E[\rho_y f]dt + \frac{1}{2}E[\rho_{yy}\Omega]dt$ oder explizit

$$\begin{aligned}\partial_t p(y,t|x,s) &= \int \delta_z(z-y)f(z,t)p(z,t|x,s)dz + \\ &\quad \tfrac{1}{2}\int \delta_{zz}(z-y)\Omega(z,t)p(z,t|x,s)dz.\end{aligned}$$

Partielle Integration führt dann zur Fokker-Planck-Gleichung

$$\partial_t p(y,t|x,s) = -\partial_y[f(y,t)p(y,t|x,s)] + \tfrac{1}{2}\partial_y\partial_y[\Omega(y,t)p(y,t|x,s)]. \quad (3.121)$$

In diesem Fall kommt man also mit zwei Termen aus. Multivariat gilt

$$\begin{aligned}\frac{\partial p(y,t|x,s)}{\partial t} &= -\frac{\partial}{\partial y_i}[f_i(y,t)p(y,t|x,s)] \\ &\quad +\tfrac{1}{2}\frac{\partial^2}{\partial y_i y_j}[g_{ik}(y,t)g_{jk}(y,t)p(y,t|x,s)]. \quad (3.122)\end{aligned}$$

Aufgrund der Darstellung

$$p(y,t) = \int p(y,t|x,s)p(x,s)dx \quad (3.123)$$

ist leicht einzusehen, daß auch die Randdichte $p(y,t)$ die Fokker-Planck-Gleichung erfüllt. Die Übergangswahrscheinlichkeit kann also als Greensche Funktion (Propagator) interpretiert werden, da sie in der Integralgleichung den Übergang von s nach t vermittelt.

3.8.3 Beispiele

Beispiel 3.8.1 (Deterministische Bewegung; Liouville-Gleichung).
Im Fall einer deterministischen Differentialgleichung $\dot{y} = f(y,t)$ mit Anfangswert x kann die Übergangswahrscheinlichkeit als

$$p(y,t|x,s) = \delta(y(t) - y) = \delta(g_s^t x - y) \quad (3.124)$$

geschrieben werden. Dies bedeutet, daß der Punkt x durch den Phasenfluß g_s^t an die Stelle $y(t) = g_s^t x$ transportiert wird. Die anfängliche Delta-Dichte zerfließt also nicht im Laufe der Zeit. Für die Sprung-Momente gilt dann

$$\begin{aligned} M_n(\Delta t, x, s) &= \int (y-x)^n \delta(g_s^{s+\Delta t}x - y)dy \\ &= \int (y-x)^n \delta(x + f(x,s)\Delta t - y)dy \\ &= (f(x,s)\Delta t)^n + O(\Delta t^{n+1}) \end{aligned}$$

für genügend kleine Δt. Dies zeigt, daß nur $D_1 = f(x,s)$ ist, während die anderen $D_n = 0, n \geq 2$ sind. Daher erfüllt die Übergangswahrscheinlichkeit die Rückwärtsgleichung

$$[\frac{\partial}{\partial s} + f(x,s)\frac{\partial}{\partial x}]p(y,t|x,s) = 0$$

und die Fokker-Planck-Gleichung

$$\frac{\partial}{\partial t}p(y,t|x,s) = -\frac{\partial}{\partial y}[f(y,t)p(y,t|x,s)]$$

Der Operator $L = f(x)\frac{\partial}{\partial x}$ ist also im autonomen Fall wieder der infinitesimale Generator der Gruppe $T_{t,s} = \exp[L(x)(t-s)]$ und es gilt die Taylor-Entwicklung $H(t,x,s) := h(y(t)) = \exp[L(x)(t-s)]h(x)$ (vgl. Kap. 3.4). Die Phasen-Funktion $H(t,x,s) = E[h(y(t))] = \int h(y)p(y,t|x,s)dy$ erfüllt dann die Rückwärtsgleichung

$$[\frac{\partial}{\partial s} + f(x)\frac{\partial}{\partial x}]H(t,x,s) = 0$$

(*Kolmogoroff-Formel*).

Die Fokker-Planck-Gleichung kann auch für die Dichte $\rho(y,t)$ mit Anfangswert $\rho(y,t_0) = \rho_0(y)$ betrachtet werden. Dies ist die Vorgehensweise der statistischen Mechanik, wo ein Ensemble von Systemen mit zufälliger Anfangsbedingung $y(t_0,\omega) \sim \rho_0$ betrachtet wird. Die *Phasenraumdichte* $\rho(y,t)$ erfüllt dann

$$\partial_t \rho(y,t) = -\frac{\partial}{\partial y}[f(y,t)\rho(y,t)],$$

was mit der *Liouville-Gleichung* übereinstimmt (vgl. van Kampen, 1992, S. 411). Dies bedeutet, daß die Fokker-Planck-Gleichung als eine Kontinuitätsgleichung im Phasenraum interpretiert werden kann. Im Fall von Hamilton-Systemen gilt $f' = [H_p, -H_q]$ mit $y' = [q,p]$, so daß $[\partial_q, \partial_p]f = 0$ erfüllt ist (konservatives System). Dann kann

$$\begin{aligned} \partial_t \rho(y,t) &= -\frac{\partial}{\partial y}[f(y,t)\rho(y,t)] \\ &= -f(y,t)\frac{\partial}{\partial y}\rho(y,t) \\ &= -(\tfrac{\partial H}{\partial p}\tfrac{\partial \rho}{\partial q} - \tfrac{\partial H}{\partial q}\tfrac{\partial \rho}{\partial p}) = -L\rho \end{aligned}$$

geschrieben werden und es gilt $F = -L = -F^\dagger$. Daher ist bei konservativen Systemen der Fokker-Planck-Operator antihermitesch und iL ist ein hermitescher Operator.

Beispiel 3.8.2 (Wiener-Prozeß).
Für den Wiener-Prozeß $W(t)$ können die Momente M_n leicht explizit berechnet werden, da die Zuwächse $W(t) - W(s)$ Gaußsche Zufallsvariablen mit Erwartungswert 0 und Varianz $|t - s|$ sind. Dann gilt für gerade n

$$\begin{aligned} M_n(\Delta t, x, s) &= E[(W(s + \Delta t) - W(s))^n | W(s) = x] \\ &= (n-1)!! \Delta t^{n/2} \end{aligned}$$

oder explizit $M_1 = 0$, $M_2 = \Delta t$. Daher sind alle höheren $D_n = 0$ und die Fokker-Planck-Gleichung ist die *Diffusionsgleichung*

$$\frac{\partial p(y, t|x, s)}{\partial t} = \tfrac{1}{2} \frac{\partial^2}{\partial y^2} p(y, t|x, s). \tag{3.125}$$

Weiterhin erfüllt die Dichte die Rückwärtsgleichung

$$\frac{\partial p(y, t|x, s)}{\partial s} = -\tfrac{1}{2} \frac{\partial^2}{\partial x^2} p(y, t|x, s).$$

Aus der Darstellung $y(t) = x + W(t - s)$ ist ersichtlich, daß es sich bei $p(y, t|x, s)$ um eine bedingte Gauß-Dichte mit $E[y(t)|x, s] = x$ und $\mathrm{Var}[y(t)|x, s] = |t - s|$ handelt. In der Tat erfüllt die Dichte der Normalverteilung

$$p(y, t|x, s) = (2\pi|t - s|)^{-1/2} \exp[-\tfrac{1}{2} \tfrac{(y-x)^2}{|t-s|}] \tag{3.126}$$

$$:= \phi(y; x, |t - s|) = \phi(y - x; 0, |t - s|) \tag{3.127}$$

die Diffusionsgleichung mit der Anfangsbedingung $\delta(y - x)$, wie man durch Einsetzen zeigen kann. Alternativ kann die Gleichung durch einen Separationsansatz oder Fouriertransformation direkt gelöst werden (vgl. etwa Risken, 1989, Kap.5).

Beispiel 3.8.3 (Itô-Prozesse).
Auch aus der Itô-Gleichung $dy = f dt + g dW$ mit Anfangswert $y(s) = x$ kann man sehen, daß hier nur die ersten beiden Momente von Ordnung Δt sind. Es gilt $M_1 = E[y(s + \Delta t) - x] = f(x, s)\Delta t$ und $M_2 = E[(y(s + \Delta t) - x)^2] = g^2(x, s)\Delta t$, während höhere Momente von Ordnung $O(\Delta t^2)$ sind. Daher findet man wieder die Fokker-Planck- und Rückwärtsgleichung für die bedingte Dichte. Die deterministische Bewegung $g = 0$ und der Wiener-Prozeß $f = 0$, $g = 1$ lassen sich wieder als Spezialfälle der Itô-Gleichung auffassen. Die stochastische Differentialgleichung mit Gaußschem Fehlerterm führt also zu einer Kramers-Moyal-Entwicklung mit nur 2 Termen.

3.8.4 Kolmogoroff- und Feynman-Kac-Formel

Betrachtet man die Funktion

$$\begin{aligned} H(t, x, s) &= E[h(y(t))|y(s) = x] \\ &= \int h(y) p(y, t|x, s) dy \end{aligned}$$

so kann man durch Ableiten nach s und Einsetzen der Rückwärtsgleichung zeigen, daß auch der bedingte Erwartungswert H

$$[\partial_s + L(x,s)]H(t,x,s) = 0 \tag{3.128}$$

mit der Endbedingung $H(t,x,t) = h(x)$ erfüllt. Umgekehrt bedeutet dies, daß die Lösung der partiellen Differentialgleichung (3.128) durch einen Erwartungswert dargestellt werden kann. Diese Tatsache wird als *Kolmogoroff-Formel* bezeichnet. Sie kann dazu benutzt werden, die Lösung H zu approximieren, wenn der Erwartungswert $H = E[h(y(t))|y(s) = x]$ durch den Mittelwert

$$\hat{H}(t,x,s) = \frac{1}{N}\sum_{n=1}^{N} h(y_n(t)) \tag{3.129}$$

ersetzt wird. Hierbei sind $y_n(t)$, $n = 1,\ldots,N$ unabhängige Lösungen der SDGl $dy = fdt + gdW$ mit Anfangswert $y(s) = x$. Dies bildet den Ausgangspunkt von Monte-Carlo-Simulationsverfahren. Entsprechende Simulationsmethoden für die Lösungen der SDGl werden in Kap. 4 diskutiert.

Setzt man $h = \delta(y(t)-y)$ in die Kolmogoroff-Formel ein, so ist $H(t,x,s) = p(y,t|x,s)$ die Übergangsdichte, die durch

$$\hat{p}(y,t|x,s) = \frac{1}{N}\sum_{n=1}^{N} \delta(y_n(t) - y) \tag{3.130}$$

approximiert werden kann. Insbesondere erhält man Kerndichte-Schätzer für p, wenn statt der Delta-Funktion Kern-Funktionen mit entsprechender Bandbreite eingesetzt werden (vgl. Kap 7).

Im Rahmen der Optionsbewertung erhält man die inhomogene Rückwärtsgleichung

$$[\partial_t + L(S,t)]C(S,t) - r(S,t)C(S,t) = 0;\ t \le T \tag{3.131}$$

(vgl. Kap. 9). Man kann zeigen, daß diese Gleichung durch eine verallgemeinerte Kolmogoroff-Formel, die sog. *Feynman-Kac-Formel* gelöst werden kann, wobei

$$C(S,t) \quad = \quad E[h(S(T))\exp[-\int_t^T r(S(u),u)du]|S(t) = S] \tag{3.132}$$

der abgezinste Erwartungswert der Endbedingung $h(S(T))$ ist (Beweis siehe Kap. 9). Im Falle von Kaufoptionen gilt $h(S) = (S-K)^+$ (K = Ausübungspreis der Call-Option). Obige Formel gilt auch in dem sehr allgemeinen Fall, wenn der risikolose Zinssatz eine Funktion der Zeit ist und sogar vom Kurs des Basispapiers $S(t)$ abhängt.

Etwas allgemeiner gilt: Die partielle Differentialgleichung

$$[\partial_s + L(x,s)]H(t,x,s) + v(x,s)H(t,x,s) = 0;\ s \le t \tag{3.133}$$

mit

$$L(x,s) = f(x,s)\frac{\partial}{\partial x} + \tfrac{1}{2}\Omega(x,s)\frac{\partial^2}{\partial x^2}$$

und der Endbedingung $H(t,x,t) = h(x)$ wird durch

$$\begin{aligned} H(t,x,s) &= E[h(y(t))\exp\left[\int_s^t v(y(u),u)du\right] |y(s) = x];\ s \le t \qquad (3.134) \\ H(t,x,t) &= h(x) \end{aligned}$$

gelöst (*Feynman-Kac-Formel*), wobei der stochastische Prozeß $y(t)$ die Itô-Gleichung

$$dy(t) = f(y,t)dt + g(y,t)dW(t);\ y(s) = x \qquad (3.135)$$

erfüllt. Der Erwartungswert (Pfadintegral) ist also eine Darstellung des Operators

$$T_{t,s} = \vec{T}\exp\int_s^t [L(x,u) + v(x,u)]du,$$

der zu einer formalen Lösung

$$H(t,x,s) = T_{t,s}h(x);\ s \le t$$

führt. Häufig wird auch das Argument t (Endzeitpunkt) in H weggelassen. Eine Approximation des Erwartungswerts durch statistische Mittelwerte bildet wiederum den Ausgangspunkt für Monte-Carlo-Verfahren. Oft wird im autonomen Fall die Funktion H bezüglich des Arguments t betrachtet. Dann ist (3.134) die Lösung von

$$\partial_t H(t,x,s) = [L(x) + v(x)]H(t,x,s);\ t \ge s \qquad (3.136)$$

Interessant ist auch der Zusammenhang zur Schrödinger-Gleichung: Für $f = 0$ und $g = 1$ ist $H = -L + \phi = -\frac{1}{2}\frac{\partial^2}{\partial x^2} + \phi(x)$ der Hamiltonoperator eines Quantensystems mit Potential ϕ, so daß die Schrödinger-Gleichung durch eine Überlagerung von Pfaden $y(t)$ gelöst wird (Pfadintegral-Darstellung). In diesem speziellen Fall ist die Lösung der Itô-Gleichung ein Wiener-Prozess und der Erwartungswert läßt sich in expliziter Form als Integral bzgl. dem Wiener-Maß anschreiben (vgl. Roepstorff, 1994, Kap. 2, Hackenbroch u.Thalmeier, 1994, Kap. 6.6). Der Operator $\exp(-Ht) = \exp(L-\phi)t$ ist dann die sogenannte Schrödinger-Halbgruppe mit Generator H.

3.9 Stochastische Differentialgleichungen, Markoff- und Diffusionsprozesse

Im letzten Abschnitt wurde gezeigt, daß die Lösungen von stochastischen Differentialgleichungen zu Sprungmomenten M_n führen, von denen nur die ersten beiden von Ordnung Δt sind. Auf der anderen Seite basierte die

Ableitung der Chapman-Kolmogoroff-Gleichung und der Kramers-Moyal-Entwicklung auf der Markoff-Eigenschaft (3.108). Weiterhin wurde gezeigt, daß stochastische Differentialgleichungen Diffusionsphänomene beschreiben, insbesondere erfüllte der Wiener-Prozeß das Gesetz der mittleren quadratischen Verschiebung $E[W(t)^2] = t$ und seine Übergangsdichte erfüllte die Diffusionsgleichung. Im folgenden sollen daher die Begriffe nochmals nebeneinandergestellt werden. Wie schon gesagt, bedeutet die *Markoff-Eigenschaft*, daß die Wahrscheinlichkeit

$$P(y(t) \in B|y(t_n), \ldots, y(t_0)) = P(y(t) \in B|y(t_n)) \tag{3.137}$$

bei bekannter Gegenwart $y(t_n)$ nicht von der Vergangenheit abhängt (für alternative Definitionen vgl. Arnold, 1973, S. 44).

Diffusionsprozesse sind nun spezielle Markoff-Prozesse mit stetigen Realisierungen, bei denen die Sprungmomente die Relationen

$$\begin{aligned} D_1(x,s) &= \lim_{\Delta t \to 0} \tfrac{1}{\Delta t} \int_{||y-x|| \le \epsilon} (y-x)p(y, s+\Delta t|x,s)dy \\ &:= f(x,s), \end{aligned} \tag{3.138}$$

$$\begin{aligned} D_2(x,s) &= \lim_{\Delta t \to 0} \tfrac{1}{\Delta t} \int_{||y-x|| \le \epsilon} (y-x)(y-x)'p(y, s+\Delta t|x,s)dy \\ &:= \Omega(x,s) \end{aligned} \tag{3.139}$$

und

$$\begin{aligned} \lim_{\Delta t \to 0} \tfrac{1}{\Delta t} \int_{||y-x|| \ge \epsilon} p(y, s+\Delta t|x,s)dy &= \lim_{\Delta t \to 0} \tfrac{1}{\Delta t}(1 - M_0) \\ &= 0 \end{aligned} \tag{3.140}$$

erfüllen. Die Koeffizienten des Diffusionsprozesses werden als Driftvektor f und Diffusionsmatrix Ω bezeichnet [4]. Sie legen den Rückwärtsoperator (Generator) L des Diffusionsprozesses fest und die Übergangswahrscheinlichkeit erfüllt die Rückwärtsgleichung.

Der Zusammenhang zwischen SDE und Diffusionsprozessen wird durch folgenden Satz geklärt (Arnold, 1973, Satz 9.3.1):

Theorem 3.9.1 (Diffusionsprozeß).
Für die SDE

$$dy(t) = f(y(t),t)dt + g(y(t),t)dW(t); \; y(t_0) = y_0 \tag{3.141}$$

gelten die Voraussetzungen des Existenzsatzes 3.3.1. Falls f und g stetig in t sind, ist die Lösung $y(t)$ ein Diffusionsprozeß im Intervall $[t_0, T]$ mit Driftvektor $f(y,t)$ und Diffusionsmatrix $\Omega(y,t) = g(y,t)g'(y,t)$.

---

[4] Die Integration muß im Bereich $||y-x|| \le \epsilon$, $\epsilon > 0$ abgeschnitten werden, da die Sprungmomente nicht unbedingt existieren. Falls jedoch $\lim E[||y(s+\Delta t) - y(s)||^{2+\delta}|y(s) = x] = 0$ gilt, kann der Integrationsbereich auf $\mathbf{R}^p$ ausgedehnt werden (vgl. Nelson (1990), Satz 2.2, im Kontext von GARCH-Diffusions-Approximationen).

Bemerkung: Aufgrund der Abschätzung $E[||y(t) - y(s)||^{2n}|y(s) = x] \leq C(t-s)^n$ benötigt man keine abgeschnittenen Momente (vgl. Kap. 3.10).

Auch umgekehrt kann zu vorgegebener Drift und Diffusionsmatrix eine SDE angegeben werden, deren Lösungen mit dem Diffusionsprozeß übereinstimmen (vgl. Gard, 1988, Satz 3.11). Wenn man nur die Verteilungen des Diffusionsprozesses reproduzieren möchte, kann irgendein Diffusionskoeffizient g benutzt werden, sofern nur $\Omega(y,t) = g(y,t)g'(y,t)$ erfüllt werden kann (z.B. mit der Cholesky-Wurzel).

In diesem Sinne stellen also die Lösungen stochastischer Differentialgleichungen und Diffusionsprozesse im wesentlichen die selbe Modellklasse dar (vgl. die Diskussion in Arnold, 1973, Kap. 9).

Der Zusammenhang zwischen Lösungen der SDE (3.141) und Markoff-Prozessen wird durch folgende Aussage erläutert.

Theorem 3.9.2 (Markoff-Prozeß).
Es gelten wieder die Lipschitz- und Wachstumsbedingung und $y_{xs}(t)$ ist eine Lösung der SDE mit Startwert x zum Zeitpunkt s, d.h.

$$y(t) \quad = \quad x + \int_s^t f(y(u),u)du + \int_s^t g(y(u),u)dW(u). \tag{3.142}$$

Dann ist die Lösung der SDE (3.141) ein Markoff-Prozeß *im Intervall $[t_0, T]$, dessen Übergangswahrscheinlichkeit durch*

$$P(y(t) \in B|y(s) = x) = P(y_{xs}(t) \in B) \tag{3.143}$$

gegeben ist.

(L. Arnold, 1973, Satz 9.2.3). Die bedingte Wahrscheinlichkeit läßt sich also durch die unbedingte Wahrscheinlichkeit des Ereignisses $\{y_{xs}(t) \in B\}$ für den in (x,s) startenden Prozeß $y_{xs}(t)$ berechnen. Dies wäre eine direkte Möglichkeit der Berechnung der Übergangswahrscheinlichkeit, etwa durch Monte-Carlo-Simulation von Trajektorien $y_{nxs}(t)$ und Approximation des Funktionals $P(y(t) \in [y, y + \Delta y]|y(s) = x) = E[I_{[y,y+\Delta y]}(y_{xs}(t))]$ durch den Mittelwert $\frac{1}{N}\sum_{n=1}^{N} I_{[y,y+\Delta y]}(y_{nxs}(t))$ (vgl. Kap. 5).

3.10 Gleichungen für die Momente

Anstelle der Lösungstrajektorien der SDE sind häufig auch Gleichungen für die Momente $M_k(t) = E[y(t)^k]$ oder von Korrelationsfunktionen des Typs $E[h(y(t))h(y(s))]$ von Interesse. Beispielsweise ist der bedingte Erwartungswert $E[y(t)|Z^t]$ die optimale Schätzung von $y(t)$ im Quadratmittel, wenn Messungen $Z^t = \{z(s); s \leq t\}$ bis zum Zeitpunkt t vorliegen.

Betrachtet man im allgemeinen eine Funktion $h(y(t))$, so ist deren Erwartungswert durch

$$H(t) = E[h(y(t))] = \int h(y)p(y,t)dy$$

gegeben. Da die Dichte $p(y,t)$ die Fokker-Planck-Gleichung erfüllt, findet man

$$\dot{H}(t) = E[Lh(y(t))] = \int [L(y,t)h(y)]p(y,t)dy \tag{3.144}$$

Dies ist jedoch keine Differentialgleichung für H, da auf der rechten Seite Erwartungswerte von Lh erscheinen. Nur in Spezialfällen erhält man Systeme von geschlossenen Gleichungen. Obige Gleichung kann man auch aus dem Satz von Itô

$$dh = Lhdt + h_y g dW$$

und anschließender Erwartungswertbildung erhalten.

Wichtige Spezialfälle sind das 1. und 2. Moment $m(t) = E[y(t)]$ und $M(t) = E[y(t)y'(t)]$. In diesem Falle gilt $Ly_i = f_i$ und $L(y_i y_j) = f_i y_j + f_j y_i + \Omega_{ij}$, so daß die Momente die Gleichungen

$$\begin{aligned} \dot{m}(t) &= E[f(y(t),t)] && (3.145)\\ \dot{M}(t) &= E[f(y(t),t)y'(t)] + E[y(t)f'(y(t),t)] + E[\Omega(y(t),t)] && (3.146) \end{aligned}$$

bzw.

$$\begin{aligned} \dot{m}(t) &= E[f] && (3.147)\\ \dot{\Sigma}(t) &= E[fy'] - \dot{m}m' + E[yf'] - m\dot{m}' + E[\Omega] && (3.148)\\ &= \mathrm{Cov}(f,y) + \mathrm{Cov}(y,f) + E[\Omega] && (3.149) \end{aligned}$$

erfüllen. Die erste Gleichung zeigt, daß der Erwartungswert der Lösung im allgemeinen *nicht* die deterministische Gleichung $dy = fdt$ erfüllt, die bei Weglassen der stochastischen Fluktuationen entsteht. Entwickelt man jedoch $f(y(t),t)$ um $m(t)$, so gilt

$$\begin{aligned} E[f_i(y(t),t)] &= f_i(m(t),t) + \tfrac{1}{2}f_{i,kl}E[(y_k - m_k)(y_l - m_l)] + O(||y||^3)\\ &= f_i + \tfrac{1}{2}f_{i,kl}\Sigma_{kl} + O(||y||^3) \end{aligned}$$

wobei die *Kovarianz-Matrix*

$$\Sigma_{ij}(t) := E[(y_i(t) - m_i(t))(y_j(t) - m_j(t))] = M_{ij}(t) - m_i(t)m_j(t) \tag{3.150}$$

und die Notation $f_{i,kl} = \partial_k \partial_l f_i(m(t),t)$ eingesetzt wurde. Außerdem wurden Summenzeichen weggelassen (*Einsteinsche Summenkonvention*: über mehrfach vorkommende Indizes ist zu summieren). Daher ist bei einer Verteilung, die bei $m(t)$ eine scharfe Lokalisation aufweist (kleine Varianz), mit einer approximativ geschlossenenen Gleichung für den Erwartungswert $\dot{m}(t) \approx f(m(t),t)$ zu rechnen. Entwickelt man auch noch

$$g_{ij}(y(t),t) \approx g_{ij}(m,t) + g_{ij,k}(y_k - m_k) + \tfrac{1}{2}g_{ij,kl}(y_k - m_k)(y_l - m_l)$$

bis zur 2. Ordnung, so gilt (unter Vernachlässigung 4. Momente)

$$\begin{aligned} \dot{m}_i &= f_i + \tfrac{1}{2}f_{i,kl}\Sigma_{kl} && (3.151)\\ \dot{\Sigma}_{ij} &= f_{i,k}\Sigma_{kj} + \Sigma_{ik}f_{j,k} + g_{im}g_{jm}\\ &\quad + g_{im,k}g_{jm,l}\Sigma_{kl} + \tfrac{1}{2}g_{im}g_{jm,kl}\Sigma_{kl} + \tfrac{1}{2}g_{jm}g_{im,kl}\Sigma_{kl}. \end{aligned}$$

Im skalaren Fall gilt die übersichtliche Form (vgl. Jazwinski, 1970, Kap. 9)

$$\begin{aligned} \dot{m} &= f + \tfrac{1}{2} f_{yy} \Sigma \\ \dot{\Sigma} &= 2 f_y \Sigma + g^2 + g_y^2 \Sigma + g g_{yy} \Sigma. \end{aligned} \tag{3.152}$$

Falls die 2. Ableitungen $f_{i,kl}$ und $g_{im,kl}$ vernachlässigt werden können und unter Einführung der Abkürzungen $A(m(t),t) = f_{i,k} : p \times p$ für die Jacobi-Matrix des Drift-Vektors und $G_m(m(t),t) = g_{im,k} : p \times p$ für die Jacobi-Matrix des m-ten Spaltenvektors in $g(y,t) : p \times r$ kann man in Matrix-Notation schreiben:

$$\begin{aligned} \dot{m} &= f(m,t) \\ \dot{\Sigma} &= A\Sigma + \Sigma A' + g(m,t)g'(m,t) + \sum_{m=1}^{r} G_m \Sigma G'_m. \end{aligned} \tag{3.153}$$

Diese Gleichung bildet z.B. den Ausgangspunkt für den erweiterten Kalman-Filter (EKF) und andere approximative nichtlineare Filter (vgl. Kap. 5.9).

Im allgemeinen linearen Fall hat man als Drift $f(y,t) = A(t)y + b(t)$ und $g(y,t) = g(t) + [G_1 y, \ldots, G_r y] : p \times r$ als Diffusionsmatrix. Die *exakten* Momentengleichungen lauten dann

$$\dot{m} = A(t)m(t) + b(t) \tag{3.154}$$

$$\begin{aligned} \dot{\Sigma} &= A(t)\Sigma(t) + \Sigma(t)A'(t) + g(m,t)g'(m,t) \\ &\quad + \sum_{m=1}^{r} G_m(t)\Sigma(t)G_m(t)'. \end{aligned} \tag{3.155}$$

(vgl. Kap. 3.7).

Abschließend sei noch eine Abschätzung für Momente höherer Ordnung angegeben. Es gilt für die Lösung der SDE im Intervall $[t_0, T]$:

$$E||y(t)||^{2n} \leq (1 + E||y(t_0)||^{2n})e^{C(t-t_0)} \tag{3.156}$$

$$E||y(t) - y(t_0)||^{2n} \leq D(1 + E||y(t_0)||^{2n})|t - t_0|^n e^{C(t-t_0)} \tag{3.157}$$

mit Konstanten C und D (L. Arnold, 1973, Satz 7.1.2). Insbesondere gilt also

$$E||y(t) - y(s)||^{2n} \leq C_1 |t - s|^n; \; t, s \in [t_0, T]. \tag{3.158}$$

Dies zeigt noch einmal, daß die Sprungmomente M_{2n} für $n > 1$ von Ordnung $|t - s|^n$ sind und daher die höheren D_n in der Kramers-Moyal-Entwicklung verschwinden. Weiterhin sieht man für $n = 1$, daß

$$E||y(t) - y(s)||^2 \leq C_1 |t - s| \tag{3.159}$$

was die *Stetigkeit* der Lösung im Quadratmittel bedeutet.

4. Simulation von stochastischen Differentialgleichungen

Im allgemeinen können nur lineare Differentialgleichungen analytisch gelöst werden, insbesondere im wichtigen multivariaten Fall. Die entsprechende Theorie wurde in Kapitel 2.2 und 3.7 kurz dargestellt. Analog zu den deterministischen gewöhnlichen Differentialgleichungen kann auch im stochastischen Fall eine Vielzahl von numerischen Schemata abgeleitet werden. Während entsprechende Verfahren wie etwa von Euler, Heun oder Runge-Kutta schon seit langem bekannt sind, werden numerische Verfahren für SDE erst in neuerer Zeit diskutiert (vgl. Maruyama, 1955, Milstein, 1974, Fahrmeir, 1976, Rümelin, 1982, Kloeden u. Platen, 1992). Sie spielen eine wichtige Rolle einerseits bei der Simulation von Systemen, deren exakte Systemdynamik nicht analytisch erfaßt werden kann, und andererseits bei der Berechnung von Funktionalen, die von der Dichtefunktion des Systems abhängen. Beispielsweise ist die Wahrscheinlichkeit eines Intervalls der Erwartungswert seiner Indikatorfunktion. Ein Optionspreis ist der Erwartungswert des Produkts einer Auszahlungsfunktion mit einem Diskont-Faktor, der durch Simulation von Trajektorien entsprechender Itô-Gleichungen für das Basispapier approximiert werden kann.

4.1 Deterministische Differentialgleichungen

Das bekannteste numerische Schema ist das Euler-Schema, das durch die stückweise Integration der ODE

$$\dot{y}(t) = f(y(t), t); \; y(t_0) = y_0. \tag{4.1}$$

über das Intervall $[t_i, t_{i+1}]$ entsteht:

$$y(t_{i+1}) - y(t_i) = \int_{t_i}^{t_{i+1}} f(y(s), s) ds. \tag{4.2}$$

Approximiert man das Integral durch $f(y(t_i), t_i)\Delta t_i$, so ergibt sich das *Euler-Schema*

$$\eta_{i+1} = \eta_i + f(\eta_i, t_i)\Delta t_i; \; \eta_0 = y(t_0), \tag{4.3}$$

$i = 0, \ldots, T-1$, wobei die Folge η_i die unbekannte Lösung bei t_i approximiert. Die Güte der Näherung hängt direkt mit der Approximation des Integrals zusammen, die durch Integralformeln wie die Trapez-Regel verbessert werden kann. Man erhält dann

$$\eta_{i+1} = \eta_i + \tfrac{1}{2}[f(\eta_i, t_i) + f(\eta_{i+1}, t_{i+1})]\Delta t_i; \; \eta_0 = y(t_0). \tag{4.4}$$

Dieses Schema hat den Nachteil, daß auf der rechten Seite das zunächst unbekannte η_{i+1} vorkommt (implizites Schema) und daher durch den Euler-Prädiktor ersetzt wird. Man erhält so das explizite Schema von *Heun*

$$\eta_{i+1} = \eta_i + \tfrac{1}{2}[f(\eta_i, t_i) + f(\hat{\eta}_{i+1}, t_{i+1})]\Delta t_i \tag{4.5}$$

$$\hat{\eta}_{i+1} = \eta_i + f(\eta_i, t_i)\Delta t_i \tag{4.6}$$

$$\eta_0 = y(t_0), \tag{4.7}$$

$i = 0, \ldots, T-1$. Es ist genauer, erfordert aber mehr Rechenaufwand. Der *globale Diskretisierungs-Fehler* bei t_{i+1} ist als

$$e_1 = |y(t_{i+1}) - \eta_{i+1}| \tag{4.8}$$

definiert, während man für den *lokalen Fehler* (Ein-Schritt-Prognose-Fehler)

$$e_2 = |y(t_{i+1}) - \eta_{i+1}|; \eta_i = y(t_i) \tag{4.9}$$

setzt. Für das Euler-Schema gilt $e_1 = O(\Delta t)$ und $e_2 = O(\Delta t^2)$, während für das Heun-Schema die genaueren Resultate $e_1 = O(\Delta t^2)$ und $e_2 = O(\Delta t^3)$ abgeleitet werden können (vgl. Gard, 1988, Kap. 7, Stoer u. Bulirsch, 1990, Kap. 7). Hierbei wurden die Diskretisierungsschritte $\Delta t_i = \Delta t$ als gleich angenommen. Auch höhere Verfahren wie das Runge-Kutta-Verfahren 4. Ordnung können zur weiteren Reduktion des Approximationsfehlers eingesetzt werden.

4.2 Stochastische Differentialgleichungen

Im stochastischen Fall kann man analog von der Integralgleichung

$$y(t_{i+1}) - y(t_i) = \int_{t_i}^{t_{i+1}} f(y(s), s)ds + \int_{t_i}^{t_{i+1}} g(y(s), s)dW(s). \tag{4.10}$$

ausgehen und diese entsprechend approximieren. Eine Rechteckapproximation (linker Zwischenpunkt im stochastischen Integral) führt zum *Euler-Maruyama-Schema*

$$\eta_{i+1} = \eta_i + f(\eta_i, t_i)\Delta t_i + g(\eta_i, t_i)\Delta W_i, \tag{4.11}$$

$\eta_0 = y(t_0)$, wobei $\Delta W_i = W(t_{i+1}) - W(t_i)$ Inkremente des Wiener-Prozesses sind, welche durch die Folge $z_i\sqrt{\Delta t}$, $z_i \sim N(0,1)$ i.i.d. simuliert werden können. Die Folge η_i konvergiert gleichmäßig im Quadratmittel gegen die

Lösung $y(t)$ der Itô-Gleichung $dy = fdt + gdW$ und die globalen und lokalen Fehler sind $e_1 = O(\Delta t)$ und $e_2 = O(\Delta t^2)$, wobei im stochastischen Fall die Diskretisierungsfehler durch

$$e_1 = E[|y(t_{i+1}) - \eta_{i+1}|^2 \mid \eta_0 = y(t_0)] \quad (4.12)$$

$$e_2 = E[|y(t_{i+1}) - \eta_{i+1}|^2 \mid \eta_i = y(t_i)] \quad (4.13)$$

definiert sind (vgl. Gard, 1988, Kap. 7). Üblicherweise wird die Folge η_i zwischen den Simulations-Zeitpunkten t_i durch Sprungfunktionen oder Polygone interpoliert, um eine zeitstetige Approximation zu erhalten. Verallgemeinert man das Schema von Heun auf den stochastischen Fall, so ergibt sich

$$\begin{aligned} \eta_{i+1} &= \eta_i + \tfrac{1}{2}[f(\eta_i, t_i) + f(\hat{\eta}_{i+1}, t_{i+1})]\Delta t_i + \\ &\quad + \tfrac{1}{2}[g(\eta_i, t_i) + g(\hat{\eta}_{i+1}, t_{i+1})]\Delta W_i && (4.14) \\ \hat{\eta}_{i+1} &= \eta_i + f(\eta_i, t_i)\Delta t_i + g(\eta_i, t_i)\Delta W_i && (4.15) \\ \eta_0 &= y(t_0). && (4.16) \end{aligned}$$

Die Definition des Diffusionsterms ähnelt nun dem Stratonovich-Integral und man kann zeigen, daß das Heun-Schema im Quadratmittel gegen die Lösung der Stratonovich-Gleichung $dy = fdt + g \circ dW$ oder der äqivalenten Itô-Gleichung $dy = f + \frac{1}{2}gg_y dt + gdW$ konvergiert. Entwickelt man die Terme $f(\hat{\eta}_{i+1}, t_{i+1})$ und $g(\hat{\eta}_{i+1}, t_{i+1})$ in eine Taylor-Reihe um η_i und behält nur Terme der Größenordnung $O(\Delta t)$, so erhält man das *Milstein-Schema*

$$\begin{aligned} \eta_{i+1} &= \eta_i + f(\eta_i, t_i)\Delta t_i + g(\eta_i, t_i)\Delta W_i + \\ &+ \tfrac{1}{2}g(\eta_i, t_i)g_y(\eta_i, t_i)\Delta W_i^2 && (4.17) \\ \eta_0 &= y(t_0). && (4.18) \end{aligned}$$

Ein allgemeines Runge-Kutta-Schema, das die Euler- und Heun-Methode als Spezialfälle enthält, wurde von Rümelin (1982) angegeben. Ein Schema 4. Ordnung lautet explizit:

$$\begin{aligned} \eta_{i+1} &= \eta_i + \tfrac{1}{6}[f_0 + 2f_1 + 2f_2 + f_3]\Delta t_i + \\ &\quad + \tfrac{1}{6}[g_0 + 2g_1 + 2g_2 + g_3]\Delta W_i && (4.19) \\ f_0 &= f(\eta_i, t_i) && (4.20) \\ f_1 &= f(\eta_i + f_0\Delta t/2 + g_0\Delta W_i/2, t_i + \Delta t/2) && (4.21) \\ f_2 &= f(\eta_i + f_1\Delta t/2 + g_1\Delta W_i/2, t_i + \Delta t/2) && (4.22) \\ f_3 &= f(\eta_i + f_2\Delta t + g_2\Delta W_i, t_i + \Delta t) && (4.23) \\ \eta_0 &= y(t_0), && (4.24) \end{aligned}$$

wobei die Koeffizienten g_i analog definiert sind. Auch dieses Schema konvergiert gleichmäßig im Quadratmittel gegen die Stratonovich-Lösung der SDE $dy = fdt + gdW$. Im allgemeinen findet Konvergenz gegen eine Gleichung mit korrigierter Drift $\tilde{f} = f + \lambda g_y g$ statt, wobei der Korrekturfaktor λ eine Funktion der Koeffizienten des Schemas ist.

Die Konvergenzresultate übertragen sich analog auf den vektoriellen Fall $p > 1$, wobei die Drift durch

$$\tilde{f} = f + \sum_{j=1}^{r} \lambda g_{j,y} g_j \tag{4.25}$$

korrigiert werden muß. Dies entspricht für $\lambda = \frac{1}{2}$ der Wong-Zakai-Korrektur und der üblichen Umrechnung beim Übergang von der Itô- zur Stratonovich-Interpretation (vgl. Tabelle 3.1).

Betrachtet man weiterhin die Ordnung der Konvergenz, d.h. mit welcher Potenz $O(\Delta t^\gamma)$ die numerischen Approximationen gegen die exakten Lösungen konvergieren, so muß der skalare vom vektoriellen Fall unterschieden werden. Man kann zeigen, daß für das Euler-Schema der globale Fehler von Ordnung $e_1 = O(\Delta t)$ und der lokale Fehler $e_2 = O(\Delta t^2)$ ist, während das Heun-Schema und das Milstein-Schema von Ordnung $e_1 = O(\Delta t^2)$ und $e_2 = O(\Delta t^3)$ sind. Das Runge-Kutta-Schema 4. Ordnung besitzt einen lokalen Fehler von $e_2 = O(\Delta t^4)$, wenn die Funktion

$$S(y,t) = g f_y - g_t - f g_y - \tfrac{1}{2} g^2 g_{yy} \tag{4.26}$$

Null ist. Dann sind auch noch höhere Ordnungen möglich. Ansonsten sind nur lokale Fehler $e_2 = O(\Delta t^3)$ möglich, die vom Heun- oder Milstein-Schema erreicht werden (Rümelin, a.a.O., Satz 2).

Im multivariaten Fall gilt unter der *Symmetrie-(Vertauschbarkeits)-Bedingung*

$$g_{j,y} g_k = g_{k,y} g_j;\ j,k = 1,\ldots,r \tag{4.27}$$

wobei g_j die j-te Spalte des Diffusionskoeffizienten und $g_{j,y} : p \times p$ dessen Jacobimatrix ist, folgendes Resultat (Rümelin, a.a.O., Satz 3):

Theorem 4.2.1 (Rümelin 1982).

1. *Wenn die Symmetriebedingung nicht gilt, hat das beste Integrationsschema Ordnung* $e_2 = O(\Delta t^2)$. *Dies wird vom Euler-Schema erreicht.*
2. *Wenn die Symmetriebedingung gilt, hat das beste Integrationsschema Ordnung* $e_2 = O(\Delta t^3)$. *Dies wird vom Heun-Schema oder vom Milstein-Schema erreicht.*

Bemerkung: Das multivariate Milstein-Schema mit der Ersetzung

$$\tfrac{1}{2} g g_y \Delta W_i^2 \to \tfrac{1}{2} \sum_{j,k=1}^{r} g_{j,y} g_k \Delta W_j \Delta W_k \tag{4.28}$$

ist nur unter der Symmetrie-Bedingung von 3. Ordnung $e_2 = O(\Delta t^3)$. Ansonsten müssen multiple Itô-Integrale benutzt werden, die aus einer Itô-Taylor-Entwicklung resultieren (vgl. Kloeden u. Platen, 1992, Kap. 10.3).

Bedingung	$p = 1$	$p > 1$
$S(y,t) \neq 0$ keine Symmetrie	$O(\Delta t^3)$ Heun	$O(\Delta t^2)$ Euler
$S(y,t) = 0$ Symmetrie	$O(\Delta t^4)$ Runge-Kutta	$O(\Delta t^3)$ Heun

Tabelle 4.1. Ein-Schritt-Approximationsfehler verschiedener Verfahren.

4.3 Starke und schwache Konvergenz

Je nachdem, ob die Approximation der SDE trajektorienweise erfolgen soll oder ob nur bestimmte Erwartungswerte oder Wahrscheinlichkeiten gut angenähert werden sollen, ergeben sich unterschiedliche Konvergenzbegriffe. Falls gilt:

$$\lim_{\Delta t \to 0} E|y(t) - \eta_{\Delta t}(t)| = 0 \tag{4.29}$$

$$E|y(t) - \eta_{\Delta t}(t)| = O(\Delta t^{\gamma}) \tag{4.30}$$

spricht man von *starker Konvergenz* mit Ordnung γ (Kloeden u. Platen, 1992, Kap. 9). Ist man dagegen nur am Erwartungswert des Funktionals $g(y(t))$ interessiert, so spricht man von *schwacher Konvergenz* mit Ordnung β, wenn

$$\lim_{\Delta t \to 0} |E[g(y(t))] - E[g(\eta_{\Delta t}(t))]| = 0 \tag{4.31}$$

$$|E[g(y(t))] - E[g(\eta_{\Delta t}(t))]| = O(\Delta t^{\beta}) \tag{4.32}$$

gilt, wobei $\eta_{\Delta t}(t)$ eine numerische Approximation mit Schrittweite $\Delta t = \max_i \Delta t_i$ darstellt. Wählt man als Testfunktionenraum C etwa die Klasse der Polynome, so ist die Existenz aller Momente $E[y(t)^n]$ und deren Konvergenz zu betrachten.

Man kann beispielsweise zeigen, daß das Euler-Schema schwach konvergent mit Ordnung $\beta = 1$ ist (Kloeden u. Platen, 1992, Kap. 9). Da man bei schwacher Konvergenz nur an Erwartungswerten interessiert ist, genügt es, die Verteilungen des Prozesses $y(t)$ gut zu approximieren. Daher können die Gaußschen Inkremente ΔW_i im Euler-Schema durch andere Zufallsvariable mit ähnlichen Momenten ersetzt werden. Dies führt zu einem *vereinfachten schwachen Euler-Schema*

$$\eta_{i+1} = \eta_i + f(\eta_i, t_i)\Delta t_i + g(\eta_i, t_i)\Delta \tilde{W}_i, \tag{4.33}$$

wobei als Zufallsvariablen $\Delta \tilde{W}_i$ beispielsweise die 2-Punkt (Bernoulli)-Variablen mit

$$P(\Delta \tilde{W}_i = \pm\sqrt{\Delta t}) = \tfrac{1}{2} \tag{4.34}$$

oder die 3-Punkt-Variablen

$$P(\Delta\tilde{W}_i = \pm\sqrt{3\Delta t}) = \tfrac{1}{6}; P(\Delta\tilde{W}_i = 0) = \tfrac{2}{3} \tag{4.35}$$

verwandt werden können. Eine andere Wahl besteht in gleichverteilten Zufallsvariablen $v_i = \sqrt{12}(u_i - \frac{1}{2})$, wobei u_i gleichverteilt im Intervall $[0, 1]$ ist. Dann hat

$$\Delta\tilde{W}_i = v_i\sqrt{\Delta t} \tag{4.36}$$

die gleichen ersten und zweiten Momente wie die Zuwächse ΔW_i. Die angegebenen Zufallsvariablen können jedoch zeitsparender simuliert werden. Beispielweise ist der uniforme Generator auf $[0, 1]$ in praktisch jeder Programmiersprache direkt enthalten. Die so definierten Zufallsvariablen können als Inkremente eines sogenannten *Wiener-Prozesses im weiteren Sinne* aufgefaßt werden (Liptser u. Shiryayev, 1978, Kap. 15), für den gilt:

$$\tilde{W}(0) = 0 \tag{4.37}$$

$$E[\tilde{W}(t)] = 0 \tag{4.38}$$

$$E[\tilde{W}(t)\tilde{W}(s)] = \min(t, s). \tag{4.39}$$

Es werden also nur die Eigenschaften der 1. und 2. Momente verlangt. Beispielsweise ist auch der kompensierte Poisson-Prozeß $\tilde{W}(t) = \pi(t) - t$ mit $P(\pi(t) = k) = \exp(-t)t^k/k!$ und $P(\pi(0) = 0) = 1$ ein Wiener-Prozeß im weiteren Sinne, obwohl die Zeitpfade Sprünge aufweisen und fast sicher unstetig sind. Auf der anderen Seite gilt $E[\tilde{W}(t) - \tilde{W}(s)]^2 = |t - s|$, was die Stetigkeit im Quadratmittel bedeutet. Prozesse mit Sprüngen werden oft in Verbindung mit Diffusionsprozessen als Modelle für Aktien und andere Wertpapiere eingesetzt (vgl. Kap. 8.4 und die dort zitierte Literatur).

4.4 Beispiele

4.4.1 Wiener-Prozeß und weißes Rauschen

Setzt man $f = 0$ und $g = 1$ im Euler-Schema, so ergibt sich die Rekursion

$$\eta_{i+1} = \eta_i + \Delta W_i. \tag{4.40}$$

Mit dem Anfangswert $\eta_0 = 0$ ergibt dies eine Folge η_i, die einen Wiener-Prozeß approximiert. Beispielsweise kann zwischen t_i und t_{i+1} konstant oder linear approximiert werden (Sprungfunktion oder Polygonzug), wobei die zweite Möglichkeit zu einer stetigen Funktion führt. Die Feinstruktur des Wiener-Prozesses im Intervall $[t_i, t_{i+1}]$ kann jedoch durch solche Approximationen nicht abgebildet werden. Nimmt man als Zuwächse ΔW_i die Folge $z_i\sqrt{\Delta t}; z_i \sim N(0, 1)$ i.i.d., so ist

$$\eta_T = \sum_{i=0}^{T-1} z_i\sqrt{\Delta t} \tag{4.41}$$

eine normalverteilte Zufallsgröße mit Erwartungswert 0 und Varianz $t = T\Delta t$, wie es für den Wiener-Prozeß $W(t)$ gilt. Approximative weiße Rauschsequenzen ergeben sich durch Bildung von Differenzen-Quotienten, d.h.

$$\zeta_i = \frac{\eta_{i+1} - \eta_i}{\Delta t} = \frac{\Delta W_i}{\Delta t} = \frac{z_i}{\sqrt{\Delta t}}$$

Die Varianz von ζ_i ist also Δt^{-1}, was für $\Delta t \to 0$ zu einer unendlich großen Streuung führt. Dies ist wieder Ausdruck der Nichtdifferenzierbarkeit des Wiener-Prozesses. Wählt man als Interpolationsfunktion für den Wiener-Prozeß Polygonzüge, so ist $\zeta(t)$ eine Sprungfunktion mit dem Wert $z_i \Delta t^{-1/2}$ im Intervall $[t_i, t_{i+1}]$. Verwendet man Zuwächse, deren erste beide Momente mit denen des Wienerprozesses übereinstimmen, so erhält man einen Wiener-Prozeß im weiteren Sinn. Dies ist in Abb. (4.3) und (4.4) für eine 2-Punkt-Variable $\Delta \tilde{W}_i = z_i \sqrt{\Delta t}; P(z_i = \pm 1) = 1/2$ gezeigt. Die entsprechende Rauschvariable $\zeta_i = z_i \Delta t^{-1/2}$ kann dann nur die Werte ± 10 annehmen ($\Delta t = .01$). Qualitativ erscheint das Bild der so simulierten Wiener-Prozesse ähnlich zu denen aus Gaußschen Zufallsvariablen, wobei in der Ausschnittsvergrößerung (Abb. 4.3 rechts) der stilisierte Charakter eher zum Ausdruck kommt. Schließlich zeigt Abb. (4.5) einen zweidimensionalen Wiener-Prozeß ($T = 5000, \Delta t = .01$). Die von J. Perrin (1914) gemessenen Bahnen von Brownschen Teilchen weisen hierzu eine große Ähnlichkeit auf (vgl. Abb. 8.1 und 8.2).

4.4.2 Geometrische Brownsche Bewegung

Die geometrische Brownsche Bewegung ist eines der bekanntesten Modelle in der Modellierung von Aktienkursen und bildet die Grundlage der Black-Scholes-Theorie der Optionsbewertung. Da das Modell $dS = (\mu dt + \sigma dW)S = \mu S dt + \sigma S dW$ einen multiplikativen Rauschterm aufweist, ergeben die verschiedenen Verfahren unterschiedliche Drift-Terme. Dies wird in Abb. 4.6. deutlich, wo die nach dem Heun- bzw. Runge-Kutta-Verfahren simulierten Pfade einen Erwartungswert $\exp[(\mu + \frac{1}{2}\sigma^2)t]$ aufweisen, der eine Wong-Zakai-Korrektur in der Drift enthält. Da die Rümelin-Bedingung

$$S(y,t) = gf_y - g_t - fg_y - \tfrac{1}{2}g^2 g_{yy} = 0 \tag{4.42}$$

zu Null erfüllt werden kann, ist die beste Ordnung des Einschritt-Fehlers mindestens $O(\Delta t^4)$, die vom Runge-Kutta-Schema 4. Ordnung erreicht wird (vgl. Tabelle 4.1). Die Differenz zwischen Runge-Kutta- und Heun-Schema ist in Abb. 4.7 (rechts) aufgetragen. Die Standardabweichung $\sqrt{e_2} = O(\sqrt{.01^3}) = O(.001)$ ist in etwa eine Schranke für die Abweichung der beiden Kurven. Die Differenz von Euler- und Heun-Approximation von der exakten Lösung wird in Abb. 4.7 (links) gezeigt. Auch die Euler-Lösung weist in diesem Fall eine etwas stärkere Drift auf. Im Mittel gilt jedoch

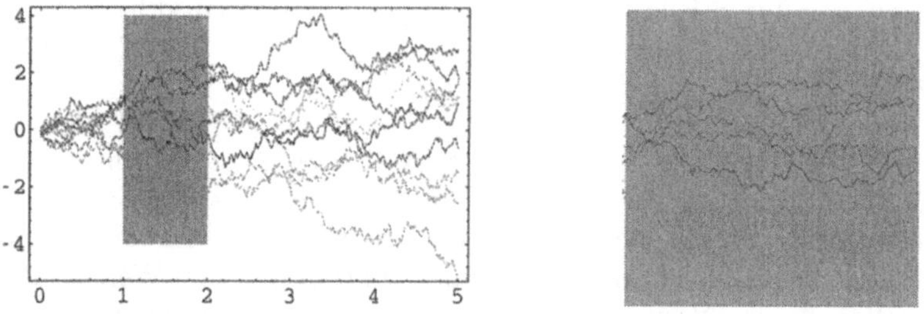

Abbildung 4.1. Approximativer Wiener-Prozeß (Polygonzüge) mit Gaußschen Zufallsvariablen z_i und $\Delta t = .01$ im Intervall [0,5]. Ausschnittsvergrößerung des grauen Bereichs (rechts).

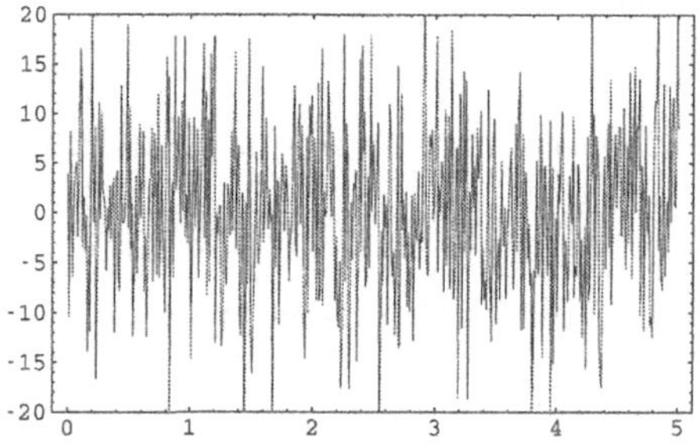

Abbildung 4.2. Approximatives weißes Rauschen $z_i \Delta t^{-1/2}$

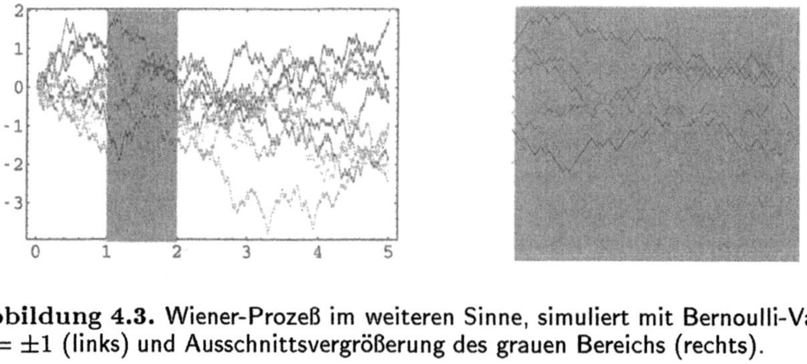

Abbildung 4.3. Wiener-Prozeß im weiteren Sinne, simuliert mit Bernoulli-Variablen $z_i = \pm 1$ (links) und Ausschnittsvergrößerung des grauen Bereichs (rechts).

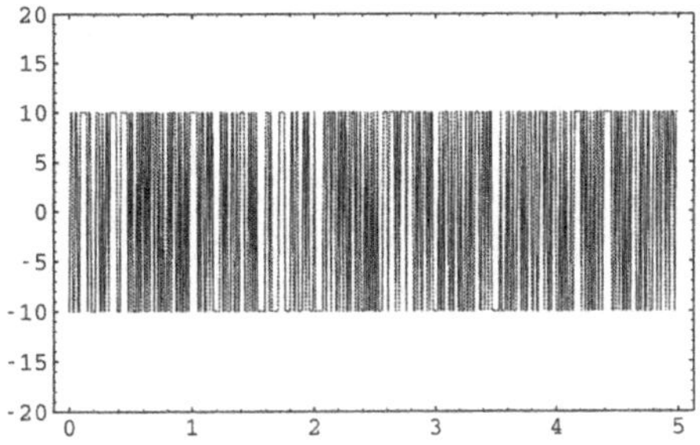

Abbildung 4.4. Rauschprozeß $z_i \Delta t^{-1/2}$ mit Bernoulli-Variablen. Es können nur Werte $\pm \Delta t^{-1/2} = \pm 10$ angenommen werden.

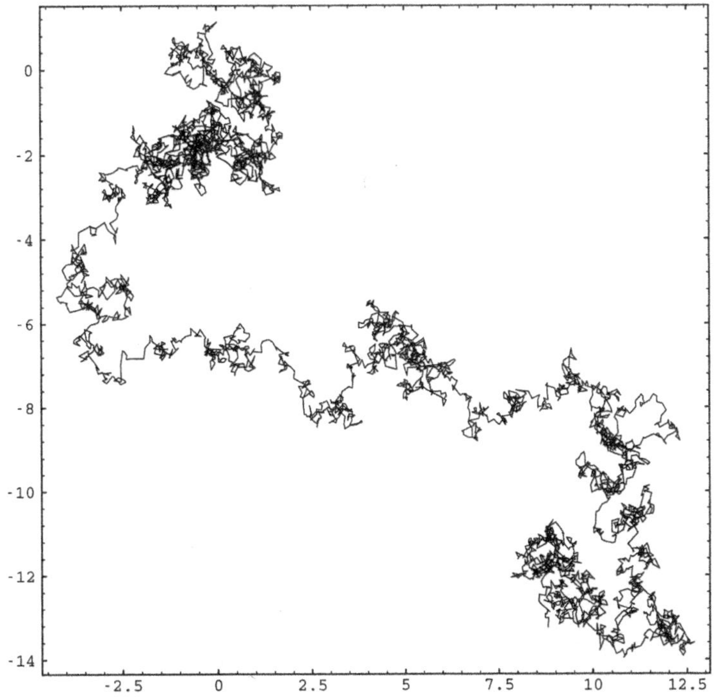

Abbildung 4.5. 2-dimensionaler Wiener-Prozeß ($T = 5000$, $\Delta t = .01$) simuliert mit Gaußschen Zufallsvariablen.

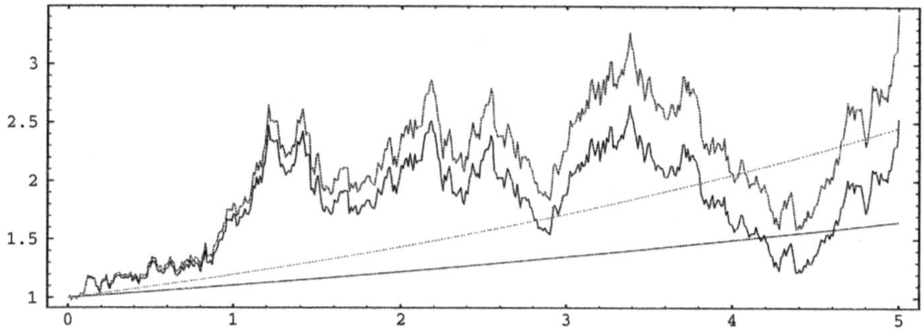

Abbildung 4.6. Vergleich von Euler-, Heun- und Runge-Kutta-Verfahren 4. Ordnung für die formale Gleichung $dy = \mu y dt + \sigma y dW$, $\mu = 0.1, \sigma = 0.4$. Eingezeichnet sind die Erwartungswerte $\exp(\mu t)$ (Itô) und $\exp[(\mu + \frac{1}{2}\sigma^2)t]$ (Stratonovich). In diesem Fall liefern Heun- und Runge-Kutta-Verfahren fast gleiche Trajektorien (obere Kurve).

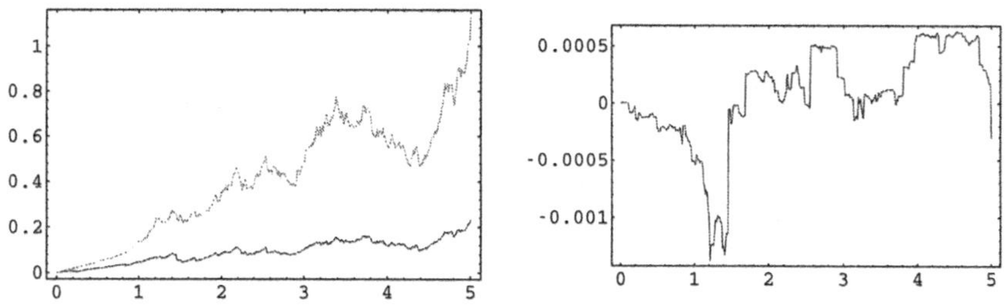

Abbildung 4.7. Differenz von exakter Lösung $y(t) = \exp[(\mu - \frac{1}{2}\sigma^2)t + \sigma W(t)]$ und Euler- bzw. Heun-Verfahren (links). Differenz Runge-Kutta 4. Ordnung und Heun-Verfahren (rechts).

$$\begin{aligned} E[\eta_T] &= E[\prod_{i_0}^{T-1}(1+\mu\Delta t+\sigma\Delta W_i)]\eta_0 \\ &= \prod_{i_0}^{T-1} E[(1+\mu\Delta t+\sigma\Delta W_i)]\eta_0 \\ &= [1+\mu\Delta t]^T\eta_0 \le \exp[\mu\Delta tT]\eta_0 \end{aligned}$$

(η_0 fix), so daß der Erwartungswert des Euler-Schemas unterhalb der exakten Lösung liegt.

Das allgemeine lineare Differentialgleichungs-Modell

$$dy(t) = A(t)y(t)dt + \sum_{j=1}^{r} G_j(t)y(t)dW_j(t) \tag{4.43}$$

stellt eine direkte multivariate Verallgemeinerung des GBB-Modells dar. Leider läßt sich die Lösung auch im zeitinvarianten Fall $A(t) = A$; $G_j(t) = G_j$ nicht explizit angeben, wenn die Matrizen A und G_j nicht vertauschbar sind (vgl. Kap. 3.7). Eine numerische Simulation mit Hilfe des Euler-Maruyama-Verfahrens zeigt, daß das Modell schon im bivariaten Fall in der Lage ist, heteroskedastische Renditen und Leptokurtosis zu modellieren. Das Modell ist von der Form

$$A = \begin{bmatrix} \mu_1 & 0 \\ 0 & \mu_2 \end{bmatrix} \tag{4.44}$$

$$G_1 = \begin{bmatrix} \sigma_{111} & \sigma_{112} \\ 0 & 0 \end{bmatrix} \tag{4.45}$$

$$G_2 = \begin{bmatrix} 0 & 0 \\ \sigma_{221} & \sigma_{222} \end{bmatrix}. \tag{4.46}$$

Explizit lauten die Diffusionsterme also:

$$\begin{bmatrix} (\sigma_{111}y_1 + \sigma_{112}y_2)dW_1 \\ (\sigma_{221}y_1 + \sigma_{222}y_2)dW_2 \end{bmatrix}. \tag{4.47}$$

und für die Renditen $r_i = dy_i/y_i$ gilt:

$$r_1 := \frac{dy_1}{y_1} = \mu_1 dt + (\sigma_{111} + \sigma_{112}\frac{y_2}{y_1})dW_1 \tag{4.48}$$

$$r_2 := \frac{dy_2}{y_2} = \mu_2 dt + (\sigma_{221}\frac{y_1}{y_2} + \sigma_{222})dW_2. \tag{4.49}$$

Dies bedeutet etwa, daß die bedingte Varianz von r_1 (Volatilität $\mathrm{Var}(r_1(t)|y(t))$ eine nichtlineare Funktion des Kursverhältnisses y_2/y_1 ist. Im folgenden werden 2 Fälle betrachtet: $\sigma_{111} = 0.2, \sigma_{112} = 0.2$ (starker Einfluß von y_2/y_1 am Störterm von y_1) und $\sigma_{111} = 0.2, \sigma_{112} = 0.02$ (schwacher Einfluß von y_2/y_1 am Störterm von y_1). Beidesmal war $\sigma_{221} = .04$; $\sigma_{222} = 0.4$.

Dies bedeutet, daß die Größe y_2 die Volatilität von y_1 unterschiedlich stark beeinflußt, jedoch die Volatilität von y_2 kaum von y_1 abhängt. Die numerischen Werte wurden unrealistisch groß gewählt, um die Effekte zu verstärken. Abb. (4.8) (links) zeigt den zeitlichen Verlauf der Variablen $\{y_1, y_2\}$ als Funktion der Zeit (Zeitschritt $\Delta t = .01, T = 500$) mit Startwerten $y(t_0) = \{100, 100\}$ und Gauß-Variablen als zufällige Störung z_i. Die Prozeß-Komponenten zeigen ein korreliertes Verhalten, da sie im Diffusionsterm von der jeweils anderen Komponente beeinflußt sind. Insbesondere führt das starke Anwachsen von $y_2(t)$ zu einer starken Volatilitätsänderung in y_1. Das rechte Bild in (4.8) zeigt die korrelierte Bewegung als 2-dimensionale Darstellung im Phasenraum. Im Gegensatz dazu ist im Fall schwacher Beeinflussung das Anwachsen von y_2 ohne Wirkung auf y_1. Betrachtet man die prozentualen Änderungen dy_i/y_i der Variablen (Renditen), so zeigen die Histogramme bzw. Kerndichte-Schätzer im Fall 1 einen starken leptokurtischen Verlauf für r_1 (Kurtosis-Exzess = 464.612), während im Fall 2 ungefähr normalverteilte Renditen resultieren (Kurtosis-Exzess = 0.0943656 für r_1).

Dies Beispiel zeigt, daß auch aus der GBB abgeleitete multivariate Modelle die übliche, von vielen anderen Ansätzen produzierte Leptokurtosis erzeugen können. Allerdings hat der Ansatz den Nachteil, daß auch negative Zustände möglich sind, im Gegensatz zum univariaten GBB-Modell.

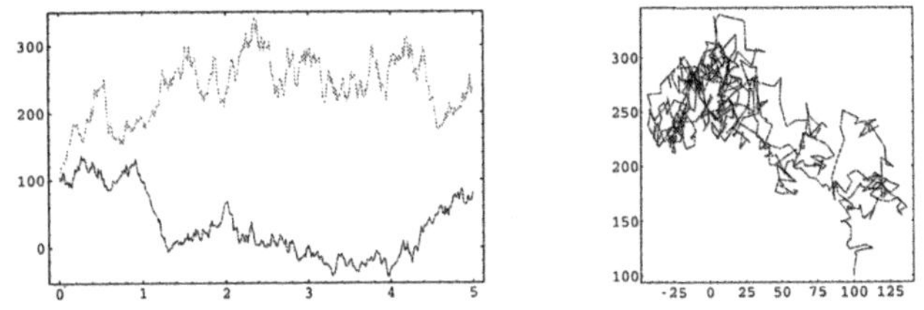

Abbildung 4.8. Starker Einfluß von y_2 auf y_1: Zeitlicher Verlauf der Variablen y_1 (dunkel) und y_2 (hell) (linkes Bild) und Trajektorie im Phasenraum (rechts).

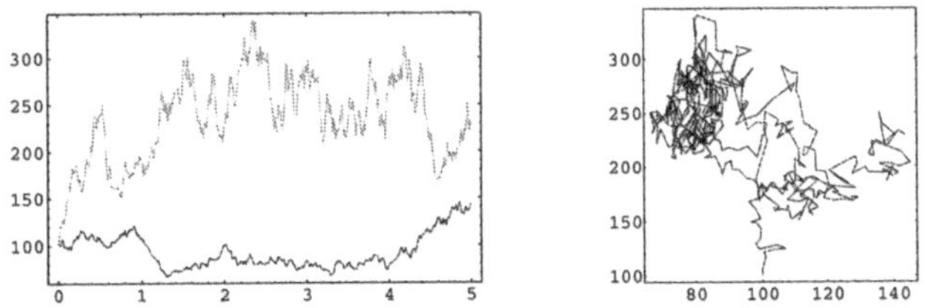

Abbildung 4.9. Schwacher Einfluß von y_2 auf y_1: Zeitlicher Verlauf der Variablen y_1 (dunkel) und y_2 (hell) (linkes Bild) und Trajektorie im Phasenraum (rechts).

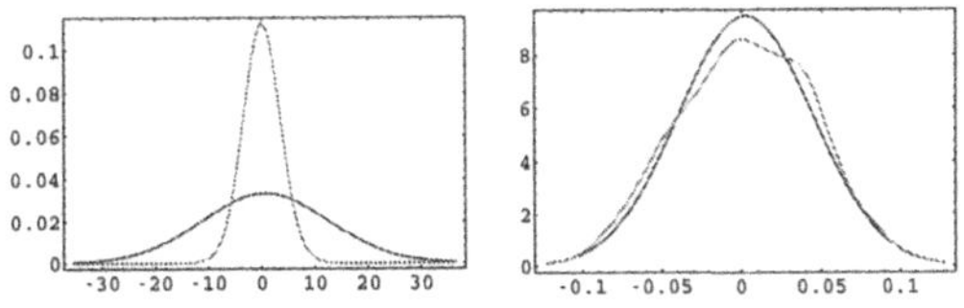

Abbildung 4.10. Starker Einfluß: Kerndichte-Schätzer der Renditen im Vergleich zu Gaußverteilungen (links: r_1, rechts: r_2). Starke Leptokurtosis von r_1.

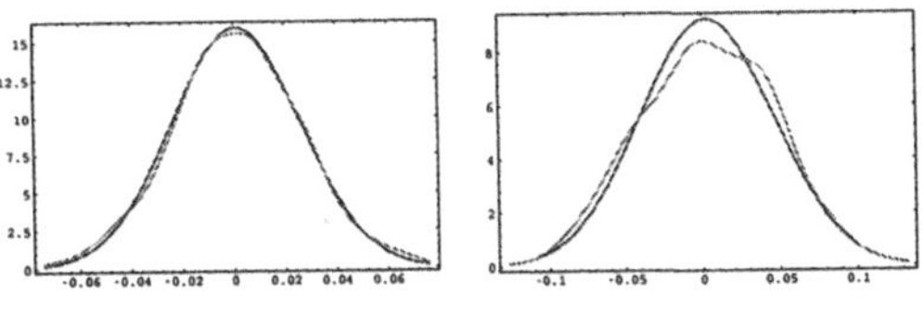

Abbildung 4.11. Schwacher Einfluß: Kerndichte-Schätzer der Renditen im Vergleich zu Gaußverteilungen (links: r_1, rechts: r_2).

5. Zustandsraum-Modelle und optimale Zustandsschätzung

5.1 Definition

Bisher wurde implizit angenommen, daß die p Komponenten einer stochastischen Differentialgleichung einer direkten Beobachtung zugänglich sind. Dies ist jedoch häufig unrealistisch. Ist beispielsweise die zweite Komponente die Ableitung der ersten, wie dies beim allgemeinen Ornstein-Uhlenbeck-Modell

$$\begin{aligned} dx &= vdt \\ dv &= -[\gamma v + \frac{1}{m}K(x)]dt + gdW(t) \end{aligned}$$

der Fall war, so erfordert die Beobachtung von v die rechnerische Bestimmung des Quotienten $v = dx/dt$, was eine stetige Messung der Ortskomponente notwendig macht. In vielen Fällen, insbesondere in der Wirtschafts- und Sozialwissenschaft, kann man jedoch nur von einer Beobachtung an diskreten Zeitpunkten t_i ausgehen. In diesem Fall läßt sich die zweite Komponente v nur näherungsweise als Differenzenquotient berechnen oder indirekt als geglättete Größe erschließen.

Die Problematik kommt jedoch auch auf andere Weise ins Spiel, wenn nichtbeobachtbare zeitabhängige Größen in die SDE eingehen. In einem finanzwirtschaftlichen Kontext kann das Aktienkursmodell GBB $dS = \mu S dt + \sigma S dW$ erweitert werden, wenn die Volatilität als stochastischer Prozeß, etwa als Ornstein-Uhlenbeck-Prozeß modelliert wird. Dann erhält man das System

$$\begin{aligned} dS(t) &= \mu S(t)dt + \sigma(t)S(t)dW(t) \\ d\sigma(t) &= \lambda[\sigma(t) - \bar{\sigma}]dt + \gamma dV(t), \end{aligned}$$

wobei die Volatilität $\sigma(t)$ nicht beobachtbar ist (Scott, 1987). In ähnlicher Weise sind in faktorenanalytischen Ansätzen latente Variable involviert, die nur indirekt durch manifeste Größen erschlossen werden können. So enthalten Zinsmodelle mehrere unbeobachtbare Faktoren (vgl. Chen, 1996).

Weiterhin kann man oft davon ausgehen, daß die gemessenen Größen mit Meßfehlern behaftet sind, die durch systematische und unsystematische Fehler in den Meßinstrumenten (z.B. thermisches Rauschen) oder Übermittlungs- und Codierungsfehler in den Datensätzen entstehen. Auch kann mit Antwortverzerrungen gerechnet werden, wenn beispielsweise heikle Themen bei einer Befragung angesprochen werden (soziale Erwünschtheit).

Es erweist sich daher als sehr wichtig, den Meßprozeß in die (stochastische) Modellierung einzubeziehen. Dies leistet ein Meßmodell, mit dem die Abbildung des Systemzustands $y(t) : p \times 1$ auf die Messungen $z(t)$ oder $z(t_i) = z_i : k \times 1$ vorgenommen wird. Das gesamte System wird also durch Kombination von Dynamik und Messung als *Zustandsraum-Modell* (state space model) definiert:

$$\begin{aligned} dy(t) &= f(y(t),t)dt + g(y(t),t)dW(t) && (5.1) \\ z_i &= h(y(t_i),t_i) + \epsilon_i, && (5.2) \end{aligned}$$

mit Messungen $z_i := z(t_i)$ an den Zeitpunkten $\{t_0, t_1, \ldots, t_T\}$ und $t_0 \leq t \leq t_T$. Die Funktionen f und g weisen wie üblich die Dimensionen $p \times 1$ und $p \times r$ auf, während die Output-Funktion $h : k \times 1$ eine andere Dimension als der Zustand y aufweist. Weiterhin sind in obigem Modell die Meßfehler ϵ_i unabhängig verteilte Gaußsche Zufallsvariablen mit Erwartungswert 0 und Varianz $R_i = \text{Var}(\epsilon_i)$. Sie werden als unabhängig vom Wiener-Prozeß $W(t)$ angenommen. Da das Modell eine Kombination aus kontinuierlicher Systemdynamik und zeitdiskreter Messung darstellt, wird es als *kontinuierlich-diskretes Zustandsraum-Modell* bezeichnet (Jazwinski, 1970). Aufgrund seiner hybriden Struktur erscheint es als besonders geeignet für Anwendungen in der Wirtschaftswissenschaft, da meistens nur Zeitreihen- oder Panel-Daten vorliegen.

Allgemeinere Meßmodelle (Exponentialfamilien) werden in Fahrmeir u. Tutz (1994) diskutiert. Dort wird allerdings die Systemdynamik in diskreter Zeit und linear modelliert. Für Zustandsraummodelle in diskreter Zeit muß auf die Literatur verwiesen werden (vgl. z.B. Jazwinski, 1970, Gelb, 1974, Anderson u. Moore, 1979, Ljung, 1987, Caines, 1988, Söderström u. Stoica, 1989, Harvey, 1989, Grewal u. Andrews, 1993). Weiterhin sind in der Ingenieurliteratur rein zeitstetige Zustandsraum-Modelle gebräuchlich, bei denen auch die Meßgleichung in Form einer SDE geschrieben wird

$$\begin{aligned} dy(t) &= f(y(t),t)dt + g(y(t),t)dW(t) && (5.3) \\ dZ(t) &= h(y(t),t)dt + dV(t), && (5.4) \end{aligned}$$

wobei $t \in [t_0, t_T]$ und der k-dimensionale Stör-Prozeß $V(t)$ die Varianz $E[dV(t)dV'(t)] = \rho(t)dt$ aufweist. Alternativ kann man das Meßmodell auch formal als

$$z(t) := dZ(t)/dt \quad = \quad h(y(t),t) + dV(t)/dt$$

schreiben, wobei der Meßfehler $\epsilon(t) = dV(t)/dt$ ein zeitstetiges weißes Rauschen mit Autokorrelation $E[\epsilon(t)\epsilon'(s)] = \rho(t)\delta(t-s)$ ist. Da in diesem Fall $z(t)$ eine unendlich große Varianz aufweist, wird der integrierte Prozeß $Z(t) = \int_{t_0}^{t} z(s)ds$ durch die Glättwirkung der Integration als Meßprozeß genommen. Faßt man obiges Zustandsraummodell als ein System von Itô-Gleichungen auf, so ist $Z(t)$ die beobachtbare Komponente der Lösung $\eta(t) = \{y(t), Z(t)\}$. Das zeitstetige Zustandsraummodell kann man sich auch als

Grenzwert des kontinuierlich-diskreten Modells für den Meßabstand $\Delta t \to 0$ entstanden denken. Da das zeitdiskrete weiße Rauschen nur die endliche Varianz $\mathrm{Var}(\epsilon_i) = R_i$ aufweist, ist der Grenzübergang so zu skalieren, daß $\mathrm{Var}(dV(t_i)) = \rho(t_i)dt \overset{!}{=} \mathrm{Var}(\epsilon_i dt) = R_i dt^2$ oder $R_i = \rho(t_i)/dt \to \infty$ gilt. Eine unendliche Varianz, die auch in der Schreibweise $E[\epsilon(t)\epsilon'(s)] = \rho(t)\delta(t-s)$ zum Ausdruck kommt, ist notwendig, da die Kovarianz des diskreten weißen Rauschens $E[\epsilon_i\epsilon_j'] = R_i\delta_{ij}$ nur an einem Punkt $t_i = t_j$ von 0 verschieden ist und somit eine verschwindende Spektraldichte resultieren würde. Damit wäre aber der störende Einfluß im stetigen Grenzfall verschwunden.

In vielen Fällen ist das *lineare kontinuierlich-diskrete Zustandsraum-Modell* von Interesse, das explizit als

$$
\begin{aligned}
dy(t) &= [A(t)y(t) + b(t)]dt + g(t)dW(t) &\quad (5.5)\\
z_i &= H(t_i)y_i + d(t_i) + \epsilon_i. &\quad (5.6)
\end{aligned}
$$

geschrieben werden kann. Hierbei wurde der Diffusionskoeffizient als unabhängig vom Zustand spezifiziert (lineare Gleichung im engeren Sinne). Daher sind bei Gaußscher Anfangsbedingung $y(t_0) \sim N(\mu, \Sigma)$ die Trajektorien $y(t)$ und die Messungen z_i normalverteilt. Oft ist auch ein Modell mit konstanten Koeffizienten ausreichend, wobei der Einfluß von exogenen Variablen explizit gemacht wurde (vgl. Singer, 1993b)

$$
\begin{aligned}
dy(t) &= [Ay(t) + Bx(t)]dt + GdW(t) &\quad (5.7)\\
z_i &= Hy_i + Dx_i + \epsilon_i. &\quad (5.8)
\end{aligned}
$$

Zustandsraum-Modelle sind sehr flexibel, da häufig komplexere Ansätze durch Erweiterung des Systemzustands und Wegprojektion unbeobachteter Komponenten in formal unveränderter Form geschrieben werden können. Wie schon erwähnt, kann etwa eine Differentialgleichung p-ter Ordnung als System 1. Ordnung geschrieben werden, wobei die nichtbeobachteten Komponenten (höhere Ableitungen) durch das Meßmodell wegprojiziert werden. Entsprechend lassen sich auch ARIMA und ARMAX-Modelle in Zustandsraum-Form schreiben.

5.2 Modelle mit farbigen Rauschtermen und Personeneffekten

Modelle mit nichtweißen und stetigen bzw. differenzierbaren Rauschtermen lassen sich vorteilhaft als Zustandsraum-Modell umschreiben. Beispielsweise ist die zufällige Differentialgleichung

$$\dot{y} = f(y) + g(y)\xi(t)$$

mit dem stetigen Rauschterm $\xi(t)$ (Ornstein-Uhlenbeck-Prozeß) äquivalent zu dem System (stetige Messungen)

$$
\begin{aligned}
d\begin{bmatrix} y \\ \xi \end{bmatrix} &= \begin{bmatrix} f(y) + g(y)\xi(t) \\ -\lambda\xi(t) \end{bmatrix} dt + \begin{bmatrix} 0 \\ \frac{\lambda}{2} dW(t) \end{bmatrix} \\
z(t) &= \begin{bmatrix} 1 & 0 \end{bmatrix} \begin{bmatrix} y(t) \\ \xi(t) \end{bmatrix}
\end{aligned} \tag{5.9}
$$

wobei sich aus dieser Darstellung direkt die Differenzierbarkeit der Komponente y ablesen läßt. [1] Auch Modelle mit stochastischen exogenen Variablen (Kontrollvariablen) $\xi(t)$ können durch das Zustandsraum-Modell leicht formuliert werden:

$$
\begin{aligned}
d\begin{bmatrix} y \\ \xi \end{bmatrix} &= \begin{bmatrix} f_1(y, \xi, t) \\ f_2(\xi, t) \end{bmatrix} dt + \begin{bmatrix} g_1(y, \xi, t) dW_1(t) \\ g_2(\xi, t) dW_2(t) \end{bmatrix} \\
z_i &= \begin{bmatrix} h_1(y_i, t_i) \\ h_2(\xi_i, t_i) \end{bmatrix} + \begin{bmatrix} \epsilon_{1i} \\ \epsilon_{2i} \end{bmatrix}
\end{aligned} \tag{5.10}
$$

Hierbei hängt die Drift und Diffusionsmatrix der ersten Gleichung von ξ ab, während ξ nicht durch die endogene Variable beeinflußt wird. Deterministische Kontrollvariablen sind im Modell schon durch die Zeitvariable t implizit berücksichtigt ($t \to [t, x(t)]$).

Weiterhin lassen sich zufällige Personeneffekte $\pi_n \sim N(0, \Sigma_\pi)$ in Panelstudien durch Aufnahme in den Systemzustand leicht modellieren. Im linearen Fall gilt etwa das additive Modell ($n = 1, \ldots, N$)

$$
\begin{aligned}
d\begin{bmatrix} y_n \\ \pi_n \end{bmatrix} &= \begin{bmatrix} A & I \\ 0 & 0 \end{bmatrix} \begin{bmatrix} y_n \\ \pi_n \end{bmatrix} dt + \begin{bmatrix} G \\ 0 \end{bmatrix} dW_n(t) \\
z_{ni} &= \begin{bmatrix} H & 0 \end{bmatrix} \begin{bmatrix} y_{ni} \\ \pi_{ni} \end{bmatrix} + \epsilon_{ni},
\end{aligned} \tag{5.11}
$$

wobei die triviale Gleichung $d\pi_n(t) = 0$ die zeitliche Konstanz der Heterogenität ausdrückt. Auch Heterogenitäten in der Drift, d.h. $A_n = A + \pi_n$

[1] Eine statistische Behandlung dieses Systems führt auch dann zu korrekten Schätzern für die Systemparameter, wenn die Meßgröße y wie hier von beschränkter Schwankung ist (vgl. Bellach, 1983). In diesem Fall hat der stationäre Rauschprozeß die Kovarianz-Struktur $C_\lambda(t - s) = E[\xi(t)\xi(s)] = \frac{\lambda}{2} e^{-\lambda|t-s|}$. Dies ist bekanntlich für $\lambda \to \infty$ eine Darstellung der Delta-Funktion, so daß der Prozeß $\xi = \xi_\lambda$ gegen ein weißes Rauschen konvergiert. Die zufällige Differentialgleichung muß dann im Grenzwert als Stratonovich-Gleichung $dy = f(y)dt + g(y) \circ dW(t)$ oder äquivalent dazu als Itô-Gleichung $dy = (f(y) + \frac{1}{2} g g_y)dt + g(y)dW(t)$ interpretiert werden. Für Systeme mit zustandsunabhängigem Diffusionskoeffizienten resultiert also im Grenzwert eine identische Gleichung ($g \circ dW(t) = g dW(t)$). Trotzdem muß in praktischen Anwendungsfällen (λ groß, aber endlich) das Zustandsraum-Modell benutzt werden, da ansonsten inkonsistente Schätzer resultieren. Dies ist eine Folge des Unterschieds im Integral $\int y dy$, je nachdem, ob y von beschränkter Schwankung ist (λ endlich) oder ob der Grenzwert schon ausgeführt wurde. Dieser Unterschied ist erstaunlicherweise auch dann relevant, wenn sich die resultierenden Systemgleichungen im Grenzwert nicht unterscheiden. In der Arbeit von Bellach wird das Problem beispielsweise mit Instrumenten-Schätzern behandelt, welche die Autokorrelation des Rauschens berücksichtigen. Alternativ kann das Zustandsraum-Modell mit Kalman-Filter-Methoden geschätzt werden (Singer, 1992b).

können so berücksichtigt werden. Dies führt allerdings auf Nichtlinearitäten, da nun Produkte der Form $\pi_n(t)y_n(t)$ auftreten (multiplikatives Modell).

5.3 CAR-, CARMA- und CARMAX-Modelle

In Analogie zur Zeitreihenanalyse lassen sich Differentialgleichungen mit höheren Ableitungen, Ableitungen im Rauschterm und exogenen Variablen bzw. deren Ableitungen definieren. Dabei korrespondieren Ableitungen der Ordnung p mit Differenzen bzw. zeitverzögerten Größen. Ein CARMA(p,q)-Prozeß ist also formal ein zeitkontinuierlicher autoregressiver moving-average-Prozeß der Struktur

$$\Theta(\tfrac{d}{dt})y(t) = \Phi(\tfrac{d}{dt})\zeta(t) \tag{5.12}$$

wobei die Größen Θ und Φ Differentialoperatoren der Form

$$\Theta(\tfrac{d}{dt}) = \sum_{j=0}^{p} a_j(\tfrac{d}{dt})^j;\ a_p = I \tag{5.13}$$

und

$$\Phi(\tfrac{d}{dt}) = \sum_{j=0}^{q} g_j(\tfrac{d}{dt})^j \tag{5.14}$$

sind. Die Matrizen g_j weisen hierbei die Dimension $p \times r$ auf. Die Darstellung ist zunächst rein formal, da Ableitungen nicht differenzierbarer Größen und des weißen Rauschens $\zeta = dW/dt$ vorkommen. Die Gleichung (5.12) kann nun in ein System von Itô-Gleichungen umgeschrieben werden, welches mathematisch definiert ist. Für den Fall $q < p$ gilt

$$d\begin{bmatrix} y_1 \\ y_2 \\ \vdots \\ y_p \end{bmatrix} = \begin{bmatrix} 0 & 0 & \dots & -a_0 \\ I & 0 & \dots & -a_1 \\ 0 & I & 0 & \vdots \\ 0 & 0 & I & -a_{p-1} \end{bmatrix} \begin{bmatrix} y_1 \\ y_2 \\ \vdots \\ y_p \end{bmatrix} dt + \begin{bmatrix} g_0 \\ g_1 \\ \vdots \\ g_{p-1} \end{bmatrix} dW(t) \tag{5.15}$$

(System-Modell)

$$y = [0 \quad 0 \quad \dots \quad I] \begin{bmatrix} y_1 \\ y_2 \\ \vdots \\ y_p \end{bmatrix} \tag{5.16}$$

(Meß-Modell). Dies ist aber gerade von der Form (5.5) des linearen Zustandsraum-Modells. Dies bedeutet, daß multivariate VAR(1)-Modelle zur Modellierung von ARMA-Systemen ausreichen, wenn eine Meßgleichung addiert wird (vgl. Caines, 1988, Satz 4.4, Kap. 2.4).

State space-Modelle sind nicht eindeutig. Beispielsweise kann das ARMA-Modell (5.12) auch in der Form

$$d\begin{bmatrix} y_1 \\ y_2 \\ \vdots \\ y_p \end{bmatrix} = \begin{bmatrix} 0 & I & 0 & \dots \\ 0 & 0 & I & 0 \\ 0 & 0 & 0 & I \\ -a_0 & -a_1 & \dots & -a_{p-1} \end{bmatrix} \begin{bmatrix} y_1 \\ y_2 \\ \vdots \\ y_p \end{bmatrix} dt + \begin{bmatrix} 0 \\ 0 \\ \vdots \\ I \end{bmatrix} dW(t) \tag{5.17}$$

$$y = [g_0 \quad g_1 \quad \dots \quad g_{p-1}] \begin{bmatrix} y_1 \\ y_2 \\ \vdots \\ y_p \end{bmatrix} \tag{5.18}$$

repräsentiert werden (phase canonical form, vgl. Priestley, 1988, S. 18ff). Man kann dies leicht aus der Tatsache nachweisen, daß einerseits die Komponente y_1 wie üblich ein AR(p)-Prozeß ist, d.h. $\Phi(\frac{d}{dt})y_1 = \zeta$ und daß die Ableitung dieser Gleichung unter Verwendung von $\dot{y_1} = y_2$ eine analoge Gleichung für $\Phi(\frac{d}{dt})y_2 = \dot{\zeta}$ ergibt (ARMA(p,1)). Die Linearkombination

$$\sum_{i=1}^{p} g_i\Phi(\tfrac{d}{dt})y_i = \sum_{i=1}^{p} g_i(\tfrac{d}{dt})^{i-1}\zeta \iff \Phi(\tfrac{d}{dt})\sum_{i=1}^{p} g_i y_i = \Theta(\tfrac{d}{dt})\zeta$$

ergibt aber gerade das gesuchte Ergebnis für $y = \sum_{i=1}^{p} g_i y_i$ (Meßgleichung). □

Die Bedeutung von ARMA-Modellen liegt in der Flexibilität, Prozesse mit beliebiger Spektraldichte mit Hilfe rationaler Spektraldichten zu approximieren. Führt man das orthogonale Spektralmaß $\Psi(d\lambda)$ mit den Eigenschaften

$$E[\Psi(d\lambda)] = 0 \text{ und } E[\Psi(d\lambda)\Psi^*(d\lambda')] = \frac{d\lambda}{2\pi}\delta(\lambda - \lambda')$$

ein, so ist

$$W(t) = \int_{-\infty}^{\infty} \frac{e^{i\lambda t} - 1}{i\lambda}\Psi(d\lambda)$$

ein Wiener-Prozeß (im weiteren Sinne) und

$$\zeta(t) = \dot{W}(t) = \int_{-\infty}^{\infty} e^{i\lambda t}\Psi(d\lambda)$$

ein weißes Rauschen mit Autokorrelation $E[\zeta(t)\zeta(t)] = \int e^{i\lambda(t-s)}\frac{d\lambda}{2\pi} = \delta(t - s)$.

Für den (stationären) ARMA-Prozeß $y(t) = \Theta(\frac{d}{dt})^{-1}\Phi(\frac{d}{dt})\zeta(t)$ gilt dann die Spektraldarstellung

$$y(t) = \int_{-\infty}^{\infty} \Theta(i\lambda)^{-1}\Phi(i\lambda)e^{i\lambda t}\Psi(d\lambda) \tag{5.19}$$

(Liptser u. Shiryayev, Band II, Kap. 15, Wong u. Hajek, Kap. 3). Bei genügend großen Graden (p, q) lassen sich dann nichtrationale Spektralcharakteristiken beliebig genau approximieren. Wenn beispielsweise saisonale

Modelle als Zeitreihen mit Verzögerung (lag) 12 geschrieben werden, entspricht dies einer Differentialgleichung mit 12. Ableitung. Inwieweit solche Modelle noch eine Glaubwürdigkeit besitzen, ist eine andere Frage, welche auch die gesamte ARIMA-Methodologie betrifft. Alternativ können im Fall großer (p,q) auch nichtlineare Modelle mit niedrigen Ableitungen ins Auge gefaßt werden.

Auch ARMAX-Modelle mit exogenen (Kontroll-) Variablen $x(t)$

$$\Theta(\tfrac{d}{dt})y(t) = \Phi(\tfrac{d}{dt})\zeta(t) + \Lambda(\tfrac{d}{dt})x(t), \tag{5.20}$$

$\Lambda(\frac{d}{dt}) = \sum_{j=0}^{p-1} b_j(\frac{d}{dt})^j$, mit Koeffizienten $b_j : p \times q$ lassen sich in ein Zustandsraum-Modell umschreiben. Dazu wird die Variable $y(t)$ in die Summe $\eta(t) + \mu(t)$, $\mu(t) = E[y(t)]$ aufgespalten und

$$\Theta[\eta(t) + \mu(t)] = \Phi\zeta(t) + \Lambda x(t),$$

in die beiden Gleichungen

$$\Theta\eta(t) = \Phi\zeta(t) \text{ und } \Theta\mu(t) = \Lambda x(t) \tag{5.21}$$

zerlegt. Jede wird als Zustandsraum-Modell repräsentiert und wieder zusammengefaßt:

$$\frac{d}{dt}\begin{bmatrix}\eta^* \\ \mu^*\end{bmatrix} = \begin{bmatrix}A & 0 \\ 0 & A\end{bmatrix}\begin{bmatrix}\eta^* \\ \mu^*\end{bmatrix} + \begin{bmatrix}0 \\ B\end{bmatrix}x(t) + \begin{bmatrix}G \\ 0\end{bmatrix}\frac{dW}{dt} \tag{5.22}$$

$$y(t) = [0,\ldots,I,0,\ldots,I]\begin{bmatrix}\eta^* \\ \mu^*\end{bmatrix}, \tag{5.23}$$

wobei A und G in (5.15) definiert sind, $\eta^* = [\eta_1,\ldots,\eta_p]'$, $\mu^* = [\mu_1,\ldots,\mu_p]'$, und $B = [b_0',\ldots,b_{p-1}']'$ einen Vektor von Koeffizientenmatrizen darstellt.

5.4 Optimale Schätzung von Zuständen

Die Meßgleichung in Zustandsraum-Modellen hatte die Funktion, nichtbeobachtete Teile von Systemzuständen wie etwa Ableitungen der Meßgröße wegzuprojizieren und die Modellierung von Meßfehlern (verrauschte Daten; Fehler in den Variablen) zu ermöglichen. Auf der anderen Seite ist es von Interesse, aus den Messungen möglichst optimale Schätzungen der nicht beobachtbaren System-Komponenten zu erhalten. Beispielsweise sind die Zeitverläufe von ökonomischen Variablen zwischen Zeitreihen- oder Panel-Messungen in einem kontinuierlich-diskreten Modell rekonstruierbare Größen, die zu einer Interpolation der Meßdaten führen (optimale Glättung). Auch die Prognose von Variablen nach einer erfolgten Messung kann in diesem Kontext als Schätzung der Systemzustände ohne weitere Meßinformation aufgefaßt werden. Entsprechende Methoden, die unter dem Namen *Kalman-Filter* bekannt geworden sind, versuchen, das Schätzproblem in seiner zeitlichen Abfolge, d.h. als Sequenz von Extrapolations und Korrekturschritten durch

Meß-Informationen zu beschreiben. Entsprechend sind die Filter-Algorithmen rekursiv (sequentiell) aufgebaut und im Prinzip in realer Zeit anzuwenden. Die Korrektur der Information über das System, die als Wahrscheinlichkeitsverteilung repräsentiert wird, erfolgt dabei unter Anwendung des Satzes von Bayes, während die Extrapolation ohne Meßinformation unter Ausnutzung der Dynamik, etwa durch ökonomische oder physikalische Gesetzmäßigkeiten erfolgt. Insbesondere zeigt sich im Rahmen linearer Systeme, daß die Schätztheorie im Rahmen von Gaußschen Zufallsvariablen und Verteilungen erfolgen kann, so daß die Prognose und Korrektur mit Hilfe von Regressionsansätzen zum Ziel führt. Es ist das Verdienst von R.E. Kalman (1960), daß er diese im Prinzip bekannte Theorie zu einem sequentiellen Verfahren für zeitabhängige Zustandsraum-Modelle ausgebaut hat, das auch für nichtstationäre Prozesse Gültigkeit besitzt – im Gegensatz zur Wiener-Kolmogoroff-Theorie, die eine Spektraltheorie benutzt (ein interessanter historischer Abriß ist in Grewal u. Andrews (1993) enthalten). Die Theorie der rekursiven Filter entstand im Rahmen der Weltraum- und Rüstungsprogramme der USA und der Sowjetunion und kam erst später aus einem ingenieurwissenschaftlichen Umfeld zur Statistik und Ökonometrie (vgl. Kalman u. Bucy, 1961, Stratonovich, 1960, Kushner, 1964, Jazwinski, 1970, Gelb, 1974, Liptser u. Shiryayev, 1977, 1978, Watson und Engle, 1983, Harvey, 1989, Fahrmeir u. Kaufmann, 1991, Lütkepohl, 1991).

Betrachtet man nur das Meßmodell im Zustandsraum-Modell (i weggelassen)

$$z = h(y) + \epsilon, \tag{5.24}$$

so besteht die Aufgabe darin, aus einer a priori-Kenntnis der Verteilung von y und einer Messung z die Variable y optimal zu schätzen. Nimmt man als Optimalitätskriterium für die Schätzung $\hat{y} = g(z)$ die Forderung, daß der *Schätzfehler* $\Delta y = \hat{y} - y$ bezüglich der Verlust-Funktion (loss function) $L(x) = x'Sx := ||x||^2$ minimal werden soll, d.h.

$$E[L(\Delta y)] = E[||\Delta y||^2] \stackrel{!}{=} \min \tag{5.25}$$

(Minimum-Varianz-Schätzer), so gilt ganz allgemein:

Der Schätzer mit minimalem Fehler im Sinne des Quadratmittels ist der *bedingte Erwartungswert*, gegeben die Daten, d.h.

$$\hat{y} = E[y|z] \tag{5.26}$$

(vgl. Jazwinski, 1970, S. 149). Dieser Schätzer ist unverzerrt, da $E[E[y|z]] = E[y]$ gilt. Im Prinzip ist damit das Schätzproblem gelöst, wobei im nichtlinearen und nichtgaußschen Fall die konkrete Berechnung schwierig ist. Daher ist das wichtigste Ziel, die *bedingte Dichte* $p(y|z)$ zu berechnen. Aus dieser Dichte läßt sich beispielsweise die *bedingte Varianz*

$$P = E[\Delta y \Delta y'|z] = E[yy'|z] - \hat{y}\hat{y}', \tag{5.27}$$

die ein Maß für die Güte des Schätzers darstellt und andere höhere Momente gewinnen. Im Fall Gaußscher Variablen (lineares System) genügen sogar die ersten beiden Momente, um das Problem vollständig zu beschreiben. Sind z.B. z und y multivariat normalverteilt

$$N([\mu_y, \mu_z]', \begin{bmatrix} \Sigma_{yy} & \Sigma_{yz} \\ \Sigma_{zy} & \Sigma_{zz} \end{bmatrix}), \tag{5.28}$$

so gilt

Theorem 5.4.1 (Normal-Korrelation).

$$E[y|z] = \mu_y + \Sigma_{yz}\Sigma_{zz}^{-1}(z - \mu_z) \tag{5.29}$$
$$\mathrm{Var}[y|z] = \Sigma_{yy} - \Sigma_{yz}\Sigma_{zz}^{-1}\Sigma_{zy} \tag{5.30}$$

(vgl. etwa Fahrmeir, Hamerle u. Tutz, 1996, Satz 3.6, S. 27). Obige Formeln gelten auch im Falle singulärer Matrizen Σ_{zz}, wenn man die Pseudoinverse Σ_{zz}^- benutzt (Satz von der *Normal-Korrelation*, Liptser u. Shiryayev, 1978, Kap. 13). Außerdem gilt

$$\mathrm{Var}[y|z] = \mathrm{Var}[y - E[y|z]], \tag{5.31}$$

so daß bei normalverteilten Variablen die bedingte Varianz als mittlerer quadratischer Fehler (Varianz des Schätzfehlers) interpretiert werden kann. Insbesondere ist im Fall des linearen Meßmodells

$$z = Hy + \epsilon$$

mit Gaußschem Fehler $\epsilon \sim N(0, R)$ und Gaußschem Zustand $y \sim N(\mu_y, \Sigma_{yy})$ auch z normalverteilt und es gilt:

$$\Sigma_{yz} = \Sigma_{yy}H' \tag{5.32}$$
$$\Sigma_{zz} = H\Sigma_{yy}H' + R \tag{5.33}$$
$$E[z] = HE[y] \tag{5.34}$$

Diese Gleichungen sind analog zu den grundlegenden Meßgleichungen des Kalman-Filter-Algorithmus. Sie zeigen, daß die Daten z nur linear in die Schätzung eingehen und daß der Schätzer von der Form einer linearen Regression ist. Die Korrelation zwischen Messung und latentem Zustand läßt also einen Rückschluß von z auf y zu. Weiterhin tritt die Vorinformation über y in Form des (a priori) Erwartungswerts μ_y und der Kovarianz Σ_{yy} in den Schätzgleichungen auf (etwa im Sinne einer 'gebundenen Hochrechnung'). Außerdem ist bemerkenswert, daß die Daten nicht in die bedingte Varianz eingehen.

Falls die Variable y schon auf eine andere Gaußsche Größe bedingt ist, d.h. wenn $y|Z \sim N(E[y|Z], \mathrm{Var}[y|Z])$, gilt in Erweiterung des Satzes von der Normalkorrelation die Formel

$$E[y|z, Z] = E[y|Z] + \mathrm{Cov}[y, z|Z]\mathrm{Var}[z|Z]^-(z - E[z|Z]) \tag{5.35}$$
$$\mathrm{Var}[y|z, Z] = \mathrm{Var}[y|Z] - \mathrm{Cov}[y, z|Z]\mathrm{Var}[z|Z]^-\mathrm{Cov}[z, y|Z]. \tag{5.36}$$

Bei der Ableitung des Kalman-Filters wird Z die Rolle der Messungen bis zum Zeitpunkt t_{i-1} spielen, während $z = z_i$ die aktuelle Messung darstellt.

Auch im nicht-gaußschen Fall, wo die optimale Schätzung nicht durch eine lineare Funktion der Daten gegeben ist, sind die linearen Formeln von Nutzen, und zwar in folgendem Sinne:

Theorem 5.4.2 (Optimale lineare Schätzung). *Wenn die Zufallsvektoren $[y, z]$ und $[\tilde{y}, \tilde{z}]$ (Gaußscher Vektor) in den ersten beiden Momenten übereinstimmen, so gilt: Die lineare Regressionsfunktion (5.29) ist die optimale* lineare *Schätzung von y, gegeben z.*

(Liptser u. Shiryayev, 1978, Lemma 14.1, S. 95).

Ganz allgemein wird das *Zustandschätzproblem* so definiert, daß die Zustandsvariable $y(t)$ aus verfügbaren Daten $Z^s = \{z(u); u \leq s\}$ optimal geschätzt wird. Falls $t = s$ gilt, spricht man von einem *Filterproblem*, wenn $t < s$ ist, liegt ein *Glätt-Problem* vor (Interpolation) und für $t > s$ ist ein *Prognoseproblem* (Extrapolation) gestellt. Im Falle einer quadratischen Verlustfunktion ist die Lösung der bedingte Erwartungswert

$$\hat{y}(t) = E[y(t)|Z^s], \tag{5.37}$$

der ein erwartungstreuer Schätzer ist (Methode der kleinsten Streuung, vgl. Jazwinski, 1970, Kap. 5).

5.5 Kalman-Filter (diskreter Fall)

Die im letzten Abschnitt entwickelte Theorie der Normalkorrelation läßt sich nun leicht auf die Filterung des diskreten Zustandsraum-Modells

$$y_{i+1} = \alpha_i y_i + \beta_i + u_i \tag{5.38}$$

$$z_i = H_i y_i + d_i + \epsilon_i. \tag{5.39}$$

anwenden. Hierbei sind u_i und ϵ_i zeitdiskrete weiße Rauschsequenzen mit Varianzen $\text{Var}(u_i) = \omega_i$ und $\text{Var}(\epsilon_i) = R_i$ und die Variable $y_0|z_0 \sim N(E[y_0|z_0], \text{Var}(y_0|z_0))$ ist bedingt Gaußverteilt. Dann läßt sich das *Filter-Problem*, d.h. die Berechnung von

$$y_{i|i} := E[y_i|z_i, z_{i-1}, \ldots, z_0] := E[y_i|Z^i] \tag{5.40}$$

$$P_{i|i} := \text{Var}[y_i|z_i, z_{i-1}, \ldots, z_0] := \text{Var}[y_i|Z^i] \tag{5.41}$$

mit dem Satz von der Normalkorrelation rekursiv lösen. Dazu wird der Datensatz $Z^{i+1} = \{z_{i+1}, Z^i\}$ in zwei Teile aufgespalten und Gleichung (5.35) eingesetzt:

$$\begin{aligned} E[y_{i+1}|z_{i+1}, Z^i] &= E[y_{i+1}|Z^i] + \text{Cov}[y_{i+1}, z_{i+1}|Z^i]\text{Var}[z_{i+1}|Z^i]^- \times \\ &\quad (z_{i+1} - E[z_{i+1}|Z^i]) \\ \text{Var}[y_{i+1}|z_{i+1}, Z^i] &= \text{Var}[y_{i+1}|Z^i] - \text{Cov}[y_{i+1}, z_{i+1}|Z^i]\text{Var}[z_{i+1}|Z^i]^- \times \\ &\quad \text{Cov}[z_{i+1}, y_{i+1}|Z^i]. \end{aligned}$$

Dies bedeutet, daß die neue Information z_{i+1}, die als weitere Bedingung auftritt, als Regressorvariable erscheint. Noch expliziter wird dies, wenn die Meßgleichung eingesetzt wird. Setzt man als Abkürzung

$$\begin{aligned} y_{i+1|i} &:= E[y_{i+1}|Z^i] = \alpha_i y_{i|i} + \beta_i \quad \text{(Ein-Schritt-Prognose)} \\ P_{i+1|i} &:= \operatorname{Var}[y_{i+1}|Z^i] = \alpha_i P_{i|i}\alpha_i' + \omega_i \\ & \qquad \text{(bedingte Varianz der Prognose)} \end{aligned}$$

wobei in obigen Formeln ausgenutzt wurde, daß die Erwartungswerte $E[u_{i+1}|Z^i] = 0$ und $E[\epsilon_{i+1}|Z^i] = 0$ sind, so gilt

$$\begin{aligned} y_{i+1|i+1} &= y_{i+1|i} + P_{i+1|i}H_{i+1}'[H_{i+1}P_{i+1|i}H_{i+1}' + R_{i+1}]^- \times \\ & \quad (z_{i+1} - H_{i+1}y_{i+1|i} - d_{i+1}) \\ P_{i+1|i+1} &= P_{i+1|i} - P_{i+1|i}H_{i+1}'[H_{i+1}P_{i+1|i}H_{i+1}' + R_{i+1}]^- H_{i+1}P_{i+1|i}, \end{aligned}$$

wobei dies wie im vorigen Abschnitt die Struktur einer linearen Regression hat, und die Schätzung $y_{i+1|i}$, die man ohne Kenntnisse von z_{i+1} hat, durch die Messung korrigiert wird. Als Gewicht fungiert dabei der sogenannte Kalman-Gain, der dem Regressionskoeffizienten entspricht. Zusammenfassend erhält man den diskreten Kalman-Filter:

Theorem 5.5.1 (Diskreter Kalman-Filter).

Rekursion $i = 0, \ldots, T-1$

Extrapolation

$$y_{i+1|i} = \alpha_i y_{i|i} + \beta_i \tag{5.42}$$

$$P_{i+1|i} = \alpha_i P_{i|i}\alpha_i' + \omega_i. \tag{5.43}$$

Messung

$$K_{i+1} = P_{i+1|i}H_{i+1}'[H_{i+1}P_{i+1|i}H_{i+1}' + R_{i+1}]^- \quad \textit{(Kalman-Gain)} \tag{5.44}$$

$$y_{i+1|i+1} = y_{i+1|i} + K_{i+1}(z_{i+1} - H_{i+1}y_{i+1|i} - d_{i+1}) \tag{5.45}$$

$$P_{i+1|i+1} = (I - K_{i+1}H_{i+1})P_{i+1|i} \tag{5.46}$$

In der Meßgleichung ist auch die erste Messung z_0 enthalten, wenn man für $y_{0|-1} = E[y_0] = \mu$ und $P_{0|-1} = \operatorname{Var}(y_0) = \Sigma$ die Parameter der Anfangsbedingung y_0 einsetzt. Dies bedeutet, daß $y_0|z_0$ bedingt Gaußverteilt ist mit den Parametern $y_{0|0}$ und $P_{0|0}$. Damit kann ausgehend von diesen Startwerten die Filterlösung $y_{T|T} = E[y_T|z_T, z_{T-1}, \ldots, z_0]$ rekursiv berechnet werden. Vorteilhaft ist hierbei, daß keine Matrizen der Ordnung $Tk \times Tk$ auftreten, wie dies bei einer direkten Anwendung der Normalkorrelation auf das System $[y_T, z_T, z_{T-1}, \ldots, z_0]$ der Fall wäre. Der Kalman-Filter bietet auch eine rekursive Möglichkeit der Berechnung der Likelihood-Funktion

$L_\psi(z) = p(z_T, z_{T-1}, \ldots, z_0; \psi)$, wobei die System-Matrizen Funktionen des Parameter-Vektors $\psi : u \times 1$ sind. Die in der Zerlegung

$$p(z_T, z_{T-1}, \ldots, z_0) = \prod_{i=0}^{T-1} p(z_{i+1}|z_i, z_{i-1}, \ldots, z_0)p(z_0) \tag{5.47}$$

auftretenden bedingten Erwartungswerte $E[z_{i+1}|Z^i]$ und $\mathrm{Var}[z_{i+1}|Z^i]$ können mit Hilfe des Kalman-Filters rekursiv berechnet werden, wenn man die Meßgleichung einsetzt. Dann gilt

$$\begin{aligned} E[z_{i+1}|Z^i] &= H_{i+1}y_{i+1|i} + d_{i+1} := z_{i+1|i} \\ \mathrm{Var}[z_{i+1}|Z^i] &= H_{i+1}P_{i+1|i}H'_{i+1} + R_{i+1} := \Gamma_{i+1|i} \end{aligned}$$

Die Differenz $\nu_{i+1} := z_{i+1} - E[z_{i+1}|Z^i]$ wird als *Innovation* oder *Prädiktionsfehler* bezeichnet, da sie die Differenz aus tatsächlicher Messung und Prognose ist (mit Daten Z^i). Man kann mit dem Normal-Korrelations-Theorem leicht zeigen, daß $\Gamma_{i+1|i} = \mathrm{Var}(\nu_{i+1})$ gilt, d.h. als Innovations-Kovarianz dargestellt werden kann. [2] Damit erhält man die *Prädiktions-Fehler-Zerlegung* der Likelihood (Schweppe, 1965):

$$L_\psi(Z^T) = \prod_{i=0}^{T-1} |2\pi\Gamma_{i+1|i}|^{-\frac{1}{2}} \exp\left\{-\tfrac{1}{2}\,\mathrm{tr}[\Gamma_{i+1|i}^{-1}\nu_{i+1}\nu'_{i+1}]\right\} p(z_0). \tag{5.48}$$

5.6 Kalman-Filter (kontinuierlich-diskreter Fall)

Die Gleichungen des letzen Abschnitts können direkt auf den Fall des linearen kontinuierlich-diskreten Zustandsraum-Modells (5.5) übertragen werden, wenn man die Lösung der Systemgleichung für die Meßzeitpunkte anschreibt. Mit Hilfe der Formeln aus Kapitel (3.7) kann eine Differenzengleichung für die Meßzeitpunkte t_i, das *exakte diskrete Modell*

$$\begin{aligned} y(t_{i+1}) &= \Phi(t_{i+1}, t_i)y(t_i) + \\ &+ \int_{t_i}^{t_{i+1}} \Phi(t_{i+1}, s)b(s)ds + \int_{t_i}^{t_{i+1}} \Phi(t_{i+1}, s)g(s)dW(s) \end{aligned} \tag{5.49}$$

abgeleitet werden, wobei

$$A_i^* := \Phi(t_{i+1}, t_i) = \overleftarrow{T} \exp[\int_{t_i}^{t_{i+1}} A(s)ds] \tag{5.50}$$

$$b_i^* := \int_{t_i}^{t_{i+1}} \Phi(t_{i+1}, s)b(s)ds \tag{5.51}$$

[2] Für das Gaußsche System $[y, z]$ gilt nämlich (vgl. (5.31)):

$$\begin{aligned} \mathrm{Var}(y - E[y|z]) &= \mathrm{Var}\left(y - E[y] - \mathrm{Cov}(y,z)\mathrm{Cov}(z,z)^{-1}(z - E[z])\right) \\ &= \mathrm{Var}(y) - \mathrm{Cov}(y,z)\mathrm{Cov}(z,z)^{-1}\mathrm{Cov}(z,y) = \mathrm{Var}(y|z). \end{aligned}$$

die Drift-Matrix $A(s)$ und exogene Variablen implizit enthält. Die Koeffizienten des exakten diskreten Modells sind also Funktionale der zeitstetigen Parameter $A(t)$, $b(t)$ und $g(t)$ zwischen den Meßzeitpunkten. Insbesondere gilt für die Varianz des Prozeßfehlers die Formel

$$\operatorname{Var}(u_i) \quad := \quad \Omega_i^* = \int_{t_i}^{t_{i+1}} \Phi(t_{i+1}, s) g(s) g'(s) \Phi'(t_{i+1}, s) ds. \tag{5.52}$$

Mit den eingeführten Bezeichnungen kann man abgekürzt schreiben:

$$y_{i+1} = A_i^* y_i + b_i^* + u_i \tag{5.53}$$

$$z_i = H_i y_i + d_i + \epsilon_i. \tag{5.54}$$

Für dieses System gelten die Gleichungen des diskreten Kalman-Filters mit den Ersetzungen

$$\alpha \to A^*,\ \beta \to b^*,\ \omega \to \Omega^*.$$

Explizit gilt für die zeitliche Extrapolation (a priori-Schätzung)

$$y_{i+1|i} = A_i^* y_{i|i} + b_i^* \tag{5.55}$$

$$P_{i+1|i} = A_i^* P_{i|i} A_i^{*\prime} + \Omega_i^*.$$

Die a priori-Schätzung kann jedoch auch in gesamten Intervall $[t_i, t_{i+1}]$ berechnet werden, da nach Eintreffen der Daten $z(t_i) = z_i$ bis zum nächsten Zeitpunkt die Momentengleichungen

$$\dot{y}(t|t_i) = A(t) y(t|t_i) + b(t) \tag{5.56}$$

$$\dot{P}(t|t_i) = A(t) P(t|t_i) + P(t|t_i) A(t)' + \Omega(t) \tag{5.57}$$

für $t \in [t_i, t_{i+1}]$ mit den Anfangsbedingungen $y(t_i|t_i) = y_{i|i}$ und $P(t_i|t_i) = P_{i|i}$ gelten. Diese Gleichungen werden jedoch durch

$$y(t|t_i) = \Phi(t, t_i) y_{i|i} + \int_{t_i}^{t} \Phi(t, s) b(s) ds \tag{5.58}$$

$$P(t|t_i) = \Phi(t, t_i) P(t_i|t_i) \Phi'(t, t_i) + \int_{t_i}^{t} \Phi(t, s) g(s) g'(s) \Phi'(t, s) ds \tag{5.59}$$

gelöst. Im Fall $t = t_{i+1}$ erhält man also wieder Gleichung (5.55)

Im Fall konstanter Koeffizienten können sogar explizite Formeln für die Parameter des exakten diskreten Modells angegeben werden. Es gilt (A nichtsingulär)

$$A_i^* = \exp[A(t_{i+1} - t_i)] := \exp(A \Delta t_i) \tag{5.60}$$

$$b_i^* = A^{-1}(\exp(A \Delta t_i) - I) B x_i \tag{5.61}$$

$$\Omega_i^* = \int_0^{\Delta t_i} \exp(As) G G' \exp(A's) ds. \tag{5.62}$$

Hierbei wurde für die Funktion $b(t) = Bx(t) = Bx_i;\ t \in [t_i, t_{i+1})$ ein stückweise konstanter Verlauf angenommen (Sprungfunktionen). Andere Approximationen von $b(t)$ werden in Kap. 6 diskutiert. Bis auf die komplizierte

Abhängigkeit der Parameter des exakten diskreten Modells von den Parametern der stochastischen Differentialgleichung kann also die diskrete Theorie direkt übertragen werden. Die Likelihood-Funktion des Systems hängt dann jedoch in ziemlich verwickelter Weise von den Matrizen $A(t)$, $b(t)$ und $g(t)$ ab. Im Grenzfall zeitlich stetiger Messungen ergeben sich die Gleichungen des kontinuierlichen Kalman-Bucy-Filters.

Eine für Anwendungen wichtige Variante des kontinuierlich-diskreten Zustandsraum-Modells ergibt sich aus der Einführung von *fehlenden Werten (missing data)* in das Meßmodell. Hierbei wird das System-Modell als exaktes diskretes Modell, jedoch mit einem feineren Diskretisierungsintervall δt angeschrieben (vgl. die Diskussion im Einleitungskapitel und Singer, 1995):

$$\begin{aligned} y(t_{j+1}) &= \Phi(t_{j+1}, t_j)y(t_j) + \\ &+ \int_{t_j}^{t_{j+1}} \Phi(t_{j+1}, s)b(s)ds + \int_{t_j}^{t_{j+1}} \Phi(t_{j+1}, s)g(s)dW(s) \quad (5.63) \\ z_j &= H_j y_j + d_j + \epsilon_j, \quad (5.64) \end{aligned}$$

$j = 0, \ldots, J = (t_T - t_0)/\delta t$, wobei δt so gewählt sein muß, daß die Meßzeitpunkte t_i auf diesem Gitter liegen, d.h. $t_i = t_0 + j_i \delta t$ (vgl. Abb. 5.1). Dies ist durch genügend kleine δt immer möglich. Falls an den Meßzeitpunken bestimmte Komponenten in z_j nicht gemessen wurden, werden die entsprechenden Zeilen aus den Matrizen H_j, d_j und ϵ_j gestrichen. Daher ist die Filterung von Systemen möglich, deren Komponenten irreguläre Meßabstände aufweisen. Weiterhin erhält man die Filterlösung $y_{j|j}$ und $P_{j|j}$ für alle Zeitpunkte und Komponenten, die nicht gemessen wurden. Der Vorteil dieser Darstellung ist, daß man die exakte Formel für genügend kleines δt linearisieren kann, so daß

$$\Phi(t_{j+1}, t_j) \approx I + A(t_j)\delta t \quad (5.65)$$

$$\int_{t_j}^{t_{j+1}} \Phi(t_{j+1}, s)b(s)ds \approx b(t_j)\delta t \quad (5.66)$$

$$\int_{t_j}^{t_{j+1}} \Phi(t_{j+1}, s)g(s)dW(s) \approx g(t_j)\delta W(t_j) \quad (5.67)$$

gilt. Zwischen den Messungen t_i und t_{i+1} erzeugt dies eine Produktdarstellung der Fundamentalmatrix

$$\Phi(t_{i+1}, t_i) = \lim_{\delta t \to 0} \overleftarrow{T} \prod_{j=j_i}^{j_{i+1}} [I + A(t_j)\delta t] \quad (5.68)$$

und eine rekursive Berechnung des Integrals $\int_{t_i}^{t_{i+1}} \Phi(t_{i+1}, s)b(s)ds$, während die Näherung des stochastischen Integrals eine Euler-Maruyama-Approximation der stochastischen Differentialgleichung (System-Modell) ergibt. Daher ist diese Form des Filters für numerische Berechnungen besonders geeignet – insbesondere im Fall von Panelstudien mit unregelmäßigen Nichtbeantwortungen. In diesem Fall erhalten alle Variablen noch einen zusätzlichen Personenindex $n = 1, \dots, N$.

5.7 Kalman-Bucy-Filter (kontinuierlicher Fall)

Der Grenzfall $\delta t \to 0$ im vorigen Abschnitt kann auch für eine Ableitung des Kalman-Bucy-Filters benutzt werden, der für den Fall stetiger Messungen $z(t)$ gilt. Für das lineare zeitstetige Zustandsraum-Modell

$$\begin{aligned} dy(t) &= [A(t)y(t) + b(t)]dt + g(t)dW(t) &(5.69)\\ dZ(t) &= [H(t)y(t) + d(t)]dt + dV(t) &(5.70) \end{aligned}$$

kann, wie in Abschnitt 5.1 erläutert wurde, eine Grenzbetrachtung für $R(t) = \rho(t)/\delta t$ zum gewünschten Ziel führen. Identifiziert man nämlich $z(t_{j+1})dt$ mit $dZ(t_j)$, so muß die Kovarianzmatrix $R(t_j) = R_j = \mathrm{Var}(\epsilon_j)$ im Grenzwert gegen unendlich gehen, da ansonsten der Rauscheinfluß im zeitstetigen Fall verschwindet. Die approximativen Filtergleichungen lauten dann:

$$\begin{aligned} y_{j+1|j} &= [I + A(t_j)\delta t]y_{j|j} + b(t_j)\delta t + O(\delta t^2)\\ P_{j+1|j} &= [I + A(t_j)\delta t]P_{j|j}[I + A(t_j)\delta t]' + \Omega(t_j)\delta t + O(\delta t^2) \end{aligned}$$

$$\begin{aligned} K_{j+1} &= P_{j+1|j}H'_{j+1}[H_{j+1}P_{j+1|j}H'_{j+1} + R_{j+1}]^- \text{ (Kalman-Gain)}\\ y_{j+1|j+1} &= y_{j+1|j} + K_{j+1}(z_{j+1} - H_{j+1}y_{j+1|j} - d_{j+1})\\ P_{j+1|j+1} &= (I - K_{j+1}H_{j+1})P_{j+1|j} \end{aligned}$$

($\Omega(t_j) := g(t_j)g'(t_j)$). Für kleine δt kann man den Kalman-Gain durch $P_{j+1|j}H'_{j+1}\rho^-(t_{j+1})\delta t$ approximieren und erhält nach Elimination der a priori-Schätzungen

$$\begin{aligned} y_{j+1|j+1} &= [I + A(t_j)\delta t]y_{j|j} + b(t_j)\delta t +\\ &\quad + P_{j+1|j}H'_{j+1}\rho^-(t_{j+1})\delta t(z_{j+1} - H_{j+1}y_{j|j} - d_{j+1}) + O(\delta t^2)\\ P_{j+1|j+1} &= [I - P_{j+1|j}H'_{j+1}\rho^-(t_{j+1})\delta t H_{j+1}] \times\\ &\quad [P_{j|j} + A(t_j)\delta t P_{j|j} + P_{j|j}A'(t_j)\delta t + \Omega(t_j)\delta t] + O(\delta t^2) \end{aligned}$$

und somit im Grenzfall den Kalman-Bucy-Filter (1961)

$$\begin{aligned} d\hat{y}(t) &= A(t)\hat{y}(t)dt + b(t)dt + P(t)H(t)'\rho^-(t) \times\\ &\quad [dZ(t) - H(t)\hat{y}(t)dt - d(t)dt] &(5.71)\\ dP(t) &= A(t)P(t)dt + P(t)A'(t)dt + \Omega(t)dt\\ &\quad -P(t)H(t)'\rho^-(t)H(t)P(t). &(5.72) \end{aligned}$$

oder abgekürzt

$$\begin{aligned} d\hat{y}(t) &= A(t)\hat{y}(t)dt + b(t)dt + K(t)[dZ(t) - H(t)\hat{y}(t)dt - d(t)dt] \quad (5.73)\\ dP(t) &= A(t)P(t)dt + P(t)A'(t)dt + \Omega(t)dt - K(t)\rho(t)K'(t) \quad (5.74)\\ K(t) &= P(t)H(t)'\rho^-(t). \quad (5.75)\end{aligned}$$

Hierbei ist $\hat{y}(t) = E[y(t)|Z^t]$ der optimale Schätzer für den Zustand, gegeben die gesamte Trajektorie $Z(s)$; $t_0 \leq s \leq t$. Im obigen Grenzwert wurde hierbei die formale Ersetzung $z(t_{j+1})dt = dZ(t_j)$ vorgenommen. Da die Gleichung für den Filterfehler wiederum die Daten nicht enthält, also deterministisch ist, kann das stochastische Integral bzgl. $dZ(t)$ ohne weitere Vorsichtsmaßnahmen berechnet werden (vgl. L. Arnold, 1973, Kap. 12.4).

Für die Likelihoodfunktion (5.48) kann im Grenzfall $\delta t \to 0$ der Term $\mathrm{tr}(\Gamma_{j+1|j}\nu_j\nu_j')$ in $z_{j+1}'\rho_{j+1}^- z_{j+1}\delta t - 2z_{j+1|j}'\rho_{j+1}^- z_{j+1}\delta t + z_{j+1|j}'\rho_{j+1}^- z_{j+1|j}\delta t$ mit der prognostizierten Messung $z_{j+1|j} := H_{j+1}y_{j+1|j} + d_{j+1}$, umgeschrieben werden, da die Innovationskovarianz $\Gamma_{j+1|j}$ durch $\rho_{j+1}^-\delta t$ approximiert werden kann. Mit der Setzung $\Delta Z(t_j) = \Delta Z_j := z_{j+1}\delta t$ und der Skalarprodukt-Notation $\langle f, g\rangle = f'g$ erhält man die approximative Likelihood für quasistetige Messungen $Z = \{Z_0, \ldots, Z_J\}, J = (t_T - t_0)/\delta t$ (ein sogenannter *Kontrast*, vgl. Florens-Zmirou, 1989, Genon-Catalot, 1990):

$$\begin{aligned} L_\psi(Z) &= \prod_{j=0}^{J-1} |2\pi\rho_{j+1}/\delta t|^{-\frac{1}{2}} \exp\{-\tfrac{1}{2}\sum_{j=0}^{J-1} \mathrm{tr}[(\rho\delta t)_{j+1}^- \Delta Z_j \Delta Z_j']\\ &- 2\langle H_{j+1}y_{j+1|j} + d_{j+1}, \rho_{j+1}^-\Delta Z_j\rangle +\\ &+ \langle H_{j+1}y_{j+1|j} + d_{j+1}, \rho_{j+1}^- H_{j+1}y_{j+1|j} + d_{j+1}\rangle\delta t\}.\end{aligned}$$

Aufgrund der nicht beschränkten Schwankung von $Z(t)$ gilt $dZdZ' = \rho(t)dt$, so daß der erste Term $\mathrm{tr}[(\rho dt)^- dZdZ'] = \mathrm{tr}[\rho^-\rho]$ im Limes stetiger Messungen zu einer Divergenz führen würde. Man vermeidet dies üblicherweise durch die Bildung eines Likelihood-Quotienten, wobei angenommen wird, daß der Diffusionsterm ρdV nicht vom Parametervektor ψ abhängt. Dann kürzt sich der divergente Term weg und man erhält

$$\begin{aligned} \frac{L_\psi(Z)}{L_{\psi_0}(Z)} &= \exp\{-\tfrac{1}{2}\sum_{j=0}^{J-1} -2\langle H_{j+1}y_{j+1|j} + d_{j+1}, \rho_{j+1}^-\Delta Z_j\rangle +\\ &+ \langle H_{j+1}y_{j+1|j} + d_{j+1}, \rho_{j+1}^- H_{j+1}y_{j+1|j} + d_{j+1}\rangle\delta t\}. \quad (5.76)\end{aligned}$$

oder im Grenzfall das Likelihood-Funktional (Radon-Nikodym-Ableitung)

$$\begin{aligned} \frac{d\mu_\psi}{d\mu_{\psi_0}}(Z) &= \exp[\int_{t_0}^t \langle H(s)\hat{y}(s) + d(s), \rho^-(s)dZ(s)\rangle\\ &- \tfrac{1}{2}\int_{t_0}^t \langle H(s)\hat{y}(s) + d(s), \rho^-(s)(H(s)\hat{y}(s) + d(s))\rangle ds], \quad (5.77)\end{aligned}$$

wobei $\hat{y}(s)$ der gefilterte Zustand aus dem Kalman-Bucy-Filter (5.71) ist (vgl. Parzen, 1962, Kailath, 1969, Leland, 1995, 1996 und die Diskussion in Kap. 6).

5.8 Kalman-Glätter

Da die Filter-Lösung $E[y(t)|Z^t]$ Information bis zum Zeitpunkt t benutzt, kann sie im Prinzip im realen Zeitablauf berechnet werden. Beim Eintreffen neuer Meßinformation wird die seit der letzten Messung extrapolierte Filterlösung unstetig durch die neuen Daten korrigiert (Meß-Update). Andererseits ist bei Vorliegen von Daten $Z^T = \{z_T, \ldots, z_0\}$ auch die Berechnung von Zwischenwerten zum Zeitpunkt $t \in [t_0, t_T]$ von Interesse, d.h. $y_{t|T} = E[y(t) \mid Z^T]$. Solche Schätzer werden in der oben definierten Terminologie als geglättete oder interpolierte Zustände bezeichnet. Sie verlaufen im allgemeinen glatter, da der Schätzer auch Daten aus der Zukunft verwendet, die in realer Zeit (noch) nicht erhältlich sind. Die Lösung für festes T und $0 \leq t \leq t_T$ (fixed interval smoothing) läßt sich als Kombination von 2 Filterlösungen darstellen, die vorwärts und rückwärts in der Zeit laufen. Dabei können die Größen des Rückwärtsfilters eliminiert und durch eine Rückwärtsiteration über die Größen des Vorwärtsfilters ersetzt werden. Der so entstehende Algorithmus wird als *Rauch-Tung-Striebel-Glätter* bezeichnet (vgl. Rauch et al., 1965, Jazwinski, 1970, Gelb, 1973). Ein neuer Algorithmus von De Jong (1989) erlaubt die effizientere Berechnung der geglätteten Größen $y_{t|T} = E[y(t)|Z^T]$ und $P_{t|T} = \text{Var}[y(t)|Z^T]$. Zu Referenzzwecken lautet der RTS-Glätter explizit:

Theorem 5.8.1 (Rauch-Tung-Striebel-Glätter).

Rekursion $i = T-1, \ldots, 0$

$$F_i = P_{i|i}\alpha_i' P_{i+1|i}^{-1} \quad (5.78)$$

$$y_{i|T} = y_{i|i} + F_i[y_{i+1|T} - y_{i+1|i}] \quad (5.79)$$

$$P_{i|T} = P_{i|i} + F_i[P_{i+1|T} - P_{i+1|i}]F_i' \quad (5.80)$$

Hierbei werden die gefilterten Größen aus dem Kalman-Filter eingesetzt und F_i ist der Glätter-Gain (Gewichtsmatrix).

Der von de Jong abgeleitete Algorithmus lautet:

Theorem 5.8.2 (de Jong-Glätter).

A priori-Filter

Startwerte: $y_{0|-1} = \mu; P_{0|-1} = \Sigma$
Rekursion $i = 0, \ldots, T-1$

$$\nu_i = z_i - H_i y_{i|i-1} - D_i x_i \quad (5.81)$$

$$\Gamma_{i|i-1} = H_i P_{i|i-1} H_i' + R_i \quad (5.82)$$

$$K_i = P_{i|i-1} H_i' \Gamma_{i|i-1}^{-1} \quad (5.83)$$

$$G_i = \alpha_i K_i \quad (5.84)$$

$$\begin{aligned} L_i &= \alpha_i - G_i H_i = \alpha_i(I - K_i H_i) && (5.85)\\ y_{i+1|i} &= \alpha_i y_{i|i-1} + G_i \nu_i + \beta_i x_i && (5.86)\\ P_{i+1|i} &= L_i P_{i|i-1} L_i' + G_i R_i G_i' + \omega_i && (5.87) \end{aligned}$$

Glätter
Startwerte: $r_T = 0; R_T = 0$
Rekursion $i = T, \ldots, 0$

$$\begin{aligned} h_i &= H_i' \Gamma_{i|i-1}^{-1} && (5.88)\\ r_{i-1} &= h_i \nu_i + L_i' r_i && (5.89)\\ R_{i-1} &= h_i H_i + L_i' R_i L_i && (5.90)\\ y_{i|T} &= y_{i|i-1} + P_{i|i-1} r_{i-1} && (5.91)\\ P_{i|T} &= P_{i|i-1} + P_{i|i-1} R_{i-1} P_{i|i-1} && (5.92) \end{aligned}$$

Der a priori-Filter entsteht aus dem üblichen Kalman-Filter durch Elimination der Filter-Terme $y_{i|i}$ und $P_{i|i}$.

5.9 Erweiterter Kalman-Filter (kontinuierlich-diskreter Fall)

Die bisher referierten Algorithmen sind nur im linearen Fall anwendbar. Andererseits sind reale Systeme häufig nur mit nichtlinearen Drift- oder Diffusionstermen zu beschreiben. Schon früh wurde erkannt, daß sich die optimalen Filter des linearen Falls durch Linearisierung um die extrapolierten bzw. gefilterten Größen übertragen lassen. Dies führt auf den sogenannten *Kalman-Schmidt-* oder *erweiterten Kalman-Filter (EKF)*, der aufgrund seiner einfachen Implementierung häufig benutzt wird. Betrachtet man hierzu das *kontinuierlich-diskrete Zustandsraum-Modell*

$$\begin{aligned} dy(t) &= f(y(t), t)dt + g(y(t), t)dW(t) && (5.93)\\ z_i &= h(y(t_i), t_i) + \epsilon_i. && (5.94) \end{aligned}$$

mit Messungen $z_i := z(t_i)$ an den Zeitpunkten $\{t_0, t_1, \ldots, t_T\}$, so erhält man durch Linearisierung folgendes Schema: Wenn der gefilterte Zustand $y(t)|Z^i, t \in [t_i, t_{i+1}]$ durch die beiden bedingten Momente $y(t|t_i) = E[y(t)|Z^i]$ und $P(t|t_i) = \mathrm{Var}[y(t)|Z^i]$ charakterisiert werden kann, so erfolgt zwischen den Messungen bei t_i und t_{i+1} die Dynamik anhand der Momentengleichungen

$$\begin{aligned} \dot{y}(t|t_i) &= E[f|Z^i] && (5.95)\\ \dot{P}(t|t_i) &= \mathrm{Cov}(f, y|Z^i) + \mathrm{Cov}(y, f|Z^i) + E[\Omega|Z^i] && (5.96) \end{aligned}$$

mit den Startwerten $y(t_i|t_i) = y_{i|i}$ und $P(t_i|t_i) = P_{i|i}$ (vgl. Kap. 3.10). Dies sind keine Differentialgleichungen, da sie von der Filter-Dichte $p(y, t|Z^i)$

abhängen. Linearisiert man jedoch f um den bedingten Erwartungswert $y(t|t_i)$, d.h.

$$f(y,t) = f(y(t|t_i),t) + A(t)(y - y(t|t_i)) + O(||y - y(t|t_i)||^2) \quad (5.97)$$

mit der Jacobi-Matrix $A(t) = \frac{\partial f(y,t)}{\partial y}(y(t|t_i))$, so erhält man ein System von approximativen Differentialgleichungen

$$\dot{y}(t|t_i) = f(y(t|t_i),t) \quad (5.98)$$

$$\dot{P}(t|t_i) = A(t)P(t|t_i) + P(t|t_i)A'(t) + gg'(y(t|t_i),t) + \sum_{j=1}^{r} G_j(t)P(t|t_i)G_j'(t) \quad (5.99)$$

wobei zusätzlich angenommen wurde, daß auch der Diffusionskoeffizient $g(y,t)$ bis zur ersten Ordnung in y entwickelt werden kann, d.h. für die Spalten gilt ($j = 1,\ldots,r$)

$$g_j(y,t) = g_j(y(t|t_i),t) + G_j(t)(y - y(t|t_i)) \quad (5.100)$$

$$G_j(t) = \frac{\partial g_j(y,t)}{\partial y}(y(t|t_i)). \quad (5.101)$$

Üblicherweise wird im EKF nur der erste Term in g_j betrachtet, d.h. $G_j = 0$ gesetzt. Gerade bei der Behandlung von stochastischen Modellen in der empirischen Kapitalmarktforschung erscheint es sinnvoll, auch zustandsabhängige Diffusionskoeffizienten, etwa von der Form $\sigma(t)\ S(t)^{\alpha/2}\ dW(t)$ zu betrachten (stochastische Volatilitäten). Derartige Modelle motivieren approximative Filter mit höheren Termen im Diffusionskoeffizienten (vgl. Jazwinski, 1970, Kap. 9 und Kap. 10.5 dieser Arbeit).

Wenn am Zeitpunkt t_{i+1} die neue Messung eintrifft, wird sich die Dichte $p(y, t_{i+1}|Z^i)$ unstetig verändern. Wenn sie durch die Gaußverteilung $N(y_{i+1|i}, P_{i+1|i})$ approximiert werden kann und zusätzlich das Meßmodell um $y_{i+1|i} := y(t_{i+1}|t_i)$ entwickelt wird, gilt:

$$z_{i+1} = h(y_{i+1|i}, t_{i+1}) + H_{i+1}(y(t_{i+1}) - y_{i+1|i}) + \epsilon_{i+1} \quad (5.102)$$

$$H_{i+1} = \frac{\partial h(y, t_{i+1})}{\partial y}(y_{i+1|i}). \quad (5.103)$$

Damit ist auch z_{i+1} approximativ Gaußverteilt in der Nähe von $h(y_{i+1|i}, t_{i+1})$ und es gelten die Meß-Gleichungen des linearen Kalman-Filters, wenn H_{i+1} als Jacobi-Matrix der Output-Funktion h und $d_{i+1} = h(y_{i+1|i}, t_{i+1}) - H_{i+1}y_{i+1|i}$ gesetzt wird. Explizit gilt also

Theorem 5.9.1 (Erweiterter Kalman-Filter (EKF)).

Rekursion $i = 0,\ldots,T-1$

Extrapolation $t_i \leq t \leq t_{i+1}$

$$\dot{y}(t|t_i) = f(y(t|t_i),t) \quad (5.104)$$

$$\begin{aligned} \dot{P}(t|t_i) &= A(t)P(t|t_i) + P(t|t_i)A'(t) + gg'(y(t|t_i),t) + \\ &+ (\sum_{j=1}^{r} G_j(t)P(t|t_i)G_j'(t)) \qquad (5.105) \end{aligned}$$

$$\begin{aligned} \textit{Messung } t &= t_{i+1} \\ K_{i+1} &= P_{i+1|i}H_{i+1}'[H_{i+1}P_{i+1|i}H_{i+1}' + R_{i+1}]^- \qquad (5.106) \\ y_{i+1|i+1} &= y_{i+1|i} + K_{i+1}(z_{i+1} - H_{i+1}y_{i+1|i} - d_{i+1}) \qquad (5.107) \\ P_{i+1|i+1} &= (I - K_{i+1}H_{i+1})P_{i+1|i} \qquad (5.108) \end{aligned}$$

Der in Klammer gesetzte Term in der Extrapolations-Gleichung erscheint im üblichen EKF nicht, ist jedoch bei zustandsabhängigen Diffusionstermen erforderlich. Falls noch höhere Ableitungen berücksichtigt werden, ergeben sich Momentengleichungen analog zu Kap. 3.10. Für eine Diskussion von approximativen nichtlinearen Filtern sei auf Jazwinski, 1970, Kap. 9, Gelb, 1974, Kap. 6 oder Anderson u. Moore, 1979, Kap. 8, verwiesen. Die Gültigkeit des EKF hängt daher von der Güte der Momentengleichungen ab, die für scharf lokalisierte, unimodale Verteilungen (kleiner Filterfehler P) abgeleitet wurden und der lokalen Nichtlinearität der Output-Funktion h ab. Auch hier sind die Resultate am besten für kleine $P_{i+1|i}$. Ob die Linearisierungen gerechtfertigt sind, ist im Prinzip nur durch Kenntnis der Filter-Dichte $p(y,t|Z^t)$ zu beurteilen. Beispielsweise kann es beim EKF zu Filter-Divergenzen kommen, so daß das Verhalten des konkreten Systems betrachtet werden muß.

5.10 Nichtlinearer kontinuierlich-diskreter Filter

Aufgrund der unklaren Approximationsprobleme beim EKF erscheint es sinnvoll, die prinzipiell exakte Lösung des Problems darzustellen. Diese ist erstaunlich einfach, wenn auch die konkrete Lösung des Problems einen erheblichen Rechenaufwand erfordert (Jazwinski, 1970, Kap. 6).

Zwischen den Messungen bei t_i und t_{i+1} erfüllt die bedingte Dichte $p(y,t|Z^i)$ die Fokker-Planck-Gleichung mit Anfangsbedingung $p(y,t_i|Z^i) := p_{i|i}$, da ohne Meßinformation die bedingte gleich der unbedingten Dichte ist. Bei Eintreffen von Messungen bei t_{i+1} ändert sich die Dichte $p(y,t_{i+1}|Z^i) := p_{i+1|i}$ unstetig, was durch die Formel von Bayes ausgedrückt werden kann:

$$\begin{aligned} p(y,t_{i+1}|Z^{i+1}) &= p(y,t_{i+1}|z_{i+1},Z^i) \qquad (5.109) \\ &= \frac{p(z_{i+1}|y(t_{i+1})=y,Z^i)p(y,t_{i+1}|Z^i)}{p(z_{i+1}|Z^i)}. \qquad (5.110) \end{aligned}$$

Dies zeigt, daß die a posteriori-Dichte $p_{i+1|i+1}$ als Produkt aus a priori-Dichte $p_{i+1|i}$ und der Dichte der Messung z_{i+1}, gegeben $y(t_{i+1})$ und frühere Messungen Z^i, dargestellt werden kann. Der (normierende) Nenner

$$L_{i+1} := p(z_{i+1}|Z^i) \tag{5.111}$$
$$= \int p(z_{i+1}|y(t_{i+1}) = y, Z^i)p(y, t_{i+1}|Z^i)dy \tag{5.112}$$

ist dabei die Likelihood-Funktion der $(i+1)$-ten Messung. Etwas lasch kann man den Einfluß der Messung als

$$p(y_{i+1}|Z^{i+1}) = \frac{p(z_{i+1}|y_{i+1}, Z^i)p(y_{i+1}|Z^i)}{p(z_{i+1}|Z^i)} \tag{5.113}$$
$$p(z_{i+1}|Z^i) = \int p(z_{i+1}|y_{i+1}, Z^i)p(y_{i+1}|Z^i)dy_{i+1} \tag{5.114}$$

schreiben. Aufgrund der Struktur des Meßmodells kann in $p(z_{i+1}|y_{i+1}, Z^i)$ die Bedingung auf vergangene Messungen auch weggelassen werden. Damit ist das kontinuierlich-diskrete Filter-Problem im Prinzip gelöst, wenn die Fokker-Planck-Gleichung [3]

$$\frac{\partial p(y,t|Z^i)}{\partial t} = -\frac{\partial}{\partial y_j}[f_j(y,t)p(y,t|Z^i)]$$
$$+\tfrac{1}{2}\frac{\partial^2}{\partial y_j y_k}[g_{jl}(y,t)g_{kl}(y,t)p(y,t|Z^i)] \tag{5.115}$$
$$:= F(y,t)p(y,t|Z^i) \tag{5.116}$$

im Intervall $t \in [t_i, t_{i+1}]$ mit der Anfangsbedingung $p(y,t_i|Z^i) := p_{i|i}$ integriert werden kann (time-update) und die normierende Likelihood-Funktion bekannt ist. Dazu sind allerdings p-dimensionale Integrationen erforderlich. Alternativ kann die zeitliche Extrapolation auch mit der Integraldarstellung

$$p(y_{i+1}|Z^i) = \int p(y_{i+1}|y_i)p(y_i|Z^i)dy_i \tag{5.117}$$

erfolgen. Hierbei fungiert die Übergangsdichte $p(y_{i+1}|y_i) := p(y_{i+1}, t_{i+1}|y_i, t_i)$, die eine Lösung der Fokker-Planck-Gleichung mit Anfangsbedingung $p(y, t_i|x, t_i) = \delta(y - x)$ darstellt, als Greensche Funktion (Propagator) des Systems.

Im linearen Fall ist die Situation wieder besonders einfach. Wenn die Variable $y_i|Z^i$ bedingt Gaußverteilt ist, d.h. $p_{i|i} = \phi(y_{i|i}, P_{i|i})$, so ist die Lösung der Fokker-Planck-Gleichung wieder eine Gauß-Dichte, die durch die Momente $y_{i+1|i}$ und $P_{i+1|i}$ parametrisiert wird. Diese Momente erfüllen die Liapunov-Gleichungen

$$\dot{y}(t|t_i) = A(t)y(t|t_i) + b(t) \tag{5.118}$$
$$\dot{P}(t|t_i) = A(t)P(t|t_i) + P(t|t_i)A'(t) + gg'(t). \tag{5.119}$$

Der Meß-Update

[3] Einsteinsche Summenkonvention: Summation über doppelte Indizes

$$p(y_{i+1}|Z^{i+1}) = \frac{p(z_{i+1}|y_{i+1}, Z^i)p(y_{i+1}|Z^i)}{p(z_{i+1}|Z^i)} \quad (5.120)$$

$$p(z_{i+1}|Z^i) = \int p(z_{i+1}|y_{i+1})p(y_{i+1}|Z^i)dy_{i+1} \quad (5.121)$$

ist also durch das Produkt von Gauß-Dichten mit Parametern $p(y_{i+1}|Z^i) \sim N(y_{i+1|i}, P_{i+1|i})$ und $p(z_{i+1}|y_{i+1}) \sim N(H_{i+1}y_{i+1} + d_{i+1}, R_{i+1})$ gegeben. Man kann explizit zeigen, daß die entstehende posteriori-Dichte und Likelihood durch

$$p(y_{i+1}|Z^{i+1}) = \phi(y_{i+1}; y_{i+1|i+1}, P_{i+1|i+1}) \quad (5.122)$$

$$p(z_{i+1}|Z^i) = \phi(z_{i+1}; z_{i+1|i}, \Gamma_{i+1|i}) \quad (5.123)$$

$$= \phi(\nu_{i+1}; 0, \Gamma_{i+1|i}), \quad (5.124)$$

$z_{i+1|i} = H_{i+1}y_{i+1|i} + d_{i+1}; \Gamma_{i+1|i} = H_{i+1}P_{i+1|i}H'_{i+1} + R_{i+1}$ gegeben ist (Jazwinski, 1970, Kap. 7.2). Dies ist aber gerade der Meß-Update des Kalman-Filters und die Prädiktions-Fehler-Zerlegung. Die spezielle Struktur der linearen System- und Meßgleichungen ergibt also, daß man im Lauf der Update-Schritte innerhalb der Gauß-Familie bleibt. Weiterhin ist die Likelihood ohne numerische Integrationen berechenbar. Der erweiterte Kalman-Filter ist nun als Approximation der Fokker-Planck-Gleichung mit einem linearisierten Meßvorgang interpretierbar, wobei die exakte Dichte durch 2 Kumulanten und deren approximative Bewegungsgleichungen charakterisiert wird.

5.11 Gaußscher Kerndichte-Filter (kontinuierlich-diskreter Fall)

Die im vorigen Abschnitt abgeleiteten exakten Extrapolations- und Meß-Update-Schritte können auf verschiedene Art und Weise implementiert werden. Die einfachste Methode ist wohl das EKF, wobei die Gültigkeit auf schwache Nichtlinearitäten und unimodale bedingte Dichten beschränkt bleibt. Prinzipiell kann jede Methode der Lösung der Fokker-Planck-Gleichung benutzt werden. Im allgemeinen ist man auf numerische Methoden angewiesen, etwa Reihenentwicklungen der Dichte und Lösung der entstehenden Matrix-Gleichungen für die Entwicklungskoeffizienten (Matrix-Kettenbrüche; vgl. Risken, 1989) oder Differenzenmethoden (Ames, 1992), bei denen die Differentialoperatoren durch Differenzen auf einem raum-zeitlichen Gitter ersetzt werden. Dann bleibt allerdings zusätzlich das Problem, wie die Berechnung der Likelihood zur Normierung der bedingten Dichte ausgeführt wird.

Hier soll ein Verfahren diskutiert werden, das Monte-Carlo-Simulationen der bedingten Dichte, Kern-Dichte-Schätzer und Gaußsche Meß-Updates kombiniert. Insbesondere sind keine numerischen Integrationen zur Normierung notwendig.

Betrachtet man die Dichte $p(y,t|Z^i)$ im Intervall $t \in [t_i, t_{i+1}]$, so kann diese formal durch den Erwartungswert

$$
\begin{aligned}
p(y,t|Z^i) &= E[\delta(y(t)-y)|Z^i] & (5.125)\\
&= \int \delta(y'-y)p(y',t|Z^i)dy' & (5.126)
\end{aligned}
$$

dargestellt werden. Approximiert man den Erwartungswert durch den Mittelwert

$$
\hat{p}(y,t|Z^i) = \frac{1}{N}\sum_{n=1}^{N}\delta(y_{ni}(t)-y), \qquad (5.127)
$$

wobei $y_{ni}(t), n = 1,\ldots,N$ ein Ensemble von unabhängigen stochastischen Prozessen mit zufälliger Anfangsbedingung $y_{ni}(t_i) \sim p(y,t_i|Z^i) = p_{i|i}$ ist, so stellt $\hat{p}$ einen unverzerrten Schätzer der Dichte $p(y,t|Z^i)$ dar. Allerdings existiert die Varianz des Schätzers nicht, da Integrale über Quadrate der Delta-Funktion nicht definiert sind (vgl. Lighthill, 1966). Verwendet man anstelle von $\delta(x)$ eine Gauß-Dichte mit Varianz-Parameter Σ, so erhält man einen *Kerndichte-Schätzer*

$$
\hat{p}(y,t|Z^i) = \frac{1}{N}\sum_{n=1}^{N}\phi(y_{ni}(t)-y,\Sigma_i(t)). \qquad (5.128)
$$

Hierbei ist die Bandbreite $\Sigma_i(t)$ der Kerne (Glättungsmatrix) eine Funktion der Daten $y_{ni}(t,\omega)$ (vgl. Silverman, 1986, Härdle, 1991). Dies bedeutet, daß N Trajektorien der stochastischen Differentialgleichung $dy = fdt + gdW$ mit der Anfangsbedingung $y_{ni}(t_i) := y_{ni} \sim p(y,t_i|Z^i)$ simuliert werden müssen. Die Benutzung von Gaußkernen hat den großen Vorteil, daß der Meß-Update analog zum üblichen EKF vorgenommen werden kann, wenn ein lineares Meßmodell vorliegt bzw. die Varianz $\Sigma_i(t_{i+1})$ genügend klein ist. Dies kann jedoch immer durch eine genügend große Zahl von Trajektorien erreicht werden. Eine mögliche Wahl des Glättungsparameters als

$$
\begin{aligned}
\Sigma_i(t) &= (aN^{-\frac{1}{p+4}})^2\widehat{\mathrm{Var}}(y_{ni}(t))\\
a &= \left(\frac{4}{p+2}\right)^{\frac{1}{p+4}} & (5.129)
\end{aligned}
$$

(Silverman, 1976, Kap. 4) zeigt, daß die Breite der Gauß-Dichten beliebig verkleinert werden kann, wenn nur N genügend groß ist. Dies ist auch notwendig, um die Genauigkeit der Kerndichteschätzung für $p(y,t|Z^i)$ zu erhöhen. Setzt man die Schätzung der a priori-Dichte in den Meß-Update (5.113) (Bayes-Formel) ein, so ergibt sich eine Summe von Produkten aus Gaußdichten und der bedingten Dichte der Messung bei z_{i+1}. Entwickelt man nun in $p(z_{i+1}|y_{i+1}) = \phi(z_{i+1}; h(y_{i+1}, t_{i+1}), R_{i+1})$ die Funktion h um $y_{n,i+1|i} := y_{ni}(t_{i+1})$, so kann jeder einzelne Term wie beim EKF behandelt werden und man erhält den Meß-Update

$$\hat{p}(y_{i+1}, t_{i+1}|Z^{i+1}) = \frac{p(z_{i+1}|y_{i+1})\hat{p}(y_{i+1}, t_{i+1}|Z^i)}{L_{i+1}} \tag{5.130}$$

$$= \sum_{n=1}^{N} \alpha_{n,i+1}\phi(y_{i+1}; y_{n,i+1|i+1}, \Sigma_{i+1|i}) \tag{5.131}$$

$$\alpha_{n,i+1} = L_{n,i+1}/(NL_{i+1}). \tag{5.132}$$

Dies ist eine Superposition von Gauß-Dichten mit Gewichten $\alpha_{n,i+1}$, die sich aus Normierungsgründen zu Eins addieren. Nach dem Meß-Update erhält man also eine Darstellung der Dichte $p_{i+1|i+1}$, die von dem üblichen Kerndichte-Schema abweicht. Die zufällige Anfangsbedingung (resampling) für die Prozesse $y_{n,i+1}(t); t \in [t_{i+1}, t_{i+2}]$, welche im nächsten Schritt für die Extrapolation via Fokker-Planck-Gleichung bzw. Monte-Carlo-Simulation benötigt wird, läßt sich durch das zweistufige Ziehen eines Index n aus der Multinomialverteilung $M(1, \{\alpha_{1,i+1}, \ldots, \alpha_{N,i+1}\})$ und die Zufallvariable $y_{n,i+1}(t_{i+1}) := y_{n,i+1}$ realisieren (Silverman, 1986, Kap. 6.4):

$$y_{n,i+1} \sim \hat{p}(y_{i+1}, t_{i+1}|Z^{i+1}) \tag{5.133}$$

$$y_{n,i+1} = y_{n,i+1|i+1} + P^{1/2}_{n,i+1|i+1} z_n \tag{5.134}$$

$$z_n \sim N(0, I)\ i.i.d. \tag{5.135}$$

Dies bedeutet, daß Updates mit hoher Likelihood, die in der Mixtur ein höheres Gewicht $\alpha_{n,i+1}$ aufweisen, auch öfter als Startwerte erscheinen.

Zusammenfassend erhält man also das Schema:

Theorem 5.11.1 (Gaußscher Kerndichte-Filter).
(kontinuierlich-diskreter Fall)

Rekursion $i = 0, \ldots, T-1$

Extrapolation $t_i \leq t \leq t_{i+1}$

$$\hat{p}(y, t|Z^i) = \frac{1}{N}\sum_{n=1}^{N} \phi(y_{ni}(t) - y, \Sigma_i(t)). \tag{5.136}$$

$$dy_{ni} = f dt + g dW_n; \tag{5.137}$$

$$y_{ni}(t_i) \sim \hat{p}(y_i, t_i|Z^i) := \hat{p}_{i|i} \quad \textit{(zufällige Anfangsbedingung)} \tag{5.138}$$

$$y_{ni}(t_{i+1}) := y_{n,i+1|i} \tag{5.139}$$

Messung $t = t_{i+1}$

$$\hat{p}(y_{i+1}, t_{i+1}|Z^{i+1}) = \frac{p(z_{i+1}|y_{i+1})\hat{p}(y_{i+1}, t_{i+1}|Z^i)}{L_{i+1}} \tag{5.140}$$

$$= \sum_{n=1}^{N} \alpha_{n,i+1}\phi(y_{i+1}; y_{n,i+1|i+1}, P_{n,i+1|i+1}) \tag{5.141}$$

$$y_{n,i+1|i+1} = y_{n,i+1|i} + K_{n,i+1|i}\nu_{n,i+1} \tag{5.142}$$
$$P_{n,i+1|i+1} = (I - K_{n,i+1|i}H_{n,i+1})\Sigma_{i+1|i} \tag{5.143}$$
$$K_{n,i+1|i} = \Sigma_{i+1|i}H'_{n,i+1}\Gamma^{-1}_{n,i+1|i} \tag{5.144}$$

$$\alpha_{n,i+1} = L_{n,i+1}/(NL_{i+1}) \tag{5.145}$$
$$L_{i+1} = \frac{1}{N}\sum_{n=1}^{N} L_{n,i+1} \tag{5.146}$$
$$L_{n,i+1} = (\det 2\pi\Gamma_{n,i+1|i})^{-\frac{1}{2}} \times \exp[-\tfrac{1}{2}\nu'_{n,i+1}\Gamma^{-1}_{n,i+1|i}\nu_{n,i+1}] \tag{5.147}$$
$$\nu_{n,i+1} = z_{i+1} - h(y_{n,i+1|i}, t_{i+1}) \tag{5.148}$$
$$\Gamma_{n,i+1|i} = H_{n,i+1}\Sigma_{i+1|i}H'_{n,i+1} + R_{i+1} \tag{5.149}$$

Diskussion: In obigen Gleichungen wurde der Term $P_{n,i+1|i}$, der sich bei einer Parallelschaltung von N erweiterten Kalman-Filtern ergeben würde, durch den gemeinsamen Glätt-Parameter $\Sigma_{i+1|i} = \Sigma_i(t_{i+1})$ ersetzt, der von allen N Trajektorien abhängt. Genauso sind die Größen $y_{n,i+1|i} = y_{ni}(t_{i+1})$ durch stochastische Simulation der SDE und nicht durch Momentengleichungen entstanden. Dies unterscheidet den Ansatz von sogenannten Gaußschen Summenfiltern, bei denen die zeitliche Evolution von Gaußdichten, welche eine nichtgaußsche Filter-Dichte als Summe approximieren, mit Hilfe von einzelnen Momentengleichungen erreicht wird (Alspach u. Sorenson, 1972, Anderson u. Moore, 1979, Kap. 8). Dies setzt aber die approximative Gültigkeit der Differentialgleichungen für jede Komponente n der Superposition voraus (Unimodalität bleibt erhalten; scharfe Lokalisation um den Mittelwert). Im Gegensatz dazu erhält man durch die stochastische Simulation eine im Prinzip beliebig genaue Approximation der Dichte $p(y_{i+1}, t_{i+1}|Z^i)$, die nur zu Zwecken des Meß-Updates als Superposition von Gauß-Kernen dargestellt wird. Insbesondere kann $\Sigma_{i+1|i}$ so weit verkleinert werden, daß die Fehler beim Meß-Update (Nichtlinearität des Meßmodells; Entwicklung von h) beliebig klein werden. Dies ist die Aussage eines Satzes (Anderson u. Moore, Satz 2.1, Kap. 8.2). Für das zeitdiskrete Zustandsraum-Modell

$$y_{i+1} = f(y_i) + g(y_i)u_i \tag{5.150}$$
$$z_i = h(y_i) + \epsilon_i \tag{5.151}$$

mit Gaußschen Rauschsequenzen u_i und ϵ_i gilt:

Theorem 5.11.2.

1. *Falls $p(y_{i+1}|Z^i) := \phi(y_{i+1}; y_{i+1|i}, P_{i+1|i})$, so gilt: $p(y_{i+1}|Z^{i+1}) = \phi(y_{i+1}; y_{i+1|i+1}, P_{i+1|i+1})$ für $P_{i+1|i} \to 0$.*
2. *Falls $p(y_i|Z^i) = \phi(y_i; y_{i|i}, P_{i|i})$, so gilt: $p(y_{i+1}|Z^i) = \phi(y_{i+1}; y_{i+1|i}, P_{i+1|i})$ für $P_{i|i} \to 0$.*

Anwendung des Satzes auf die Superposition $p_{i|i} = \sum_n \alpha_{ni}\phi(y; y_{n,i|i}, P_{n,i|i})$ führt dann zum Gaußschen Summenfilter. Der zweite Teil des Satzes ist allerdings im kontinuierlich-diskreten Kontext von eingeschränkter Relevanz, da er für das zeitdiskrete Zustandsraum-Modell bzw. EKF formuliert wurde. In diesem Fall ist die bedingte Dichte $p(y_{i+1}|y_i)$ auf jeden Fall Gaußsch, so daß die a priori-Dichte

$$p(y_{i+1}|Z^i) = \int p(y_{i+1}|y_i)p(y_i|Z^i)dy_i \tag{5.152}$$

für genügend kleines $P_{i|i}$ als Integral über zwei Gauß-Dichten dargestellt werden kann. Im Gegensatz dazu kann sich im nichtlinearen stetig-diskreten Fall eine nichtgaußsche Übergangsdichte $p(y_{i+1}|y_i)$ im Zeitintervall Δt_i entwickeln. Dies motiviert wiederum die Monte-Carlo-Simulation dieser Dichte unter Vermeidung von Momentengleichungen. Nur für kleine Zeitintervalle $\Delta t_i \to 0$ ist die Übergangsdichte $p(y_{i+1}|y_i)$ näherungsweise durch die Gaußverteilung $\phi(y_{i+1}; y_i + f(y_i,t_i)\Delta t_i, \Omega(y_i,t_i)\Delta t_i)$ gegeben, so daß für $P_{i|i} \to 0$ approximativ eine Gaußdichte von der im Satz angegebenen Form resultiert. Dies entspricht dem Ansatz des *diskretisierten kontinuierlichen samplings (DKS)* (Le Breton, 1976), bei dem allerdings zunächst kein Meßmodell involviert ist.

5.12 Diskretisiertes kontinuierliches Sampling (DKS)

Wie schon im vorigen Abschnitt kurz diskutiert, kann für kleine Meßintervalle Δt_i die stochastische Differentialgleichung $dy = fdt + gdW$ durch das Differenzenschema

$$y_{i+1} = y_i + f(y_i,t_i)\Delta t_i + g(y_i,t_i)\Delta W_i \tag{5.153}$$

(Euler-Schema) approximiert werden. Dies hat zur Folge, daß die Zufallsvariable $y_{i+1}|y_i$ näherungsweise normalverteilt ist, so daß die bedingte Dichte $p(y_{i+1}|y_i)$ durch $\phi(y_{i+1}; y_i + f(y_i,t_i)\Delta t_i, \Omega(y_i,t_i)\Delta t_i)$, $\Omega := gg'$ gegeben ist. Daher kann das Integral (Extrapolation)

$$p(y_{i+1}|Z^i) = \int p(y_{i+1}|y_i)p(y_i|Z^i)dy_i \tag{5.154}$$

$$\approx \frac{1}{N}\sum_{n=1}^{N} p(y_{i+1}|y_{ni}) \tag{5.155}$$

$$= \frac{1}{N}\sum_{n=1}^{N} \phi(y_{i+1}; y_{ni} + f(y_{ni},t_i)\Delta t_i, \Omega(y_{ni},t_i)\Delta t_i), \tag{5.156}$$

$y_{ni} \sim p_{i|i}$ als Überlagerung von Gaußfunktionen geschrieben werden, deren Varianzen durch die Diffusionskoeffizienten $\Omega(y_{ni},t_i)\Delta t_i$ gegeben sind. Dies ist im Gegensatz zum Kerndichte-Filter, wo auch die Übergangsdichte simuliert wird und die Varianz der Gaußkerne einheitlich durch den Glättparameter $\Sigma_{i+1|i}$ bestimmt ist. Im zeitdiskreten Fall wurde ein analoges Verfahren von Kim et al. (1996) vorgeschlagen.

Als Variante kann man Erwartungswert und Varianz von $y_{i+1}|y_i$ im Intervall $[t_i, t_{i+1}]$ als Lösung der Differentialgleichungen

$$\dot{y}_n = f;\ y_n(t_i) := y_{ni} \sim p_{i|i} \text{ (zufällige Anfangsbedingung)} \tag{5.157}$$

$$\dot{P}_n = AP_n + P_n A' + \Omega;\ P_n(t_i) = 0 \tag{5.158}$$

bestimmen. Dies hat den Vorteil, daß für kurze Zeitintervalle die geforderten Lösungen $y_{ni}+f(y_{ni}, t_i)\Delta t_i$ und $\Omega(y_{ni}, t_i)\Delta t_i$ resultieren, während für größere Zeitintervalle zumindest die Momentengleichungen näherungsweise gelten.

5.13 Funktional-Integral-Filter (FIF)

Die DKS-Methode kann auf den Fall großer Zeitintervalle verallgemeinert werden, wenn man die Markoff-Eigenschaft des stochastischen Prezesses $y(t)$ ausnutzt und die Übergangswahrscheinlichkeit als iterierte Chapman-Kolmogoroff-Gleichung

$$p(y_{i+1}|y_i) = \int p(\eta_J|\eta_{J-1})p(\eta_{J-1}|\eta_{J-2})\ldots p(\eta_1|\eta_0)d\eta_{J-1}\ldots d\eta_1$$

anschreibt. Hierbei wurden im Intervall $[t_i, t_{i+1}]$ die Variablen $y_i = \eta_0, \ldots, \eta_J = y_{i+1}$; $J = \Delta t_i/\delta t$ eingeschoben. Dies hat den Vorteil, daß das Intervall $\delta t = \Delta t_i/J$ so klein gewählt werden kann, daß wie bei der DKS-Methode die Übergangsdichte

$$p(\eta_j|\eta_{j-1}) \approx \phi(\eta_j; \eta_{j-1} + f(\eta_{j-1}, t_{j-1})\delta t, \Omega(\eta_{j-1}, t_{j-1})\delta t) \tag{5.159}$$

durch die Gauß-Dichte approximiert werden kann. Das so entstandene J-fache Produkt aus Gauß-Dichten wird als Euler-Dichte bezeichnet (vgl. Kloeden u. Platen, 1992, Kap. 16.3). Im Grenzwert $J \to \infty$ ergibt sich das sogenannte Pfadintegral (Funktionalintegral)

$$p(y_{i+1}|y_i) =$$
$$\lim_{J\to\infty} \int \exp\left[-\tfrac{1}{2}\sum_{j=0}^{J-1}(\eta_{j+1} - \eta_j - f_j\delta t)'(\Omega_j\delta t)^{-1}(\eta_{j+1} - \eta_j - f_j\delta t)\right]$$
$$\times \prod_{j=0}^{J-1} |2\pi\Omega_j\delta t|^{-1/2} d\eta_{J-1}\ldots d\eta_1 \tag{5.160}$$

(Haken, 1977, Kap. 6.6, Risken, 1989, Kap. 4.4.2). Der Exponent

$$O = \int_{t_i}^{t_{i+1}} [\dot{y}(t) - f(y,t)]'\Omega(y,t)^{-1}[\dot{y}(t) - f(y,t)]dt \tag{5.161}$$

wird als *Onsager-Machlup-Funktional* bezeichnet. Der Ausdruck ist allerdings nur formal, da ja die Funktion $y(t)$ nicht differenzierbar ist. Bei der Berechnung von Likelihood-Funktionalen erhält man analoge Ausdrücke, die durch Division mit einer Referenz-Dichte und durch Einführung von Itô- bzw. Stratonovich-Integralen in formal existierende Grenzwerte überführt werden können (vgl. Kap. 5.7, 6.4, 7.1 und Stratonovich, 1989).

In praktischen Berechnungen wird der Grenzübergang nicht ausgeführt, sondern nur δt genügend klein gewählt (eine sogenannte ϵ-Version im Sinne von Stratonovich). Man erhält so ein $(J-1)$-dimensionales Integral, das durch den Mittelwert

$$\hat{p}(y_{i+1}|y_i) = N^{-1}\sum p(y_{i+1} = \eta_J|\eta_{n,J-1}) \tag{5.162}$$

approximiert werden kann. Hierbei sind $\eta_n = \{\eta_{n,J-1}, \ldots, \eta_{n,1}, \eta_0\}$ Replikationen des Vektors $\{y(t_i+(J-1)\delta t), \ldots, y(t_i+\delta t), y(t_i) = y_i\}$, der den Pfad des Itô-Prozesses $y(t)$ auf dem Gitter darstellt (bedingt auf die Anfangswerte y_i). Approximationsfehler der Formel werden durch die Parameter J und N kontrolliert, wobei ersterer den Fehler der Euler-Dichte bzw. der Euler-Maruyama-Näherung der SDE und der zweite die Güte der Monte-Carlo-Integration bestimmt.

Im Extrapolations-Integral

$$\begin{aligned} p_{i+1|i} &:= p(y_{i+1}|Z^i) \\ &= \int p(y_{i+1}|y_i)p(y_i|Z^i)dy_i \qquad (5.163) \\ &= \int p(\eta_J|\eta_{J-1})p(\eta_{J-1}|\eta_{J-2})\ldots p(\eta_1|\eta_0)p_{i|i}(\eta_0)d\eta_{J-1}\ldots d\eta_1 d\eta_0 \end{aligned}$$

ist zusätzlich eine Integration über den Anfangswert $\eta_0 = y_i$ erforderlich, die durch Ziehen von stochastischen Anfangswerten $y_{ni} = \eta_{n0} \sim p_{i|i}$ simuliert werden kann. Man erhält so den Mittelwert

$$\begin{aligned} \hat{p}_{i+1|i} &= N^{-1}\sum p(y_{i+1}|\eta_{n,J-1}) \qquad (5.164) \\ &\approx N^{-1}\sum \phi(y_{i+1}; \eta_{n,J-1} + f(\eta_{n,J-1}, t_{J-1})\delta t, \\ &\qquad \Omega(\eta_{n,J-1}, t_{J-1})\delta t) \end{aligned}$$

der die Komponente $y_{n,J-1}$ der N-fach replizierten Euler-Zeitpfade enthält. Die Formel ist ähnlich zum Kerndichtefilter, unterscheidet sich jedoch durch für die einzelnen Replikationen unterschiedliche Bandbreiten $\Omega(\eta_{n,J-1}, t_{J-1})$ δt, die sich zudem automatisch ohne ad hoc-Argumente wie bei der Kerndichteschätzung (Annahmen über die Verteilung von $y(t_{i+1})$) ergeben. Die Gauß-Form ergibt sich allerdings nur, wenn ein Gaußscher Prozeßfehler (dW) benutzt wird. Dagegen enthält der Kerndichteschätzer auch dann Normal-Kerne, wenn nichtgaußsche Störterme (z.B. Poisson-Prozesse) eingesetzt werden. Modelle dieser Art werden teilweise in finanzwirtschaftlichen Anwendungen diskutiert (vgl. Lo, 1988).

	Simulation	Δt	Filterdichten
DKS	ja (Anfangs-bedingung)	$\to 0$	$\dot{y}_n = f; y_n(t_i) \sim p_{i\vert i}$ $\dot{P}_n = AP_n + P_nA' + \Omega; P_n(t_i) = 0$ $p_{i+1\vert i} = \frac{1}{N}\sum_n \phi(y_{n,i+1\vert i}, P_{n,i+1\vert i})$ $p_{i+1\vert i+1} = \sum_n \alpha_{n,i+1}\phi(y_{n,i+1\vert i+1}, P_{n,i+1\vert i+1})$
KDF	ja (Anfangs-bedingung und Trajektorien)	> 0	$dy_n = fdt + gdW_n; y_n(t_i) \sim p_{i\vert i}$ $\Sigma_{i+1\vert i}(y_n(t_{i+1}))$ (Glättungsmatrix) $p_{i+1\vert i} = \frac{1}{N}\sum_n \phi(y_{n,i+1\vert i}, \Sigma_{i+1\vert i})$ $p_{i+1\vert i+1} = \sum_n \alpha_{n,i+1}\phi(y_{n,i+1\vert i+1}, P_{n,i+1\vert i+1})$
FIF	ja (Anfangs-bedingung und Trajektorien)	> 0	$d\eta_n = fdt + gdW_n; \eta_n(t_i) \sim p_{i\vert i}$ $y_{n,i+1\vert i} = \eta_{n,J-1} + f\delta t; P_{n,i+1\vert i} = \Omega(\eta_{n,J-1})\delta t$ $p_{i+1\vert i} = \frac{1}{N}\sum_n \phi(y_{n,i+1\vert i}, P_{n,i+1\vert i})$ $p_{i+1\vert i+1} = \sum_n \alpha_{n,i+1}\phi(y_{n,i+1\vert i+1}, P_{n,i+1\vert i+1})$
EKF	nein	$\to 0$	$\dot{y} = f; y(t_i) = y_{i\vert i}$ $\dot{P} = AP + PA' + \Omega; P(t_i) = P_{i\vert i}$ $p_{i+1\vert i} = \phi(y_{i+1\vert i}, P_{i+1\vert i})$ $p_{i+1\vert i+1} = \phi(y_{i+1\vert i+1}, P_{i+1\vert i+1})$
Gaußscher Summen-filter	nein	$\to 0$	$\dot{y}_n = f; y_n(t_i) = y_{n,i\vert i}$ $\dot{P}_n = AP_n + P_nA' + \Omega; P_n(t_i) = P_{n,i\vert i}$ $p_{i+1\vert i} = \sum_n \alpha_{n,i}\phi(y_{n,i+1\vert i}, P_{n,i+1\vert i})$ $p_{i+1\vert i+1} = \sum_n \alpha_{n,i+1}\phi(y_{n,i+1\vert i+1}, P_{n,i+1\vert i+1})$

Tabelle 5.1. Vergleich verschiedener nichtlinearer Filter-Algorithmen: Diskretisiertes kontinuierliches Sampling, Kerndichte-Filter, Funktional-Integral-Filter, erweiterter Kalman-Filter, Gaußscher Summenfilter (Alspach/Sorenson, Anderson/Moore).

5.14 Zusammenfassung der nichtlinearen Filteralgorithmen

Die verschiedenen Ansätze:

1. Kerndichtefilter bzw. DKS und Funktional-Integral-Methode
2. erweiterter Kalman-Filter bzw. Gaußscher Summenfilter

sollen im folgenden schematisch gegenübergestellt werden (vgl. Tabelle 5.1).
Sie unterscheiden sich zunächst grundsätzlich dadurch, ob Monte Carlo-Methoden benutzt werden. Dies ist bei den ersten drei Ansätzen der Fall, bei denen das Integral

$$p(y_{i+1}|Z^i) = \int p(y_{i+1}|y_i)p(y_i|Z^i)dy_i \tag{5.165}$$

durch die Summe

$$p(y_{i+1}|Z^i) = \frac{1}{N}\sum_n p(y_{i+1}|y_{ni});\ y_{ni} \sim p_{i|i} \tag{5.166}$$

approximiert wird. Im Falle der diskretisierten kontinuierlichen Messungen (DKS) ergibt sich als weitere Vereinfachung, daß $p(y_{i+1}|y_i)$ durch eine Gaußdichte approximiert werden kann, während für endliches Δt auch die Übergangsdichte simuliert werden muß. Dies erfolgt durch Replikation von Trajektorien der Itô-Dgl. $dy = fdt+gdW$. Im Gegensatz dazu werden im EKF einzelne Gaußdichten und im Gaußschen Summenfilter (Alspach/Sorenson, Anderson/Moore) eine Superposition

$$p_{i|i} = \sum_n \alpha_{ni}\phi(y_{n,i|i}, P_{n,i|i}) \tag{5.167}$$

betrachtet, die in die Integralformel $p(y_{i+1}|Z^i) = \int p(y_{i+1}|y_i)p_{i|i}dy_i$ eingesetzt zu einer Überlagerung von EKF-time-updates führt:

$$p_{i+1|i+1} = \sum_n \alpha_{n,i+1}\phi(y_{n,i+1|i}, P_{n,i+1|i}), \tag{5.168}$$

wobei die Gewichte

$$\alpha_{n,i+1} = \alpha_{ni}L_{n,i+1}/\sum_n \alpha_{ni}L_{n,i+1} \tag{5.169}$$

proportional zu den Likelihoods der einzelnen EKFs erneuert werden. Die Gültigkeit des Gaußschen Summenfilters ist im kontinuierlich-diskreten Fall durch die Güte der Superposition und durch die Zeitdauer der Unimodalität der einzelnen Gaußglocken in der Zeitentwicklung beschränkt, was auch auf das DKS zutrifft.

KDF und FIF unterscheiden sich dadurch, daß im ersteren Fall die apriori-Filterdichte $p_{i+1|i}$ durch replizierte, auf $y_i|Z^i$ bedingte simulierte Zeitpfade und anschließende Kernschätzung mit Gauß-Kernen und *einer* Bandbreite entsteht, während im letzteren Fall die Übergangswahrscheinlichkeit durch eingeschobene Gauß-Dichten und anschließende Monte-Carlo-Approximation der J-fachen Integrale berechnet wird.

Andere nichtlineare Filteralgorithmen in *diskreter* Zeit, die teilweise auf anderen Prinzipien beruhen (z.B. Gibbs-Sampler), werden von Sorenson u. Alspach, 1971, 1972, Kitagawa, 1987, Anderson u. Moore, 1979, Carlin, Polson u. Stoffer, 1992, Shephard, 1995, Kim, Shephard u. Chib, 1996 und Tanizaki u. Mariano, 1995, diskutiert.

5.15 Beispiele

Beispiel 5.15.1 (Kalman-Filter und Glätter mit irregulären Messungen).
Der in Beispiel 3.7 diskutierte Ornstein-Uhlenbeck-Prozeß soll im folgen-

den als Beispiel für die optimale lineare Filterung mit diskreten, irregulären Messungen und zeitstetiger Systemdynamik dienen. Dazu wird die Differentialgleichung 2. Ordnung mit exogenen Variablen, d.h. ein CARMAX(2,0)-Modell der Form

$$\ddot{y}_n + \gamma \dot{y}_n + \omega_0^2 y_n = b x_n(t) + g \zeta_n(t), \tag{5.170}$$

$n = 1, \ldots, N$ betrachtet. Es handelt sich also um ein zeitstetiges Panel-Modell, wobei die Paneleinheiten mit dem Index n durchnumeriert wurden. Weiterhin wird angenommen, daß die einzelnen Wiener-Prozesse $W_n(t)$ voneinander unabhängig sind. Dann läßt sich die Differentialgleichung als Zustandsraum-Modell

$$\begin{aligned} d\begin{bmatrix} y_{1n}(t) \\ y_{2n}(t) \end{bmatrix} &= \begin{bmatrix} 0 & 1 \\ -\omega_0^2 & -\gamma \end{bmatrix} \begin{bmatrix} y_{1n}(t) \\ y_{2n}(t) \end{bmatrix} dt + \begin{bmatrix} 0 \\ b \end{bmatrix} x_n(t) dt + \\ & \quad \begin{bmatrix} 0 & 0 \\ 0 & g \end{bmatrix} d \begin{bmatrix} W_{1n}(t) \\ W_{2n}(t) \end{bmatrix} \\ z_{nj} &= \begin{bmatrix} 1 & 0 \\ 0 & 1 \end{bmatrix}_{nj} \begin{bmatrix} y_{1n}(t_j) \\ y_{2n}(t_j) \end{bmatrix} + \epsilon_{nj}, \end{aligned}$$

schreiben, wobei die konkreten Werte $n = 1, \ldots, N, j = 1, \ldots, J = (t_T - t_0)/\delta t$, $N = 10, J = 100, t_T = 10, t_0 = 0, \delta t = 0.1$ benutzt wurden. Die Parameter sind $\Sigma = \text{diag}(1,1), \mu = \{0,0\}, \omega_0^2 = 16, \gamma = 4, b = 1, g = 2, R = \text{Var}(\epsilon_{ni}) = \text{diag}(0.01, 0.01)$. Weiterhin wurde angenommen, daß die erste Komponente $y_1(t)$ bei $\tau_1 = \{$ 0, 0.5, 1, 2, 4, 5, 7, 7.5, 8, 8.5, 9, 9.1, 9.2, 9.3, 10 $\}$ und die zweite Komponente des Zustandsvektors bei $\tau_2 = \{0, 1.5, 7, 9\}$ gemessen werden kann. Die Messung der exogenen Variablen erfolgte bei $\tau_3 = \{0, 1.5, 5.5, 9, 10\}$, die zwischen den Zeitpunkten als Sprungfunktionen approximiert wurden. Andere Interpolationsmethoden (z.B. Polygonzüge, Splines) etc. sind ohne weiteres möglich (vgl. Singer, 1995). Mit diesen Setzungen wurden Daten $z_n(t)$ und Zustände $y_n(t)$ im Intervall [0,10] mit einem Diskretisierungsschritt von $\delta t = 0.1$ simuliert (exaktes diskretes Modell) und für die (wahren) exogenen Variablen ein sinusoidaler Verlauf $x_n(t) = 1 + \sin(t), n = 1, \ldots, 5$ und $x_n(t) = 1 + \cos(t), n = 6, \ldots, 10$ angesetzt. Anschließend wurden nur Daten für die Zeitpunkte τ_1, τ_2, τ_3 benutzt und die Zustandstrajektorie rekonstruiert. Die Abbildungen (5.1 – 5.3) zeigen das Meßschema, approximative 95 %-HPD-Konfidenzintervalle (highest posterior density) [4] $E[y_n(t)|Z^t] \pm 1.96\sqrt{\text{Var}[y_n(t)|Z^t]}$ (Filterlösung) und $E[y_n(t)|Z^{t_T}] \pm 1.96\sqrt{\text{Var}[y_n(t)|Z^{t_T}]}$ (Glätterlösung). Während die Filterlösungen unstetig verlaufen (Meßkorrektur bei τ_1 und τ_2, verwenden die interpolierten Zustände auch Information aus der Zukunft. Daher verlaufen die bedingten Erwartungswerte glatter und bilden Interpolationsfunktionen durch die Daten, welche als Punkte in der Graphik dargestellt sind. Man

[4] Das HPD (highest posterior density)-Konfidenzintervall ist ein Bereich der a posteriori-Dichte, in dem eine bestimmte Posterior-Wahrscheinlichkeit lokalisiert und wo die Dichte größer ist als außerhalb (vgl. Box u. Tiao, 1973, Kap. 2).

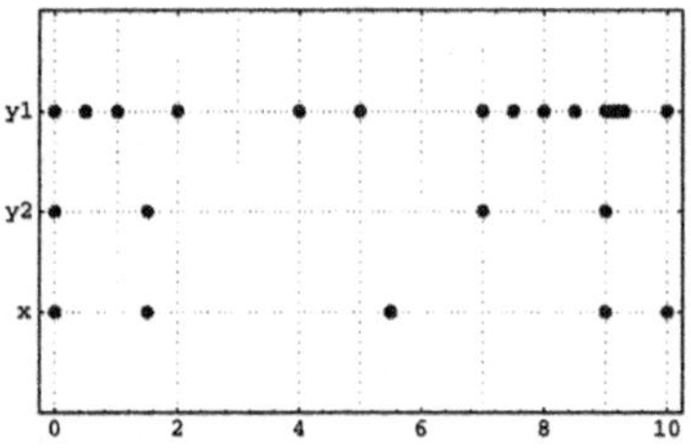

Abbildung 5.1. Irreguläres Meßschema für die Komponenten $y_{1n}(t)$, $y_{2n}(t)$ und $x_n(t)$.

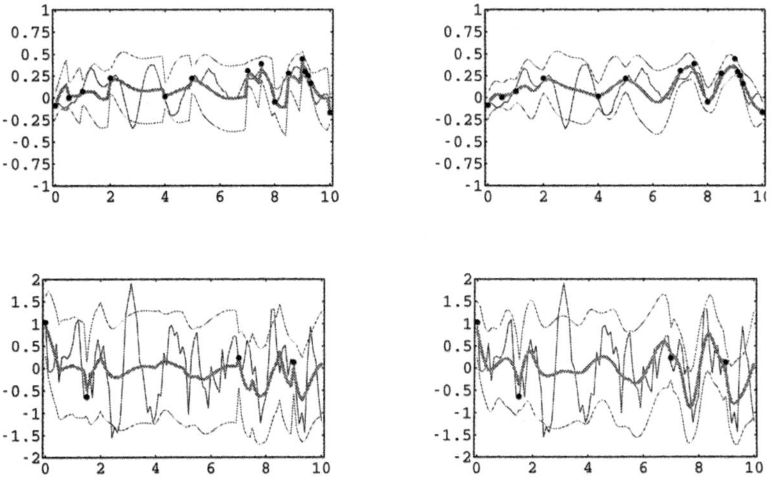

Abbildung 5.2. Gefilterte und geglättete Komponenten $E[y_n(t)\,|Z^t]$ (links), $E[y_n(t)\,|Z^{t_T}]$ (rechts) und 95%-HPD-Konfidenzintervalle für die erste Panel-Einheit $n = 1$.

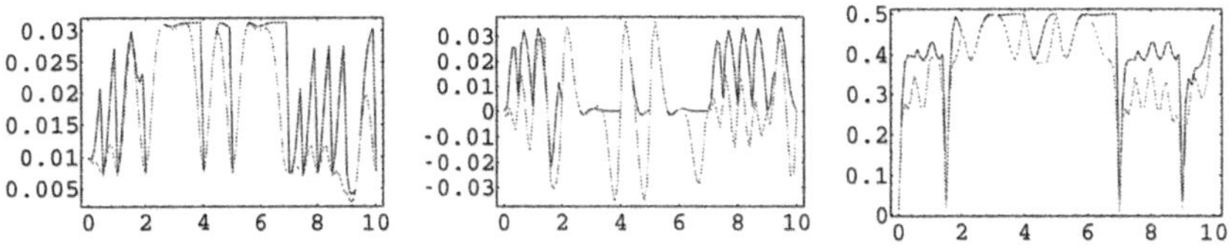

Abbildung 5.3. Filter- und Glättfehler $\text{Var}[y_n(t)|Z^t]$, $\text{Var}[y_n(t)|Z^t]$ (Elemente $P_{n,11}$, $P_{n,12}$, $P_{n,22}$) für die erste Panel-Einheit $n = 1$.

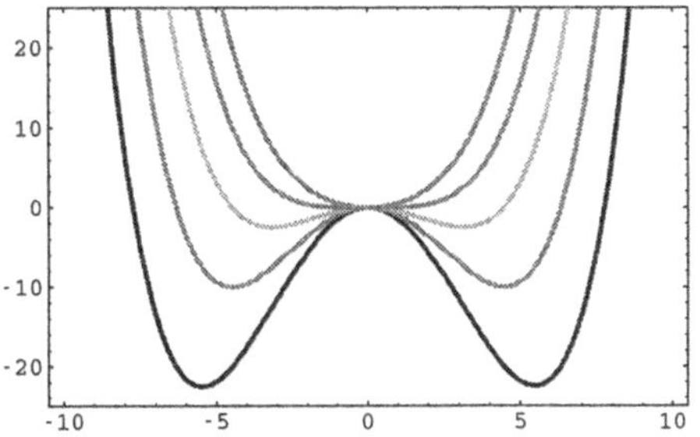

Abbildung 5.4. Bimodales Potential $\Phi(y,\{\alpha,\beta\}) = \frac{\alpha}{2}y^2 + \frac{\beta}{4}y^4$ für $\beta = 0.1$ und verschiedene Werte $\alpha = -3, \ldots, 1$. Bifurkation von f, wenn α negativ wird.

kann zeigen, daß eine enge Verwandtschaft zu Spline-Funktionen besteht (vgl. Wahba, 1975, Silverman, 1985). Bei unbekannten Parametern können diese zusätzlich geschätt und in die Filter/Glätter eingesetzt werden (vgl. Kap. 6.2.1 und Singer, 1995). Das Beispiel demonstriert, wie Interpolation der Systemzustände für beliebige, nicht gemessene Zeitpunkte aus irregulären Messungen möglich ist.

Beispiel 5.15.2 (EKF und Gaußscher Kerndichte-Filter).
In diesem Beispiel sollen der erweiterte Kalman-Filter (EKF), der Gaußsche Summenfilter, und der Gaußsche Kerndichte-Filter (KDF) an einem nichtlinearen System verglichen werden, bei dem das Vektorfeld f als Gradient

$$\Phi(y,\{\alpha,\beta\}) = \frac{\alpha}{2}y^2 + \frac{\beta}{4}y^4 \qquad (5.171)$$

$$f = -\partial\Phi/\partial y = \alpha y - \beta y^3 \qquad (5.172)$$

eines Potentials entsteht. Als mechanische Analogie ist die Bewegung eines stark gedämpften Massenpunkts in einem Potentialgebirge der Form Φ hilfreich (etwa eine Stahlkugel in Öl).

Modelle dieser Art dienen zur Veranschaulichung ökonomischer Gleichgewichtszustände (Herings, 1996) und zur Modellierung der Stabilität technischer Systeme (Frey, 1996). Für $\alpha < 0$ weist das Potential 2 Minima bei $\pm\sqrt{-\alpha/\beta}$ und ein Maximum bei 0 auf, während bei Vorzeichenwechsel nur noch ein Minimum bei 0 vorhanden ist. Aus drei Singularitäten wird also eine, was einer Hopf-Bifurkation des Vektorfelds entspricht. Der Verlauf der Minima als Funktion des Parameters α zeigt die typische Gabel-Form (Abb. 5.6). Daher ist das Potential ein bekanntes Modell für Phasenübergänge (Landau-Theorie) und erscheint als Normal-Form in der Theorie nichtlinearer Systeme (vgl. V.I. Arnold, 1973, 1986, Haken, 1977, Holmes, 1981, Normal-Form-Theorem 4.4). Weiterhin kann in diesem einfachen Fall die stationäre Dichte

$$p_0(y) = \lim_{t\to\infty} p(y,t|x,s) \propto \exp(-\frac{2}{\sigma^2}\Phi)$$

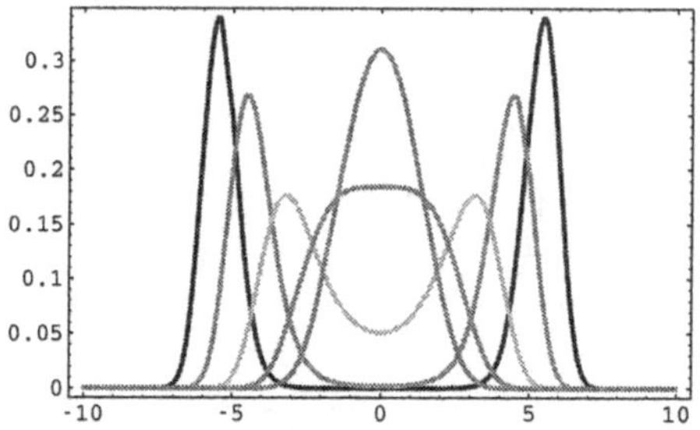

Abbildung 5.5. Stationäre Dichte $p_0(y, \{\alpha, \beta, \sigma\}) \propto \exp(-\frac{2}{\sigma^2}\Phi)$ für $\beta = 0.1, \sigma = 2$ und verschiedene Werte $\alpha = -3, \ldots, 1$. Die Bifurkation bewirkt einen Wechsel von Bi- zu Unimodalität.

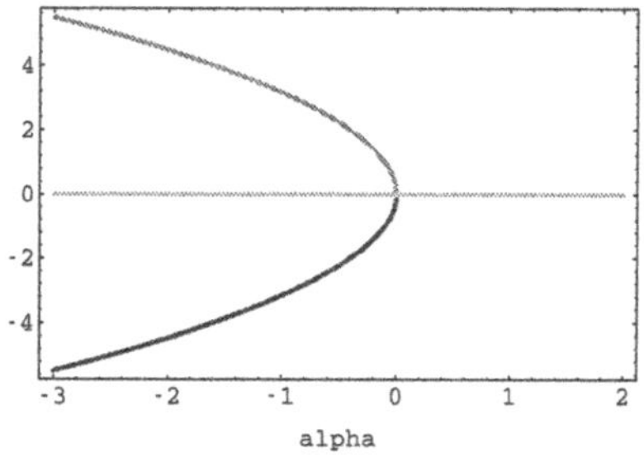

Abbildung 5.6. Bifurkationsdiagramm. Nullstellen von $f(y, \{\alpha, \beta\})$ als Funktion von α. $\beta = 0.1$.

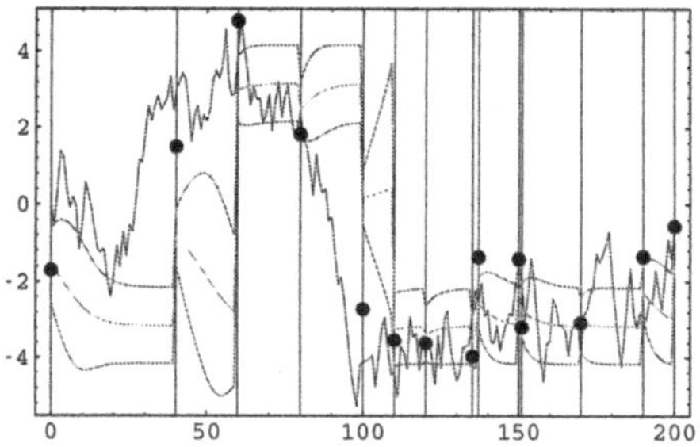

Abbildung 5.7. Erweiterter Kalman-Filter mit irregulären Messungen: Daten $z(t_i)$ (Punkte), wahrer Zustand $y(t)$ und 68%-HPD-Konfidenzintervalle (bedingter Erwartungswert $\pm$ Standardabweichung).

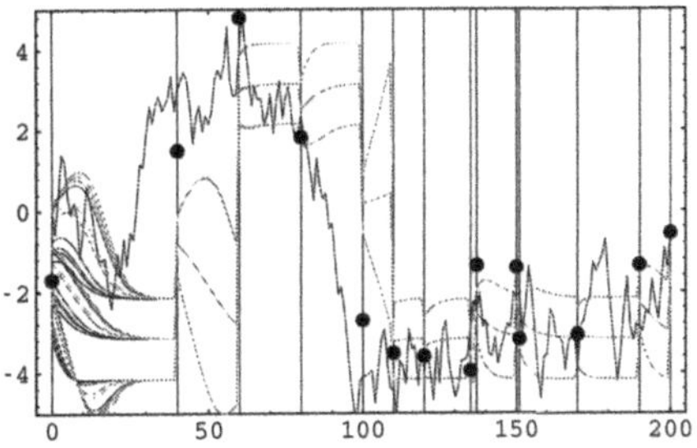

Abbildung 5.8. Gaußscher Summenfilter mit irregulären Messungen: Daten, wahrer Zustand und $N = 10$ Referenz-Trajektorien $\pm$ Standardabweichungen.

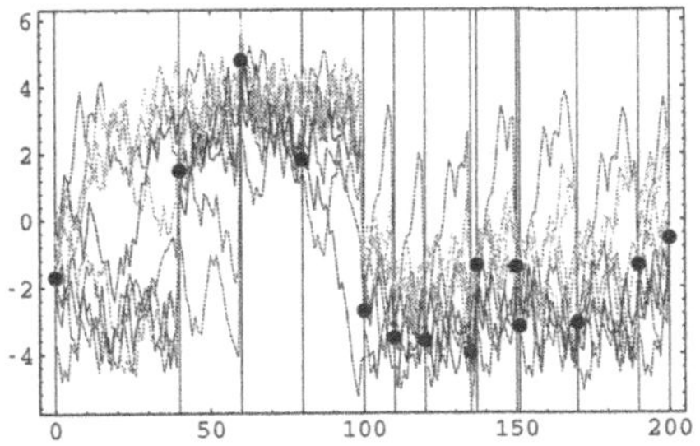

Abbildung 5.9. Gaußscher Kerndichte-Filter: Daten, Stichproben-Trajektorien und wahrer Zustand ($N = 10$).

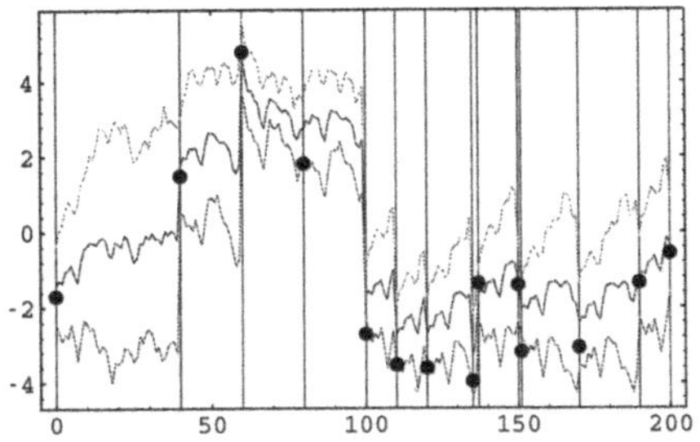

Abbildung 5.10. Gaußscher Kerndichte-Filter: Mittelwert $\pm$ Standardabweichung der Stichproben-Trajektorien.

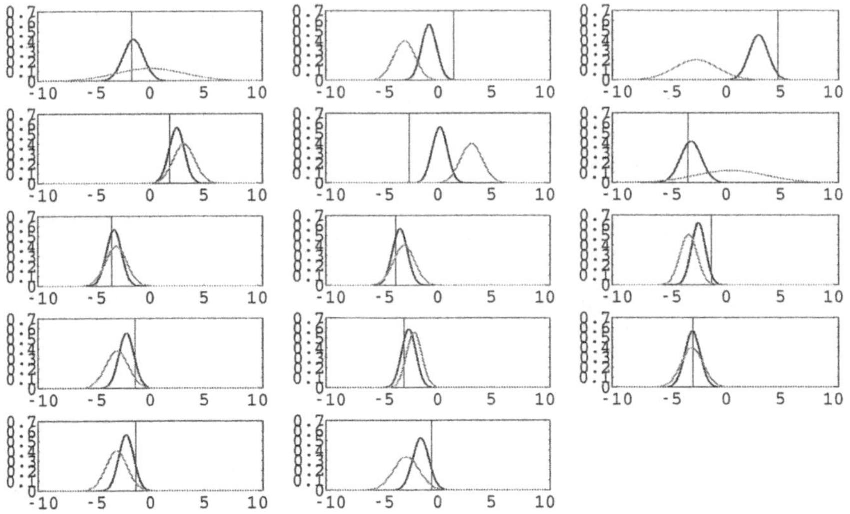

Abbildung 5.11. Erweiterter Kalman-Filter: Film der a priori (grau) und a posteriori Dichten (schwarz) an den Meßzeitpunkten.

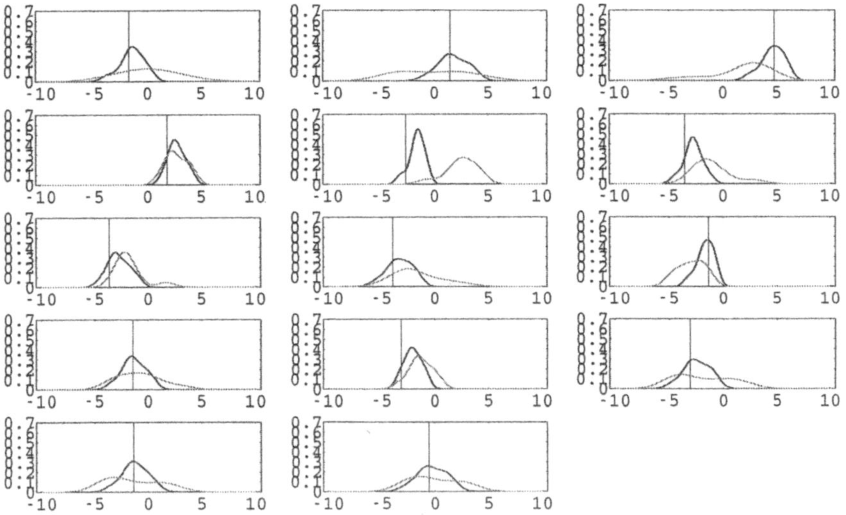

Abbildung 5.12. Gaußscher Kerndichte-Filter: Film der a priori (grau) und a posteriori Dichten (schwarz) an den Meßzeitpunkten.

direkt aus der Fokker-Planck-Gleichung berechnet werden (als Lösung von $0 = Fp_0$). Sie ist bimodal und in der Nähe der Minima durch approximative Gaußverteilungen gegeben, wie man aus einer Taylor-Entwicklung von Φ an den Minima zeigen kann. Dies impliziert, daß in diesem System für genügend große Meßintervalle Δt_i die Filterdichte eine zweigipflige Form annimmt, was eine starke Abweichung von der üblichen Gaußverteilung im linearen Fall impliziert (Abb. 5.5; vgl. die Diskussion in Kap. 5.11). Die Abbildungen zeigen den erweiterten Kalman-Filter EKF im Vergleich zum Gaußschen Kerndichte-Filter, bei dem die Filterdichte durch stochastische Referenztrajektorien $y_{ni}(t)$ approximiert wird. Der bedingte Erwartungswert $E[y(t)|Z^t]$ läßt sich dann durch den Mittelwert

$$\hat{E}[y(t)|Z^t] \quad = \quad \frac{1}{N}\sum_{n=1}^{N} y_{ni}(t) := \bar{y}_i(t);\ t \in [t_i, t_{i+1}]$$

schätzen, während der Filterfehler durch die empirische Kovarianzmatrix

$$\begin{aligned} \widehat{\mathrm{Var}}[y(t)|Z^t] &= \frac{1}{N}\sum_{n=1}^{N} y_{ni}(t)y'_{ni}(t) - \bar{y}_i(t)\bar{y}'_i(t) \\ &= \widehat{\mathrm{Var}}(y_{ni}(t));\ t \in [t_i, t_{i+1}] \end{aligned}$$

approximiert werden kann. Im vorliegenden Beispiel wurden folgende Parameterwerte eingesetzt: $\{\alpha, \beta, \sigma, R\} = \{-1, 0.1, 2, 1\}$, wobei $R = \mathrm{Var}(\epsilon_i)$ die Varianz des Meßfehlers und $g = \sigma$ der konstante Diffusionskoeffizient im Zustandsraum-Modell

$$\begin{aligned} dy(t) &= f(y(t), t)dt + g(y(t), t)dW(t) \\ z_i &= h(y(t_i), t_i) + \epsilon_i \end{aligned}$$

ist. Weiterhin wurden lineare Messungen $h = y$ angenommen, die an den irregulären Meßzeitpunkten $\tau = \{0,\ 4,\ 6,\ 8,\ 10,\ 11,\ 12,\ 13.5,\ 13.7,\ 15,\ 15.1,\ 17,\ 19,\ 20\}$ erfolgen. Die Simulation des State-Space-Modells erfolgte im Intervall [0,20] und einem Diskretisierungsschritt von $\delta t = 0.1$ mit Hilfe eines schwachen Euler-Schemas (uniforme Zufallszahlen), was einem Wiener-Prozeß im weiteren Sinn entspricht. Analog erfolgte die Simulation der Stichprobe der Referenztrajektorien für das Gauß-Kern-Filter. Da man sich nur für die Dichtefunktionen interessiert und nicht für die Trajektorien selbst, ist diese Vorgehensweise eine zeitsparende Alternative zur Simulation von normalverteilten Zufallszahlen, wenn das Zustandsraum-Modell durch Wiener-Prozesse angetrieben wird (vgl. Kap. 4.3). Außerdem wurden für alle Zeitintervalle die gleichen Zufallszahlen benutzt. Dies erfordert nur die Simulation von $(\max_i(\Delta t_i)/\delta t)N$ Zufallszahlen für die Schätzung der Filterdichten. Die relativ rauhen Verläufe der Mittelwerte $\bar{y}_i(t)$ und HPD-Konfidenzintervalle sind durch die geringe Zahl $N = 10$ von simulierten Trajektorien bedingt. Durch Vergrößerung von N werden diese auch glatter, wie es die Gleichung $\dot{m}(t) = E[f(y(t))|Z^i]$ fordert. Eine Betrachtung des ersten Zeitintervalls $[0,4]$ zeigt, daß die approximativen Momentengleichungen im Falle des EKF die (Gaußsche) Filterdichte ausschließlich im linken (unteren) Potentialtopf bei $-\sqrt{-\alpha/\beta} = -3.16228$ lokalisieren, während das Gaußkern-Filter auch Trajektorien berücksichtigt, die in den rechten (oberen) Potentialtopf entkommen und dort den Anteil der bimodalen Dichte im Kerndichteschätzer ergeben. Das EKF hat nur zwei Möglichkeiten, je nachdem, ob der bedingte Erwartungswert $y_{0|0}$ nach der ersten Messung z_0 links oder rechts von Null liegt. Dann rollt die Kugel in einen der beiden Töpfe, um die physikalische Analogie zu benutzen. Das EKF kann also nur für kurze Meßintervalle die Filterdichte korrekt darstellen. In diesem Fall ist $y_{0|0}$ negativ und das EKF prognostiziert einen Zustand im linken Minimum von Φ, während die System-Trajektorie tatsächlich nach rechts läuft. Nach erfolgter Messung bei $t = 4$ wird die Dichte korrigiert, was jedoch aufgrund des Meßfehlers $\mathrm{Var}(\epsilon_i) = R = 1$ und der starken Verschätzung nur unvollständig gelingt. Auch im Intervall $[4,6]$ bleibt die Prognose des EKF im negativen Bereich, da $y_{1|1}$ negativ ist und somit die approximativen Momentengleichungen wieder ins linke Minimum führen. Erst die stark positive Messung z_2 führt zu einer a posteriori-Korrektur ins Positive.

Dagegen strebt für das Gaußkern-Filter im Intervall $[0,4]$ die Filterdichte den stationären Zustand an, was wieder die Möglichkeit ausdrückt, daß der Systemzustand auch in den rechten (oberen) Potentialtopf diffundiert sein könnte. Die entsprechende bimodale Filter-Dichte ist in Abb. 5.10 (oben, 2. Bild) gut zu sehen. Bei der Messung z_1 ergibt sich eine Korrektur $y_{1|1}$, die wesentlich näher am wahren Wert $y(t_1)$ liegt. Interessant ist auch der Zeitpunkt $t = 10$. In diesem Fall wechselt der Systemzustand den Potentialtopf von rechts nach links. Beide Filter verschätzen sich, jedoch reagiert das EKF wesentlich träger auf die neue Messinformation.

Insgesamt ist zu sagen, daß in diesem bistabilen System das EKF nur Gaußsche Filterdichten in je einem Minimum aufbauen kann, während die Monte-Carlo-Lösung der Fokker-Planck-Gleichung (Kerndichte-Filter) zu bimodalen Filter-Dichten und flexiblerer Anpassung an neue Messungen führt – insbesondere bei einem Zustandwechsel des bistabilen Systems. Ein Vergleich mit dem Gaußschen Summenfilter zeigt, daß es sich hier ähnlich wie das EKF verhält. Im allgemeinen ist das Gaußsche Summenfilter in der Lage, die Bimodalität von $p_{i+1|i}$ zu modellieren, jedoch laufen hier alle Mittelwerte in den gleichen Potentialtopf. Zum Beispiel führt die erste Messung $z_0 = -1.6974$ zu Anfangswerten $y_{n,0|0}$, die alle negativ sind (–1.995, –1.911, -0.9501, -2.199, –1.7, –0.8319, –1.267, –0.8722, –1.163, -0.9051) und alle $y_{n,1|0}$ bewegen sich in den linken Topf (vgl. Fig. 5.8). Aufgrund des langen Zeitintervalls $\Delta t_0 = 4$ sind die bedingten Erwartungswerte und Varianzen der einzelnen EKFs bei $t = 4$ fast gleich und die Zeitentwicklung stimmt für $t > 4$ nahezu mit dem einzelnen EKF überein.

6. Parameterschätzung: Lineare Systeme

In Kapitel 5 wurde die optimale Schätzung der Zustände des Zustandsraum-Modells mit Hilfe von Kalman-Filtern und verwandten Algorithmen diskutiert. Dabei wurden die Systemparameter ψ als bekannt vorausgesetzt. Dies ist dann von Relevanz, wenn diese Größen durch unabhängige Experimente bestimmt werden können. Beispielsweise lassen sich Parameter wie die Masse eines physikalischen Systems vorab bestimmen und in der Systemdynamik als bekannte Größe verwenden. Ähnlich kann die Meßgenauigkeit eines Meßgeräts determiniert werden, so daß die Kovarianz des Meßfehlers bekannt ist.

In den Sozial- und Wirtschaftswissenschaften muß man dagegen davon ausgehen, daß die meisten Parameter aus verfügbaren Zeitreihen oder Paneldaten geschätzt werden müssen. Dazu ist es notwendig, daß die Lösungen der stochastischen Differentialgleichungen bzw. deren endlichdimensionale Verteilungen (bzw. Dichten) an den Meßzeitpunkten bekannt sind. Dann kann die Likelihood-Funktion aus den verfügbaren Daten rekursiv mit Hilfe des Kalman-Filters aufgebaut werden.

6.1 Lineare Systeme mit konstanten Koeffizienten

Zur Berechnung der endlichdimensionalen Verteilungen des Systems (lineares kontinuierlich-diskretes-Zustandsraum-Modell)

$$dy(t) = [Ay(t) + Bx(t)]dt + GdW(t) \tag{6.1}$$
$$z_i = Hy_i + Dx_i + \epsilon_i. \tag{6.2}$$

ist es nützlich, die stochastische Differentialgleichung für die Meßzeitpunkte $\{t_0, t_1, \ldots, t_T\}$ zu lösen. Das so entstehende System von Differenzengleichungen (*exaktes diskretes Modell*)

$$y_{i+1} = A_i^* y_i + b_i^* + u_i \tag{6.3}$$
$$A_i^* = \exp(A\Delta t_i) \tag{6.4}$$
$$b_i^* = \int_{t_i}^{t_{i+1}} \exp(A(t_{i+1} - s))Bx(s)ds \tag{6.5}$$
$$u_i = \int_{t_i}^{t_{i+1}} \exp(A(t_{i+1} - s))GdW(s) \tag{6.6}$$

$$\Omega_i^* = \mathrm{Var}(u_i) = \int_0^{\Delta t_i} \exp(As)\Omega \exp(A's)ds. \tag{6.7}$$

($\Omega = GG'$) ist analog zu einem AR(1)-Prozeß mit zeitvariablen Koeffizienten, wobei jedoch die Parameter nichtlinear in die Likelihood eingehen (vgl. Abschnitt 5.6). Weiterhin sind die Werte der exogenen Variablen $x(t)$ im Intervall $[t_i, t_{i+1}]$ nötig, um das Funktional b_i^* zu berechnen. Um eine explizite Berechnung zu ermöglichen, wird meistens angenommen, daß $x(t)$ zwischen den Messungen konstant ist oder linear variiert (Polygonzüge). Im Falle der Sprungfunktionen ergibt sich

$$b_i^* = A^{-1}(\exp(A\Delta t_i) - I)Bx_i \tag{6.8}$$

$$:= B_i^* x_i \tag{6.9}$$

während bei Polygonzügen gilt

$$b_i^* = B_i^* x_i + C_i^* \Delta x_i \tag{6.10}$$

$$C_i^* = -A^{-1}B + (A\Delta t_i)^{-1} B_i^* \tag{6.11}$$

(vgl. Phillips, 1976). Da die exogenen Variablen im allgemeinen nicht als Sprungfunktionen oder Polygonzüge variieren, enthält das exakte diskrete Modell, trotz seiner Bezeichnung, immer einen Spezifikationsfehler, der zu einer asymptotischen Verzerrung der Schätzer führt. Nur für kleine Meßabstände $\Delta t_i \to 0$ oder genauere Messung von $x(t)$ verschwinden diese Verzerrungen (vgl. Sargan, 1976, Phillips, 1976). Daher müssen zwei Quellen der Verzerrung streng unterschieden werden:

- Approximation von $A_i^* \approx I + A\Delta t_i$ in linearisierten Modellen.
- Approximation von b_i^* wegen Unkenntnis der exogenen Variablen im Intervall $[t_i, t_{i+1}]$.

Im allgemeinen sind die Matrizen $A(\psi)$, $B(\psi)$ etc. Funktionen eines Parametervektors $\psi : u \times 1$, was die Implementierung von beliebigen Restriktionen erlaubt. Vor der Parameterschätzung muß jedoch der Identifikationsstatus des Systems geklärt werden.

6.1.1 Identifikation der System-Matrizen

Im Falle konstanter Meßintervalle (Panel-Wellen) $\Delta t_i = \Delta t$ ergibt sich ein Identifikationsproblem, das in der Literatur wohlbekannt ist (vgl. Phillips, 1976a, Hansen u. Sargent, 1983, Singer, 1990, Hamerle, Nagl u. Singer, 1993). Es hängt mit der Mehrdeutigkeit der Matrixgleichung

$$A^* = \exp(A\Delta t) \tag{6.12}$$

zusammen, die i.a. für unendlich viele Drift-Matrizen A zum gleichen zeitdiskreten Parameter A^* führt. Grund hierfür ist die Tatsache, daß die nichtsymmetrische Matrix A im allgemeinen komplexe Eigenwerte aufweist, was zu weiteren Matrizen A_k (Aliase) führt, deren Eigenwerte sich um Vielfache von $2\pi i/\Delta t$ unterscheiden. Die entsprechenden Systeme unterscheiden sich zwar zwischen den Messungen, sind jedoch auf dem gewählten Zeitraster ununterscheidbar. Das Aliasing-Problem kann durch Restriktionen für die Matrizen A, B, Ω, bessere Interpolation der exogenen Variablen (Polygone oder höher) oder kleinere Meßintervalle behoben werden.

Geht man davon aus, daß die Parametermatrizen des exakten diskreten Modells A^*, B^*, Ω^* (zusätzlich C^* im Falle der Polygonzüge) identifiziert sind, ergibt sich das Problem, die nichtlinearen Matrixgleichungen

$$
\begin{aligned}
A^* &= \exp(A\Delta t) && (6.13)\\
B^* &= A^{-1}(A^* - I)B && (6.14)\\
\Omega^* &= \int_0^{\Delta t} \exp(As)\Omega\exp(A's)ds && (6.15)\\
C^* &= -A^{-1}B + (A\Delta t)^{-1}B^* && (6.16)
\end{aligned}
$$

eindeutig nach A, B und Ω aufzulösen. Für die dritte Gleichung gilt explizit:

$$
\begin{aligned}
\text{col}(\Omega^*) &= L^{-1}(\exp(L\Delta t) - I)\text{col}(\Omega) && (6.17)\\
&= L^{-1}(A^* \otimes A^* - I)\text{col}(\Omega) && (6.18)\\
L &= A \otimes I + I \otimes A. && (6.19)
\end{aligned}
$$

Aufgrund der Darstellung (Coddington u. Levinson, 1955, Phillips, 1976a)

$$
\begin{aligned}
A_k &= A + \tfrac{2\pi i}{\Delta t}P\text{diag}(0, k, -k)P^{-1} && (6.20)\\
&:= A + M_k && (6.21)\\
k &= [k_1, \ldots, k_c], && (6.22)
\end{aligned}
$$

wobei c die Anzahl der komplexen Eigenwerte der Matrix $A : p \times p; p = r + 2c$ und k_i ganze Zahlen sind, gibt es einen abzählbar unendlichen Satz von Matrizen A_k, die alle auf das gleiche A^* des diskreten Systems führen. Hierbei gilt die Eigenwertzerlegung $A^* = P\Lambda P^{-1}$ und A ist der Hauptwert des Matrix-Logarithmus

$$
\begin{aligned}
A &= \tfrac{1}{\Delta t}P\log(\Lambda)P^{-1} && (6.23)\\
&:= \tfrac{1}{\Delta t}\text{matlog}(A^*) && (6.24)
\end{aligned}
$$

Die entsprechenden Lösungen (im Falle der Sprungfunktionen)

$$
\begin{aligned}
B_k &= (A^* - I)^{-1}A_kB^* && (6.25)\\
\text{col}(\Omega_k) &= (A^* \otimes A^* - I)^{-1}L_k\text{col}(\Omega^*) && (6.26)
\end{aligned}
$$

mit $L_k = A_k \otimes I + I \otimes A_k$ führen zu einem Satz von beobachtungsäquivalenten Strukturen $\{A_k, B_k, \Omega_k \geq 0\}$, die jedoch dadurch eingeschränkt sind, daß die Diffusionsmatrix Ω_k positiv semidefinit sein muß (Hansen u. Sargent, 1983, Singer, 1990, Kap. 3.4, S. 39 ff.).

Die Gleichung $C^* = -A^{-1}B + (A\Delta t)^{-1}B^*$ im Falle der Polygonzüge führt zur weiteren Bedingung

$$A_k^{-1}B^* \quad = \quad A_{k'}^{-1}B^* \tag{6.27}$$

oder (mit der Ersetzung $k - k' \to k$)

$$M_k B^* \quad = \quad 0. \tag{6.28}$$

Dies bedeutet, daß nur dann eine Mehrdeutigkeit auftreten kann, wenn sich die Spalten von B^* im Null-Raum (Kern) von M_k befinden. Da der Rang von $M_k \geq 2$ ist, ist die Dimension des Kerns höchstens $p - 2$. Insbesondere ist ein Zweigleichungsmodell ($p = 2$) identifiziert, wenn die exogenen Variablen als Polygone zwischen den Wellen approximiert werden und nicht konstant sind (etwa Dummies). Für einen detaillierten Beweis und zusätzliche Berücksichtigung von Personeneffekten siehe Hamerle, Nagl, Singer (1993, Satz 1 und 2).

Beispiel 6.1.1 (Zweigleichungsmodell).
Das Identifikationsproblem soll durch das folgende numerische Beispiel erläutert werden (vgl. Singer, 1992d). Als wahre Parameter werden die Matrizen

$$A = \begin{bmatrix} 0 & 1 \\ -16 & -1 \end{bmatrix}; B = \begin{bmatrix} 0 \\ 1 \end{bmatrix}; \Omega = \begin{bmatrix} 0 & 0 \\ 0 & 4 \end{bmatrix} \tag{6.29}$$

betrachtet, die ein zeitstetiges AR(2)-System definieren. Dadurch sind natürliche Restriktionen gegeben, die sich zur Identifikation einsetzen lassen. Bei einem Meßintervall von $\Delta t = 2$ ergeben sich die beobachtungsäquivalenten Strukturen

$$\begin{aligned} A_{-2} \quad &= \quad \begin{bmatrix} -0.7916 & -0.5832 \\ 9.3314 & -0.2084 \end{bmatrix}; B_{-2} = \begin{bmatrix} 0.04948 \\ -0.5832 \end{bmatrix}; \\ \Omega_{-2} \quad &= \quad \begin{bmatrix} 0.1979 & 0 \\ 0 & 0.8336 \end{bmatrix} \end{aligned} \tag{6.30}$$

und

$$\begin{aligned} A_{-1} \quad &= \quad \begin{bmatrix} -0.3958 & 0.2084 \\ -3.334 & -0.6042 \end{bmatrix}; B_{-1} = \begin{bmatrix} 0.02474 \\ 0.2084 \end{bmatrix}; \\ \Omega_{-1} \quad &= \quad \begin{bmatrix} 0.09895 & 0 \\ 0 & 2.4168 \end{bmatrix}. \end{aligned} \tag{6.31}$$

Alle anderen Lösungen A_k führen zu Diffusionsmatrizen, die nicht positiv semidefinit und somit nicht zulässig sind. Der Satz der zeitdiskreten Matrizen A^*, B^*, Ω^* ist durch

$$\left\{ \begin{bmatrix} 0.01559 & 0.09238 \\ -1.47801 & -0.07679 \end{bmatrix}, \begin{bmatrix} 0.06153 \\ 0.09238 \end{bmatrix}, \begin{bmatrix} 0.1079 & 0.01707 \\ 0.01707 & 1.71514 \end{bmatrix} \right\} \tag{6.32}$$

gegeben. Insbesondere zeigt sich, daß sich die Restriktionen für die Matrizen des zeitstetigen Modells nicht auf die $*$-Parameter übertragen. Daher müssen strukturelle Modelle auf der zeitstetigen Ebene formuliert werden. Wenn z.B. bekannt ist, daß $A_{11} = 0$, so können die Strukturen mit Indizes $k = -2$ und $k = -1$ ausgeschlossen werden. Eine Betrachtung der Graphiken (Fig.

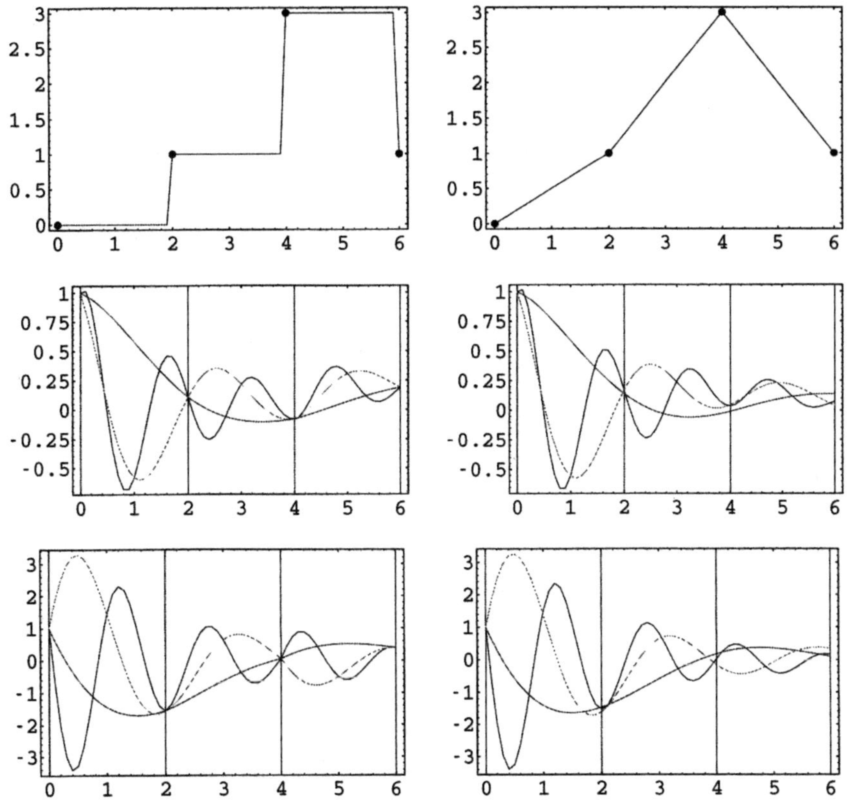

Abbildung 6.1. Oben: Exogene Variable $x(t)$ approximiert als Sprungfunktion (links) und als Polygonzug (rechts). Links (Mitte und Unten): Erste und zweite Komponente des Erwartungswerts $\mu(t)$ im Falle der Sprungfunktionen für 3 verschiedene Matrizen A_0, A_{-1}, A_{-2}. An den Meßzeitpunkten schneiden sich die Kurven, was ein Ausdruck der Beobachtungsäquivalenz ist. Rechts (Mitte und Unten): Erste und zweite Komponente des Erwartungswerts $\mu(t)$ im Falle der Polygonzüge für 3 verschiedene Matrizen. An den Meßzeitpunkten schneiden sich die Kurven nicht (Identifizierbarkeit).

6.1) zeigt, daß nur im Fall der Sprungfunktionen eine Überschneidung der Kurven des 1. Moments $\mu(t) = E[y(t)]$ bei $t = \{0, 2, 4, 6\}$ besteht, während Polygonzüge oder höhere Approximationen von $x(t)$ zu unterschiedlichen Verläufen führen (Identifizierbarkeit des Modells).

Die funktionale Form der Koeffizienten

$$\begin{aligned} A^* &= \exp(A\Delta t) \\ B^* &= A^{-1}(A^* - I)B \\ \Omega^* &= \int_0^{\Delta t} \exp(As)\Omega \exp(A's)ds \\ C^* &= -A^{-1}B + (A\Delta t)^{-1}B^* \end{aligned}$$

muß strikt gewährleistet sein, da ansonsten ein *Einbettungsproblem* hinzukommt (vgl. Singer u. Spilerman, 1976). Beispielsweise kann schon im Eingleichungsfall ein Koeffizient $A^* < 0$ nicht vorkommen, da er zu einer komplexen Lösung für $A = \frac{1}{\Delta t} \log A^*$ führt. Es besteht daher keine surjektive Beziehung zwischen den von $\Theta = \{A, B, \Omega\}$ und $\Theta^* = \{A^*, B^*, \Omega^*\}$ (bzw. $\{A^*, B^*, C^*, \Omega^*\}$) aufgespannten Parameter-Räumen. Weiterhin ist die Abbildung auch nicht injektiv, da aufgrund des Aliasing-Phänomens verschiedene Urbilder auf den gleichen Bildpunkt zu liegen kommen. Selbst wenn die Injektivität gesichert werden kann (etwa Beschränkung auf symmetrische Matrizen A), ist trotzdem keine bijektive Abbildung zwischen Θ und Θ^* herstellbar. Dies ist insbesondere im Falle der Schätzung der Parameter zu bedenken, wo eine freie Variation im Raum Θ^* zu unzulässigen Konstellationen führt. Die Maximierung der Likelihood muß daher im Raum Θ durchgeführt werden, was die Identifikation und Einbettbarkeit des zeitstetigen Modells sichert.

Die sogenannte *indirekte Methode* versucht gerade, die $*$-Parameter unrestringiert zu schätzen und dann auf die Parameter des zeitstetigen Systems zurückzurechnen (vgl. Coleman, 1968, Doreian u. Hummon, 1976, Sinha u. Lastman, 1982, Tuma u. Hannan, 1984, Arminger, 1986, Bien, Schmidt u. Schürhoff, 1990, Oud et al., 1993). Dabei lassen sich jedoch, wie oben erläutert, die erforderlichen Restriktionen der $*$-Parameter nicht implementieren, da diese von komplizierter nichtlinearer Form sind. Es genügt auch nicht, wenn ein Schätzer $\hat{A}^*$ (zufällig) nur reelle Eigenwerte aufweist: Die Identifikation muß *vor* der Schätzung im gesamten Parameter-Raum gesichert werden. Weiterhin erhält man im Falle der Polygonzüge schon im Eingleichungsfall 4 Gleichungen für 3 Unbekannte, was zu Widersprüchen führt. Daher kann die von Tuma/Hannan propagierte OLS-Methode (unrestringierte Schätzung des diskreten Systems und Rückrechnung) nicht zum korrekten ML-Schätzer führen.

Abgesehen von der Identifizierbarkeit des Systems ist es jedoch auch wünschenswert, verschiedene restringierte Strukturen zu testen und zu vergleichen (unterschiedliche Kausalwirkungen, Gleichheitsrestriktionen bei

Dummy-Codierung in den exogenen Variablen etc.). Diese systemtheoretisch wichtigen Fragen lassen sich jedoch nur mit einer direkten Zugangsweise, nämlich mit einem direkten Zugriff auf die strukturellen Systemmatrizen A, B und Ω bzw. auf einen Parametervektor ψ beantworten.

6.1.2 Exakte ML-Schätzung

Nachdem die Identifizierbarkeit des System-Modells geklärt ist, können die Modellparameter ψ mit Hilfe des Maximum-Likelihood-Prinzips geschätzt werden. [1] Zur Behandlung von Panel-Daten ist es erforderlich, die Variablen z_i, y_i, x_i und u_i, ϵ_i mit einem Index $n = 1, \ldots, N$ zur Kennzeichnung der Einheiten zu versehen. Ausgehend vom exakten diskreten Modell mit gleichen Meßabständen Δt und unter Hinzunahme eines Meßmodells

$$y_{n,i+1} = A^* y_{ni} + B^* x_{ni} + u_{ni} \quad (6.33)$$

$$y_{n0} \sim N(\mu, \Sigma)\, i.i.d. \quad (6.34)$$

$$z_{ni} = H y_{ni} + D x_{ni} + \epsilon_{ni} \quad (6.35)$$

läßt sich die Likelihood-Funktion mit Hilfe der *Prädiktions-Fehler-Zerlegung* (Schweppe, 1965)

$$L_\psi(z) = \prod_{n=1}^{N} \prod_{i=0}^{T-1} |2\pi \Gamma_{i+1|i}|^{-\frac{1}{2}} \exp\left\{-\tfrac{1}{2}\operatorname{tr}[\Gamma_{i+1|i}^{-1} \nu_{n,i+1} \nu_{n,i+1}']\right\} p_0(z_{n0}), \quad (6.36)$$

$p_0(z_{n0}) = \phi(H\mu + Dx_{n0}, H\Sigma H' + R)$ und dem Kalman-Filter rekursiv berechnen (vgl. Kap. 5.5 und 5.6). In obigen Gleichungen wurde angenommen, daß die exogenen Variablen konstant sind zwischen den Messungen (vgl. Abschnitt 6.2.1) und daß die Prozeßfehler $u_{ni} \sim N(0, \Omega^*)$ und Meßfehler $\epsilon_{ni} \sim N(0, R)$ unabhängig und identisch verteilt sind. Da die Kalman-Filter-Gleichungen für die bedingten Kovarianzen $P_{i|i}$ und $P_{i+1|i}$ gar nicht von den Daten abhängen, sind sie für alle Panel-Einheiten gleich und brauchen nur einmal berechnet zu werden. Diese Art der Berechnung der Likelihood in Verbindung mit numerischen Ableitungen (Score) wurde im Zeitreihenfall ($N = 1$) von Jones (1984) und Harvey u. Stock (1985) zur Berechnung des ML-Schätzers eingesetzt.

Allerdings kann zur Erhöhung der Effizienz der Score analytisch berechnet werden, wenn man eine von Louis (1982) angegebene Formel benutzt. Schreibt man die log-Likelihood als $l_\psi(z, y) = l_\psi(z|y) + l_\psi(y)$, so läßt sich der Score $s_\psi(z)$ der beobachteten Daten als bedingter Erwartungswert

$$s_\psi(z) = E_\psi[s_\psi(z, y)|z] \quad (6.37)$$

anschreiben (vgl. Dembo u. Zeitouni, 1986, Segal u. Weinstein, 1988, Campillo u. Le Gland, 1989, Singer, 1990, 1993b, Koopman u. Shephard, 1992). Hierbei

[1] Zusätzlich wirft das Meßmodell Identifikationsprobleme auf, die jedoch analog zur Situation bei Strukturmodellen oder in der Faktorenanalyse sind.

ist $s_\psi(z,y) = \frac{\partial l_\psi(z,y)}{\partial \psi}$ der Score der vollständigen Daten. Da sich die log-Likelihood aus

$$l_\psi(y) = -\tfrac{NT}{2}\log|\Omega^*| - \tfrac{1}{2}\sum_{n=1}^{N}\sum_{i=0}^{T-1} u'_{ni}\Omega^{*-1}u_{ni} + l_\psi(y_0) \tag{6.38}$$

$$u_{ni} = y_{n,i+1} - A^* y_{ni} - B^* x_{ni} \tag{6.39}$$

$$l_\psi(y_0) = -\tfrac{N}{2}\log|\Sigma| - \tfrac{1}{2}\sum_{n=1}^{N}(y_{n0}-\mu)'\Sigma^{-1}(y_{n0}-\mu) \tag{6.40}$$

und

$$l_\psi(z|y) = -\tfrac{N(T+1)}{2}\log|R| - \tfrac{1}{2}\sum_{n=1}^{N}\sum_{i=0}^{T}\epsilon'_{ni}R^{-1}\epsilon_{ni} \tag{6.41}$$

$$\epsilon_{ni} = z_{ni} - Hy_{ni} - Dx_{ni} \tag{6.42}$$

zusammensetzt, enthält der Score 6.37 bedingte Erwartungswerte der Momentenmatrizen $E[y_{ni}y'_{ni}|z]$, $E[y_{ni}y'_{n,i+1}|z]$ und $E[y_{ni}|z]$, die mit dem Rauch-Tung-Striebel- oder De Jong-Glätter rekursiv berechnet werden können (Absatz 5.8). Der Korrelationsterm $E[y_{ni}y'_{n,i+1}|z]$ mit Zeitverschiebung Δt erfordert zusätzliche Terme im Glätter und wird mit Hilfe einer Formel von De Jong u. Mackinnon (1988) oder De Jong (1989) gewonnen.

Die Ableitungen der System-Matrizen $\partial A^*/\partial\psi$, $\partial B^*/\partial\psi$ und $\partial\Omega^*/\partial\psi$ lassen sich mit Hilfe einer Eigenwertzerlegung von A analytisch berechnen (vgl. Wilcox, 1967, Jennrich u. Bright, 1976, Singer, 1990, Anhang 3). Da sich der Score der beobachteten Daten als bedingter Erwartungswert des Scores der vollständigen Daten schreiben läßt, kann man vermuten, daß dies auch für die Fisher-Informationsmatrix gilt. In der Tat findet man für die *beobachtete Fisher-Information* (Louis, 1981)

$$\begin{aligned} F &:= -\frac{\partial^2 l_\psi(z)}{\partial\psi^2} \\ &= E[-\frac{\partial^2 l_\psi(z,y)}{\partial\psi^2}|z] - E[s_\psi(z,y)s'_\psi(z,y)|z] + s_\psi(z)s_\psi(z)'. \end{aligned} \tag{6.43}$$

Diese Größe hängt allerdings in komplizierter Form von bedingten 4. Momenten ab, so daß anstelle eines Scoring-Verfahrens mit einem BFGS-Algorithmus (Sekanten-Update; vgl. Dennis u. Schnabel, 1983) gearbeitet wird. Am Ende der Iteration kann dann aus dem analytischen Score die Hesse-Matrix (bzw. beobachtete Fisher-Information) einmal numerisch berechnet werden.

Der eben diskutierte Quasi-Newton-Algorithmus (mit modifizierter 2. Ableitung) weist eine enge Verwandtschaft zum EM-Algorithmus auf, ist jedoch schneller konvergent. Schreibt man den Likelihood-Quotienten [2]

$$\frac{L_\psi(z)}{L_{\psi'}(z)} = E_{\psi'}[\frac{L_\psi(z,y)}{L_{\psi'}(z,y)}|z] \tag{6.44}$$

[2] Es gilt:

als bedingten Erwartungswert (vgl. Dembo u. Zeitouni, 1986), so kann mit Hilfe der Jensen-Ungleichung folgendes gezeigt werden:

$$\log L_\psi(z) - \log L_{\psi'}(z) = \log E_{\psi'}[\frac{L_\psi(z,y)}{L_{\psi'}(z,y)}|z] \quad (6.45)$$

$$\geq E_{\psi'}[\log \frac{L_\psi(z,y)}{L_{\psi'}(z,y)}|z] \quad (6.46)$$

$$:= Q(\psi, \psi'). \quad (6.47)$$

Damit gilt für die log-Likelihoods

$$l_\psi(z) - l_{\psi'}(z)) \geq Q(\psi, \psi') \quad (6.48)$$

$$Q(\psi', \psi') = 0, \quad (6.49)$$

so daß sich durch Maximierung der Funktion $Q(\psi, \psi')$ bzgl. ψ ein Zuwachs der log-Likelihood $l_\psi(z)$ ergibt. Beachtet man noch, daß der zweite Teil von Q gar nicht von ψ abhängt, so genügt es, die Funktion $K(\psi, \psi') = E_{\psi'}[l_\psi(z,y)|\, z]$ (Pseudo-Likelihood) zu maximieren. Damit gilt der *EM-Algorithmus*:

- **E-Schritt:**
  $\psi' = \psi_k$
  $K(\psi, \psi_k) = E_{\psi_k}[l_\psi(z,y)|\, z]$ (Pseudo-Likelihood)
- **M-Schritt:**
  $\psi_{k+1} = \arg\max_\psi K(\psi, \psi_k)$

Definiert man den Gradienten der Pseudo-Likelihood als

$$g(\psi, \psi_k) := \frac{\partial}{\partial\psi} K(\psi, \psi_k)$$

$$= E_{\psi_k}[\frac{\partial}{\partial\psi} l_\psi(z,y)|\, z] \quad (6.50)$$

findet man eine Relation zwischen dem Score und dem Gradienten der Pseudo-Likelihood bei ψ_k:

$$E_{\psi'}[\frac{L_\psi(z,y)}{L_{\psi'}(z,y)}|z] = \int \frac{L_\psi(y|z) L_\psi(z)}{L_{\psi'}(y|z) L_{\psi'}(z)} L_{\psi'}(y|z) dy$$

$$= \frac{L_\psi(z)}{L_{\psi'}(z)} \int L_\psi(y|z) dy = \frac{L_\psi(z)}{L_{\psi'}(z)}$$

und damit

$$\log L_\psi(z) - \log L_{\psi'}(z) = \log E_{\psi'}[\frac{L_\psi(z,y)}{L_{\psi'}(z,y)}|z]$$

$$\Rightarrow s_\psi(z) = \partial/\partial\psi \; \log L_\psi(z)$$

$$= (1/E_{\psi'}[\frac{L_\psi(z,y)}{L_{\psi'}(z,y)}|z]) E_{\psi'}[\frac{\partial/\partial\psi \; L_\psi(z,y)}{L_{\psi'}(z,y)}|z]$$

$$= E_\psi[s_\psi(z,y)|z] \text{ an der Stelle } \psi = \psi'$$

(analytischer Score (6.37))

$$\begin{aligned} g(\psi_k, \psi_k) &= E_{\psi_k}[s_{\psi_k}(z,y)|\, z] \\ &= s_{\psi_k}(z). \end{aligned} \tag{6.51}$$

Somit weisen an der Stelle $\psi = \psi_k$ log-Likelihood and Pseudo-log-Likelihood den gleichen Gradienten auf (vgl. Campillo und LeGland, 1989). Der EM-Algorithmus generiert also eine Folge von approximierenden Funktionen für $l_\psi(z)$, die einfacher zu berechnen und häufig explizit zu maximieren sind. Im vorliegenden Fall muß jedoch auch die Maximierung von $K(\psi, \psi_k)$ iterativ vorgenommen werden, so daß der BFGS-Algorithmus günstiger ist. In der Nähe des Maximums ist die Konvergenzgeschwindigkeit von EM bekanntlich langsam, was die Benutzung von kombinierten Algorithmen plausibel macht (vgl. Watson and Engle, 1983, Singer, 1990, Kap. 5., Singer, 1993b)

6.1.3 Systeme ohne Meßmodell

Im Fall direkter Messungen des Systemzustands, d.h. $H = I, D = 0$ und $R = 0$ lassen sich Vereinfachungen und explizitere Formeln ableiten. Insbesondere ist die Fisher-Information explizit zu berechnen. Es gilt für den Score

$$s_\psi(y) = \frac{\partial l_\psi(y)}{\partial \psi} \tag{6.52}$$

$$= \frac{\partial \Theta^*}{\partial \psi}\frac{\partial l_\psi(y)}{\partial \Theta^*} \tag{6.53}$$

$$\Theta^* := [\Omega^*, A^*, B^*, \Sigma, \mu] \tag{6.54}$$

$$\frac{\partial l_\psi(y)}{\partial \Theta^*} = \begin{bmatrix} \frac{NT}{2}\mathrm{row}[\Omega^{*-1}(W - \Omega^*)\Omega^{*-1}] \\ \mathrm{row}[\Omega^{*-1}UY'] \\ \mathrm{row}[\Omega^{*-1}UX'] \\ \frac{N}{2}\mathrm{row}[\Sigma^{-1}(S-\Sigma)\Sigma^{-1}] \\ N\mathrm{row}[\Sigma^{-1}(m-\mu)] \end{bmatrix}, \tag{6.55}$$

wobei $l_\psi(y)$ in (6.38) gegeben ist. Weiterhin ist $Y = [Y_0, \ldots, Y_{T-1}], Y_i = [y_{0i}, \ldots, y_{Ni}]$ eine $p \times NT$ Blockmatrix und analog $X = [X_0, \ldots, X_{T-1}] : q \times NT, X_i = [y_{0i}, \ldots, y_{Ni}]$ Außerdem wurden die Definitionen $W = \frac{1}{NT}UU'$, $U = Y_+ - A^*Y - B^*X$, $Y_+ = [Y_1, \ldots, Y_T]$, $S = N^{-1}\sum_n (y_{n0} - \mu)(y_{n0} - \mu)'$ und $m = N^{-1}\sum_n y_{n0}$ benutzt. Für die Fisher-Information ergibt sich die Block-Struktur

$$F = [\frac{\partial \Theta^*}{\partial \psi}]F^*[\frac{\partial \Theta^*}{\partial \psi}]' \tag{6.56}$$

$$F^* = \begin{bmatrix} F_{11} & 0 & 0 & 0 & 0 \\ 0 & F_{22} & F_{23} & 0 & 0 \\ 0 & F_{23}' & F_{33} & 0 & 0 \\ 0 & 0 & 0 & F_{44} & 0 \\ 0 & 0 & 0 & 0 & F_{55} \end{bmatrix} \tag{6.57}$$

mit

$$F_{11} = \tfrac{NT}{2}(\Omega^{*-1} \otimes \Omega^{*-1}) \tag{6.58}$$
$$F_{22} = \Omega^{*-1} \otimes E_\psi[YY'] \tag{6.59}$$
$$F_{23} = \Omega^{*-1} \otimes E_\psi[YX'] \tag{6.60}$$
$$F_{33} = \Omega^{*-1} \otimes XX' \tag{6.61}$$
$$F_{44} = \tfrac{N}{2}(\Sigma^{-1} \otimes \Sigma^{-1}) \tag{6.62}$$
$$F_{55} = N\Sigma^{-1} \tag{6.63}$$

Die Erwartungswerte $E_\psi[YY'], E_\psi[YX']$ können rekursiv ausgewertet werden, wenn man die Liapunov-Gleichungen

$$\mu_{n,i+1} = A^*\mu_{n,i} + B^*x_{ni};\ \mu_{n0} = \mu \tag{6.64}$$
$$\Sigma_{i+1} = A^*\Sigma_i A^{*\prime} + \Omega^*;\ \Sigma_0 = \Sigma \tag{6.65}$$

auswertet und $E_\psi[y_{ni}y'_{ni}] = \Sigma_i + \mu_{ni}\mu'_{ni}$ einsetzt. Alternativ können die Erwartungswerte weggelassen werden, da die Stichproben-Momente $N^{-1}YY'$, $N^{-1}YX'$ für $N \to \infty$ im Quadratmittel und fast sicher gegen die Erwartungswerte konvergieren (Singer, 1990, Satz 1, S. 61). Dies hat den Vorteil, daß die Stichproben-Momente vor der Scoring-Iteration

$$\psi_{k+1} = \psi_k + F_k^{-1}s_k \tag{6.66}$$

berechnet und in F eingesetzt werden können.

6.1.4 Approximative ML-Schätzung

Rechteck-und Trapez-Methode. Die in Abschnitt 6.1.2 diskutierte exakte ML-Schätzung führt auf ein nichtlineares Schätzproblem, da die Parametermatrizen A, B und Ω in nichtlinearer Form (als $*$-Parameter) in die Likelihood eingehen. Daher stellt sich die Frage, ob nicht für kleine Meßabstände Δt eine Linearisierung durchgeführt werden kann. Man erhält so die approximativen Parameter

$$A^* = I + A\Delta t + O(\Delta t^2) \tag{6.67}$$
$$B^* = B\Delta t + O(\Delta t^2) \tag{6.68}$$
$$\Omega^* = \Omega\Delta t + O(\Delta t^2) \tag{6.69}$$
$$C^* = B\tfrac{\Delta t}{2} + O(\Delta t^2). \tag{6.70}$$

Dies führt im Falle der Sprungfunktionen ($x(t)$ schrittweise konstant) auf das Rechteck-Schema (diskretisiertes kontinuierliches Sampling DKS)

$$y_{i+1} - y_i = Ay_i\Delta t + Bx_i\Delta t + G\Delta W_i \tag{6.71}$$

und für Polygonzüge auf

$$y_{i+1} - y_i = Ay_i\Delta t + B(x_i + x_{i+1})\tfrac{\Delta t}{2} + G\Delta W_i. \tag{6.72}$$

Hierbei ist ΔW_i der Zuwachs des Wiener-Prozesses im Intervall Δt_i und die Varianz des Gaußschen Störterms ist $\mathrm{Var}(G\Delta W_i) = GG'\Delta t = \Omega\Delta t$, wie gefordert. Die Form des exogenen Terms entspricht einer Trapez-Approximation von

$$\int_{t_i}^{t_{i+1}} Bx(s)ds, \tag{6.73}$$

während eine Rechteck-Approximation auf $Bx_i\Delta t$ führt. In der Tat kann das approximative diskrete Schema mit Sprungfunktionen als Euler-Maruyama-Approximation von

$$dy(t) = [Ay(t) + Bx(t)]dt + GdW(t) \tag{6.74}$$

gelesen werden (vgl. Kap. 4.2), während der Fall der Polygonzüge aus dem expliziten stochastischen Heun-Schema unter Vernachlässigung von Termen der Ordnung $O(\Delta t^2)$ und $O(\Delta t \Delta W)$ entsteht. Eine Variante ist das *Trapez-Schema* von Bergstrom

$$y_{i+1} - y_i = \int_{t_i}^{t_{i+1}} Ay(s)ds + \int_{t_i}^{t_{i+1}} Bx(s)ds + \int_{t_i}^{t_{i+1}} GdW(s) \tag{6.75}$$

was unter Ausnutzung der Trapez-Regel mit dem impliziten Heun-Schema

$$y_{i+1} - y_i = A(y_{i+1} + y_i)\tfrac{\Delta t}{2} + B(x_{i+1} + x_i)\tfrac{\Delta t}{2} + G\Delta W_i \tag{6.76}$$

identisch ist. Dieses Schema kann in Form eines simultanen Gleichungssystems geschrieben und mit Programmen wie LISREL geschätzt werden (vgl. Bergstrom, 1976, Möbus u. Nagl, 1983, Singer u. Hautzinger, 1988).

Der Vorteil der approximativen Schemata liegt darin, daß sie linear von den Parametermatrizen abhängen (insbesondere von der Drift-Matrix A), andererseits führen sie zu Verzerrungen, die nur für kleine Zeitabstände $\Delta t \to 0$ zu vernachlässigen sind. Im Prinzip hängt die Qualität von der Güte der Näherung $\exp(A\Delta t) \approx I + A\Delta t$ ab, so daß die Größe des wahren Parameters A eine wichtige Rolle spielt. Da dieser in Anwendungen unbekannt ist, sollte, insbesondere in Panel-Studien mit großen Zeitabständen (typischerweise 1 Jahr), die exakte ML-Methode benutzt werden.

Man kann zeigen, daß das Rechteck-Schema (DKS, Euler-Schema) zu Schätzern mit der asympotischen Verzerrung $O(\Delta t)$ führt, während die Trapez-Methode (implizites Heun-Schema) eine Verzerrung der Ordung $O(\Delta t^2)$ ergibt (vgl. Le Breton, 1976, Sargan, 1976, Singer, 1988a, 1990, Kap. 2.6).

Der Wert der approximativen Schemata liegt in der Behandlung von quasi-kontinuierlichen Messungen (diskretisiertes kontinuierliches sampling (DKS)) und in der Erzeugung von möglichst guten Startwerten für die nichtlinearen Schätzverfahren (exakte diskrete Modelle). Insbesondere ist das Euler-Schema eine direkte Variante des exakten ML-Verfahrens, wenn die $*$-Parameter linearisiert werden. Im übrigen sind die linearisierten Methoden eher in einem historischen Kontext zu sehen, da in den klassischen Strukturmodellen wie LISREL nur lineare Restriktionen zu implementieren waren. Aufgrund der Linearität der Approximation ist zu fragen, was aus dem in Kapitel 6.1.1 diskutierten Identifikationsproblem wird. Bei fixem A lassen sich die zulässigen Aliase ja durch

$$A_k = A + \tfrac{2\pi i}{\Delta t} P\text{diag}(0, k, -k) P^{-1} \quad (6.77)$$

$$:= A + M_k \quad (6.78)$$

$$k = [k_1, \ldots, k_c], \quad (6.79)$$

darstellen, was für $\Delta t \rightarrow 0$ zu einem M_k mit beliebig großer Matrix-Norm $||M_k|| \propto \Delta t^{-1} \rightarrow \infty$ führt. Daher lassen sich bei genügend kleinem Zeitabstand alle Aliase auschalten (zumindest solche mit $||M_k|| > C$ und A ergibt sich eindeutig aus dem Hauptwert

$$A = \tfrac{1}{\Delta t}\text{matlog}(A^*) \quad (6.80)$$

$$= \tfrac{1}{\Delta t} P \log(\Lambda) P^{-1} \quad (6.81)$$

$$\approx \tfrac{1}{\Delta t}(A^* - I) \quad (6.82)$$

wobei für $A^* = P\Lambda P^{-1}$ eine Eigenwertzerlegung mit reellen und konjugiert komplexen Eigenwerten Λ angenommen wurde.

Minimum-Distance-Methode. Das von Phillips (1976b) und Hauptmann u. Schmidt (1980) vorgeschlagene Minimum-Distance-Verfahren besteht aus einer Minimierung des verallgemeinerten Abstands

$$Q(\psi) := \sum_{i=0}^{T-1} ||y_{i+1} - A_i^*(\psi) y_i - b_i^*(\psi)||_S^2, \quad (6.83)$$

wobei in der Norm $||z||_S^2 = z' S^{-1} z$ eine positiv definite Matrix S als Gewichtsfunktion eingesetzt wird. Die Kovarianzmatrix Ω^* wird dann als $\hat{\Omega}^* = T^{-1} \sum_{i=0}^{T-1} \hat{u}_i \hat{u}_i'$ mit den Residuen $\hat{u}_i = y_{i+1} - A_i^*(\hat{\psi}) y_i - b_i^*(\hat{\psi})$ geschätzt. Das Verfahren besteht konkret darin, mit $S = I$ zu beginnen und dann in einem zweiten Durchgang mit $S = \hat{\Omega}^*$ den MD-Schätzer $\hat{\psi}_{MD}$ zu gewinnen. Dies entspricht einem GLS-Schätzer mit geschätzter Kovarianz der Fehler (EGLS). Zwar konvergiert $\hat{\Omega}^*$ gegen Ω^* für $T \rightarrow \infty$, jedoch können keine Restriktionen für die zeitstetige Diffusionsmatrix Ω implementiert werden. Trotzdem hat das Verfahren im Gegensatz zur Trapez - bzw. Rechteckmethode den Vorzug, daß die Nichtlinearität von $A_i^* = \exp(A \Delta t_i)$ berücksichtigt wird. Es steht sozusagen zwischen den linearisierten Methoden und der exakten ML-Methode (Vernachlässigung der Jacobi-Determinante und Fehlspezifikation von Ω^* in endlichen Stichproben).

6.1.5 Beispiel: Das Phillips-Modell

Das Phillips-Modell ist ein Modell für den Konjunkturzyklus, das die Variablen Y (reales Nettosozialprodukt), C (realer Konsum) und K (Anlagevermögen) in einem Differentialgleichungssystem darstellt (Phillips, 1976b, Möbus u. Nagl, 1983, Kap. 9, Singer, 1993b; Abb. (6.2)). Das System ist durch das 3-Gleichungsmodell

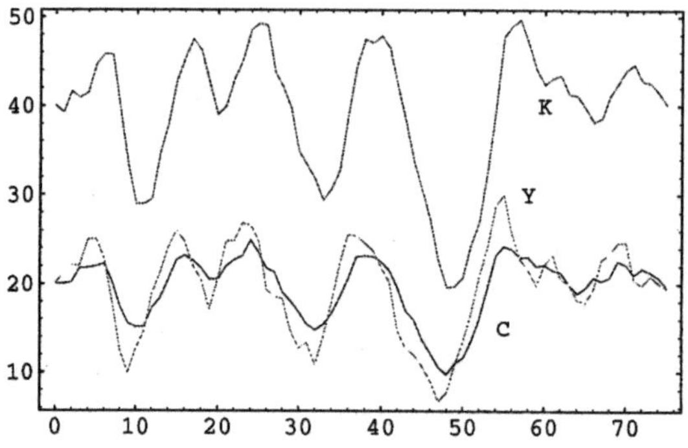

Abbildung 6.2. Trajektorien des Phillips-Modells für $T = 75$ Zeitpunkte.

$$d \begin{bmatrix} C \\ Y \\ K \end{bmatrix} = \begin{bmatrix} -\theta_1 & \theta_1(1-\theta_5) & 0 \\ \theta_2 & \theta_2(\theta_3\theta_4 - 1) & -\theta_2\theta_3 \\ 0 & \theta_3\theta_4 & -\theta_3 \end{bmatrix} \begin{bmatrix} C \\ Y \\ K \end{bmatrix} dt + \begin{bmatrix} \theta_1 \\ 0 \\ 0 \end{bmatrix} x(t)dt + \begin{bmatrix} \theta_6 & 0 & 0 \\ 0 & \theta_7 & 0 \\ 0 & 0 & \theta_8 \end{bmatrix} \begin{bmatrix} dW_1 \\ dW_2 \\ dW_3 \end{bmatrix} \tag{6.84}$$

definiert ('wahres' Modell).

Im vorliegenden Kontext soll es dazu herangezogen werden, verschiedene Modellspezifikationen bei der Parameterschätzung und Prognose zu vergleichen. Insbesondere wird davon ausgegangen, daß sich das 'wahre' Modell in stetiger Zeit bewegt, während für die Schätzung nur diskrete Meßzeitpunkte erhältlich sind. In Übereinstimmung mit der Diskussion in Kapitel 1 müßte sich die zeitstetige Spezifikation aufgrund ihrer korrekten Restriktionen als überlegen herausstellen (Phillips, 1976b, Bergstrom, 1990). Einerseits müßten aufgrund der geringeren Zahl geschätzter Parameter kleinere Varianzen der Schätzer resultieren, andererseits sollte sich das System besser prognostizieren lassen. Dazu wurden die Parameter mit Hilfe einer Zeitreihe von $T = 25$ Zeitpunkten geschätzt und dann weitere 50 Meßzeitpunkte prognostiziert.

Als mögliche Kandidaten werden folgende Modelle diskutiert:

- Modell 1: Zeitstetiges Modell mit exakten Restriktionen ('wahres' Modell; 8 Parameter)
- Modell 2: Zeitstetiges Modell mit exakten Null-Restriktionen, aber sonst keiner Struktur der Elemente a_{ij} (11 Parameter)
- Modell 3: Zeitstetiges Modell (volle Parametrisierung von A und B, aber Ω diagonal; 15 Parameter)
- Modell 4: Zeitdiskretes Modell (Zeitreihe - volle Parametrisierung; 18 Parameter)

Als wahre Werte wurden die in der Arbeit von Phillips benutzten

$\theta = \{0.6, 4.0, 0.4, 2.0, 0.25, 1, 1, 1\}$

und $x(t) = 5$ gewählt, was zu einer Matrix

$$A = \begin{bmatrix} -0.6 & 0.45 & 0 \\ 4. & -0.8 & -1.6 \\ 0 & 0.8 & -0.4 \end{bmatrix}$$

führt. Die zugehörigen Matrizen des exakten diskreten Modells lauten ($\Delta t = 1$):

$$A^* = \begin{bmatrix} 1.0294 & 0.24111 & -0.20575 \\ 2.1432 & 0.55649 & -0.94873 \\ 0.91444 & 0.47437 & 0.27929 \end{bmatrix} ; B^* = \begin{bmatrix} 0.56385 \\ 0.79104 \\ 0.21041 \end{bmatrix}$$

$$\Omega^* = \begin{bmatrix} 0.9215 & 1.4066 & 0.34701 \\ 1.4066 & 3.0537 & 0.48877 \\ 0.34701 & 0.48877 & 0.8035 \end{bmatrix} .$$

Die Null-Restriktionen der zeitstetigen Spezifikation übertragen sich nicht auf das exakte diskrete Modell. Daher sind bei der Schätzung als Zeitreihenmodell keine sinnvollen Restriktionen der AR(1)-Parameter des Modells

$$y_{i+1} = \alpha y_i + \beta x_i + u_i \tag{6.85}$$

möglich, wenn die $*$-Parameter als wahre Werte des Zeitreihenmodells genommen werden. Obwohl also exakte Restriktionen existieren, sind sie auf der Ebene der Zeitreihe nicht spezifizierbar. Die Modelle 2 und 3 sind dadurch motiviert, daß in empirischen Anwendungen die genaue Kenntnis der Theorie, wie sie für Modell 1 erforderlich ist (Restriktionen auf der Ebene der Matrixelemente!), oft nicht gegeben sein dürfte. Modell 2 berücksichtigt die exakten Null-Restriktionen in A, B und Ω (11 Parameter), während in Modell 3 nur die Diffusionsmatrix restringiert wird (diagonal; 15 Parameter). Dies ist erforderlich,da das volle Modell (mit 18 Parametern) nicht identifizierbar ist (vgl. Kap. 6.1.1). [3] Die Eigenwerte der wahren Drift-Matrix sind komplex

$$\mu = \{-1.56579, -0.117105 + 0.373582\,i, -0.117105 - 0.373582\,i\}, \tag{6.86}$$

so daß zur wahren Struktur potentielle Aliase existieren. Tatsächlich sind jedoch alle zugehörigen Ω_k nicht positiv semidefinit. Daher existiert keine zur wahren beobachtungsäquivalente Struktur. Dies müßte jedoch für alle Matrizen der vorgelegten Restriktionen gezeigt werden. Von Phillips (1976a) wurde bewiesen, daß die Restriktion $a_{13} = 0$ ausreicht, um alle Aliase A_k auszuschalten. Daher sind Modell 1 und 2 identifiziert. Für Modell 3 wurde die Diagonalrestriktion für Ω gewählt, da alle Aliase Ω_k nichtdiagonal sind, solange A keine Diagonalform aufweist. Dies trifft jedoch für keines der Modelle zu.

Eine Simulationstudie mit $M = 100$ Replikationen ergab folgende Resultate: Vergleicht man die Matrixelemente a_{11}, a_{21} und a_{33} zwischen Modell 1

[3] Spezifiziert man das volle Modell interessehalber trotzdem, so ist die Fisher-Informationsmatrix singulär und der Scoring-Algorithmus konvergiert nicht (vgl. Rothenberg, 1971).

		linearisiert		exakt	
	wahrer Wert	Mittelwert	Std	Mittelwert	Std
k	–	11.07	3.8033	12.36	3.4829
θ_1	0.6	0.52708	0.14614	0.5931	0.13504
θ_2	4.	2.7809	0.72115	4.1651	0.75587
θ_3	0.4	0.37737	0.024207	0.39845	0.014293
θ_4	2.	1.9959	0.012598	2.0009	0.0081726
θ_5	0.25	0.25265	0.022485	0.25017	0.018457
θ_6	1.	1.0353	0.2674	0.95377	0.21723
θ_7	1.	3.1523	0.85394	0.75584	0.67745
θ_8	1.	1.2866	0.35942	0.98126	0.24625

Tabelle 6.1. Modell 1 (wahres Modell): linearisiertes und exaktes diskretes System: $M = 100$ Replikationen.

		linearisiert		exakt	
	wahrer Wert	Mittelwert	Std	Mittelwert	Std
k	–	3.	0.	9.37	1.9061
a_{11}	-0.6	-0.63272	0.17032	-0.6643	0.14626
a_{12}	0.45	0.40578	0.11117	0.45963	0.10543
a_{21}	4.	2.8159	0.69807	4.1819	0.7447
a_{22}	-0.8	-0.68669	0.20022	-0.86681	0.23372
a_{23}	-1.6	-1.066	0.27097	-1.6569	0.27755
a_{32}	0.8	0.75092	0.063722	0.81769	0.076018
a_{33}	-0.4	-0.37705	0.032241	-0.40797	0.037949
b_1	0.6	0.91465	0.38328	0.82303	0.34745
Ω_{11}	1.	0.93635	0.26286	0.95192	0.21715
Ω_{22}	1.	3.0932	0.83605	0.75555	0.66982
Ω_{33}	1.	1.2251	0.32908	0.91066	0.23574

Tabelle 6.2. Modell 2 (stetig mit 0-Restriktionen): linearisiertes und exaktes diskretes System: $M = 100$ Replikationen.

	linearisiert		exakt		
	wahrer Wert	Mittelwert	Std	Mittelwert	Std
k	–	7.03	0.22159	16.82	9.2514
a_{11}	-0.6	-0.070898	0.4352	-1.133	1.7822
a_{12}	0.45	0.25597	0.13778	0.58464	0.49712
a_{13}	0	-0.18802	0.1316	0.14759	0.54869
a_{21}	4.	2.1241	0.77803	4.4677	1.0931
a_{22}	-0.8	-0.4817	0.25047	-0.94939	0.31616
a_{23}	-1.6	-0.95648	0.23435	-1.7433	0.36732
a_{31}	0	0.9453	0.36967	-0.19953	0.77046
a_{32}	0.8	0.47044	0.12182	0.87917	0.24968
a_{33}	-0.4	-0.73367	0.12209	-0.3387	0.22965
b_1	0.6	0.77066	0.37221	1.0255	1.064
b_2	0	1.0928	0.69313	-0.12857	0.68408
b_3	0	0.21139	0.30827	-0.0030468	0.49369
Ω_{11}	1.	0.88007	0.10918	1.0128	0.28944
Ω_{22}	1.	1.5879	0.22127	0.68074	0.49385
Ω_{33}	1.	0.79984	0.094147	0.87345	0.13847

Tabelle 6.3. Modell 3 (stetig, Omega diagonal): linearisiertes und exaktes diskretes System: $M = 100$ Replikationen.

		diskretes Modell	
	wahrer Wert	Mittelwert	Std
k	–	3.53	0.4991
α_{11}	1.0294	0.9291	0.4352
α_{12}	0.24111	0.25597	0.13778
α_{13}	-0.20575	-0.18802	0.1316
α_{21}	2.1432	2.1241	0.77803
α_{22}	0.55649	0.5183	0.25047
α_{23}	-0.94873	-0.95648	0.23435
α_{31}	0.91444	0.9453	0.36967
α_{32}	0.47437	0.47044	0.12182
α_{33}	0.27929	0.26633	0.12209
β_1	0.56385	0.77066	0.37221
β_2	0.79104	1.0928	0.69313
β_3	0.21041	0.21139	0.30827
ω_{11}	0.9215	0.78645	0.19008
ω_{12}	1.4066	1.1935	0.34052
ω_{13}	0.34701	0.28655	0.1455
ω_{22}	3.0537	2.5704	0.69038
ω_{23}	0.48877	0.3982	0.26159
ω_{33}	0.8035	0.6486	0.15201

Tabelle 6.4. Modell 4 (zeitdiskretes Modell): $M = 100$ Replikationen.

	Modell 1	Modell 2	Modell 3	Modell 4
Parameter	8	11	15	18
linear	18.192 (1.57824)	18.6223 (1.77643)	17.8324 (2.77544)	17.8318 (2.77516)
exakt	16.1364 (1.52274)	17.0182 (2.20991)	17.5747 (2.5112)	– –

Tabelle 6.5. Vergleich der Prognosefehler: 2-Norm der geschätzten Innovationen für 50 prognostizierte Zeitpunkte ($M = 100$ Replikationen; Standardabweichungen in Klammern).

und 2, so sind die Standardfehler nur etwas größer, während der Unterschied zu Modell 3 doch deutlich ausfällt. Die Schätzungen für den Parameter $b_1 = 0.6$ weisen bei Modellen 2 und 3 stark erhöhte Standardabweichungen auf $(.823 \pm .347, 1.025 \pm 1.064)$, während in Modell 1 die Restriktion $-a_{11} = b_1 = \theta_1$ zu einer Standardabweichung von nur $.593 \pm 0.135$ führt. Dagegen fallen die Schätzungen und Standardabweichungen für die Diffusionsmatrix ähnlich aus für Modelle 1-3. Da Modell 4 eine unrestringierte Schätzung der Zeitreihenparameter ausführt, sind die Schätzungen nicht direkt zu vergleichen. In Übereinstimmung mit der Arbeit von Phillips zeigt sich, daß bei der linearisierten Schätzung insbesondere der Parameter $\theta_2 = a_{21} = 4$ stark verzerrt geschätzt wird. Da er in der zweiten Zeile von A auftritt, wird dies offenbar durch durch einen ebenfalls verzerrt geschätzten Parameter $\theta_7 = \Omega_{22}$ kompensiert.

Ein direkter Vergleich aller 4 Modelle ist nur auf der Ebene der $*$-Parameter möglich, die unter unterschiedlichen Restriktionen berechnet wurden (Tabellen 6.6 - 6.7). Dabei zeigt sich deutlich, daß zwar die Parametermatrizen des exakten diskreten Modells in allen Fällen gut geschätzt werden, jedoch die Standardabweichungen bei Vernachlässigung von a priori-Information stark zunehmen. Am schlechtesten schneidet das völlig unrestringierte Zeitreihenmodell ab, das der VAR-Methodologie entspricht (siehe unten). Die Einbeziehung der exakten zeitstetigen Restriktionen führt zu drastisch reduzierten Streuungen bei Modellen 1 und 2.

Eine andere Vergleichsmöglichkeit ergibt sich aus der Prognosekraft der geschätzten Modelle. Dazu wurden Trajektorien mit $T = 75$ Zeitpunkten simuliert und die Parameter aus den ersten $T_1 = 25$ Zeitpunken geschätzt. Die mit den Schätzungen berechneten Ein-Schritt-Prognosefehler (geschätzte Innovationen)

$$\hat{\nu}_i := y_i - \hat{y}_i = y_i - E[y_i|Y^{i-1}] : p \times 1 \tag{6.87}$$

wurden summarisch mit dem Kennwert (2-Norm der Innovation)

$$||\hat{\nu}||_2 = \left[\sum_{i=T_1+1}^{T} \sum_{k=1}^{p} (\hat{\nu}_{ik})^2 \right]^{\frac{1}{2}} \tag{6.88}$$

Modell	$\bar{A}^*$			$\bar{B}^*$	$\bar{\Omega}^*$		
wahre Werte	1.029	0.2411	-0.2057	0.5639	0.9215	1.407	0.347
	2.143	0.5565	-0.9487	0.791	1.407	3.054	0.4888
	0.9144	0.4744	0.2793	0.2104	0.347	0.4888	0.8035
Modell 1	1.035	0.2352	-0.2048	0.5573	0.8818	1.355	0.3281
	2.167	0.5385	-0.9511	0.7898	1.355	2.915	0.4423
	0.9295	0.4651	0.2768	0.2101	0.3281	0.4423	0.7672
Modell 2	0.9931	0.2338	-0.2059	0.7443	0.8401	1.289	0.3231
	2.091	0.5317	-0.9429	1.06	1.289	2.78	0.4583
	0.9281	0.4702	0.2654	0.2915	0.3231	0.4583	0.7303
Modell 3	1.01	0.2276	-0.2089	0.7267	0.7891	1.224	0.2913
	2.118	0.5144	-0.9512	1.09	1.224	2.691	0.425
	0.9039	0.4825	0.2783	0.2333	0.2913	0.425	0.6704
Modell 4	0.9291	0.256	-0.188	0.7707	0.7864	1.194	0.2866
	2.124	0.5183	-0.9565	1.093	1.194	2.57	0.3982
	0.9453	0.4704	0.2663	0.2114	0.2866	0.3982	0.6486

Tabelle 6.6. Gemittelte Matrizen des exakten diskreten Modells.

Modell	Std(A^*)			Std(B^*)	Std(Ω^*)		
Modell 1	0.06152	0.05872	0.04617	0.1183	0.1811	0.2795	0.07495
	0.2384	0.1263	0.1078	0.1765	0.2795	0.5715	0.1847
	0.12	0.05929	0.05391	0.04736	0.07495	0.1847	0.1157
Modell 2	0.09832	0.05969	0.04721	0.2781	0.1807	0.2765	0.08082
	0.2526	0.1313	0.1118	0.4098	0.2765	0.5549	0.185
	0.1395	0.06043	0.06808	0.1215	0.08082	0.185	0.118
Modell 3	0.3505	0.1146	0.1086	0.3296	0.1753	0.2986	0.1239
	0.6325	0.2112	0.1958	0.6381	0.2986	0.6378	0.2395
	0.306	0.1088	0.1036	0.2755	0.1239	0.2395	0.137
Modell 4	0.4352	0.1378	0.1316	0.3722	0.1901	0.3405	0.1455
	0.778	0.2505	0.2343	0.6931	0.3405	0.6904	0.2616
	0.3697	0.1218	0.1221	0.3083	0.1455	0.2616	0.152

Tabelle 6.7. Standardabweichungen der Matrizen des exakten diskreten Modells.

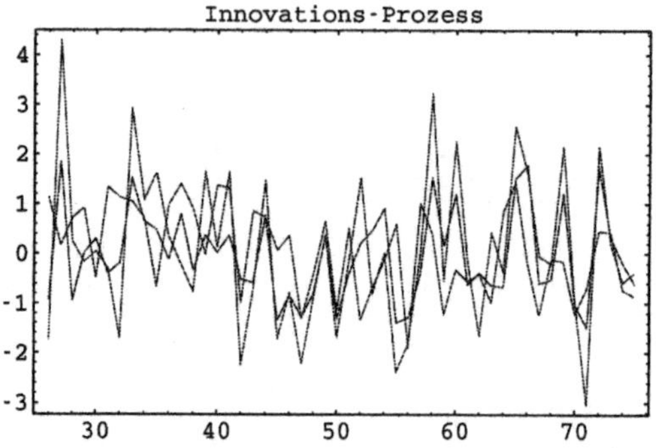

Abbildung 6.3. Innnovationen im Prognoseintervall (Modell 1).

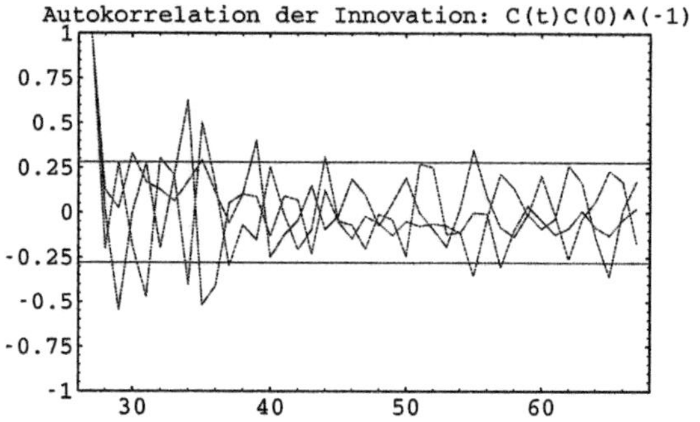

Abbildung 6.4. Autokorrelation der Innnovationen im Prognoseintervall und approximative 95%-Konfidenzintervalle.

bewertet. Dabei ergab sich das erwartete Ergebnis, daß Modell 1 als exaktes diskretes Modell am besten abschneidet, während auch die stärker parametrisierten Modelle 2 und 3 immer noch besser als Modell 4 (Zeitreihe) sind. Dies stimmt allerdings nur, wenn nicht auf die linearisierte Schätzung (diskretisiertes kontinuierliches sampling; $A^* \approx I + A\Delta t; B^* \approx B\Delta t; \Omega^* \approx \Omega\Delta t$) zurückgegriffen wird. In diesen Fällen führt Modell 4 zu besseren Prognosen. Die Vorteile aus einer exakten Spezifikation auf zeitstetiger Ebene können also offenbar durch verzerrte Schätzmethoden wieder verschenkt werden. Ähnliches müßte auch für die Trapezmethode (Bergstrom, 1976) gelten. Die Abbildungen (6.3, 6.4) zeigen einen Innovationsprozeß für Modell 1 und dessen Autokorrelation (Diagonalelemente) im Prognoseintervall [26,75]. Das Resultat wirft auch ein kritisches Licht auf die von Sims (1980) propagierte *VAR-Methodik*, bei der anstelle von restringierten Modellen mit integriertem a priori-Wissen unrestringierte VAR oder VARMA-Modelle geschätzt werden (vgl. die Diskussion in Bergstrom, 1990, Kap. 8). Dies würde im obigen Kontext schematisch durch Modell 4 repräsentiert werden:

> The main disadvantage of this procedure is that the number of coefficients to be estimated is likely to be so large relative the sample size that estimates will have very large variances and forecasts based on these estimates could be very inaccurate. The potential gain in efficiency (as measured by the smallness of the root mean square errors of the forecasts) from using a forecasting procedure based on a continuous time model could be very important. (Bergstrom, 1990, S. 167)

Die Resultate der Simulationstudie belegen diese Aussagen an einem Datensatz, der tatsächlich in stetiger Zeit simuliert wurde. Selbst wenn sich die Systemdynamik in Wahrheit in diskreter Zeit abspielen würde (Intervall δt auf einem Raster $t_j = t_0 + j\delta t$), so sind doch die Meßintervalle Δt größer und die Zeitreihenparameter der gemessenen Daten müssen die Restriktionen

$$\alpha = \tilde{\alpha}^{\Delta t/\delta t} := \tilde{\alpha}^{\Delta j} \tag{6.89}$$

etc. erfüllen. Dies läßt sich aus der Darstellung

$$\begin{aligned} y_{j_{i+1}} &= \tilde{\alpha}^{\Delta j} y_{j_i} + \sum_{j=j_i}^{j_{i+1}-1} \tilde{\alpha}^{j_{i+1}-1-j} \tilde{\beta} x_j + \sum_{j=j_i}^{j_{i+1}-1} \tilde{\alpha}^{j_{i+1}-1-j} v_j; \\ & i = 0, \ldots, T \end{aligned} \tag{6.90}$$

$$y_{j+1} = \tilde{\alpha} y_j + \tilde{\beta} x_j + v_j;\ j = 0, \ldots, J = (t_T - t_0)/\delta t \tag{6.91}$$

für das Zeitreihenmodell ersehen, welches nur bei $j_i, i = 0, \ldots, T$ beobachtet werden kann. Auch in diesem Fall verschwinden die exakten Restriktionen von $\tilde{\alpha}, \tilde{\beta}, \mathrm{Var}(v_j) = \tilde{\omega}$ und sind auf der Theorieebene der gemessenen Zeitreihe nicht mehr implementierbar. Um diese Methodik anzuwenden, müßte allerdings das charakteristische Intervall δt des ökonomischen Prozesses bekannt sein. Die zeitstetige Methodik entspricht also dem Extremfall $\delta t \to 0$ und spezifiziert somit kausale Zusammenhänge in infinitesimaler Zeit (Mikrokausalität; $\tilde{\alpha} \to I + A\delta t, \tilde{\beta} \to B\delta t, \tilde{\omega} \to \Omega\delta t$). Zeitreihenmodelle gehen implizit davon aus, daß Meßintervall und das dynamisch relevante Intervall (das zur Spezifikation des Kausalmodells dient) übereinstimmen.

Zusammenfassend ist zu sagen, daß das Beispiel die Modellierung und Einbeziehung von Restriktionen (a priori-Information) auf der dynamisch relevanten Zeitebene des Phänomens nahelegt, d.h. in stetiger Zeit. Dann sind Reduktionen in der Streuung der Schätzungen und verbesserte Prognosen zu erwarten.

6.1.6 Beispiel: Einstellung zu Gastarbeitern

Die folgende Anwendung wurde sowohl im Rahmen der Analyse mit Strukturgleichungs-Modellen (LISREL) als auch für die Schätzung von Differentialgleichungen mit der indirekten Methode benutzt (vgl. Pfeifer u. Schmidt, 1987, Bien, Schmidt u. Schürhoff, 1990 [4]). Dabei sollen verschiedene strukturelle Hypothesen direkt in den Parameter-Matrizen des zeitstetigen Modells implementiert und verglichen werden. Der Datensatz enthält die Variablen {schicht1, anp1, zur1, nop1, usi1, schicht2, anp2, zur2, nop2, usi2} [5] zu zwei Meßzeitpunkten sowie {Alter,Bildung}, wobei die erste Variablengruppe als endogene Variable und letztere als exogene Variable betrachtet wurden. Dies soll hier beibehalten werden. Aus der Schichtvariablen und den Einstellungsvariablen {anp1, zur1, nop1, usi1} wird ein 2-Faktor-Modell konstruiert, so daß nur die latenten Variablen Schicht = y_1 und Einstellung = y_2 dynamisch modelliert werden. Folgendes latentes AR(1) Modell wird betrachtet:

$$
\begin{aligned}
d\begin{bmatrix} y_{1n} \\ y_{2n} \end{bmatrix} &= \begin{bmatrix} a_{11} & a_{12} \\ a_{21} & a_{22} \end{bmatrix} \begin{bmatrix} y_{1n} \\ y_{2n} \end{bmatrix} dt + \begin{bmatrix} 0 & b_{12} & b_{13} \\ 0 & b_{22} & b_{23} \end{bmatrix} \begin{bmatrix} 1 \\ x_{2n} \\ x_{3n} \end{bmatrix} dt + \\
&+ \begin{bmatrix} g_{11} & 0 \\ g_{21} & g_{22} \end{bmatrix} d \begin{bmatrix} W_{1n} \\ W_{2n} \end{bmatrix} \\
z_{ni} &= \begin{bmatrix} 1 & 0 \\ 0 & 1 \\ 0 & \phi_1 \\ 0 & \phi_2 \\ 0 & \phi_3 \end{bmatrix} \begin{bmatrix} y_{1ni} \\ y_{2ni} \end{bmatrix} + \begin{bmatrix} \phi_4 & 0 & 0 \\ \phi_5 & 0 & 0 \\ \phi_6 & 0 & 0 \\ \phi_7 & 0 & 0 \\ \phi_8 & 0 & 0 \end{bmatrix} \begin{bmatrix} 1 \\ x_{2ni} \\ x_{3ni} \end{bmatrix} + \\
&+ \begin{bmatrix} \phi_9 & 0 & 0 & 0 & 0 \\ 0 & \phi_{10} & 0 & 0 & 0 \\ 0 & 0 & \phi_{11} & 0 & 0 \\ 0 & 0 & 0 & \phi_{12} & 0 \\ 0 & 0 & 0 & 0 & \phi_{13} \end{bmatrix} \begin{bmatrix} \epsilon_{1ni} \\ \epsilon_{2ni} \\ \epsilon_{3ni} \\ \epsilon_{4ni} \\ \epsilon_{5ni} \end{bmatrix}
\end{aligned}
$$

$n = 1, \ldots, N = 166$; $i = 0, 1$ (2 Wellen bei t_0, t_1). Hierbei dienen die Parameter $\phi_4 \ldots \phi_8$ in D zur Modellierung der Erwartungswerte $E[z_{n0}]$ der manifesten Variablen (level), so daß für die latenten Größen $y_n(t) = [y_{1n}, y_{2n}]'$

[4] Ich danke Herrn Prof. Peter Schmidt für die Überlassung des Datensatzes

[5] Kodierung und Bezeichnung der Variablen:
Schicht: 1 = Arbeiter,... 5 = obere Mittelschicht,
anp = Gastarbeiter sollen Lebensstil anpassen: 1 = stimme nicht zu ... 7 = stimme voll zu,
zur = Wenn Arbeitsplätze knapp werden, dann zurück: 1...7,
nop = keine politische Betätigung für Gastarbeiter: 1...7,
usi = sollen Partner unter sich suchen: 1...7,
Alter: 18 – 89
Bildung: 1 = Hauptschule, 2 = Mittlere Reife, 3 = Fachhochschulreife, 4 = Abitur

Modell	Ω	
A	$\begin{bmatrix} x & x \\ x & x \end{bmatrix}$	$\begin{bmatrix} x & 0 \\ 0 & x \end{bmatrix}$
$\begin{bmatrix} x & x \\ x & x \end{bmatrix}$	11	12
$\begin{bmatrix} x & 0 \\ 0 & x \end{bmatrix}$	21	22
$\begin{bmatrix} x & 0 \\ x & x \end{bmatrix}$	31	32
$\begin{bmatrix} x & x \\ 0 & x \end{bmatrix}$	41	42

Tabelle 6.8. Einstellung zu Gastarbeitern. Laufende Nummern und Restriktionen für verschiedene konkurrierende Modelle. Freie Parameter sind mit x bezeichnet.

Hypothese	u	LIK	AIC	SIC/RISS	A/D
Modell 11	27	nicht identifizierbar			
Modell 12	26	**-1344.47**	-1371.47	-1422.84	-2009.94
Modell 21	25	-1345.67	-1370.67	-1418.24	-1917.83
Modell 22	24	-1345.67	-1369.67	**-1415.33**	**-1873.82**
Modell 31	26	-1344.48	-1370.48	-1419.95	-1962.42
Modell 32	25	-1344.58	**-1369.58**	-1417.14	-1916.74
Modell 42	25	-1345.67	-1370.67	-1418.24	-1917.84
Modell 41	26	-1345.67	-1371.67	-1421.14	-1963.61

Tabelle 6.9. Einstellung zu Gastarbeitern. Kompensierte Likelihoods für verschiedene konkurrierende Modelle. u ist die Zahl freier Parameter. Die Maxima innerhalb jedem Kriterium sind fett merkiert (LIK = log-Likelihood, AIC = Akaike-Informations-Kriterium,SIC/RISS = Kriterium von Schwarz/Rissanen, A/D = Kriterium von Azencott/Dacunha-Castelle).

ein Erwartungswert von $\mu = E[y_n(t_0)] = [0,0]'$ gesetzt werden kann. Die Kovarianz $\Sigma = \text{Var}(y_{n0})$ ist ein Maß für die Korrelation der Faktoren bei t_0. Die Parameter in A, B und G werden im folgenden verschiedenen 0-Restriktionen unterworfen und die geschätzten Modelle mit Kriterien zur Modellselektion verglichen. Die einzelnen Modelle sind in Tabelle 6.8 dargestellt. Hierbei wurden die einzelnen Restriktionen für die Matrizen des System-Modells kombiniert. Modell 11 (volle Parametrisierung) ist nicht identifizierbar und kann nicht geschätzt werden. Im Gegensatz dazu weist Modell 12 eine Diagonalrestriktion in Ω auf, was zum Ausschluß der Aliase für Ω_k führt. Die Modelle mit $A = \begin{bmatrix} x & x \\ x & x \end{bmatrix}$ enthalten eine gegenseitige Wechselwirkung der Variablen *Schicht* und *Einstellung zu Gastarbeitern*,

Nummer	*schicht1*	*anp1*	*zur1*	*nop1*	*usi1*	*schicht2*	*anp2*	*zur2*	*nop2*	*usi2*
10	3	1	2	1	1	3	1	3	1	1
14	3	5	4	6	6	4	6	5	7	5
52	3	7	5	5	5	2	5	4	4	3

Tabelle 6.10. Einstellung zu Gastarbeitern. Daten von 3 exemplarischen Personen zu zwei Zeitpunkten (endogene Variable: Schicht, Einstellung).

Nummer	*Alter*	*Bildung*	Stationäre Werte	
10	63.	1	-0.657991	1.56838
14	35.	2	-0.093686	-0.410107
52	69.	1	-0.738582	1.80224

Tabelle 6.11. Einstellung zu Gastarbeitern. Daten von 3 exemplarischen Personen (exogene Variable: Alter, Bildung) und stationäre Werte $\mu_{stat} = -A^{-1}Bx_n$.

während die Struktur $A = \begin{bmatrix} x & 0 \\ x & x \end{bmatrix}$ eine Wirkung *Schicht* → *Einstellung* (Materialismus) und umgekehrt $A = \begin{bmatrix} x & x \\ x & 0 \end{bmatrix}$ eine Wirkung *Einstellung* → *Schicht* (Idealismus) unterstellt. [6] Die einzelnen Modelle können anhand Tabelle (6.9) verglichen werden. Das Kriterium von Akaike [7] selektiert Modell 32, während die Kriterien von Schwarz/Rissanen bzw. Azencott/Dacunha-Castelle Modell 22 (Diagonalmodell) auswählen würden. Im folgenden soll das erstere Modell diskutiert werden, und zwar anhand von 3 exemplarisch ausgewählten Personen, deren Rohdaten in Tabellen (6.10, 6.11) dargestellt sind. Die ML-Schätzungen der System-Matrizen für Modell 32 sind in folgender Formel eingesetzt:

$$
\begin{aligned}
d\begin{bmatrix} y_{1n} \\ y_{2n} \end{bmatrix} &= \begin{bmatrix} -0.1678 & 0 \\ 0.1998 & -0.1725 \end{bmatrix} \begin{bmatrix} y_{1n} \\ y_{2n} \end{bmatrix} dt + \\
&+ \begin{bmatrix} 0 & -0.002254 & 0.03158 \\ 0 & 0.009407 & -0.1906 \end{bmatrix} \begin{bmatrix} 1 \\ x_{2n} \\ x_{3n} \end{bmatrix} dt + \\
&+ \begin{bmatrix} 0.1317 & 0. \\ 0. & 5.265\,10^{-7} \end{bmatrix} d\begin{bmatrix} W_{1n} \\ W_{2n} \end{bmatrix} \\
z_{ni} &= \begin{bmatrix} 1. & 0 \\ 0 & 1. \\ 0 & 1.139 \\ 0 & 1.569 \\ 0 & 1.391 \end{bmatrix} \begin{bmatrix} y_{1ni} \\ y_{2ni} \end{bmatrix} + \begin{bmatrix} 2.868 & 0 & 0 \\ 4.808 & 0 & 0 \\ 3.632 & 0 & 0 \\ 4.066 & 0 & 0 \\ 3.241 & 0 & 0 \end{bmatrix} \begin{bmatrix} 1 \\ x_{2ni} \\ x_{3ni} \end{bmatrix} +
\end{aligned}
$$

[6] Hiermit ist jedoch keine philosophische Aussage impliziert.

[7] Zu den einzelnen Modell-Identifikations-Kriterien sei auf die Diskussion in Singer, 1992a, Kap. 3.2 und die dort zitierte Literatur verwiesen.

$$+ \begin{bmatrix} 0.2707 & 0 & 0 & 0 & 0 \\ 0 & 1.467 & 0 & 0 & 0 \\ 0 & 0 & 1.643 & 0 & 0 \\ 0 & 0 & 0 & 1.547 & 0 \\ 0 & 0 & 0 & 0 & 1.572 \end{bmatrix} \begin{bmatrix} \epsilon_{1ni} \\ \epsilon_{2ni} \\ \epsilon_{3ni} \\ \epsilon_{4ni} \\ \epsilon_{5ni} \end{bmatrix}$$

$$\hat{\Sigma} = \begin{bmatrix} 0.3868 & -0.1615 \\ -0.1615 & 1.309 \end{bmatrix}$$

$$\mu = \begin{bmatrix} 0 \\ 0 \end{bmatrix}$$

Für die Schätzung der latenten Variablen Schicht und Einstellung wurde ein Raster mit $\delta t = 0.1$ im Intervall [0,5] zur Interpolation zugrundegelegt. Daher stimmen gefilterte und geglättete Trajektorien für $t > 1$ überein, während an den Meßzeitpunkten eine unstetige Änderung von $E[y(t)|Z^t]$ durch Meßinformation bewirkt wird. Die 3 Personen wurden danach ausgesucht, ob im Meßintervall eine Änderung in der sozialen Schicht eingetreten ist. Bei Person 10 bleibt diese gleich (3), während bei Person 14 eine Verbesserung (3 $\rightarrow$ 4) und bei Nr. 52 ein Abstieg erfolgte (3 $\rightarrow$ 2). Die gefilterten und geglätteten Trajektorien der latenten Variablen Schicht und Einstellung sind in Abb. (6.5 - 6.7) aufgezeichnet. Bei der Interpretation der Graphiken ist zu beachten, daß beide latenten Variablen bei t_0 auf den Wert $\mu = E[y(t_0)] = [0,0]'$ normiert wurden. [8] Aufgrund der Schätzwerte in B wirken die exogenen Variablen Alter und Bildung kaum auf den asymptotischen Wert für Schicht, während Bildung einen deutlichen Einfluß auf Einstellung ausübt, und zwar führt höhere Bildung zu positiverer Einstellung zu Ausländern. Der asymptotische Wert $\mu_{stat} = -A^{-1}Bx_n$ wird durch die Matrix

$$-A^{-1}B = \begin{bmatrix} & \mathit{Alter} & \mathit{Bildung} \\ 0. & -0.0134318 & 0.188214 \\ 0. & 0.0389766 & -0.887145 \end{bmatrix}$$

kontrolliert, die eine Kombination aus Eigendynamik (A) und exogener Wirkung B darstellt. Die einzelnen Werte sind personenspezifisch durch eine Linearkombination der Zeilen mit Alter und Bildung gegeben. Dies ist deutlich in den Abbildungen zu sehen, wo die Personen mit Volksschulbildung (Nr. 10, Nr. 52) einem höheren Einstellungswert (negativere Einstellung) zustreben als Person 14 mit mittlerer Reife. Der Übergang in der Schicht wirkt sich unterschiedlich aus: während bei Person 14 (Aufsteiger) ein tendenzieller Abstieg in der Zukunft prognostiziert wird, bleibt Person 52 (Absteiger) auf diesem Niveau stehen.

[8] Ein Einstellungswert von 4 (7 Abstufungen 1 – 7) entspricht also ungefähr 0 auf der latenten Skala $(\hat{E}[z_2(t_0), \ldots, z_5(t_0)] = [4.808, 3.632, 4.066, 3.241])$, während Schicht 3 (manifest) ungefähr einer latenten Schicht von 0 entspricht (die Schätzung von $E[z_1(t_0)]$ ist 2.868).

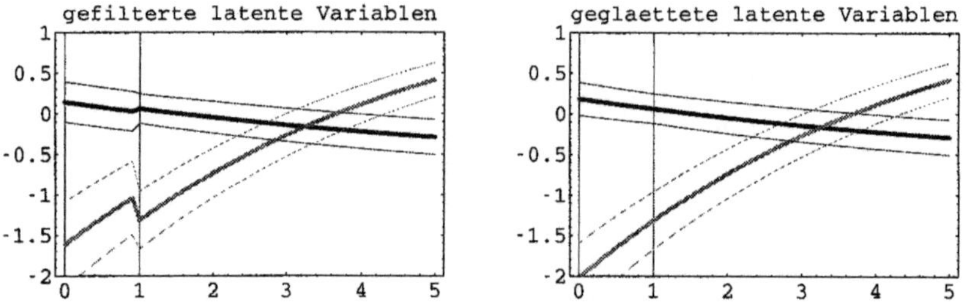

Abbildung 6.5. Person 10: gleiche soziale Schicht (Schicht: Dunkel, Einstellung: hell).

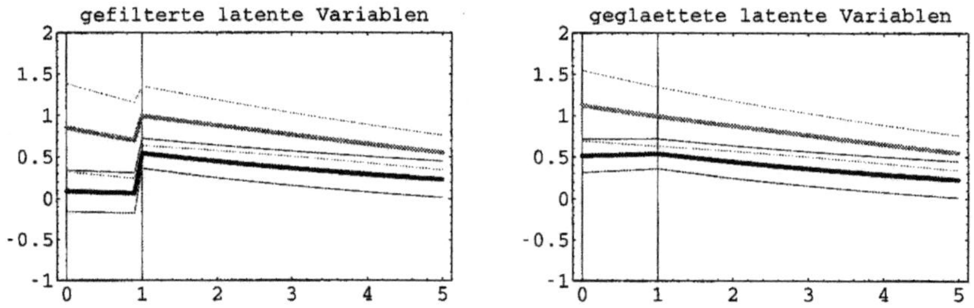

Abbildung 6.6. Person 14: Aufsteiger (Schicht: Dunkel, Einstellung: hell).

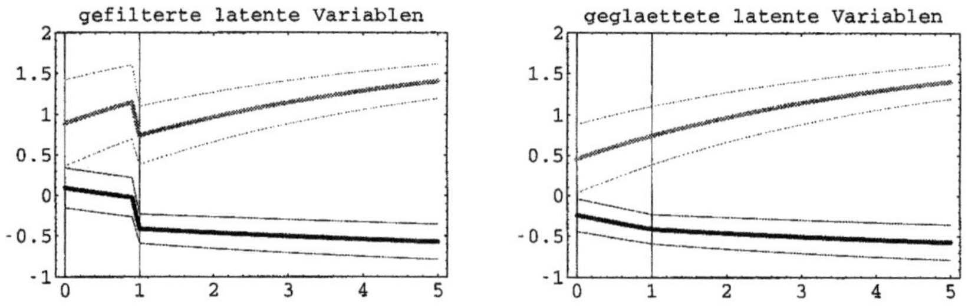

Abbildung 6.7. Person 52: Absteiger (Schicht: Dunkel, Einstellung: hell).

Einige Bemerkungen zur 'indirekten' Methode. Da der oben analysierte Datensatz ursprünglich als LISREL-Modell (Pfeifer u. Schmidt, 1987) und dann von Bien et al. (1990) als Beispiel für die sogenannte indirekte Methode genommen wurde, soll hier noch ein Vergleich gezogen werden (vgl. Kap. 6.1.1). Da sich die Restriktion für A in Modell 32 auf die Matrix $A^* = \exp(A\Delta t)$ des exakten diskreten Modells überträgt, jedoch $\Omega^* = \int \exp(As)\Omega \exp(A's)ds$ anders als Ω nicht diagonal ist, könnte man auf die Idee kommen, das zeitdiskrete Modell (etwa mit LISREL oder LSDE) unter Setzung der Restriktion $A^*_{12} = 0$, aber sonst frei zu schätzen. Da die Matrix A^* reelle Eigenwerte aufweist ($\lambda_1 = A^*_{11}; \lambda_2 = A^*_{22}$), könnte man von den $*$-Parametern zurückrechnen. Um die Probleme zu demonstrieren, wurde das Modell als diskretes Panel-Modell mit LSDE geschätzt (vgl. LSDE-Handbuch, Anhang I; Singer, 1991). Es ergibt sich:

$$
\begin{aligned}
\hat{\Omega}^* &= \begin{bmatrix} 0.0548373 & -0.00524546 \\ -0.00524546 & 0.000501826 \end{bmatrix} \\
\hat{A}^* &= \begin{bmatrix} 0.794901 & 0 \\ 0.173303 & 0.840863 \end{bmatrix} \\
\hat{B}^* &= \begin{bmatrix} 0 & -0.00214387 & 0.0307982 \\ 0 & 0.0085165 & -0.174636 \end{bmatrix}
\end{aligned}
$$

und nach Rückrechnung

$$
\begin{aligned}
\hat{\Omega} &= \begin{bmatrix} 0.0683842 & -0.0130138 \\ -0.0130138 & 0.00224777 \end{bmatrix} \\
\hat{A} &= \begin{bmatrix} -0.229538 & 0 \\ 0.211948 & -0.173327 \end{bmatrix} \\
\hat{B} &= \begin{bmatrix} 0 & -0.00239932 & 0.034468 \\ 0 & 0.0095183 & -0.19369 \end{bmatrix}.
\end{aligned}
$$

Die rückgerechnete Diffusionsmatrix $\hat{\Omega}$ weist jedoch nicht die von Modell 32 geforderte Diagonalrestriktion auf. Somit läßt sich Modell 32 nur mit einem direkten Zugriff auf die zeitstetigen Matrizen A, B und Ω schätzen. Vergleicht man die indirekten Schätzungen mit Modell 31, so stimmen diese praktisch überein. In der Tat läßt dieses Modell Ω frei. Es zeigt sich, daß in diesem einfachen Modell ($p = 2$) bestimmte Teilmodelle mit der Rückrechnungsmethode geschätzt werden können, allerdings lassen sich die meisten Restriktionen nicht auf der $*$-Ebene implementieren. Außerdem ist auch in diesem einfachen Fall nicht sichergestellt, daß die Eigenwerte von A^* positiv sind, wie dies durch die Restriktion $A^* = \exp(A\Delta t)$ gefordert wird (Einbettungsproblem).

6.2 Lineare Systeme mit unregelmäßigen Zeitabständen und fehlenden Werten

Die bisher diskutierten Algorithmen gingen davon aus, daß entweder die Daten in regelmäßigen Abständen gemessen wurden (reguläre Abtastung) und/oder daß an den Meßzeitpunkten alle Komponenten des Vektors $z_n(t_i)$ erhoben werden können. Dies ist jedoch häufig unrealistisch, wenn Daten entweder irregulär erhoben wurden oder fehlende Messungen (missing data) vorliegen. Dann weisen alle Komponenten von $z(t)$: $k \times 1$ unterschiedliche Meßabstände auf (vgl. Abb. 5.1). Insbesondere kann die Form der Panel-Erhebung als Meß-Schema mit fehlenden Daten zwischen den Messungen interpretiert werden. Der Kalman-Filter erlaubt es auf relativ einfache Weise, fehlende Werte zu integrieren, indem im Meßmodell entsprechende Zeilen (Komponenten) gestrichen werden. Das kontinuierlich/diskrete Zustandsraum-Modell

$$dy_n(t) = [Ay_n(t) + Bx_n(t)]dt + GdW_n(t) \quad (6.92)$$

$$z_{ni} = H_{ni}y_{ni} + D_{ni}x_{ni} + \epsilon_{ni} \quad (6.93)$$

an den Meßzeitpunkten $\{t_0, t_1, \ldots, t_T\}$

$$y_{n,i+1} = A_i^* y_{ni} + b_{ni}^* + u_{ni} \quad (6.94)$$

$$A_i^* = \exp(A\Delta t_i) \quad (6.95)$$

$$b_{ni}^* = \int_{t_i}^{t_{i+1}} \exp(A(t_{i+1} - s))Bx_n(s)ds \quad (6.96)$$

$$u_{ni} = \int_{t_i}^{t_{i+1}} \exp(A(t_{i+1} - s))GdW_n(s) \quad (6.97)$$

$$\Omega_i^* = \mathrm{Var}(u_{ni}) = \int_0^{\Delta t_i} \exp(As)\Omega \exp(A's)ds. \quad (6.98)$$

($\Omega = GG'; i = 0, \ldots, T-1, n = 1, \ldots, N$) enthält also zeitvariable Koeffizienten $A_i^*, b_{ni}^*, \Omega_i^*$ und H_{ni}, D_{ni}, R_{ni}, wobei die Koeffizienten des Meßmodells nur wegen der missing data-Behandlung Personen- und Zeit-Indizes tragen. Dies hat den Nachteil, daß sehr viele unterschiedliche $*$-Matrizen berechnet werden müssen. Daher wird im folgenden ein modifiziertes Schema diskutiert, bei dem das exakte diskrete Modell auf einem genügend feinen Zeit-Raster formuliert wird, so daß alle Messzeitpunkte als Vielfache eines einzigen Diskretisierungsintervalls δt aufgefaßt werden können, d.h.

$$t_i = t_0 + j_i\delta t; \; 0 \le j_i \le J = (t_T - t_0)/\delta t \quad (6.99)$$

(vgl. Kap. 5.6 und Singer, 1995, 1996a). Dann gilt auf dem Raster

$$y_{n,j+1} = A^* y_{nj} + b_{nj}^* + u_{nj}, \; j = 0, \ldots, J-1 \quad (6.100)$$

$$A^* = \exp(A\delta t) \quad (6.101)$$

$$b_{nj}^* = \int_0^{\delta t} \exp(A(\delta t - s))Bx_n(t_0 + j\delta t + s)ds \quad (6.102)$$

$$\Omega^* \quad := \quad \mathrm{Var}(u_{nj}) = \int_0^{\delta t} \exp(As)\Omega\exp(A's)ds \tag{6.103}$$

und

$$z_{nj} = H_{nj}y_{nj} + D_{nj}x_{nj} + \epsilon_{nj},\ j = 0, \ldots, J. \tag{6.104}$$

Dies hat mehrere Vorzüge:

- Auch im Fall irregulärer Messungen müssen die $*$ - Matrizen nur für *ein* Intervall δt berechnet werden.
- Das Schema ist in der Lage, missing data für jede Person, jeden Zeitpunkt und jede Komponente von $z_{ntk'}, k' = 1, \ldots, k$ separat zu behandeln.
- Jede Komponente $z_{njk'}$ (Variable) kann unterschiedliche Meßzeitpunkte aufweisen. Dies ist von Vorteil, wenn mehrere Datensätze zusammengefaßt werden.
- Das Diskretisierungsintervall δt kann beliebig klein gewählt und die nichtlinearen Matrix-Funktionen A^*, Ω^* und b^*_{nj} durch $A^* = I + A\delta t$, $b^*_{nj} = Bx_n(t_0 + j\delta t)\delta t$ und $\Omega^* = \Omega\delta t$ approximiert werden. Diese Terme sind linear in den Differentialgleichungsparametern und die komplizierten Matrizen des exakten diskreten Modells ergeben sich automatisch aus dem Kalman-Filter mit missing-data-Behandlung. Weiterhin müssen keine Eigenwert-Methoden benutzt werden. Daher sind keine Annahmen über multiple Eigenwerte oder Nichtsingularität von A erforderlich.
- Beliebige Interpolationsmethoden können für die exogenen Variablen zwischen den Messungen benutzt werden. Dabei können diese sogar an völlig anderen Zeitpunkten als die endogenen Variablen erhoben worden sein. Üblicherweise werden nur einfache Interpolationsschemata wie Sprungfunktionen, Polygone oder Parabeln verwandt (vgl. Phillips, 1976), da die explizite Berechnung von b^*_{ni} komplizierte nichtlineare Matrix-Ausdrücke erzeugt. Dagegen können mit der obigen Methode auch Spline-Funktionen und andere Interpolationsmethoden angewandt werden, da das Funktional b^*_{ni} vom Kalman-Filter implizit berechnet wird. Verbesserte Interpolation führt jedoch zu einem geringeren Approximationsfehler für b^*_{ni} und damit zu geringeren asymptotischen Verzerrungen.

Aufgrund der regelmäßigen Diskretisierung läßt sich die Likelihood und eine analytische Score-Funktion analog zu Kap. 6.1 berechnen. Die bedingte Likelihood des Meßmodells ist hier durch

$$l_\psi(z|y) \quad = \quad -\tfrac{1}{2}\sum_{n=1}^{N}\sum_{j=0}^{J} \log|R_{nj}| + \epsilon'_{nj}R^{-1}_{nj}\epsilon_{nj} \tag{6.105}$$

$$\epsilon_{nj} \quad = \quad z_{nj} - H_{nj}y_{nj} - D_{nj}x_{nj} \tag{6.106}$$

zu ersetzen. Explizit ergibt sich für die Score-Funktion der vollständigen Daten

$$s_\psi(z,y) = \frac{\partial l_\psi(z|y)}{\partial\psi} + \frac{\partial l_\psi(y)}{\partial\psi} \tag{6.107}$$

$$\frac{\partial l_\psi(z|y)}{\partial\psi} = \sum_{n=1}^{N}\sum_{j=0}^{J} \frac{\partial[R_{nj},H_{nj},D_{nj}]}{\partial\psi} \frac{\partial l_\psi(z|y)}{\partial[R_{nj},H_{nj},D_{nj}]} \tag{6.108}$$

$$\frac{\partial l_\psi(y)}{\partial\psi} = \frac{\partial[\Omega^*,A^*,B^*,\Sigma,\mu]}{\partial\psi} \frac{\partial l_\psi(y)}{\partial[\Omega^*,A^*,B^*,\Sigma,\mu]} \tag{6.109}$$

wobei die Kettenregel $\frac{\partial Z}{\partial X} = \frac{\partial Y}{\partial X}\frac{\partial Z}{\partial Y}$ für partitionierte Matrix-Ableitungen (McDonald u. Swaminathan, 1973) benutzt wurde. Die Ableitungen bzgl. den Parameter-Matrizen lassen sich ebenfalls explizit berechnen:

$$\frac{\partial l_\psi(z|y)}{\partial[R_{nj},H_{nj},D_{nj}]} = \begin{bmatrix} \frac{1}{2}\mathrm{row}[R_{nj}^{-1}(\epsilon_{nj}\epsilon_{nj}' - R_{nj})R_{nj}^{-1}] \\ \mathrm{row}[R_{nj}^{-1}\epsilon_{nj}y_{nj}'] \\ \mathrm{row}[R_{nj}^{-1}\epsilon_{nj}x_{nj}'] \end{bmatrix} \tag{6.110}$$

$$\frac{\partial l_\psi(y)}{\partial[\Omega^*,A^*,B^*,\Sigma,\mu]} =$$
$$\begin{bmatrix} \frac{1}{2}\mathrm{row}[\Omega^{*-1}(\sum_{nj} u_{nj}u_{nj}' - NJ\Omega^*)\Omega^{*-1}] \\ \mathrm{row}[\Omega^{*-1}\sum_{nj} u_{nj}y_{nj}'] \\ \mathrm{row}[\Omega^{*-1}\sum_{nj} u_{nj}x_{nj}'] \\ \frac{1}{2}\mathrm{row}[\Sigma^{-1}(\sum_n (y_{n0}-\mu)(y_{n0}-\mu)' - N\Sigma)\Sigma^{-1}] \\ \mathrm{row}[\Sigma^{-1}(\sum_n y_{n0} - N\mu)] \end{bmatrix} \tag{6.111}$$

Damit kann der analytische Score durch Bildung des bedingten Erwartungswerts

$$s_\psi(z) := \frac{\partial l_\psi(z)}{\partial\psi} = E_\psi[s_\psi(z,y)|z] \tag{6.112}$$

aus den geglätteten Momenten $E[y_{nj}|z], E[y_{nj}y_{nj}'|z], E[y_{n,j+1}y_{nj}'|z]$ berechnet werden. In vielen Anwendungen läßt sich der Parametervektor in einen Anteil des System-Modells θ und des Meß-Modells ϕ aufteilen, so daß sich die Ableitung von $l_\psi(z,y)$ bzgl. $\psi = \{\theta,\phi\}$ in die Anteile $l_\phi(z|y) + l_\theta(y)$ aufsplitten läßt, d.h.

$$s_\psi(z,y) = \begin{bmatrix} \frac{\partial l_\theta(y)}{\partial\theta} \\ \frac{\partial l_\phi(z|y)}{\partial\phi} \end{bmatrix}. \tag{6.113}$$

Analog zum Fall regelmäßiger Messungen ist die analytische Auswertung der Fisher-Information schwierig, so daß wieder der BFGS-Algorithmus

$$\psi_{k+1} = \psi_k + F_k^{-1}s_{\psi_k} \tag{6.114}$$

mit Sekanten-Update F_k benutzt wurde. Er kann mit der Wahl $F_0 = I$ initialisiert werden, was mit der Methode des steilsten Anstiegs übereinstimmt. Alternativ könnte eine numerische 2. Ableitung eingesetzt werden. Am Ende der Iteration wird wieder die beobachtete Fisher-Information als numerische Ableitung der Score-Funktion berechnet, um die geschätzte Kovarianz von $\hat{\psi}$ zu erhalten.

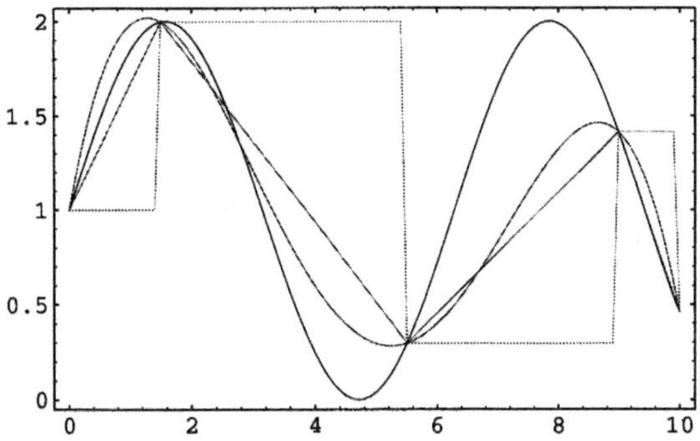

Abbildung 6.8. Approximation der exogenen Variable $x_1(t) = 1 + \sin(t)$ (starke Variation) durch Sprungfunktionen, Polygone und Spline-Funktionen. Messungen bei $\tau_3 = \{0, 1.5, 5.5, 9, 10\}$

6.2.1 AR-Modell mit exogenen Variablen (Sprung-Funktionen, Polygonzüge und Spline-Funktionen)

Das in Kap. 5.15 diskutierte AR(2)-Modell

$$\ddot{y}_n + \gamma \dot{y}_n + \omega_0^2 y_n = b x_n(t) + g\zeta_n(t), \tag{6.115}$$

das als Zustandraum-Modell

$$\begin{aligned} d\begin{bmatrix} y_{1n}(t) \\ y_{2n}(t) \end{bmatrix} &= \begin{bmatrix} 0 & 1 \\ -\omega_0^2 & -\gamma \end{bmatrix} \begin{bmatrix} y_{1n}(t) \\ y_{2n}(t) \end{bmatrix} dt + \begin{bmatrix} 0 \\ b \end{bmatrix} x_n(t)dt \\ &+ \begin{bmatrix} 0 & 0 \\ 0 & g \end{bmatrix} d\begin{bmatrix} W_{1n}(t) \\ W_{2n}(t) \end{bmatrix} \\ z_{nj} &= \begin{bmatrix} 1 & 0 \\ 0 & 1 \end{bmatrix}_{nj} \begin{bmatrix} y_{1n}(t_j) \\ y_{2n}(t_j) \end{bmatrix} + \epsilon_{nj}, \end{aligned} \tag{6.116}$$

repräsentiert werden kann, wird im folgenden unter dem Aspekt der Parameterschätzung und verschiedenen Approximationen der exogenen Variablen untersucht. Da die exogenen Variablen nur an den Zeitpunkten $\tau_3 = \{0, 1.5, 5.5, 9, 10\}$ gemessen wurden, müssen sie auf dem Gitter $t_0 = 0 \leq j\delta t \leq t_J = 10; \delta t = 0.1$ interpoliert werden. Dazu wurden Sprung-Funktionen, Polygonzüge und Spline-Funktionen benutzt. Während die ersten beiden Methoden mit exakten diskreten Modellen noch relativ einfach explizit zu berechnen sind (vgl. Kap. 6.1), würde die Spline-Interpolation auf komplizierte Matrix-Ausdrücke führen. Weiterhin wäre für jedes Interpolationsschema ein eigener Algorithmus mit Likelihood und analytischer Score-Funktion zu implementieren. Die hier diskutierte Methode ist insofern enorm flexibel, da nur die interpolierte Trajektorie $\hat{x}_n(t)$ auf dem Gitter vorzulegen ist. Je besser die Trajektorie $x_n(t)$ approximiert werden kann, desto geringer fallen die Fehler aus, die bei der Berechnung des Funktionals $b^*_{ni} = \int_{t_i}^{t_{i+1}} \exp(A(t_{i+1} - s))Bx_n(s)ds$ entstehen. Allerdings sind bei Paneldaten mit wenigen Meßzeitpunkten nur niedrige Ordnungen der Interpolation möglich. Zur Simulation der Daten wurden zwei Gruppen von exogenen Variablen benutzt: $x_n(t) = 1 + \beta \sin(\alpha t)$; $n = 1, \ldots, n/2$ und $x_n(t) = 1 + \beta \cos(\alpha t)$; $n = n/2 + 1, \ldots, N$, wobei $\alpha = 0.1$ und β zum Vergleich die beiden Werte 0.1 (schwache Variation) und 1 (starke Variation) annehmen kann. Im Falle schwacher Variation sollte der Einfluß des Interpolations-Schemas geringer ausfallen. Als Meßschema für die endogenen Variablen $y_n(t)$ wurden entweder quasikontinuierliche Messungen (Schema A) oder die Zeitpunkte $\tau_1 = \{0, 0.5, 1, 2, 4, 5, 7, 8, 8.5, 9, 9.1, 9.2, 9.3, 10\}$ und $\tau_2 = \{0, 1.5, 7, 9\}$ (Schema B) genommen. (vgl. Abb. 5.1). Dies bildet insbesondere die Möglichkeit kombinierter diskreter und stetiger Messungen ab.

Ein Vergleich der ML-Schätzungen zwischen schwacher und starker Variation der exogenen Variablen zeigt, daß hier ein stärkerer Einfluß des Interpolationsschemas auf die Schätzung zu beobachten ist (Tabellen 6.13, 6.14). Dies zeigt sich besonders beim Parameter b, der direkt mit dem Funktional b^*_{ni} zusammenhängt. Hier gibt die Spline-Interpolation die besten Resultate. Wie zu erwarten, sind die Schätzungen im Schema A von besserer Qualität, da mehr Information zur Verfügung steht. Dies zeigt sich auch in einer Simulation mit $M = 100$ Replikationen im Fall der Spline-Approximation (Tabelle 6.12), wo die Standardabweichungen für Schema A wesentlich geringer ausfallen.

wahre Parameter		Mittelwert	Std
Schema A			
ω_0^2	16	16.55664	2.8517222
γ	4	4.263082	1.1536673
b	1	1.0910191	0.6046537
g	2	2.0523416	0.3260118
μ_1	0	0.0612806	0.6396488
μ_2	0	0.1122081	0.7919574
ϕ_1	1	0.9959053	0.0490421
ϕ_2	1	0.7796008	0.521832
Schema B			
ω_0^2	16	15.25695	5.4191275
γ	4	3.097549	2.5503565
b	1	0.9734755	1.393017
g	2	1.4600666	1.1558109
μ_1	0	0.0391384	0.7236569
μ_2	0	0.1228457	0.7345941
ϕ_1	1	0.6052503	0.6715461
ϕ_2	1	0.5460009	1.1040864

Tabelle 6.12. Spline-Approximation: Simulation: $M = 100$ Replikationen. Gemittelte Maximum-Likelihood-Schätzungen bei quasi-kontinuierlichen (Schema A) und irregulären Messungen (Schema B). Schwache Variation der Kontroll-Variablen $x_1(t) = 1 + \beta \sin(\alpha t)$, $x_2(t) = 1 + \beta \cos(\alpha t)$; $\beta = 0.1, \alpha = 1$. Die Parameter des Meßfehlers wurden zur besseren Konvergenz als $R_{11} = 0.1\phi_1^2; R_{22} = 0.1\phi_2^2$ spezifiziert (scaling).

(Quasi)kontinuierliches Sampling (Schema A): schwache Variation von $x(t)$					
wahre Parameter		ML-Schätzungen			
		Interpolations-Schema für $x(t)$			
		exakt	Sprungfkt.	Polygone	Spline
ω_0^2	16	15.6080 (2.3404)	15.6095 (2.3394)	15.6072 (2.3407)	15.6062 (2.3407)
γ	4	3.3427 (0.7968)	3.3391 (0.7968)	3.3441 (0.7969)	3.3445 (0.7969)
b	1	-0.1582 (0.5791)	-0.1655 (0.5690)	-0.1489 (0.5783)	-0.1454 (0.5761)
g	2	2.0073 (0.2662)	2.0062 (0.2661)	2.0076 (0.2662)	2.0078 (0.2662)
μ_1	0	-0.3382 (0.7109)	-0.3383 (0.7109)	-0.3380 (0.7109)	-0.3380 (0.7109)
μ_2	0	0.3273 (0.7408)	0.3274 (0.7409)	0.3271 (0.7408)	0.3271 (0.7408)
R_{11}	0.1	0.1135 (0.0119)	0.1135 (0.0119)	0.1135 (0.0119)	0.1135 (0.0119)
R_{22}	0.1	0.1106 (0.0462)	0.1108 (0.0462)	0.1106 (0.0462)	0.1106 (0.0462)
Irreguläres Sampling (Schema B): schwache Variation von $x(t)$					
wahre Parameter		ML-Schätzungen			
		Interpolations-Schema für $x(t)$			
		exakt	Sprungfkt.	Polygone	Spline
ω_0^2	16	9.4145 (1.6924)	9.4428 (1.71379)	9.4160 (1.6998)	9.4116 (1.7001)
γ	4	1.0994 (0.4344)	1.1010 (0.4353)	1.1005 (0.4342)	1.1021 (0.4347)
b	1	-0.3217 (0.4093)	-0.3321 (0.4083)	-0.3470 (0.4145)	-0.3367 (0.4121)
g	2	0.4751 (0.2681)	0.4850 (0.2660)	0.4743 (0.2679)	0.4752 (0.2680)
μ_1	0	-0.5580 (0.7190)	-0.5565 (0.7189)	-0.5587 (0.7190)	-0.5584 (0.7190)
μ_2	0	-0.1458 (0.8903)	-0.1519 (0.8920)	-0.1423 (0.8891)	-0.1427 (0.8894)
R_{11}	0.1	0.0442 (0.0164)	0.0437 (0.0164)	0.0441 (0.0164)	0.0441 (0.0164)
R_{22}	0.1	0.4741 (0.3594)	0.4751 (0.3633)	0.4725 (0.3574)	0.4726 (0.3576)

Tabelle 6.13. Maximum-Likelihood-Schätzungen bei quasi-kontinuierlichen (Schema A) und irregulären Messungen (Schema B). Schwache Variation der Kontroll-Variablen $x_n(t) : x_1(t) = 1 + \beta \sin(\alpha t)$, $x_2(t) = 1 + \beta \cos(\alpha t)$; $\beta = 0.1, \alpha = 1$. Geschätzte Standardabweichungen in Klammern.

(Quasi)kontinuierliches Sampling (Schema A): starke Variation von $x(t)$					
wahre Parameter		ML-Schätzungen			
		Interpolations-Schema für $x(t)$			
		exakt	Sprungfkt.	Polygone	Spline
ω_0^2	16	15.6241	15.6685	15.6116	15.6101
		(2.3577)	(2.3546)	(2.3595)	(2.3574)
γ	4	3.3809	3.3132	3.3632	3.3684
		(0.8018)	(0.7982)	(0.7992)	(0.7994)
b	1	0.1740	-0.1435	0.0550	0.1075
		(0.4452)	(0.4079)	(0.4830)	(0.4599)
g	2	2.0270	2.0123	2.0252	2.0257
		(0.2682)	(0.26729	(0.2679)	(0.2679)
μ_1	0	-0.3393	-0.3486	-0.3430	-0.3415
		(0.7109)	(0.7108)	(0.7109)	(0.7109)
μ_2	0	0.3251	0.3312	0.3271	0.3262
		(0.7400)	(0.7405)	(0.7400)	(0.7400)
R_{11}	0.1	0.1140	0.1139	0.1140	0.1140
		(0.0120)	(0.0120)	(0.0120)	(0.0120)
R_{22}	0.1	0.1070	0.1088	0.1071	0.1070
		(0.0464)	(0.0463)	(0.0464)	(0.0464)
Irreguläres Sampling (Schema B): starke Variation von $x(t)$					
wahre Parameter		ML-Schätzungen			
		Interpolations-Schema für $x(t)$			
		exakt	Sprungfkt.	Polygone	Spline
ω_0^2	16	9.5975	9.8784	9.6935	9.6358
		(1.4526)	(1.47509)	(1.2805)	(1.3899)
γ	4	1.0160	0.9758	0.9429	0.9943
		(0.4220)	(0.4104)	(0.4208)	(0.4347)
b	1	-0.0833	-0.3178	-0.4142	-0.2584
		(0.4093)	(0.3327)	(0.4161)	(0.3731)
g	2	0.3771	0.4179	0.2787	0.3348
		(0.3061)	(0.2741)	(0.3612)	(0.3225)
μ_1	0	-0.5610	-0.5628	-0.5816	-0.5726
		(0.7194)	(0.7183)	(0.7189)	(0.7192)
μ_2	0	-0.1451	-0.1571	-0.0886	-0.1089
		(0.8809)	(0.8774)	(0.8570)	(0.8676)
R_{11}	0.1	0.0479	0.0448	0.0491	0.0486
		(0.0171)	(0.0163)	(0.0167)	(0.0169)
R_{22}	0.1	0.4740	0.4695	0.4603	0.4635
		(0.3482)	(0.3574)	(0.3159)	(0.3284)

Tabelle 6.14. Maximum-Likelihood-Schätzungen bei quasi-kontinuierlichen (Schema A) und irregulären Messungen (Schema B). Starke Variation der Kontroll-Variablen $x_n(t) : x_1(t) = 1 + \beta\sin(\alpha t),\ x_2(t) = 1 + \beta\cos(\alpha t);\ \beta = 1, \alpha = 1$. Geschätzte Standardabweichungen in Klammern.

6.2.2 Gemischte Stock- und Flow-Daten

Viele Datensätze enthalten Werte, die über bestimmte Zeitintervalle aufkumuliert wurden (Bewegungsmassen, flows). Beispielsweise sind Variablen wie Produktion, Konsum, Exporte und Importe sowie verschiedene Preisindizes gemittelte oder kumulierte Größen über die Beobachtungszeit. Normalerweise wird in den standardmäßigen ökonometrischen Modellen keine Unterscheidung in der Behandlung von Bestands- und Bewegungsmassen gemacht, so daß ein Spezifikationsfehler in die Schätzgleichungen eingeht (vgl. Bergstrom, 1990, S. 1). Die zeitstetige Methodik erlaubt es, die Mittelung direkt in die dynamischen Gleichungen zu integrieren. Betrachtet man eine Stock-Variable $s(t)$ und eine Flow-Variable $F(t)$, so ergibt sich diese als Integral über eine unbeobachtbare Stock-Variable

$$F(t) = \int_{t-\Delta t}^{t} f(s)ds, \tag{6.117}$$

wobei F nur an den Zeitpunkten t_i erhoben wird, d.h. $F(t_i) := F_i = \int_{t_{i-1}}^{t_i} f(s)ds$. Ein Zeitreihenmodell für den Vektor $y_i = [F_i, s_i]$ würde also Werte des Stocks bei t_i mit einer Mixtur von Werten der Variable f in Beziehung setzen. Es erscheint daher sinnvoller, die dynamische Spezifikation zwischen den Variablen s und f vorzunehmen und die fehlende Beobachtbarkeit auf ein Meßmodell abzuwälzen. Dies leistet das Zustandsraum-Modell (Panel-Daten, $n = 1, \ldots, N$; zeitstetiges VAR(1)-Modell für $[f_n(t), s_n(t)]$)

$$\begin{aligned} d\begin{bmatrix} I_n(t) \\ f_n(t) \\ s_n(t) \end{bmatrix} &= \begin{bmatrix} 0 & 1 & 0 \\ 0 & a & b \\ 0 & c & d \end{bmatrix} \begin{bmatrix} I_n(t) \\ f_n(t) \\ s_n(t) \end{bmatrix} dt + \begin{bmatrix} 0 & 0 & 0 \\ 0 & g_1 & b \\ 0 & c & g_2 \end{bmatrix} \begin{bmatrix} dW_{1n}(t) \\ dW_{2n}(t) \\ dW_{3n}(t) \end{bmatrix} \\ z_{nj} &= \begin{bmatrix} 1 & 0 & 0 \\ 0 & 0 & 1 \end{bmatrix}_{nj} \begin{bmatrix} I_n(t_j) \\ f_n(t_j) \\ s_n(t_j) \end{bmatrix} + \epsilon_{nj}, \end{aligned} \tag{6.118}$$

wobei in H_{nj} und ϵ_{nj} Zeilen gestrichen werden, wenn bestimmte Komponenten des Zustands nicht beobachtet werden können. Das Modell ist insofern sehr flexibel, als auch Stocks und Flows mit verschiedenen Meßintervallen analysiert werden können. Die integrierte Variable $I_n(t_j) = \int_{t_0-\Delta t}^{t_j} f(s)ds$ kann durch Summation aus den Flow-Daten $F_n(t_j)$ gewonnen werden. Im folgenden Beispiel wird angenommen, daß die Flow-Variable jährlich und die Stock-Variable vierteljährlich beobachtet werden kann. Nimmt man einen Zeitraum von 5 Jahren und legt ein Diskretisierungsintervall von $\delta t = 0.25$ Jahren zugrunde, so ergibt sich ein Raster $j = 0, \ldots, J = (5-0)/0.25 = 20$ und Messungen der Variable I_{nj} bei $j = 0, 4, 8, \ldots, 20$, während s_j für alle j (vierteljährlich) erhältlich ist. Im Prinzip könnte auch ein kleineres δt genommen werden, was jedoch zu einem feinen Raster mit vielen fehlenden Daten führt. Da keine exogenen Variablen im Modell enthalten sind, kann δt den maximalen Wert annehmen, weil keine Spezifikationsfehler durch

Wahrer Wert		Mittelwert	Std	Shapiro-Wilk W	p-Wert
a	-2	-2.193104	0.6319393	0.926353	0.0001*
b	1	1.1292539	0.4960309	0.963551	0.0446*
c	2	1.9560191	0.300885	0.978561	0.4531
d	-3	-2.924582	0.3021404	0.977478	0.4003
g_1	1	1.0538174	0.2015335	0.936685	0.0001*
g_2	1	0.9609346	0.0647454	0.968159	0.1024
μ_1	0	-0.019427	0.151982	0.943701	0.0006*
μ_2	0	0.0084588	0.1831999	0.979569	0.5046
μ_3	0	-0.003307	0.1495121	0.972973	0.2202
Σ_{11}	1	0.9757996	0.1918835	0.974223	0.2632
Σ_{22}	1	1.0812328	0.4406749	0.940474	0.0003*
Σ_{33}	1	0.9923671	0.1775094	0.969208	0.1222
R_{11}	0.01	0.0102285	0.0048293	0.965845	0.0682
R_{22}	0.01	0.0161676	0.0094811	0.94944	0.0023*

Tabelle 6.15. Gemischte Stock- und Flow-Daten. Mittelwerte und Standardabweichungen der ML-Schätzungen in $M = 100$ Stichproben. Der Shapiro-Wilk-Test prüft die Normalverteilung der ML-Schätzer. Ablehnungen auf dem 5%-Niveau sind durch Sterne markiert.

die Approximation des Funktionals b^*_{ni} zu befürchten sind. Daten wurden mit den in Tabelle (6.15) angegebenen wahren Parametern und $N = 50$ Panel-Einheiten simuliert. Die Mittelwerte über $M = 100$ Replikationen liegen nahe bei den wahren Werten. Eine Überprüfung der Verteilung von $\hat{\psi}$ mit Hilfe der Shapiro-Wilk-Statistik zeigt, daß nur bei wenigen Parametern die Normalverteilungshypothese abgelehnt werden muß. Daher wären asymptotische Tests oder Konfidenzintervalle vertretbar.

6.3 Lineare Systeme mit zeitabhängigen Koeffizienten

In den bisherigen Abschnitten wurde angenommen, daß die System-Matrizen des stetigen Modells zeitlich konstant sind. Eine Variabilität in den exakten diskreten Modellen kam nur durch unterschiedliche Zeittakte der Messungen oder fehlende Werte zustande. Aufgrund von Entwicklungsprozessen oder Strukturbrüchen (vgl. Oud, van Leeuwe u. Jansen, 1993, Oud u. Jansen, 1996, Singer, 1997) kann jedoch auch eine Veränderung in den Parameter-Matrizen $A(t), B(t), G(t)$ bzw. $H(t), D(t), R(t)$ von Interesse sein. Ein anderes Beispiel ist die Brownsche Brücke, welche durch ein zeitvariables Vektorfeld $f(y,t)$ spezifiziert werden kann (vgl. Ball und Torous, 1983).

Die allgemeinste lineare Spezifikation mit zeitvariablen Parametern ist durch

$$\begin{aligned} dy_n(t) &= A(t, x_n(t), \psi) y_n(t) dt + b(t, x_n(t), \psi) dt + \\ &+ G(t, x_n(t), \psi) dW_n(t) \qquad (6.119) \\ y_n(t_0) &\sim N(\mu(x_n(t_0), \psi), \Sigma(x_n(t_0), \psi)) \end{aligned}$$

$$z_{ni} = H(t_i, x_n(t_i), \psi)y_n(t_i) + d(t_i, x_n(t_i), \psi) + \epsilon_{ni} \tag{6.120}$$

gegeben, wobei die explizite Abhängigkeit von t auch in die exogenen Variablen absorbiert werden könnte. Zur Schätzung des Modells aus zeitdiskreten Daten ist wieder ein exaktes diskretes Modell erforderlich. Aufgrund der Zeitabhängigkeit in $A_n(t) := A(t, x_n(t), \psi)$ ist die Verwendung von Fundamental-Matrizen erforderlich (vgl. Kap. 5.6). Dann gilt

$$\begin{aligned} y_n(t_{i+1}) &= \Phi_n(t_{i+1}, t_i)y_n(t_i) + \int_{t_i}^{t_{i+1}} \Phi_n(t_{i+1}, s)b_n(s)ds + \\ &+ \int_{t_i}^{t_{i+1}} \Phi_n(t_{i+1}, s)G_n(s)dW_n(s), \end{aligned} \tag{6.121}$$

wobei

$$\Phi_n(t_{i+1}, t_i) = \overleftarrow{T} \exp(\int_{t_i}^{t_{i+1}} A_n(s)ds) \tag{6.122}$$

die explizite Darstellung der Fundamental-Matrix ist. Der Zeitordnungsoperator ist erforderlich, da $A_n(t)$ i.a. nicht mit $A_n(s)$ vertauschbar ist, so daß die übliche Darstellung als Matrix-Exponentialfunktion $\exp(\int A_n(s)ds)$ nur im Fall $p = 1$ oder vertauschbarer Matrizen korrekt ist. Die konkrete Berechnung wird im folgenden wieder auf einem Raster

$$t_i = t_0 + j_i\delta t;\ 0 \le j_i \le J = (t_T - t_0)/\delta t \tag{6.123}$$

ausgeführt, das so fein bemessen ist, daß alle Meßzeitpunkte auf ihm liegen. Dann gelten die Gleichungen

$$\begin{aligned} y_n(t_{j+1}) &= \Phi_n(t_{j+1}, t_j)y_n(t_j) + \int_{t_j}^{t_{j+1}} \Phi_n(t_{j+1}, s)b_n(s)ds + \\ &+ \int_{t_j}^{t_{j+1}} \Phi_n(t_{j+1}, s)g_n(s)dW_n(s) \end{aligned} \tag{6.124}$$

$$z_{nj} = H_{nj}y_{nj} + d_{nj} + \epsilon_{nj}, \tag{6.125}$$

wobei im Meßmodell wieder eine missing data-Behandlung (Streichen der entsprechenden Zeilen) vorgenommen wird. Für kleines δt kann man die System-Gleichung linearisieren, so daß

$$\Phi_n(t_{j+1}, t_j) = A^*_{nj} \approx I + A_n(t_j)\delta t \tag{6.126}$$

$$b^*_{nj} = \int_{t_j}^{t_{j+1}} \Phi_n(t_{j+1}, s)b_n(s)ds \approx b_n(t_j)\delta t \tag{6.127}$$

$$u_{nj} = \int_{t_j}^{t_{j+1}} \Phi_n(t_{j+1}, s)g_n(s)dW(s) \approx g_n(t_j)\delta W_n(t_j) \tag{6.128}$$

gesetzt werden kann. Daher erzeugt das Schema eine Produkt-Darstellung der Fundamentalmatrix zwischen den Messungen, d.h.

$$\Phi_n(t_{i+1}, t_i) = \lim_{\delta t \to 0} \overleftarrow{T} \prod_{j=j_i}^{j_{i+1}} [I + A_n(t_j)\delta t], \tag{6.129}$$

und weiterhin werden die Integrale über die exogenen Variablen b^*_{ni} bzw. die Kovarianzmatrix von u_{ni}

$$\Omega^*_{ni} = \int_{t_i}^{t_{i+1}} \Phi_n(t_{i+1}, s) G_n(s) G_n(s)' \Phi_n(t_{i+1}, s)' ds \tag{6.130}$$

rekursiv berechnet. Die Genauigkeit kann durch Wahl eines genügend kleinen Intervall δt beliebig gesteigert werden. Insbesondere erhält man wieder die Möglichkeit, die exogenen Variablen aus den Werten der Stützstellen beliebig auf dem Gitter zu approximieren. Mit Hilfe des Kalman-Filters (Abschnitt 5.6) kann auch in diesem Fall die Likelihood-Funktion mit der Vorhersagefehler-Zerlegung gewonnen werden. Prinzipiell sind analytische Ableitungen der log-Likelihood möglich, wobei Summationen in den Ableitungen (vgl. Kap. 6.2)

$$\frac{\partial l_\psi(y)}{\partial \psi} = \sum_{n=1}^{N} \sum_{j=0}^{J-1} \frac{\partial[\Omega^*_{nj}, A^*_{nj}, B^*_{nj}, \Sigma_n, \mu_n]}{\partial \psi} \frac{\partial l_\psi(y)}{\partial[\Omega^*_{nj}, A^*_{nj}, B^*_{nj}, \Sigma_n, \mu_n]}$$

eingefügt werden müssen. Bisher wurde jedoch nur eine Software-Implementierung mit numerischen Ableitungen und BFGS-Sekanten-Updates vorgenommen.

6.3.1 Beispiel: variable Wachstumsmodelle

Die Methode soll im folgenden an einem bivariaten Wachstumskurvenmodell erläutert werden. Hierbei wird angenommen, daß eine zeitunabhängige Matrix von Wachstumsraten

$$A_0 = \begin{bmatrix} \lambda_{11} & \lambda_{12} \\ \lambda_{21} & \lambda_{22} \end{bmatrix} \tag{6.131}$$

durch einen linear in der Zeit variierenden Teil

$$A_1(t) = \begin{bmatrix} \alpha t & 0 \\ 0 & \beta t \end{bmatrix}. \tag{6.132}$$

überlagert wird. Die Drift-Matrix ist dann als Summe $A(t) = A_0 + A_1(t)$ gegeben. Berechnet man den Kommutator von $A(t)$ mit $A(s)$

$$A(t)A(s) - A(s)A(t) = \begin{bmatrix} 0 & (-\alpha + \beta)\ \lambda_{12}\ (s - t) \\ (-\alpha + \beta)\ \lambda_{21}\ (-s + t) & 0 \end{bmatrix},$$

so zeigt sich, daß die Matrizen nicht vertauschbar sind und für die Berechnung der Fundamentalmatrix Φ die Berücksichtigung des Zeitordnungsoperators erforderlich ist. Die wahren Parameter in $A(t)$ wurden als $\psi = \{\lambda_{11}, \lambda_{12}, \lambda_{21}, \lambda_{22}, \alpha, \beta\} = \{.1, -.01, .02, .3, .01, -.02\}$ gesetzt, was bedeutet,

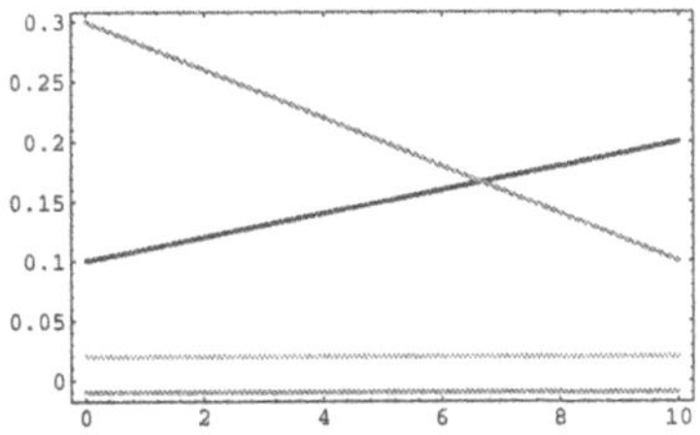

Abbildung 6.9. Zeitabhängigkeit der Wachstumsraten $A_{ij}(t)$.

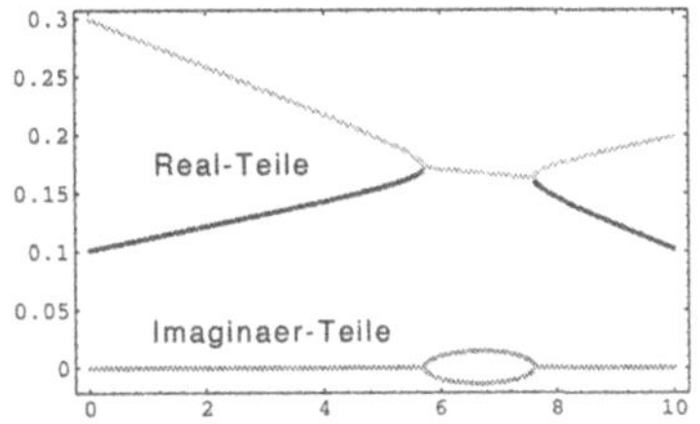

Abbildung 6.10. Real- und Imaginärteile der Eigenwerte von $A(t)$ als Funktion der Zeit. Zuerst sind sie reell, springen jedoch plötzlich in die komplexe Ebene und kehren dann zurück.

daß A_{11} anwächst, während die Rate A_{22} mit der Zeit abfällt. Weiterhin wurde eine zeitabhängige Diffusionsmatrix $G = \text{Diag}(0.01\,t, 0.02\,t)$ spezifiziert, die anwachsendes Prozeß-Rauschen im Laufe eines Entwicklungsprozesses modellieren soll. Die Parameter in G könnten natürlich auch mitgeschätzt werden. Das Meßmodell ist durch $H(t) = I_2$, $d(t) = 0$ und $R = \text{Diag}(0.001, 0.001)$ gegeben. In Figur (6.9) ist die Zeitabhängigkeit der Raten A_{ij} dargestellt. Zuerst sind die Eigenwerte von $A(t)$ reell, werden jedoch plötzlich konjugiert komplex, was bedeutet, daß das bivariate System Oszillationen ausführen kann. Mit weiter zunehmender Zeit und veränderten Raten werden die Eigenwerte wieder reell. [9] Im Rahmen einer kleinen Simulationsstudie wurde der BFGS-Algorithmus mit $N = 10$ Panel-Einheiten

[9] Dies zeigt wieder die Probleme, die mit einer indirekten Schätzmethode auftreten können (vgl. Coleman, 1968, Sinha and Lastman, 1982, Arminger, 1986, Oud et al., 1993; zur Kritik: Hamerle, Nagl u. Singer, 1991, Singer, 1992d). Im Bereich der reellen Eigenwerte erhielte man *eine* Lösung für A aus A^*, während im Bereich der komplexen Eigenwerte Aliase existieren. Allerdings ist die indirekte Methode in diesem Kontext eigentlich nicht anwendbar, da ja $A(t)$ zeitlich variiert. Trotzdem wurde von Oud et al. (1997) versucht, die Vorgehensweise durch stückweise konstant modelliertes $A(t)$ zu retten. Abgesehen davon, daß dann $A(t)$ an den Meßzeitpunkten springt, was die Idee einer zeitstetigen Modellierung konterkariert, ist die von Oud et al. (1993) aufgestellte Behauptung, daß in Entwicklungsprozessen keine Oszillationen (komplexe Eigenwerte) aufträten, durch das Beispiel widerlegt: Ein reeller Eigenwert kann bei infinitesimaler Änderung der Matrix A, d.h. $||A(t) - A(t + \Delta t)|| < \epsilon$ plötzlich in die komplexe Ebene springen.

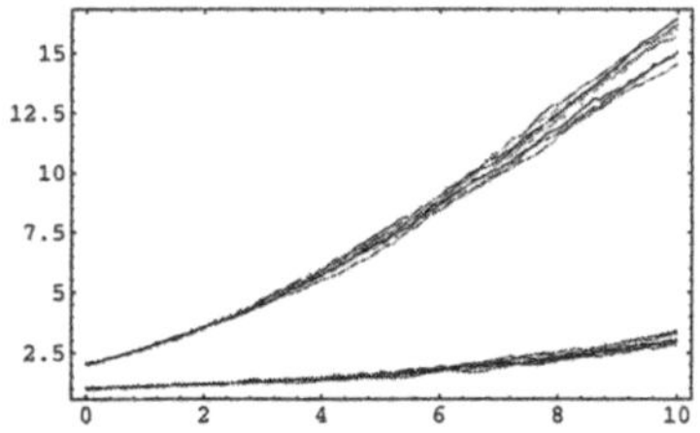

Abbildung 6.11. Simulierte Trajektorien des Wachstums-Modells, erste und zweite Komponente $z_{n1}(t), z_{n2}(t)$.

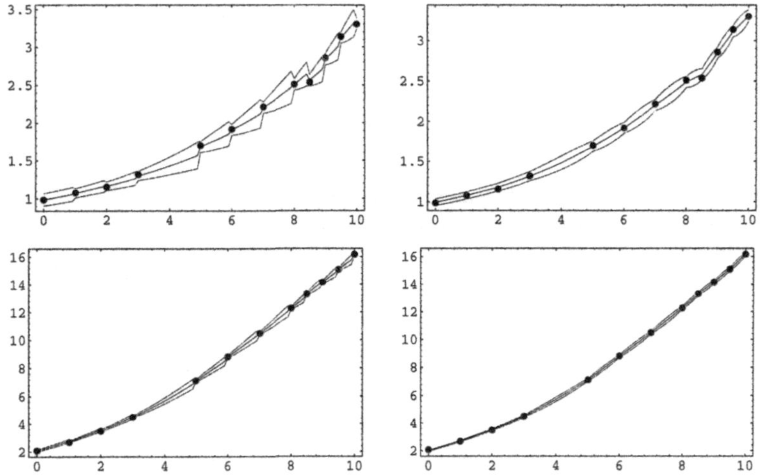

Abbildung 6.12. Wahre, gefilterte (links) und geglättete Trajektorien (rechts) mit 99% HPD-Konfidenz-Intervallen für eine Einheit.

and $M = 50$ Replikationen getestet. Die Daten wurden im Zeitintervall $0 \leq t \leq 10$ mit einem Diskretisierungsintervall von $\delta t = 0.1$ simuliert, jedoch nur an den Stellen $\tau = \{0, 1, 2, 3, 5, 6, 7, 8, 8.5, 9, 9.5, 10\}$ irregulär gemessen. Figur (6.11) zeigt $N = 10$ simulierte Trajektorien $z_n(t)$ mit einem Startwert $z_n(t_0) = [1, 2]' + \epsilon_{n0}$. Der BFGS-Algorithmus konvergiert nach ca. 15 Iterationen, wobei als Abbruchkriterium $||\psi_{k+1} - \psi_k||_\infty < .001$ und $||s_{k+1} - s_k||_\infty < .001$ benutzt wurde. Die in Tabelle (6.16) aufgetragenen Resultate zeigen, daß die Diagonalelemente der Matrix A_0 und die Parameter der zeitabhängigen Wachstumsraten gut geschätzt werden. Dagegen sind die Nichtdiagonalelemente verzerrt und mit großem Schätzfehler behaftet. Ein Blick auf Figur (6.13) zeigt, daß die empirischen Verteilungen der ML-Schätzungen (als Histogramme und Kernschätzer) gut mit der Normalverteilung übereinstimmen.

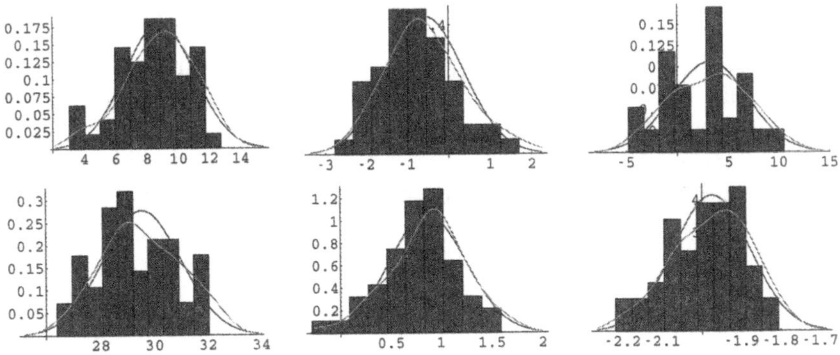

Abbildung 6.13. Histogramme, angepaßte Normalverteilung und Kerndichteschätzer für $M = 50$ ML-Schätzungen.

	wahre Werte	Mittelwert	Std
k		15.2	1.16619
λ_{11}	10.	8.82621	2.19069
λ_{12}	–1.	-0.568103	0.923164
λ_{21}	2.	3.18632	3.72381
λ_{22}	30.	29.5543	1.42541
α	1.	0.868005	0.373103
β	–2.	–1.97443	0.0954185

Tabelle 6.16. Mittelwerte und Standardabweichungen für $M = 50$ Replikationen von $\hat{\psi}$ (Werte in Prozent); k ist die Anzahl der Iterationen pro Replikation.

6.3.2 Beispiel: Brownsche Brücke

Die Brownsche Brücke ist dem Wiener-Prozeß verwandt, jedoch sind $B(t_0)$ und $B(t_1)$ fixiert. Üblicherweise werden diese Werte 0 gesetzt und $t_0 = 0, t_1 = 1$. Sie ist ein einfaches Modell für den Kurs von Anleihen, die eine feste Auszahlung bei Fälligkeit zum Zeitpunkt t_1 aufweisen, jedoch einer Fluktuation durch Zinsschwankungen unterworfen sind (vgl. Ball und Torous, 1983). Wenn eine Anleihe emittiert wird, ist ihr Preis so festgelegt, daß Arbitrage vermieden wird. Eine standardisierte Brownsche Brücke kann als $B(t) = W(t) - tW(1), 0 \leq t \leq 1$ geschrieben werden. Eine für die bisher entwickelten Methoden günstigere Form ist die Itô-Gleichung [10]

$$dB(t) = \frac{B(t)}{t-1}dt + dW(t);\ B(0) = 0. \tag{6.133}$$

Allgemeiner kann man

$$dB(t) = \alpha\frac{B(t) - B_1}{t - t_1}dt + \sigma dW(t);\ B(t_0) = B_0, \tag{6.134}$$

schreiben, wobei eine beliebige Zeit t_1 und ein allgemeiner Drift- und Diffusionskoeffizient α, σ eingeführt wurde. Außerdem sind beliebige Start- und Endwerte B_0, B_1 möglich. Da $B(t)$ auch negative Werte annehmen kann, sollte der Logarithmus der Anleihe modelliert werden. Figur (6.14) zeigt simulierte Trajektorien einer Brownschen Brücke mit Werten $t_0 = 0, t_1 = 1, \delta t = 1/200$ and $B(t_0) = 1, B(t_1) = 2$, $\psi = \{\alpha, \sigma\} = \{1, 1\}$. Dann wurde angenommen, daß nur eine Trajektorie bei $\{0, 0.05, 0.1, 0.15, 0.25, 0.5, 1.\}$ ohne Meßfehler gemessen werden kann. Figur (6.15) zeigt die wahre Trajektorie, gefilterte und geglättete Trajektorien und 99% HPD-Konfidenz-Intervalle $E[B(t)|z] \pm 2.58\sqrt{\mathrm{Var}[B(t)|z]}$ berechnet mit dem wahren ψ. Vergleicht man die Filter- und Glätt-Lösung im Intervall [0.5,1], so stimmen diese überein. Dies ist ungewöhnlich, aber dadurch zu erklären, daß ja der Wert bei $t = t_1 = 1$ bei der Brownschen Brücke fixiert ist. Daher bietet die geglättete Trajektorie im letzten Intervall keine zusätzliche Information und die Konfidenzintervalle sind gleich. Die ML-Schätzung der Parameter ergibt sich nach 6 Iterationen, ausgehend vom wahren Wert $\{1, 1\}$ als $\{\hat{\alpha}, \hat{\sigma}\} = \{1.26279\ (0.892963), 0.825131\ (0.248366)\}$ (asymptotische Standard-Abweichungen in Klammern).

[10] Die Übereinstimmung beider Formulierungen folgt unmittelbar aus der Tatsache, daß beides Gauß-Prozesse mit $\mu = E[B(t)] = 0$ und $\sigma = \mathrm{Var}(B(t)) = t(1-t)$ bzw. $\dot{\sigma} = 2\sigma/(t-1) + 1$ sind.

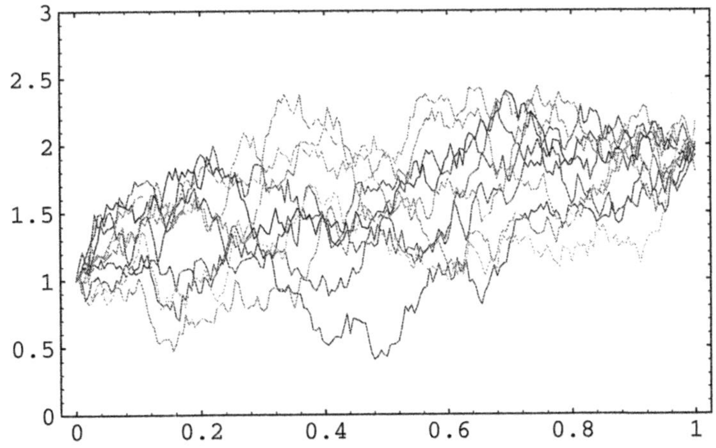

Abbildung 6.14. Simulierte Trajektorien einer verallgemeinerten Brownschen Brücke.

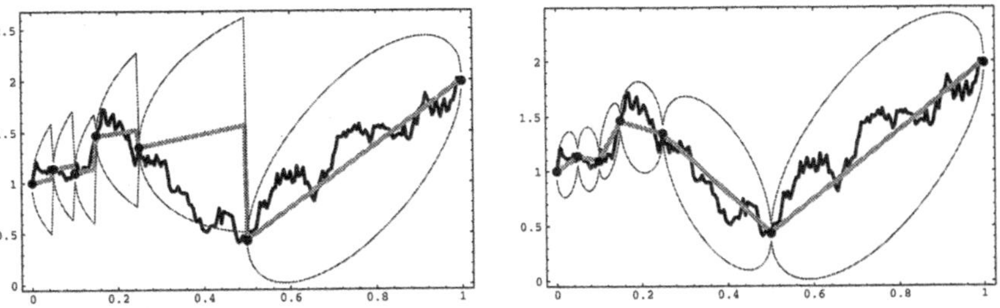

Abbildung 6.15. Brownsche Brücke: gefilterte und geglättete Trajektorien mit diskreten Messungen und 99%-HPD-Konfidenz-Intervalle.

6.4 Parameterschätzung mit zeitstetigen Daten

In Kapitel 5.7 wurde gezeigt, daß im Falle stetiger Messungen $Z(t)$ für das lineare Zustandsraum-Modell

$$\begin{aligned} dy(t) &= [A(t)y(t) + b(t)]dt + g(t)dW(t) \\ dZ(t) &= [H(t)y(t) + d(t)]dt + dV(t) \\ (z(t) &= [H(t)y(t) + d(t)] + dV(t)/dt) \end{aligned}$$

das Likelihood-Funktional (Radon-Nikodym-Ableitung)

$$\begin{aligned} \frac{d\mu_\psi}{d\mu_{\psi_0}}(Z) &= \exp\Big\{ \int_{t_0}^{t} \big\langle H(s)\hat{y}(s) + d(s), \rho^-(s)dZ(s)\big\rangle \\ &- \tfrac{1}{2} \int_{t_0}^{t} \big\langle H(s)\hat{y}(s) + d(s), \rho^-(s)(H(s)\hat{y}(s) + d(s))\big\rangle ds\Big\} \end{aligned}$$

abgeleitet werden kann (Parzen, 1962, Kailath, 1969, Leland, 1995, 1996). Hierbei ist $\hat{y}$ die gefilterte Trajektorie aus dem Kalman-Bucy-Filter. Eine analytische Score-Funktion zur Berechnung des ML-Schätzers wird von Leland abgeleitet. Die in Kap. 6.3 diskutierten kontinuierlich-diskreten Systeme mit zeitvariablen Koeffizienten sind ebenso geeignet, zeitstetige Messungen zu behandeln, wenn man den (gleichmäßigen) Meßabstand $\Delta t = t_{i+1} - t_i$ gegen Null gehen läßt und die Restriktion $R(t) = \rho(t)/\Delta t; E[dV(t)dV(t)'] = \rho(t)dt; E[\epsilon_i\epsilon_i'] = R(t_i)$ für die Meßfehler-Kovarianz berücksichtigt (vgl. Abs. 5.1). Dann erhält man ein zum stetigen Fall äquivalentes diskretes Schema.

Im Fall direkter Messungen ohne Meßfehler ($H = I, d = 0, \rho = 0, z = y$) ergibt sich die bekannte Form

$$\begin{aligned} \frac{d\mu_\psi}{d\mu_{\psi_0}}(y) &= \exp\Big\{ \int_{t_0}^{t} \big\langle A(s)y(s) + b(s), \Omega^-(s)dy(s)\big\rangle \\ &- \tfrac{1}{2} \int_{t_0}^{t} \big\langle A(s)y(s) + b(s), \Omega^-(s)[A(s)y(s) + b(s)]\big\rangle ds\Big\}. \end{aligned}$$

(vgl. Le Breton, 1976, Liptser u. Shiryayev, 1978, Basawa u. Prakasa Rao, 1980). Für zeitinvariante Systeme (mit exogenen Variablen)

$$dy(t) = [Ay(t) + Bx(t)]dt + GdW(t)$$

kann der ML-Schätzer explizit angegeben werden. Es gilt

$$\widehat{[A,B]} = \int_{t_0}^{t} dy(s)[y(s)', x(s)'] \left[\int_{t_0}^{t} ds \begin{bmatrix} y(s) \\ x(s) \end{bmatrix} [y(s)', x(s)']\right]^{-1}$$

$: p \times (p + q)$. Von B. Bellach (1980) wurde die Konsistenz, asymptotische Normalität und Effizienz dieses Schätzers unter verschiedenen Anforderungen an A und $x(t)$ abgeleitet. Obiger Schätzer läßt sich natürlich auch als Spezialfall der in Kap. 7.1 angegebenen Parametrisierung

$$f(y,t,\psi) = \Phi_0(y,t) + \sum_{l=1}^{u} \psi_l \Phi_l(y,t)$$

auffassen, wenn man die Formel $\text{row}(Ay + Bx) = (I \otimes y')\text{row}A + (I \otimes x')\text{row}B$ benutzt und die Matrixelemente zum Vektor $\psi = \{\text{row}A, \text{row}B\}$ zusammenfaßt (vgl. Singer, 1990, Kap. 2.2).

Die Diffusionsmatrix kommt in obigen Formeln nicht vor. Sie kann bei stetigen Messungen unabhängig von der Drift-Schätzung mit der Levy-Goldstein-Formel

$$\Omega = (t-t_0)^{-1} \int_{t_0}^{t} dy(s)dy(s)' \tag{6.135}$$

$$= (t-t_0)^{-1} \lim_{k\to\infty} \sum_{i=0}^{2^k-1} \Delta y_i \Delta y_i' \text{ (fast sicher)} \tag{6.136}$$

($\Delta y_i := y(t_0 + (i+1)\Delta t) - y(t_0 + i\Delta t); \Delta t = (t-t_0)2^{-k}$) in jedem endlichen Zeitintervall $[t_0, t]$ exakt geschätzt werden und ist daher kein unbekannter Parameter (Le Breton, 1976, Basawa u. Prakasa Rao, 1980, Kap. 9, Lemma 4.2). Entsprechend wird das Likelihood-Funktional nur nach den Drift-Parametern maximiert. Bei quasi-stetigen Messungen ($\Delta t \to 0$) kann die diskretisierte Form

$$\hat{\Omega}(\Delta t) = (T\Delta t)^{-1} \sum_{i=0}^{T-1} \Delta y_i \Delta y_i' \tag{6.137}$$

benutzt werden. Entsprechend ergibt eine Diskretisierung der Itô-Integrale die Methode des diskretisierten kontinuierlichen Sampling (DKS, Le Breton, 1976). Vgl. auch Kap. 7.1. Je nachdem, wie die Integrale

$$\int dy(s)x(s)' \text{ und } \int \begin{bmatrix} y(s) \\ x(s) \end{bmatrix} [y(s)', x(s)']ds \tag{6.138}$$

diskretisiert werden, ergeben sich verschiedene Varianten des ML-Schätzers, die zu der Rechteck- bzw. Trapez-Approximation (Kap. 6.1.4) korrespondieren. Das stochastische Integral $\int dy(s)y(s)'$ muß jedoch auf jeden Fall mit Hilfe der Itô-Definition $\sum \Delta y_i y_i'$ berechnet werden, da ansonsten inkonsistente Schätzer resultieren (vgl. Singer, 1988a).

Beispiel 6.4.1 (Ornstein-Uhlenbeck-Prozeß).
Der Ornstein-Uhlenbeck-Geschwindigkeits-Prozeß

$$dv(t) + \gamma v(t)dt = gdW(t)$$

wurde in Kap. 3, Bsp. 3.7 als Modell für die Geschwindigkeit eines Brownschen Teilchens diskutiert. Für eine konstante oder Gaußsche Anfangsbedingung v_0 sind die Lösungen Gaußsche Prozesse. Modelle dieser Art werden auch in einem finanzwirtschaftlichen Kontext benutzt, etwa als Gleichung für die logarithmierte Volatilität $h(t) = \log \sigma(t)^2$ (vgl. Nelson, 1990). Schreibt man das Modell in der Form

$$dy(t) = ay(t)dt + gdW(t)$$

so ist das Likelihood-Funktional durch

$$\frac{d\mu_a}{d\mu_0}(y) = \exp\Big\{\int_{t_0}^{t}(a/g^2)y(s)dy(s) - \tfrac{1}{2}\int_{t_0}^{t}(a^2/g^2)y(s)^2 ds\Big\}$$

gegeben, wobei das Itô-Integral

$$\int_{t_0}^{t} y(s)dy(s) = \tfrac{1}{2}[y(t)^2 - y(t_0)^2 - g^2(t-t_0)]$$

explizit berechnet werden kann (mit Hilfe des Satzes von Itô gilt $d(y^2) = 2ydy + g^2dt$). Ableiten des Likelihood-Funktionals nach a ergibt den ML-Schätzer

$$\hat{a}(t) = \frac{\int_{t_0}^{t} y(s)dy(s)}{\int_{t_0}^{t} y(s)^2 ds} = \frac{\frac{1}{2}[y(t)^2 - y(t_0)^2 - g^2(t-t_0)]}{\int_{t_0}^{t} y(s)^2 ds}$$

(vgl. Liptser u. Shiryayev, 1978, Band II, S. 207). Interessant ist, daß der ML-Schätzer trotz stetiger Messungen in jedem endlichen Intervall $[t_0, t]$ eine Verzerrung aufweist, aber für jedes $-\infty < a < \infty$ stark konsistent ist, d.h.

$$P_a[\lim_{t\to\infty} \hat{a}(t) = a] = 1$$

(Liptser u. Shiryayev, 1978, Sätze 17.3, 17.4). Setzt man in $\int y(s)dy(s)$ die Modellgleichung ein, so ergibt sich

$$\hat{a}(t) = a + \frac{\int_{t_0}^{t} y(s)gdW(s)}{\int_{t_0}^{t} y(s)^2 ds},$$

was zeigt, daß der wahre Wert durch einen stark fluktuierenden Term überlagert wird. Dieser strebt jedoch mit Wahrscheinlichkeit 1 gegen 0. Ganz allgemein gilt für den Prozeß $f(t)$ das Resultat (Liptser u. Shiryayev, 1978, Lemma 17.4):

$$P\Big\{\int_{t_0}^{t} f(s)^2 ds < \infty\Big\} = 1$$

$$P\Big\{\int_{t_0}^{\infty} f(s)^2 ds = \infty\Big\} = 1$$

$$\Rightarrow$$

$$\frac{\int_{t_0}^{t} f(s)dW(s)}{\int_{t_0}^{t} f(s)^2 ds} \to 0 \text{ (fast sicher)}$$

Der Diffusionskoeffizient läßt sich durch die Levy-Formel

$$g^2 = (t-t_0)^{-1}\int_{t_0}^{t}(dy(s))^2$$

in jedem endlichen Intervall $[t_0, t]$ exakt bestimmen.

Diskretisiert man die Itô-Integrale, so ergibt sich der approximative Schätzer (diskretisiertes kontinuierliches Sampling DKS, Le Breton, 1976)

$$\hat{a}(T, \Delta t) = \frac{\sum_{i=0}^{T-1} y_i \Delta y_i}{\sum_{i=0}^{T-1} y_i^2 \Delta t} = \Delta t^{-1}[\exp(a\Delta t) - 1] + \frac{\sum_{i=0}^{T-1} y_i u_i}{\sum_{i=0}^{T-1} y_i^2 \Delta t}$$

wobei das exakte diskrete Modell

$$\begin{aligned} y_{i+1} &= \exp(a\Delta t)y_i + u_i = a^* y_i + u_i \\ u_i &= \int_{t_i}^{t_{i+1}} \exp(a(t_{i+1} - s))g dW(s) \sim N(0, \omega^* = \frac{g^2}{2a}(e^{2a\Delta t} - 1)) \end{aligned}$$

eingesetzt wurde. Man kann zeigen, daß für die Zeitreihe die Grenzwerte

$$\begin{aligned} \text{p-}\lim_{T\to\infty} T^{-1} \sum_{i=0}^{T-1} y_i u_i &= 0 \\ \text{p-}\lim_{T\to\infty} T^{-1} \sum_{i=0}^{T-1} y_i^2 &= \omega^*/(1 - a^{*2}) = -g^2/(2a);\ a < 0 \end{aligned}$$

(stationäre Varianz) gelten (Basawa u. Prakasa Rao, 1980, Kap. 3.4), woraus

$$\text{p-}\lim_{T\to\infty} \hat{a}(T, \Delta t) = \Delta t^{-1}(\exp(a\Delta t) - 1) = a + \tfrac{1}{2}a^2\Delta t + O(\Delta t^2)$$

unmittelbar folgt. Daher ist der DKS-Schätzer für endliches Δt inkonsistent. Eine etwas andere Näherung des Nenner-Integrals führt zum Trapez-Schätzer (vgl. Abs. 6.1.4)

$$\begin{aligned} \hat{a}_{Trapez}(T, \Delta t) &= \frac{\sum_{i=0}^{T-1} y_i \Delta y_i}{\sum_{i=0}^{T-1} (y_i + y_{i+1}) y_i \Delta t/2} \\ &\xrightarrow{p} (2/\Delta t)(\exp(a\Delta t) - 1)/(\exp(a\Delta t) + 1) \\ &= (2/\Delta t)\tanh(a\Delta t/2) \approx a - (1/12)a^3\Delta t^2 + O(\Delta t^3) \end{aligned}$$

der eine kleinere Verzerrung aufweist (vgl. Singer, 1988a).

Ein konsistenter Schätzer ist für diskrete Messungen durch

$$\begin{aligned} \hat{a}_{Exakt}(T, \Delta t) &= \Delta t^{-1} \log \hat{a^*} \\ &= \Delta t^{-1} \log \frac{\sum_{i=0}^{T-1} y_i y_{i+1}}{\sum_{i=0}^{T-1} y_i^2} \end{aligned}$$

gegeben, da der übliche Schätzer für den autoregressiven Parameter a^* gegen $\exp a\Delta t$ strebt. Die Konsistenz folgt mit Hilfe des Satzes von Slutzky ($\text{p-}\lim g(x_n) = g(\text{p-}\lim x_n)$). Wie schon erwähnt, dient dieses univariate Resultat als Grundlage der indirekten Methode, ist jedoch im multivariaten Fall nicht anwendbar (vgl. Kap. 6.1.1).

7. Parameterschätzung: Nichtlineare Systeme

Die bisher diskutierten linearen Systeme weisen trotz aller Komplexität die Gemeinsamkeit auf, daß der Einfluß des Wienerschen Störprozesses so erfolgt, daß die Lösungen der SDE

$$\begin{aligned} dy(t) &= A(t)y_n(t)dt + b(t)dt + G(t)dW(t) \quad &(7.1)\\ y(t_0) &\sim N(\mu, \Sigma) \\ z_i &= H(t_i)y(t_i) + d(t_i) + \epsilon_i \quad &(7.2) \end{aligned}$$

auch Gaußprozesse $y(t)$ sind. Weiterhin ist das Meßmodell linear, so daß bei Gaußschen Meßfehlern ϵ_i insgesamt ein Gaußsches System entsteht. Daher konnten die endlichdimensionalen Verteilungen der Systemzustände und der Messungen als Gaußverteilungen ausgedrückt werden, was die effektive Berechnung der Likelihood-Funktion mit Hilfe des Kalman-Filters erlaubte. Hiervon sind verschiedene Abweichungen möglich, wobei in dieser Arbeit das Hauptaugenmerk auf nichtlineare Drift- und Diffusionskoeffizienten gelegt wird. Modelle dieser Art spielen in der empirischen Kapitalmarktforschung eine wichtige Rolle, etwa in der Modellierung von Aktienkursen, Zinsen, stochastischen Volatilitäten etc. Andere Erweiterungen sind im Meßmodell möglich, wobei die Verteilungsannahmen für den Meßfehler verallgemeinert (vgl. hierzu Fahrmeir u. Kaufmann, 1987, 1991) oder nichtlineare Output-Funktionen $h(y)$ eingeführt werden können.

Ein Hauptproblem bei der Berechnung der Likelihood-Funktion für das Modell

$$dy(t) = f(y,t)dt + g(y,t)dW(t) \qquad (7.3)$$

mit diskreten Messungen $y_0, y_1, \ldots, y_T$ besteht in der Schwierigkeit, im nichtlinearen Fall die Übergangswahrscheinlichkeiten $p(y_{i+1}|y_i)$ zu berechnen. Wenn diese bekannt sind, kann die gemeinsame Dichte $p(y_T, \ldots, y_0)$ mit Hilfe der Markoff-Eigenschaft als Produkt

$$p(y_T, \ldots, y_0) = \prod_{i=0}^{T-1} p(y_{i+1}|y_i), \qquad (7.4)$$

(bedingt auf y_0) geschrieben werden. Die Übergangswahrscheinlichkeiten ergeben sich als Lösung der Fokker-Planck-Gleichung

$$\frac{\partial p(y,t|x,s)}{\partial t} =$$
$$-\frac{\partial}{\partial y_i}[f_i(y,t)p(y,t|x,s)] + \tfrac{1}{2}\frac{\partial^2}{\partial y_i y_j}[g_{ik}(y,t)g_{jk}(y,t)p(y,t|x,s)] \quad (7.5)$$

(Summation über doppelte Indizes). Im allgemeinen ist man bei der Lösung dieser partiellen Differentialgleichung auf numerische Methoden angewiesen, nur in Spezialfällen sind explizite Lösungen möglich (etwa bei linearen Systemen oder für den Fellerschen Quadratwurzelprozeß [1]). Daher werden im folgenden verschiedene Approximationsmethoden und resultierende ML-Schätzverfahren diskutiert.

7.1 Diskretisiertes kontinuierliches Sampling

Diskretisiert man die SDE auf dem Raster der Messungen bei $\{t_0, t_1, \ldots, t_T\}$, so ergibt eine Euler-Approximation das Schema

$$y_{i+1} = y_i + f(y_i, t_i, \psi)\Delta t_i + g(y_i, t_i, \psi)\Delta W_i \quad (7.6)$$

Daher sind die Variablen $y_{i+1}|y_i$ approximativ Gaußverteilt mit Parametern

$$y_{i+1|i} \;:=\; E[y_{i+1}|y_i] = y_i + f(y_i, t_i, \psi)\Delta t_i \quad (7.7)$$
$$P_{i+1|i} \;:=\; \mathrm{Var}[y_{i+1}|y_i] = g(y_i, t_i, \psi)g(y_i, t_i, \psi)'\Delta t_i. \quad (7.8)$$

Die Übergangsdichte ist also ungefähr durch $\phi(y; y_{i+1|i}, P_{i+1|i})$ gegeben (vgl. Abs. 5.12). Für die approximative Likelihood-Funktion (*Kontrast*; vgl. Le Breton, 1976, Florens-Zmirou, 1989, Genon-Catalot, 1990) ergibt sich somit ($\Delta y_i := y_{i+1} - y_i; \Omega := gg'$)

$$L(\psi) = \prod_{i=0}^{T-1} |2\pi\Omega(y_i, t_i, \psi)\Delta t_i|^{-1/2} \exp[-\tfrac{1}{2}(\Delta y_i - f(y_i, t_i, \psi)\Delta t_i)'$$
$$\times \; (\Omega(y_i, t_i, \psi)\Delta t_i)^{-1}(\Delta y_i - f(y_i, t_i, \psi)\Delta t_i)]. \quad (7.9)$$

Im Fall stetiger Messungen wäre der Limes $\max_i \Delta t_i \to 0$ zu betrachten, was jedoch aufgrund der Formel $\Delta y_i \Delta y_i' \approx \Omega(y_i, t_i, \psi)\Delta t_i$ zu einem unendlich großen Term in der Likelihood führt. Dies Problem ist in der Literatur wohlbekannt (vgl. etwa Bartlett, 1955) und wird üblicherweise durch Bildung eines Likelihood-Quotienten beseitigt. Nimmt man einen Referenzpunkt ψ' im Parameterraum, so gilt für einen vom Parameter ψ *unabhängigen* Diffusionskoeffizienten $\Omega(y_i, t_i)$ und unter der Annahme $f(y_i, t_i, \psi') = 0$

$$\frac{L(\psi)}{L(\psi')} = \exp\Big[\sum_{i=0}^{T-1} f(y_i, t_i, \psi)'\Omega(y_i, t_i)^{-1}\Delta y_i$$
$$-\tfrac{1}{2}\sum_{i=0}^{T-1} f(y_i, t_i, \psi)'\Omega(y_i, t_i)^{-1} f(y_i, t_i, \psi)\Delta t_i\Big], \quad (7.10)$$

[1] Feller (1951)

was im Grenzfall tatsächlich zum Likelihood-Funktional (Radon-Nikodym-Ableitung)

$$
\begin{aligned}
L(\psi; y(t)) &= \text{p-}\lim_{\Delta t_i \to 0} \frac{L(\psi)}{L(\psi')} \qquad (7.11)\\
&= \exp\Big[\int_{t_0}^{t_T} f(y,t,\psi)' \Omega(y,t)^{-1} dy \\
&\quad -\tfrac{1}{2} \int_{t_0}^{t_T} f(y,t,\psi)' \Omega(y,t)^{-1} f(y,t,\psi) dt \Big]
\end{aligned}
$$

führt (zur Konvergenz des Quotienten siehe Wong u. Hajek, 1985, S. 216, Yoshida, 1992). Hierbei ist das erste Integral im Sinne von Itô zu verstehen. Das Resultat kann auch streng mit Hilfe maßtheoretischer Methoden abgeleitet werden (vgl. Liptser u. Shiryayev, 1978, Kap. 17; außerdem Bartlett, 1955, Striebel, 1959, Arato, 1962, Arato, Kolmogoroff u. Sinai, 1962, Basawa u. Prakasa Rao, 1980, Kap. 9, Kutoyants, 1984). Der Likelihood-Quotient ist dann als Dichte des Itô-Prozesses $y(t)$ gegenüber dem Wiener-Prozeß aufzufassen.

Häufig sind jedoch die Parameter im Diffusionskoeffizienten g von Interesse, beispielsweise im CEV-Diffusionsmodell $dy = \mu y dt + \sigma y^{\alpha/2} dW$ der Elastizitätsparameter α. Dann kann kein Grenzwert gebildet werden, und es ist nötig, daß $\max \Delta t_i$ sehr klein, aber doch nicht 0 gewählt wird (vgl. die Diskussion in Stratonovich (1989, S. 30 ff.), wo das Konzept der funktionalen Wahrscheinlichkeitsdichte (functional probability density) eingeführt wird). Dies stimmt mit dem oben definierten Kontrast überein.

Parametrisiert man in Anlehnung an Basawa u. Prakasa Rao (1980, Kap. 9) die Drift

$$
f(y,t,\psi) = \Phi_0(y,t) + \sum_{l=1}^{u} \psi_l \Phi_l(y,t) \qquad (7.12)
$$

mit Hilfe einer abgeschnittenen Fourier-Entwicklung und wählt als Referenzpunkt $\psi = 0$, so gilt für die Radon-Nikodym-Ableitung (Skalarprodukt $\langle f, g \rangle := f'g$)

$$
\begin{aligned}
L(\psi; y(t)) &= \exp\Big[\int_{t_0}^{t_T} \sum_l \psi_l \langle \Phi_l, \Omega^{-1}(dy - \Phi_0 dt) \rangle \\
&\quad -\tfrac{1}{2} \int_{t_0}^{t_T} \sum_{l,k} \psi_l \psi_k \langle \Phi_l, \Omega^{-1} \Phi_l dt \rangle \Big]
\end{aligned}
$$

und somit für die Score-Funktion ($l := \log L$)

$$
\begin{aligned}
s_k(\psi; y(t)) &= \frac{\partial l}{\partial \psi_k} \\
&= \int_{t_0}^{t_T} \langle \Phi_k, \Omega^{-1}(dy - \Phi_0 dt) \rangle - \int_{t_0}^{t_T} \sum_l \psi_l \langle \Phi_k, \Omega^{-1} \Phi_l dt \rangle.
\end{aligned}
$$

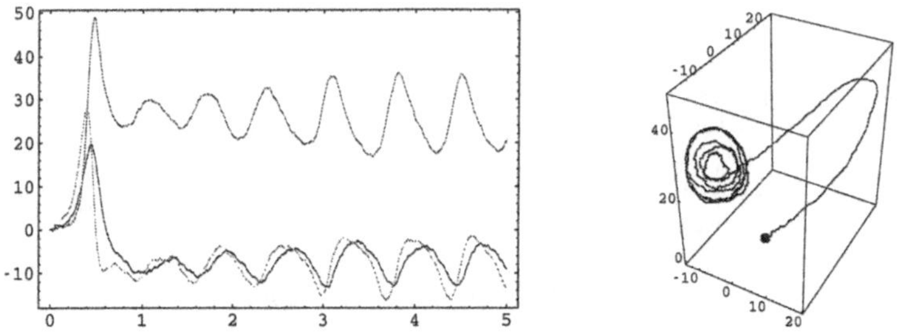

Abbildung 7.1. Trajektorien des Lorenz-Modells im Intervall $[0,5]$ ($dt = 0.001$, stochastisches Heun-Schema, $Y(0) = \{.01, .01, .01\}$).

Nullsetzen des Scores ergibt den ML-Schätzer

$$\hat{\psi} = J^{-1}\eta; \; J_{kl} = \int \langle \Phi_k, \Omega^{-1}\Phi_l dt\rangle; \; \eta_l = \int \langle \Phi_l, \Omega^{-1}(dy - \Phi_0 dt)\rangle \quad (7.13)$$

wobei $J : u \times u$ die beobachtete Fisher-Informationsmatrix ist. Diskretisierung der Integrale führt dann zu den entsprechenden approximativen Ausdrücken auf dem diskreten Datensatz $\{y_0, \ldots, y_T\}$.

Beispiel 7.1.1 (Lorenz-Modell mit unterschiedlichen Meß-Intervallen).
Im folgenden soll das Verfahren an einem bekannten nichtlinearen System erläutert werden, das im deterministischen Fall chaotisches Verhalten aufweisen kann (Lorenz, 1963, Schuster, 1984). Das Modell ist durch das nichtlineare System von SDE

$$d\begin{bmatrix} x(t) \\ y(t) \\ z(t) \end{bmatrix} = \begin{bmatrix} -\sigma x(t) + \sigma y(t) \\ -x(t)z(t) + rx(t) - y(t) \\ x(t)y(t) - bz(t) \end{bmatrix} dt + \begin{bmatrix} g_1 dW_1(t) \\ g_2 dW_2(t) \\ g_3 dW_3(t) \end{bmatrix} \quad (7.14)$$

gegeben, wobei im folgenden Lösungen mit Hilfe des Heun-Verfahrens und einem Diskretisierungsintervall von $dt = 0.001$ simuliert wurden ($T = 5000$; wahre Parameter $\{\sigma, r, b\} = \{10, 28, 8/3\}; g_1 = g_2 = g_3 = 2$). Aus diesem quasikontinuierlichen Datensatz wurden diskrete Datensätze mit Intervallen $\Delta t = 0.001, 0.01, 0.1, 0.2$ selektiert und damit Parameterschätzungen von $\psi = \{\sigma, r, b\}$ nach der DKS-Methode durchgeführt. Dazu wurde der Drift-Koeffizient als Summe

$$f(Y, t, \psi) \;=\; \begin{bmatrix} 0 \\ xz - y \\ xy \end{bmatrix} + \sigma \begin{bmatrix} -x + y \\ 0 \\ 0 \end{bmatrix} + r \begin{bmatrix} 0 \\ x \\ 0 \end{bmatrix} + b \begin{bmatrix} 0 \\ 0 \\ -z \end{bmatrix} \quad (7.15)$$

geschrieben ($Y := \{x, y, z\}$). Das Resultat ist in Abbildung (7.2) dokumentiert. Bei größeren Meßintervallen ist mit starken Verzerrungen der Schätzer zu rechnen, während für kleine Intervalle ($\Delta t = 0.001, 0.01$) gute

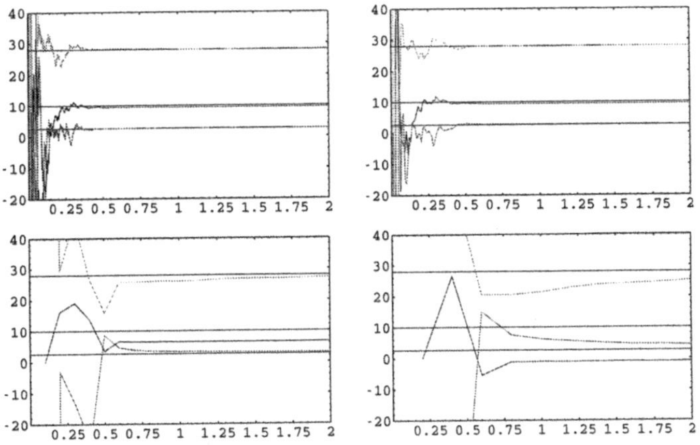

Abbildung 7.2. Sequentielle ML-Schätzungen mit der DKS-Methode für die Meßintervalle $\Delta t = 0.001, 0.01, 0.1, 0.2$ (von links oben).

Ergebnisse resultieren. Die Verzerrung ist jedoch auch vom jeweiligen Parameter abhängig (insbesondere $\sigma = 10$ ist stark verzerrt). In obigem Beispiel wurde angenommen, daß die Diffusionsmatrix $\Omega = \text{diag}(4, 4, 4)$ bekannt ist. Sie kann jedoch auch mit Hilfe der Levy-Goldstein-Formel (vgl. Kap. 3.2)

$$\text{qm-}\lim_{T\to\infty} \sum_{i=0}^{T-1} \Delta Y(t_i)\Delta Y'(t_i) \quad = \quad \int_{t_0}^{t} g(s)g'(s)ds = (t - t_0)\Omega \tag{7.16}$$

in jedem endlichen Zeitintervall $[t_0, t]$ geschätzt werden (hierbei wurde ein konstanter Diffusionskoeffizient angenommen). Eine diskretisierte Version ist durch

$$\hat{\Omega}(\Delta t) = \tfrac{1}{T\Delta t} \sum_{i=0}^{T-1} \Delta Y(t_i)\Delta Y'(t_i) \tag{7.17}$$

gegeben. Diese ist in den Abbildungen (7.3 - 7.5) für die Diskretisierungsintervalle $dt = 0.001, .0005, .0001$ sequentiell aufgetragen. Während anfangs (etwa im Intervall [0,0.2]) die Schätzer schnell konvergieren, ergibt sich durch die starke Veränderung der Trajektorie ab etwa 0.2 eine Verzerrung, die nur durch kleinere Diskretisierungsintervalle verbessert werden kann. Dies ist deutlich beim Übergang von $dt = 10^{-3}$ nach $dt = 10^{-4}$ zu sehen. Heuristisch ist der Effekt durch die Formel $dY^2 = (fdt + gdW)^2 = f^2dt^2 + 2fgdWdt + g^2dW^2$ zu erklären, wo die beiden ersten Terme nur für genügend kleines fdt weggelassen werden können. Wenn die Parameter in der Drift f bekannt sind, kann die Schätzung von Ω durch die Korrektur $(dY - fdt)^2 = g^2dW^2 = g^2dt$ verbessert werden. □

Im allgemeinen muß jedoch die approximative Likelihood (7.9) numerisch maximiert werden. Dies kann in etwas allgemeinerer Form mit Hilfe des erwei-

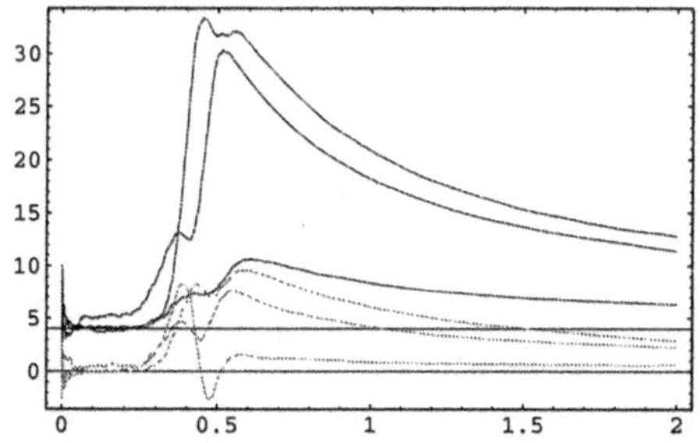

Abbildung 7.3. Sequentielle Schätzungen des Diffusionskoeffizienten Ω = diag(4, 4, 4) mit Hilfe der Levy-Goldstein-Formel ($dt = .001$).

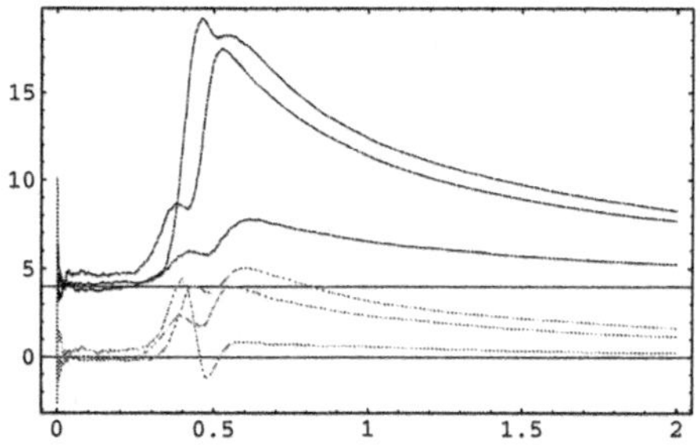

Abbildung 7.4. Sequentielle Schätzungen des Diffusionskoeffizienten ($dt = .0005$).

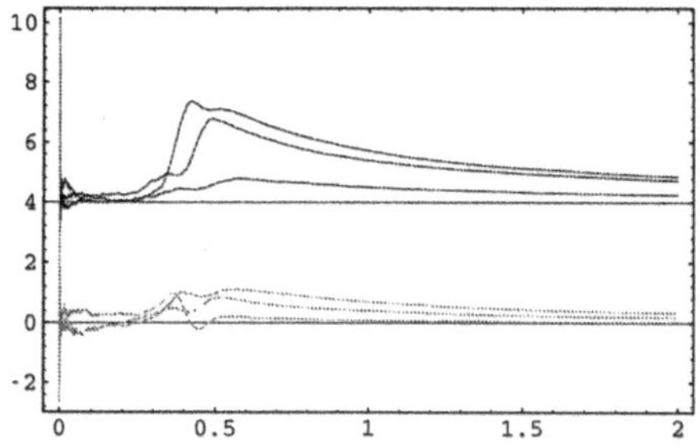

Abbildung 7.5. Sequentielle Schätzungen des Diffusionskoeffizienten ($dt = .0001$).

terten Kalman-Filters erfolgen, bei dem auch Meßfehler und unbeobachtete Komponenten einbezogen werden können. Für direkt und linear gemessene Systemzustände ergeben sich dann wieder die Formeln des diskretisierten kontinuierlichen Samplings.

7.2 Erweiterter Kalman-Filter mit fehlenden Werten

In Abschnitt 5.9 wurde gezeigt, daß das nichtlineare Zustandsraum-Modell

$$dy(t) = f(y(t),t)dt + g(y(t),t)dW(t) \tag{7.18}$$

$$z_i = h(y(t_i),t_i) + \epsilon_i,\ i = 0,\dots,T \tag{7.19}$$

durch wiederholte Linearisierung mit dem Kalman-Filter approximativ behandelt werden kann. Dabei ergeben sich die gefilterten Systemzustände aus der Rekursion $i = 0,\dots,T-1$

Extrapolation

$$\begin{aligned}
y_{i+1|i} &= y_{i|i} + f(y_{i|i},t_i)\Delta t_i \\
P_{i+1|i} &= (I + A_i\Delta t_i)P_{i|i}(I + A_i\Delta t_i)' \\
&\quad +(\Omega_i + \sum_{l=1}^{r} G_{il}P_{i|i}G'_{il})\Delta t
\end{aligned}$$

$$\begin{aligned}
\text{Messung } t &= t_{i+1} \\
K_{i+1} &= P_{i+1|i}H'_{i+1}[H_{i+1}P_{i+1|i}H'_{i+1} + R_{i+1}]^{-} \\
y_{i+1|i+1} &= y_{i+1|i} + K_{i+1}[z_{i+1} - h(y_{i+1|i},t_{i+1})] \\
P_{i+1|i+1} &= (I - K_{i+1}H_{i+1})P_{i+1|i} \\
l_{i+1} &= -\tfrac{1}{2}\log\det\Gamma_{i+1|i} - \tfrac{1}{2}\nu'_{i+1}\Gamma^{-1}_{i+1|i}\nu_{i+1} \\
\nu_{i+1} &= z_{i+1} - h(y_{i+1|i},t_{i+1}) \\
\Gamma_{i+1|i} &= H_{i+1}P_{i+1|i}H'_{i+1} + R_{i+1}
\end{aligned}$$

Jacobi-Matrizen

$$\begin{aligned}
A_i &= \frac{\partial f(y,t)}{\partial y}(y_{i|i},t_i) \\
H_{i+1} &= \frac{\partial h(y,t)}{\partial y}(y_{i+1|i},t_{i+1}) \\
\Omega_i &= gg'(y_{i|i},t_i) \\
G_{il} &= \frac{\partial g_l(y,t)}{\partial y}(y_{i|i},t_i).
\end{aligned}$$

Aus den approximativen Prädiktionsfehlern ν_{i+1} kann daher eine angenäherte Likelihood-Funktion rekursiv als

$$l = \sum_{0}^{T-1} l_{i+1} \tag{7.20}$$

berechnet werden. [2] Für den Spezialfall $h(y) = y, H = I, R = 0$ (direkte Messung von y) ergeben sich die Formeln für den Kontrast (7.9)

Extrapolation

$$\begin{aligned} y_{i+1|i} &= y_{i|i} + f(y_{i|i}, t_i)\Delta t_i \\ P_{i+1|i} &= \Omega_i \Delta t_i \end{aligned}$$

$$\begin{aligned} \text{Messung } t &= t_{i+1} \\ K_{i+1} &= I \\ y_{i+1|i+1} &= z_{i+1} \\ P_{i+1|i+1} &= 0 \\ l_{i+1} &= -\tfrac{1}{2}\log\det \Gamma_{i+1|i} - \tfrac{1}{2}\nu'_{i+1}\Gamma^{-1}_{i+1|i}\nu_{i+1} \\ \nu_{i+1} &= z_{i+1} - y_{i+1|i} \\ \Gamma_{i+1|i} &= P_{i+1|i}. \end{aligned}$$

Die Gültigkeit der Berechnung mit dem EKF ist durch die Prämissen von Satz 5.8 (Kap. 5.11) beschränkt. Einerseits sollte der Meßfehler so klein sein, daß in der posteriori-Verteilung $p_{i|i} \approx \phi(y_i; y_{i|i}, P_{i|i})$, $P_{i|i} \to 0$ gilt, andererseits muß der Meßabstand Δt so gering sein, daß $P_{i+1|i} \to 0$ gesetzt werden kann. Wenn dies nicht erfüllt ist, müssen die ausgefeilteren Filter aus Kapitel 5 eingesetzt werden (vgl. Tabelle 5.1).

Als Variante läßt sich wieder die Idee eines feineren Rasters des Abstands δt verwenden, so daß die Meßzeitpunkte als $t_i = t_0 + j_i\delta t$ ausgedrückt werden können. Zwischen zwei Zeiten t_i, t_{i+1}, an denen keinerlei Messungen stattfinden, wird der Meßupdate übersprungen und

$$\begin{aligned} y_{j+1|j} &= y_{j|j} + f(y_{j|j}, t_j)\delta t \\ P_{j+1|j} &= (I + A_j\delta t)P_{j|j}(I + A_j\delta t)' + (\Omega_j + \sum_{l=1}^{r} G_{jl}P_{i|i}G'_{jl})\delta t \\ &= P_{j|j} + [P_{j|j}A_j + A'_jP_{j|j} + \Omega_j + \sum_{l=1}^{r} G_{jl}P_{i|i}G'_{jl}]\delta t + O(\delta t^2) \end{aligned}$$

erzeugt ein Euler-Schema der Differentialgleichungen ($t_i \le t \le t_{i+1}$)

$$\begin{aligned} \dot{y}(t|t_i) &= f(y(t|t_i), t) \\ \dot{P}(t|t_i) &= A(t)P(t|t_i) + P(t|t_i)A'(t) + \Omega(y(t|t_i), t) + \sum_{l=1}^{r} G_lP(t|t_i)G'_l \end{aligned}$$

welche den Liapunov-Gleichungen der ersten beiden Kumulanten im linearen Fall entsprechen (Kap. 3.10).

[2] Dies ist ein Spezialfall der von Ljung propagierten Prädiktions-Fehler-Identifikationsmethode, die von einer allgemeinen Bewertung des Fehlers, etwa im Sinne des kleinsten Quadrats ausgeht. Hier wäre l durch $-\sum ||\nu_{i+1}||^2$ zu ersetzen (vgl. Kap. 7.4).

Mit Hilfe der durch das EKF rekursiv berechneten Likelihood kann ein approximativer ML-Schätzer berechnet werden. Dazu ist es nötig, die Likelihood numerisch zu maximieren. Analog zum linearen Fall wurde ein Quasi-Newton-Verfahren mit einem BFGS-Sekanten-Update und numerischen Ableitungen implementiert. Falls kein Meßmodell involviert ist ($h(y) = y; R = 0$), werden analytische Ableitungen verwendet.

Ein Nachteil im Gegensatz zur DKS-Methode ist, daß keine einfache rekursive (sequentielle) Berechnung des Schätzers (d.h. als Funktion der Zeit) möglich ist. Man erhält *einen* Schätzwert $\hat{\psi}(T) = \hat{\psi}(z_0, \ldots, z_T)$. Um auch den Zeitverlauf der Schätzung (die insbesondere die Konvergenz oder Strukturbrüche erkennen hilft) verfolgen zu können, wurde folgende einfache Prozedur implementiert: Der Datensatz wird in angrenzende Stücke

$$\begin{aligned} z &= [z^0, z^1, \ldots, z^{T-1}] \\ z^k &= [z_{i_k}, \ldots, z_{i_{k+1}-1}] \end{aligned}$$

der Länge $i_{k+1} - i_k$ zerlegt und der ML-Schätzer $\hat{\psi}_0$ zuerst für das Stück z^0 iterativ berechnet. Wenn z^1 hinzukommt, wird $\hat{\psi}_0$ als Startwert für den zweiten BFGS-Algorithmus benutzt. Weiterhin wird der Sekanten-Update F_0 als Startwert der zweiten Iteration verwendet. Der Score und die Likelihood am Startwert muß nur für die neuen Daten berechnet werden, da die bisherigen Werte $\{s_0 = 0, l_0\}$ schon bekannt sind. Wenn also nur wenige Daten hinzukommen, wird sich die ML-Schätzung nur wenig verändern und die sukzessiven BFGS-Iterationen konvergieren nach wenigen Iterationen. Dies wird im folgenden am Lorenz-Modell demonstriert:

Beispiel 7.2.1 (Sequentielle Schätzung des Lorenz-Modells).
Der Datensatz aus dem vorigen Abschnitt mit $T = 100$ wurde ab $t = 10$ bis $t = 100$ sequentiell geschätzt ($\delta t = 0.01$). Es wurde angenommen, daß die Komponenten $Y = \{x, y, z\}$ direkt gemessen werden können und daher eine analytische Score-Funktion benutzt. Die Ergebnisse sind in den Abbildungen (7.6 - 7.7) aufgetragen. Die Schätzungen der Drift-Parameter konvergieren schnell gegen die wahren Werte, während die Diffusions-Parameter etwas schlechter geschätzt werden. Deutlich wird wieder das schlechte Abschneiden der Levy-Goldstein-Formel (Abb. 7.8). Dagegen werden bei der iterativen Methode alle Parameter simultan geschätzt. Die Zahl der Iterationen jedes einzelnen Maximierungsschritts ist in Abb. (7.9) gezeigt. Sie fällt nach einigen Zeitpunkten ab, da sich die Schätzungen nach anfänglichen Fluktuationen stabilisieren. Am Ende sind nur noch 2-3 Iterationen nötig.

7.3 EKF und Erweiterung des Systemzustands

Die bisher diskutierten Parameter-Schätzmethoden beruhen auf der Maximierung einer Likelihood-Funktion bzw. der Minimierung eines Prädiktions-

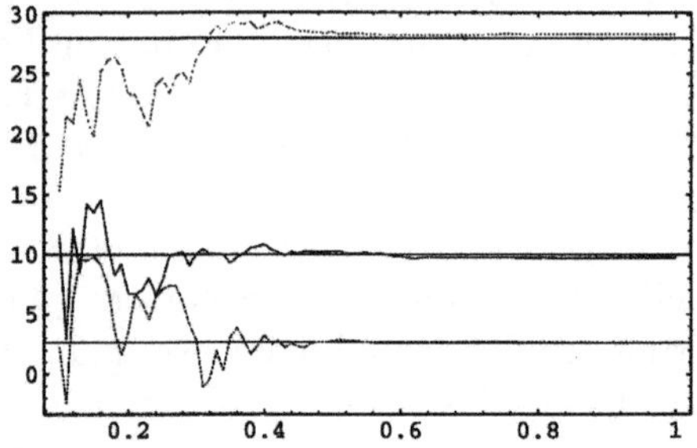

Abbildung 7.6. Sequentielle ML-Schätzung der Parameter $\{\sigma, r, b\} = \{10, 28, 8/3\}$ $(dt = .01)$.

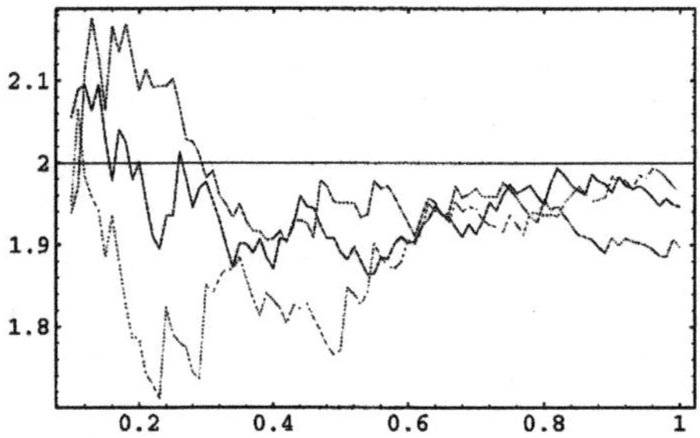

Abbildung 7.7. Sequentielle ML-Schätzung der Parameter $g_1 = g_2 = g_3 = 2$ $(dt = .01)$.

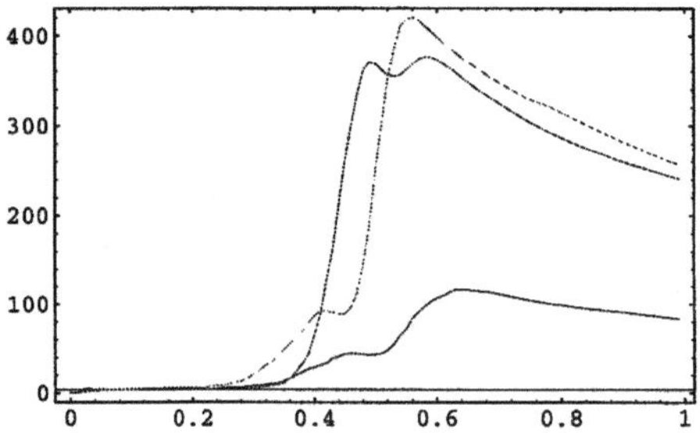

Abbildung 7.8. Sequentielle Schätzungen des Diffusionskoeffizienten mit der Levy-Goldstein-Formel $(dt = .01)$.

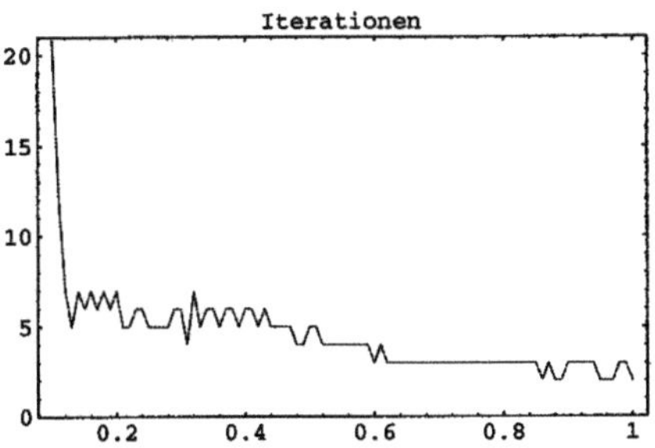

Abbildung 7.9. Anzahl der Iterationen als Funktion der Zeit.

fehlers. Alternativ kann der Parametervektor ψ in den Systemzustand integriert werden. Dann ergibt die Filterung des erweiterten Zustands $\eta(t) = \{y(t), \psi\}$ im Zustandsraum-Modell

$$\begin{aligned} dy(t) &= f(y(t), t, \psi)dt + g(y(t), t, \psi)dW(t) & (7.21) \\ d\psi(t) &= 0 \\ z_j &= h(y_j, t_j, \psi) + \epsilon_j,\ j = 0, \ldots, J = (t_T - t_0)/\delta t, & (7.22) \end{aligned}$$

simultane Schätzungen für die Zustände und die Parameter. Diese Methode ist seit langem bekannt (vgl. Ljung, 1979 und die dort zitierte Literatur). Zwar erscheint der Ansatz als elegant und ist leicht zu implementieren, jedoch führt er selbst in einem linearen System ($f(y) = Ay + b$) zu einem nichtlinearen Filterproblem, da Produkte aus $A(\psi)y$ entstehen. Außerdem ergeben sich bei einem zunächst zustandsunabhängigen Diffusionskoeffizienten $g(t, \psi)$ Produkte aus Zustand (ψ) und Wiener-Prozeß (multiplikative Rauschterme). Dann muß, falls das EKF als approximativer nichtlinearer Filter verwendet wird, der modifizierte bilineare Filter 2. Ordnung aus Abschnitt 5.9 benutzt werden, der eine Entwicklung des Diffusionskoeffizienten $g(y, t, \psi)$ bis zu linearen Termen beinhaltet. Vorteilhaft ist, daß man ohne iterative Berechnungen einen sequentiellen Schätzer $\hat{\psi}(t) = E[\psi(t)|Z^t]$ (bedingter Erwartungswert) erhält. [3] Der Filter muß mit den Anfangswerten $\eta_{0|-1} = \mu := E[\eta_0], P_{0|-1} = \Sigma := \text{Var}(\eta_0)$ initialisiert werden, wobei die Verteilung von η_0 Vorinformationen über den Parameter beinhaltet. Es handelt sich daher um einen Bayesschen Ansatz. Die Wahl einer sehr großen Kovarianzmatrix entspricht dann der ML-Methode (diffuse a priori-Verteilung des Schätzers).

Die Methode kann auch für Panel-Daten benutzt werden, wenn die einzelnen Einheiten $y_n(t), n = 1, \ldots, N$ als Komponenten des Systemzustands $\eta(t) = \{y(t), \psi\} = \{y_1(t), \ldots, y_N(t), \psi\}$ aufgefaßt werden (vgl. Singer, 1996a). Man erhält so das System

$$dy_n(t) = f(y_n(t), t, \psi)dt + g(y_n(t), t, \psi)dW_n(t),\ n = 1, \ldots, N \quad (7.23)$$

[3] Im Englischen wird dies als conditional mean estimator oder EAP (expected a posteriori) estimator bezeichnet.

$$\begin{aligned} d\psi(t) &= 0 \\ z_{nj} &= h(y_n(t_j), t_j, \psi) + \epsilon_{nj},\ j = 0, \ldots, J = (t_T - t_0)/\delta t. \end{aligned} \tag{7.24}$$

Der Ansatz hat allerdings den Nachteil, daß die Filterung der einzelnen Einheiten nicht getrennt erfolgen kann, da der gemeinsame Anteil ψ in allen Drift-Koeffizienten zu einer nicht-blockdiagonalen Form der bedingten Kovarianz $P_{j+1|j} = \mathrm{Cov}(\eta_{j+1}|z_{nj})$ führt. Dies ergibt sich aus der Blockstruktur der Jacobi-Matrix

$$\begin{aligned} A &= \frac{\partial[f_1, \ldots, f_n, \psi]}{\partial \eta} = \begin{bmatrix} f_y & f_\psi \\ 0 & 0 \end{bmatrix} : (Np + u) \times (Np + u) \\ f_y &= \begin{bmatrix} f_{1,y_1} & 0 & 0 \\ 0 & \ddots & 0 \\ 0 & 0 & f_{N,y_N} \end{bmatrix} : Np \times Np \\ f_\psi &= \begin{bmatrix} f_{1,\psi} \\ \vdots \\ f_{N,\psi} \end{bmatrix} : Np \times u, \end{aligned}$$

wobei die partiellen Ableitungen nach y_n und ψ durch Indizes bezeichnet wurden ($f_{n,y_n} := \partial f_n / \partial y_n; f_n := f(y_n(t), t, \psi)$). Daher führt der Zeit-Update für $P_{j|j}$

$$P_{j+1|j} = (I + A_j \delta t) P_{j|j} (I + A_j \delta t)' + \Omega_j \delta t$$

$\Omega_j = \mathrm{diag}(\Omega_{j1}, \ldots, \Omega_{jN}, 0)$, $\Omega_{jn} = gg'(y_{n,j|j}, t_j, \psi)$ auf Nichtdiagonalterme, auch wenn $P_{0|0}$ blockdiagonal ist. Dies spiegelt den gleichen Einfluß des Parameters auf alle y_n wider. Falls der Diffusionskoeffizient $g(y, t, \psi)$ eine Funktion von y oder ψ ist, müssen die entsprechenden Jacobi-Matrizen wieder in den EKF-Gleichungen berücksichtigt werden.

Beispiel 7.3.1 (Filterung des Lorenz-Modells).
Die oben beschriebene Methode der simultanen Filterung und Schätzung der Systemparameter wird im folgenden noch einmal am Lorenz-Modell demonstriert. Dazu wurden $N = 2$ Systeme im Intervall $[0, 20]$, $\delta t = 0.01, T = 2000$ simuliert. Die Systemzustände und Parameter wurden zu dem erweiterten Zustand $\eta = \{x_1, y_1, z_1, x_2, y_2, z_2, \sigma, r, b\}$ zusammengefaßt und anschließend mit dem EKF gefiltert. Dabei wurde weiterhin angenommen, daß nur die x-Komponenten $\{x_1, x_2\}$ beobachtet werden können. Der Meßfehler wurde auf den Wert $R = \mathrm{diag}(0.0001, 0.0001)$ fixiert und die Momente des Anfangswerts $\eta(0)$ auf $E[\eta(0)] := \mu = \{0, 0, 0, 0, 0, 0, 10, 28, 8/3\} + 1$, $\mathrm{Var}(\eta(0)) := \Sigma = \mathrm{diag}(1, 1, 1, 1, 1, 1, 1, 1, 1)$ gesetzt (a priori-Verteilung). Da die Parameter in $g = \mathrm{diag}(2, 2, 2)$ als bekannt vorausgesetzt wurden, kann das konventionelle EKF verwendet werden. Die Abbildungen (7.10 - 7.12) zeigen die Verläufe der Filterlösungen und die wahren Trajektorien für drei verschiedene Meßintervalle ($\Delta t = 0.01, 0.1, 1$). Während für die ersten

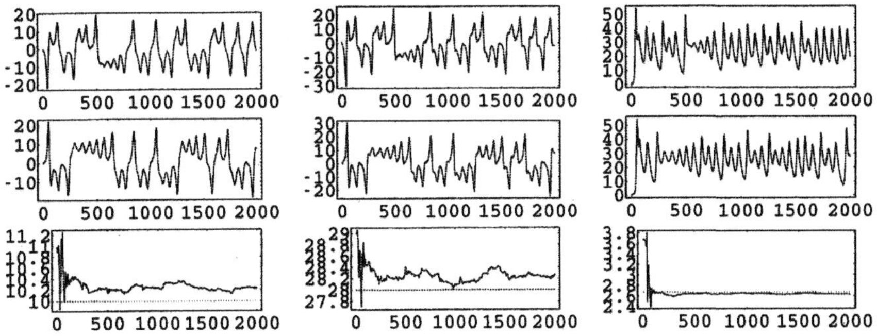

Abbildung 7.10. Gefilterte Trajektorien des Lorenz-Modells: 1. Zeile $\{x_1, y_1, z_1\}$, 2. Zeile $\{x_2, y_2, z_2\}$, 3. Zeile $\psi = \{\sigma, r, b\}$. Meßintervall $\Delta t = 0.01$.

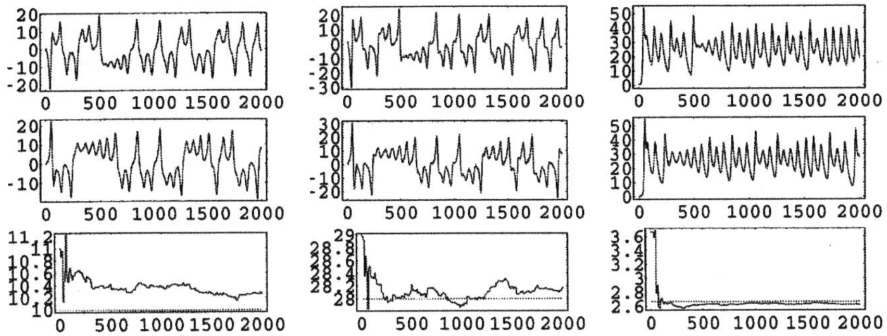

Abbildung 7.11. Meßintervall $\Delta t = 0.1$.

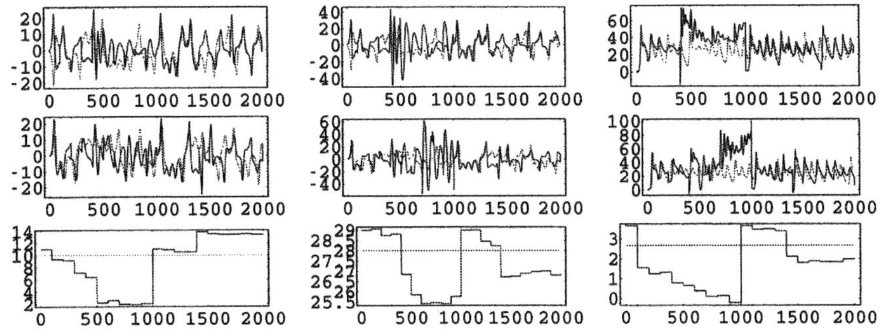

Abbildung 7.12. Meßintervall $\Delta t = 1$.

beiden Intervalle relativ gute Schätzungen resultieren, ergeben sich für $\Delta t = 1$ Konvergenzprobleme und Filterdivergenzen. Falls solche auftreten, wurde der Filter auf die Startwerte $\mu = \eta_{0|-1}, \Sigma = P_{0|-1}$ zurückgesetzt. Auffällig ist weiterhin, daß die y, z-Komponenten, die nicht gemessen wurden, zumindest bei kleinen Meßintervallen gut rekonstruiert wurden.

7.4 Vorhersage-Fehler-Methoden

7.4.1 Zusammenhang mit der ML- und KQ-Methode

Die bisher diskutierten Parameter-Schätzmethoden beruhen auf Berechnungen der Likelihood-Funktion, oder, wie im vorigen Abschnitt, auf Bayes-Schätzungen, die mit Hilfe nichtlinearer Filter berechnet wurden. Im Rahmen der Kontroll-Theorie wurde ein Ansatz vorgeschlagen, der diese Vorgehensweisen integriert, die sogenannte Prädiktionsfehler-Identifikation (Ljung, 1978, Ljung u. Caines, 1979, Aström, 1980, Ljung u. Söderström, 1983). [4] Hierbei stehen die Vorhersage-Qualitäten eines Modells im Vordergrund, wobei die Daten z_{i+1} zum Zeitpunkt t_{i+1} durch die bisher verfügbaren Daten $Z^i = \{z(t), x(t) | t \leq t_i\}$, das Modell $M = \{M(\psi) | \psi \in \Psi\}$ und einen *Prädiktor*

$$\hat{z}_{i+1} = \pi(\psi, t_{i+1}, Z^i) \tag{7.25}$$

vorhergesagt werden. Für das lineare Zustandsraum-Modell ist dieser natürlich durch den Kalman-Filter gegeben. In diesem Fall gilt

$$\begin{aligned} \hat{z}_{i+1} &= E[z_{i+1} | Z^i] = H_{i+1} y_{i+1|i} + D_{i+1} x_{i+1} \\ y_{i+1|i} &= E[y_{i+1} | Z^i]. \end{aligned}$$

Die Güte der Prognose kann nun durch den *Prädiktionsfehler*

$$\nu_{i+1}(\psi) = z_{i+1} - \pi(\psi, t_{i+1}, Z^i) \tag{7.26}$$

angegeben werden. Bewertet man die Diskrepanz mit Hilfe eines skalaren Maßes $d(t_{i+1}, \psi, \nu_{i+1}(\psi))$, so kann eine Meßreihe der Länge T durch

$$V(\psi, Z^T) = \sum_{i=0}^{T-1} d(t_{i+1}, \psi, \nu_{i+1}(\psi)) \tag{7.27}$$

summarisch mit dem Modell verglichen werden. Ein Schätzer beruht dann auf einer Minimierung des Kriteriums V, d.h.

$$\hat{\psi}_T = \arg\max_{\psi} V(\psi, Z^T). \tag{7.28}$$

Bekannte Methoden wie die Kleinste-Quadrate (KQ) oder Maximum-Likelihood (ML)- Methode sind dann Spezialfälle, wenn als Kriterium $d = \frac{1}{2}\nu' \Gamma^{-1} \nu$

[4] Hierbei ist der Begriff Identifikation als Parameterschätzung zu interpretieren, während üblicherweise in der statistischen Literatur Aspekte der eindeutigen Schätzbarkeit von Parametern gemeint sind (vgl. Kap. 6.1.1).

(KQ; Gewichtsmatrix Γ) oder $d = -\log f(t_{i+1}, \nu_{i+1})$ (ML) genommen wird. Hierbei ist f die Dichtefunktion des Prädiktionsfehlers, gegeben die Beobachtungen Z^i. Weiterhin ist hierbei die Annahme involviert, daß die Prädiktionsfehler voneinander unabhängig sind (vgl. Ljung, 1985, S. 195). Im Spezialfall eines linearen, Gaußschen Systems ergibt sich

$$\begin{aligned}
-\log f(t_{i+1}, \nu_{i+1}) &= const. + \tfrac{1}{2}\log\det \Gamma_{i+1} + \tfrac{1}{2}\nu'_{i+1}\Gamma^{-1}_{i+1}\nu_{i+1} \\
&= -\log p(z_{i+1}|Z^i) \\
p(z_{i+1}|Z^i) &= \phi(z_{i+1}; E[z_{i+1}|Z^i], \mathrm{Var}[z_{i+1}|Z^i]) \\
E[z_{i+1}|Z^i] &= H_{i+1}y_{i+1|i} + D_{i+1}x_{i+1} \\
\mathrm{Var}[z_{i+1}|Z^i] &= H_{i+1}P_{i+1|i}H'_{i+1} + R_{i+1} = \Gamma_{i+1}
\end{aligned}$$

wobei sich die bedingten Erwartungswerte rekursiv mit dem Kalman-Filter berechnen lassen (vgl. Kap. 5.5). Wenn die Kovarianzmatrix Γ_{i+1} des Prädiktionsfehlers nicht vom Parametervektor abhinge, wäre somit die ML-Methode mit dem KQ-Kriterium identisch.

Im Falle nichtlinearer Systeme kann die Methode benutzt werden, wenn der Prädiktor $\hat{z}_{i+1} = \pi(\psi, t_{i+1}, Z^i)$ etwa mit Hilfe des EKF berechnet wird. Die in Kap. 7.1-2 diskutierten Schätzungen sind daher als Prädiktionsfehler-Methoden mit ML-Kriterium aufzufassen. In Kap. 5.10 wurde gezeigt, daß die Likelihood-Funktion eines nichtlinearen kontinuierlich - diskreten Zustandsraum-Modells aus der Bayes-Formel (Meß-Update; (5.113))

$$\begin{aligned}
p(y_{i+1}|Z^{i+1}) &= \frac{p(z_{i+1}|y_{i+1})p(y_{i+1}|Z^i)}{p(z_{i+1}|Z^i)} \\
p(z_{i+1}|Z^i) &= \int p(z_{i+1}|y_{i+1})p(y_{i+1}|Z^i)dy_{i+1}
\end{aligned}$$

als Normierungskonstante bestimmt werden kann. In diesem Fall wird also die Prognose des Systemzustands $y(t_{i+1})$ durch die bedingte Dichte $p_{i+1|i} = p(y_{i+1}|Z^i)$ ausgedrückt. Die Diskrepanz zwischen Prognose und Messung im nichtlinearen Meßmodell $z_{i+1} = h(y(t_{i+1})) + \epsilon_{i+1}$ ist dann durch das Faltungsintegral $\int p(z_{i+1}|y_{i+1})p(y_{i+1}|Z^i)dy_{i+1}$ gegeben. Es bewertet die Diskrepanz zwischen z_{i+1} und $h(y(t_{i+1}))$ mit Hilfe der Wahrscheinlichkeit bestimmter prognostizierter Systemzustände y_{i+1} und kann als Erwartungswert der bedingten Dichte der Messung $p(z_{i+1}|y_{i+1})$

$$p(z_{i+1}|Z^i) = L_{i+1}(z_{i+1}) = E[p(z_{i+1}|y_{i+1})|Z^i]$$

geschrieben werden. Dies ist ein Funktional der Zustands-Prognose und kann im allgemeinen nicht durch den Prädiktor

$$\begin{aligned}
\hat{z}_{i+1} &= \pi(Z^i) = E[z_{i+1}|Z^i] \\
&= E[h(y_{i+1}) + \epsilon_{i+1}|Z^i) \\
&= \int h(y_{i+1})p(y_{i+1}|Z^i)dy_{i+1}
\end{aligned}$$

und den Prädiktionsfehler $\nu_{i+1} = z_{i+1} - \hat{z}_{i+1}$ ausgedrückt werden. Nur für approximativ Gaußsche Systeme und Taylor-Entwicklung von $h(.)$ um $y_{i+1|i} = E[y_{i+1}|Z^i]$ erhält man die EKF-Form

$$\begin{aligned} p(z_{i+1}|Z^i) &= \phi(z_{i+1}; E[z_{i+1}|Z^i], \mathrm{Var}[z_{i+1}|Z^i]) \\ E[z_{i+1}|Z^i] &= h(y_{i+1|i}) = \hat{z}_{i+1} \\ \mathrm{Var}[z_{i+1}|Z^i] &= H_{i+1}P_{i+1|i}H'_{i+1} + R_{i+1}, \end{aligned}$$

die nach Logarithmieren als verallgemeinerter Abstand im Sinne der Prädiktionsfehler- Methode geschrieben werden kann.

7.4.2 Rekursive Identifikation

Dieser Begriff aus der Kontroll-Literatur bezieht sich auf die sequentielle Analyse von Datensätzen und Neuberechnung des Schätzers $\hat{\psi}_{T+1}$ für jeden neu hinzugekommenen Datenpunkt z_{T+1}. Dies sollte in Realzeit möglich sein, da bestimmte Kontroll-Signale (exogene Variablen) sofort verändert werden sollen oder der Nachweis von Fehlern unmittelbar möglich ist. Auch für Anwendungen in der empirischen Kapitalmarktforschung sind solche Algorithmen interessant, da sofort Strukturbrüche oder Veränderungen in eigentlich festen Parametern (z.B. Renditen oder Volatilitäten) aufgedeckt werden können. In der Tat wurden in den oben diskutierten Beispielen die Schätzungen sequentiell analysiert. Der Begriff bezieht sich jedoch auch auf die Möglichkeit, die neue Messung unter Kenntnis der bisherigen Schätzung $\hat{\psi}_T$ zu einer neuen Parameterschätzung zu verarbeiten. Im allgemeinen kann aus dem Minimierungsschema (F = Modell-Hesse-Matrix)

$$\psi_{T,k+1} = \psi_{Tk} - F_{Tk}(\psi_{Tk})^{-1} s_{Tk}(\psi_{Tk}),$$

das den Datensatz Z^T benutzt, nicht unmittelbar eine Rekursion für $\psi_{T+1,k}$ abgeleitet werden, da sich bei Verlängerung des Datensatzes sowohl die Modell-Hesse-Matrix als auch der Gradient s des Kriteriums verändern. Modifiziert man obige Formel in

$$\psi_{T+1,k+1} = \psi_{Tk} - F_{Tk}(\psi_{Tk})^{-1} s_{T+1,k}(\psi_{Tk})$$

(vgl. Ljung, 1985), so erhält man mit Hilfe einer weiteren Iteration aus dem Startwert ψ_{Tk} eine erneuerte Schätzung. Da sich der Gradient additiv aus den Beiträgen

$$\begin{aligned} s_{T+1,k}(\psi_{Tk}) &= \sum_{i=0}^{T-1} \frac{\partial l_{i+1}}{\partial \psi_{Tk}} + \frac{\partial l_{T+1}}{\partial \psi_{Tk}} \\ &= s_{T,k}(\psi_{Tk}) + \frac{\partial l_{T+1}}{\partial \psi_{Tk}} \end{aligned}$$

zusammensetzt, und unter der Annahme, daß ψ_{Tk} schon nahe am Minimum liegt, kann $s_{T,k}(\psi_{Tk}) \approx 0$ weggelassen werden und nur der Gradient (Score

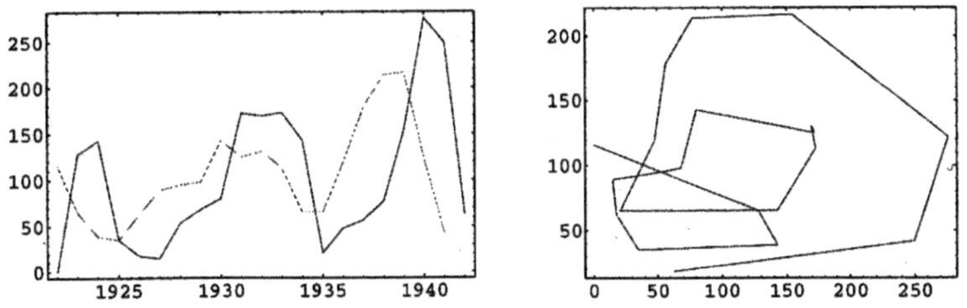

Abbildung 7.13. Verlauf der Luchs- und Hasen-Populationen (linkes Bild; Luchse: dunkel, Hasen: hell) in der Zeit und im Phasenraum (rechts).

bei ML) für den $(T+1)$-ten Beitrag im Kriterium $(-\log p(z_{T+1}|Z^T)$ bei ML) muß berechnet werden. Bei dem in dieser Arbeit vorwiegend benutzten BFGS-Sekanten-Update wird die neue Modell-Hesse-Matrix aus der Differenz zwischen altem und neuem Gradienten berechnet, was den Algorithmus für rekursive Methoden sehr geeignet macht. In Abschnitt (7.2) wurde als Variante die Maximierung sequentiell bis zur Konvergenz ausgeführt. Hierbei zeigt sich, daß nach einiger Zeit nur noch wenige Iterationen Δk (ca. 3) nötig sind, bis aus dem Startwert ψ_{Tk} die neue Schätzung $\psi_{T+1,k+\Delta k}$ entsteht.

Im Rahmen des linearen Zustandsraum-Modells kann gezeigt werden, daß der erweiterte Kalman-Filter EKF, angewandt auf den erweiterten Zustand $\eta = \{y, \psi\}$, zu einem analogen rekursiven Algorithmus führt (vgl. Ljung, 1979). Weiterhin wird dort die Konvergenz des Schätzers untersucht.

7.5 Beispiel: Grenzzyklus-Modell

Ein von V.I. Arnold (1973) und Dreitlein u. Smoes (1974) diskutiertes Grenzzyklus-Modell soll im folgenden als Anwendung der bisher behandelten Methoden auf einen realen Datensatz benutzt werden. Die Daten, welche die phasenverschobene Oszillation von Luchs- und Hasen-Populationen illustrieren, wurden in den Jahren 1922-1942 in der Komi-Region in Rußland erhoben (Quelle: Naumov, 1972, nach Bulmer, 1974). Figur (7.13) zeigt den Verlauf über der Zeit (jährliche Messung), wobei die Maxima der Luchs-Population (dunkel) nach rechts verschoben sind. Formuliert man ein lineares Modell der Form

$$\begin{aligned}\dot{y}_1 &= y_2 \\ \dot{y}_2 &= -by_1,\end{aligned}$$

so ergeben sich sinusförmige Oszillationen als Lösung von $\ddot{y}_1 = -ab\, y_1$. Allerdings müssen bei einer stochastischen Behandlung Dämpfungsterme addiert werden, um eine stationäre Lösung zu ermöglichen (die Fluktuationen werden durch Dissipation kompensiert). [5] Das obige Modell geht davon aus, daß die Veränderungen in einer Population nur durch die Größe der anderen determiniert wird. Zusätzlich müßten exponentielle Wachstumsterme der Form $\dot{y}_i = \lambda_i y_i$ (ungestörtes Anwachsen der Population) und die Modifikation der Rate $\lambda_i = \lambda_i(y_1, y_2)$ durch zu große Populationen (Beschränkung des verfügbaren Lebensraums) berücksichtigt werden. Wählt man als $\lambda_i(y_1, y_2) = r_i^2 - y_1^2 - y_2^2$, so ergibt sich das Modell

$$d\begin{bmatrix} y_1 \\ y_2 \end{bmatrix} = \begin{bmatrix} ay_2 + y_1(r_1^2 - y_1^2 - y_2^2) \\ -by_1 + y_2(r_2^2 - y_1^2 - y_2^2) \end{bmatrix} dt + \begin{bmatrix} g_{11} & 0 \\ g_{21} & g_{22} \end{bmatrix} \begin{bmatrix} dW_1(t) \\ dW_2(t) \end{bmatrix} \tag{7.29}$$

wobei ein Prozeßfehler addiert wurde. Die Wahl der Raten λ_i ist etwas willkürlich, spiegelt jedoch folgende Eigenschaften: für kleine Werte y_i nehmen die Populationen exponentiell zu, werden jedoch in ihrer Wachstumsrate immer kleiner, bis diese sogar negativ wird und ein Abnehmen bewirkt. Zunächst soll das deterministische Modell (ohne Fluktuationsterm) kurz diskutiert werden. Geht man zu Polarkoordinaten über, so erhält man

$$y_1 = r\cos(\phi);\; y_2 = r\sin(\phi);\; \tan(\phi) = y_2/y_1; \tag{7.30}$$

und daraus die Winkelgleichung

$$\begin{aligned} \dot{\phi} &= -\frac{b + a\tan^2(\phi)}{1 + \tan^2(\phi)} + \frac{\Delta E}{2}\sin(2\phi) \\ \Delta E &:= r_2^2 - r_1^2 \end{aligned}$$

mit der Lösung

$$\begin{aligned} \phi(t) &= \arctan\left[\frac{1}{2a}(\Delta E - 2\omega\tan(\omega(t - t_0))\right] \\ \omega &= \frac{1}{2}\sqrt{4ab - \Delta E^2}. \end{aligned}$$

Die Differentialgleichung für den Radius lautet

$$\begin{aligned} \dot{r} &= -\partial/\partial r\left[-\frac{(a + \dot{\phi})\tan\phi + r_1^2}{2}r^2 + \frac{1}{4}r^4\right] \\ &= -\partial/\partial r\left[\alpha(t)r^2 + \beta r^4\right]. \end{aligned}$$

Setzt man zur Vereinfachung die Parameterwerte $a = b = r_1^2 = r_2^2 = 1$ ein, so ergibt sich $\omega = 1$ und

$$\begin{aligned} \dot{\phi} &= -1 \\ \dot{r} &= -\partial/\partial r\left[-\frac{1}{2}r^2 + \frac{1}{4}r^4\right] = r - r^3 = f(r). \end{aligned}$$

[5] Ein AR(2)-Modell in diskreter Zeit wurde von Moran (1953) vorgeschlagen , während Bulmer (1974) ein Modell der Form $x_t = \mu + \alpha\sin 2\pi\omega(t - \phi) + e_t$ schätzt. Dies wird als *fixed frequency model* bezeichnet (vgl. Tong, 1977, der auch verschiedene ARMA-Modelle höherer Ordnung bei den kanadischen Luchsdaten vergleicht).

Dies bedeutet, daß sich die Koordinate $r = \sqrt{y_1^2 + y_2^2}$ in einem Potential 4. Ordnung bewegt (vgl. Bsp. 5.2). Die Nullstellen des Vektorfelds $f(r)$ liegen bei $0, \pm 1$. Daher wird sich die Trajektorie $\{r(t), \phi(t)\}$ spiralförmig auf den Grenzzyklus $\{r = 1, -t\}$ zubewegen und dort mit konstanter Winkelgeschwindigkeit oszillieren. Im allgemeinen erhält man ellipsenförmige Orbits, da sich der Radius des Grenzzyklus zeitlich verändert (Figuren (7.14 - 7.15; $a = 1, b = 2, r_1^2 = r_2^2 = 1$). Dies ergibt sich aus dem Koeffizienten $\alpha(t)$, der sogar positive Werte annehmen kann (vgl. Abb. 7.15). In diesem Fall hat das Potential zeitweise nur *ein* Minimum bei $r = 0$ (Hopf-Bifurkation bei Vorzeichenwechsel). Die vielfältigen Eigenschaften des Modells werden ausführlich in der Arbeit von Dreitlein und Smoes (1974) diskutiert.

Hier soll der Aspekt der Parameterschätzung im Vordergrund stehen. Am einfachsten läßt sich das diskretisierte kontinuierliche Sampling (DKS) anwenden. Dazu wurden die Daten auf die Mittelwerte $\bar{y}_1, \bar{y}_2$ transformiert. [6] Für das Vektorfeld ergibt sich folgende Form:

$$
\begin{aligned}
f(y, \psi) &= \begin{bmatrix} ay_2 + y_1(r_1^2 - y_1^2 - y_2^2) \\ -by_1 + y_2(r_2^2 - y_1^2 - y_2^2) \end{bmatrix} \\
&= \begin{bmatrix} -y_1(y_1^2 + y_2^2) \\ -y_2(y_1^2 + y_2^2) \end{bmatrix} + \\
&+ \quad \psi_1 \begin{bmatrix} y_2 \\ 0 \end{bmatrix} + \psi_2 \begin{bmatrix} 0 \\ -y_1 \end{bmatrix} + \psi_3 \begin{bmatrix} y_1 \\ 0 \end{bmatrix} + \psi_4 \begin{bmatrix} 0 \\ y_2 \end{bmatrix}
\end{aligned}
$$

wobei $\psi = \{a, b, r_1^2, r_2^2\}$ gesetzt wurde. Die sequentiell berechneten Schätzungen sind in den Abbildungen (7.16 - 7.17) aufgetragen. Berechnet man aus den Parametern die Periodenlänge $\tau = 2\pi/(\frac{1}{2}\sqrt{4ab - \Delta E^2})$, so ergeben sich zunächst komplexe Werte, da die Parameter unrestringiert geschätzt wurden. Erst ab 1934 ergeben sich reelle Schätzungen. Der letzte Wert $\tau(1942) = 11.64$ Jahre stimmt in etwa mit den in der Literatur angegebenen Werten überein. [7] Tabelle (7.1) gibt einen Überblick der von verschiedenen Methoden produzierten Schätzungen. Legt man ein Diskretisierungsintervall von $\delta t = 1$ zugrunde, das mit dem Zeittakt der Messungen zusammenfällt, so stimmen die von den drei Methoden produzierten Schätzungen gut überein. Dies gilt insbesondere für die Periodendauer τ. Da bei der Anwendung des diskretisierten kontinuierlichen Samplings der Diffusionskoeffizient bekannt sein muß (vgl. Kap. 7.1), wurde statt dessen der Levy-Schätzer

$$
\hat{\Omega}(T, \Delta t) = \frac{1}{T\Delta t} \sum_{i=0}^{T-1} \Delta y(t_i) \Delta y'(t_i) \tag{7.31}
$$

für $T = 20$ eingesetzt (mit allen Messungen).

---

[6] $y_i \to \frac{y_i - \bar{y}_i}{100}$

[7] Meistens wird ein sog. 10-Jahres-Zyklus berichtet, etwa bei den kanadischen Luchs-Daten. Allerdings schätzt Bulmer aufgrund des kurzen Zeitraums den hier analysierten Datensatz nicht.

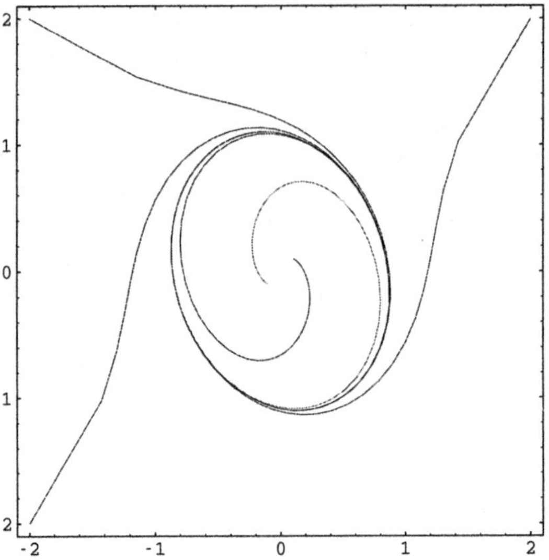

Abbildung 7.14. Grenzzyklus: Trajektorien mit verschiedenen Anfangswerten (Parameter-Werte $a = 1, b = 2, r_1^2 = r_2^2 = 1$).

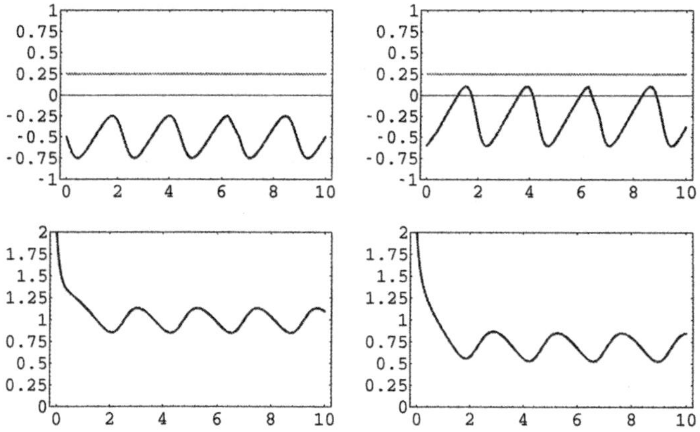

Abbildung 7.15. Grenzzyklus: Zeitlicher Verlauf von $\alpha(t)$ und $r(t)$. Obere Zeile: $\alpha(t)$ mit Parametern $r_1^2 = r_2^2 = 1$ (links) und $r_1^2 = 1, r_2^2 = 0$ (rechts). Hopf-Bifurkation bei Vorzeichenwechsel von α. Untere Zeile: $r(t)$ (Parameter wie oben). Start bei $r(0) = 2$ und transienter Übergang zum Grenzzyklus ($a = 1, b = 2$ in allen Figuren).

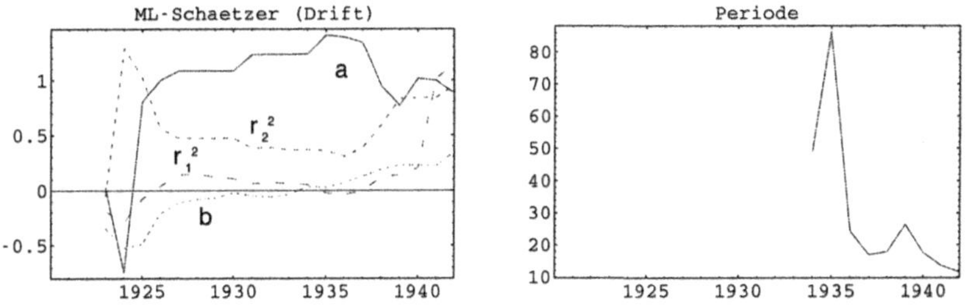

Abbildung 7.16. Diskretisiertes kontinuierliches Sampling. ML-Schätzwerte der Drift-Parameter $\psi = \{a, b, r_1^2, r_2^2\}$ als Funktion der Zeit (links). Rechts: geschätzte Periodenlänge der Oszillation (in Jahren). Anfangs ergeben sich komplexe Werte.

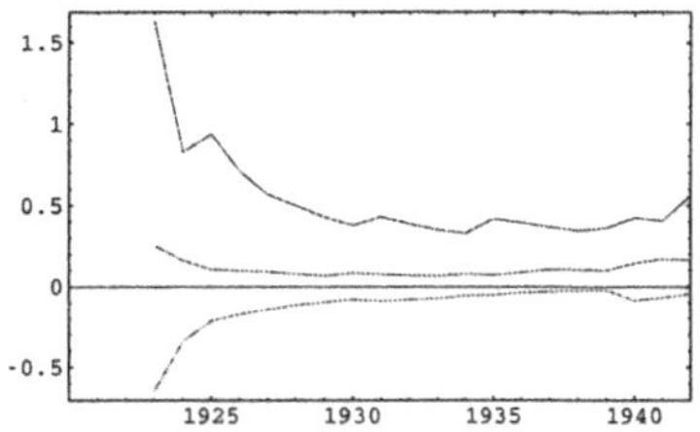

Abbildung 7.17. Diskretisiertes kontinuierliches Sampling. ML-Schätzwerte der Diffusions-Parameter $\Omega_{11}, \Omega_{12}, \Omega_{22}$ als Funktion der Zeit.

Δt	Methode	a	b	r_1^2	r_2^2	τ	g_{11}	g_{21}	g_{22}
				ohne fehlende Werte					
1	DKS	0.8783	0.3418	1.141	0.9533	11.6400	0.7492	-0.057	0.4046
		0.3244	0.1185	0.2172	0.1769				
1	EKF/	0.8775	0.3419	1.134	0.9524	11.6334	0.7492*	-0.057*	0.4046*
	Bayes	0.3246	0.1186	0.2178	0.1773				
1	EKF/ML	0.8778	0.3419	1.136	0.9526	11.6337	0.9495	-0.08821	-0.3381
		0.4115	0.1015	0.2759	0.1518		0.1506	0.07709	0.0536
				mit fehlenden Werten					
1	EKF/ML	1.351	0.2481	0.184	0.7461	12.4157	0.7654	-0.1989	-0.1877
		0.2949	0.1115	0.3678	0.1634		0.118	0.06211	0.0468

Tabelle 7.1. Luchs-Daten. Vergleich der Schätzungen von DKS, EKF/Bayes (erweiterter Zustand) und EKF/ML (Gaußsche Likelihood) für $T = 20$ Zeitpunkte. Im unteren Teil der Tabelle (feines Zeitraster) wurde ein Diskretisierungsintervall von $\delta t = 1/12$ (monatlich) zugrundegelegt (Messungen bei $\Delta t = 1$).
*) Levy-Schätzer für $\hat{g} = \hat{\Omega}^{1/2}$ (Cholesky-Wurzel; wie DKS).

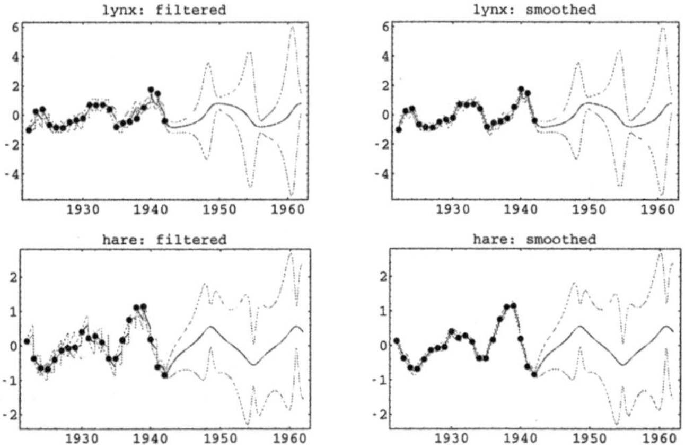

Abbildung 7.18. Gefilterte und geglättete Trajektorien (Diskretisierungsintervall $\delta t = 1/12$) unter Verwendung der Schätzungen EKF/ML (missing data). Da nach 1942 keine Daten verfügbar sind, produzieren Filter und Glätter dort die gleiche Trajektorie (Prognose).

Führt man die Schätzung auf einem feineren monatlichen Raster aus ($\delta t = 1/12; t_i = j_i \delta t, j_i = 0, 12, 24, \ldots$) und betrachtet die Werte zwischen den jährlichen Messungen als fehlend (missing data), so ergibt sich die untere Hälfte von Tabelle (7.1). In diesem Fall läßt sich aufgrund der fehlenden Werte nur der mit Hilfe des EKF gewonnene ML-Schätzer berechnen (vgl. Kap. 7.2). Durch das feinere Raster wird statt des Prädiktors $y_{i+1|i} = y_i + f(y_i)\Delta t$ die Lösung der Dgl. $\dot{y}(t|t_i) = f(y(t|t_i))$ im Intervall $[t_i, t_{i+1}]$ als Euler-Approximation mit Diskretisierungsintervall $\delta t = 1/12$ berechnet. Man erhält eine andere Schätzung und eine etwas größere Periodendauer. Abbildung (7.18) zeigt die gefilterten und geglätteteten Trajektorien im Intervall 1922 – 1966 mit monatlichem Raster. Dabei wurden die Schätzungen von EKF/ML (missing data) (Tabelle 7.1, unten) eingesetzt. Zusätzlich enthält die Abbildung approximative 68% (1-σ) HPD-Konfidenzintervalle $E[y(t)|Z^t] \pm \text{Var}[y(t)|Z^t]^{1/2}$. Welche der Schätzungen besser ist, kann so nicht beurteilt werden, da alle approximativ sind (die Übergangswahrscheinlichkeit ist aufgrund des nichtlinearen Vektorfelds keine Gaußverteilung).

Daher wurde noch eine Simulationsstudie angeschlossen, um die Schätzmethoden zu testen. Als wahre Parameter wurden die Werte $\psi = \{a, b, r_1^2, r_2^2, g_{11}, g_{21}, g_{22}\} = \{1, 1, 1, 1, 1, 0.1, 1\}$ der Simulation zugrundegelegt.

Simulation: Mit einem Diskretisierungsintervall von $\delta t = 1/12$ wurden $J = (t_T - t_0)/\delta t = 20/(1/12) = 240$ Werte der Zeitreihe $y_j = y(t_j)$ erzeugt.

Schätzung: Die von den Methoden DKS, EKF/ML (ohne bzw. mit missing data) erzeugten Schätzer sind in Tabelle (7.2) gegenübergestellt. Das diskretisierte kontinuierliche Sampling DKS und die EKF/ML-Methode (mit missing data) wurden für jährliche, halb-, vierteljährliche und monatliche

Δt	Methode	a	b	r_1^2	r_2^2	τ	g_{11}	g_{21}	g_{22}
		1	1	1	1	2π	1	0.1	1
ohne fehlende Werte									
1	DKS	0.4327	0.4174	0.9504	0.8912	26.8	0.9492	0.04642	0.89
		0.2654	0.2501	0.3269	0.3419	33.66	0.1317	0.1898	0.1316
1/2	DKS	0.7169	0.6718	0.8871	0.8862	11.17	0.9769	0.07119	0.9521
		0.2565	0.2714	0.2569	0.3103	5.57	0.1088	0.1297	0.1024
1/4	DKS	0.8531	0.8281	0.883	0.8789	8.605	0.9812	0.0825	0.9735
		0.2634	0.2974	0.2394	0.299	3.083	0.07778	0.09116	0.07225
1/12	DKS	0.9707	0.9724	0.8654	0.8716	7.29	0.9915	0.097	0.9831
		0.2804	0.3251	0.2801	0.3174	2.336	0.04432	0.06337	0.04265
1	EKF/ML	0.4327	0.4175	0.9489	0.8897	26.42	0.808	0.02269	0.7386
		0.2651	0.2499	0.3267	0.3418	31.45	0.1991	0.2117	0.2463
mit fehlenden Werten									
1	EKF/ML	1.09	1.137	-0.08686	-0.06183	8.234	0.9024	0.09539	0.7067
		0.6584	0.6583	0.7012	0.7438	4.902	0.2993	0.4588	0.3189
1/2	EKF/ML	0.9977	1.002	0.2802	0.3554	7.785	0.931	0.07936	0.8824
		0.3913	0.4239	0.3923	0.4055	4.041	0.1349	0.1876	0.1127
1/4	EKF/ML	0.974	0.9151	0.6062	0.6581	7.488	0.934	0.09145	0.9019
		0.2899	0.3679	0.2643	0.3295	2.968	0.08527	0.08914	0.07616
1/12	EKF/ML	0.9708	0.9727	0.8665	0.8728	7.287	0.943	0.09454	0.9273
		0.2803	0.325	0.2798	0.3171	2.334	0.04259	0.0643	0.0416

Tabelle 7.2. Simulations-Studie. Vergleich der Schätzungen von DKS und EKF/ML (Gaußsche Likelihood) für $T = 20$ Zeitpunkte und $M = 100$ Replikationen (Mittelwerte und Standardabweichungen). Im unteren Teil der Tabelle wurde ein Diskretisierungsintervall von $\delta t = 1/12$ (monatlich) zugrundegelegt (missing data).

Messungen verglichen. Hierbei zeigt sich, daß die Parameter a, b, welche zur Periodenlänge beitragen, verzerrt geschätzt werden. Da sie zu klein sind, ergeben sich geringere Winkelgeschwindigkeiten ω und damit zu große Periodenlängen. Das Resultat verbessert sich jedoch mit abnehmendem Meßabstand Δt. Die Parameter r_1^2, r_2^2 werden ebenfalls verzerrt geschätzt, jedoch in geringerem Ausmaß. Auch für den Diffusionskoeffizienten (bzw. dessen Choleskywurzel) ergeben sich gute Schätzungen. Anzumerken wäre, daß sich nicht in allen Fällen reelle Werte für τ ergeben. Diese wurden bei der Berechnung von $\bar{\tau}$ weggelassen, wobei der Anteil mit geringerem Meßintervall stark abnimmt. Alternativ könnte mit der ML-Methode das Modell unter entsprechenden Restriktionen geschätzt werden ($4ab - (r_2^2 - r_1^2)^2 > 0$). Im Vergleich zu DKS und EKF/ML (ohne fehlende Werte) ergibt die monatliche Interpolation stark verbesserte Schätzungen, insbesondere für die Parameter a und b und die Periodenlänge τ. Allerdings muß auch hier für eine gute Schätzung von r_1^2 bzw. r_2^2 mit vierteljährlichen oder noch kleineren Meßintervallen gearbeitet werden.

7.6 Exakte Likelihood mit Hilfe der Fokker-Planck-Gleichung

Die im vorigen Abschnitt diskutierten Schätzmethoden sind nur für kleine Meßabstände (abhängig von der Parameterkonstellation) von guter Qualität. Dies liegt im wesentlichen an der Approximation der exakten Übergangswahrscheinlichkeit $p(y_{i+1}|y_i)$ durch eine Gaußverteilung der Form $\phi(y_{i+1}; y_{i+1|i}, P_{i+1|i})$, wobei für den Prädiktor $y_{i+1|i}$ bei der DKS-Methode die Form $y_i + f(y_i, t_i, \psi)\Delta t_i$ oder eine Euler-Approximation der Momentengleichung $\dot{y}(t|t_i) = f(y(t|t_i), t, \psi)$ im Intervall $[t_i, t_{i+1}]$ eingesetzt wurde. Gleiches gilt für die Kovarianz des Prädiktors, der entweder $P_{i+1|i} = \Omega(y(t|t_i), t, \psi)\Delta t_i$ oder die approximative Momentengleichung erfüllt. Alternativ wurde der diskretisierte Levy-Goldstein-Schätzer für Ω eingesetzt.

Ein direkter Weg, um zu exakten ML-Schätzungen zu gelangen, ist die Lösung der Fokker-Planck-Gleichung (7.5) und der Aufbau der Likelihood als Produkt von Übergangswahrscheinlichkeiten (Glg. 7.4). [8]

Im folgenden wird versucht, mit Hilfe der Monte-Carlo-Methode und Kerndichte-Schätzern Approximationen der Übergangswahrscheinlichkeit zu berechnen, die in einem nichtlinearen Optimierungsverfahren zur Berechnung des ML-Schätzers eingesetzt werden können. Dazu werden ausgehend vom Startwert y_i, $i = 0, \ldots, T-1$, Referenztrajektorien $y_{ni}(t)$ simuliert, welche die stochastische Differentialgleichung

$$\begin{aligned} dy_{ni} &= f dt + g dW_n; \; n = 1, \ldots, N \\ y_{ni}(t_i) &= y_i \end{aligned}$$

im Zeitintervall $[t_{i+1}, t_i]$ erfüllen. Eine Schätzung der Dichte $p(y_{i+1}|y_i)$ kann dann mit einem Kernschätzer aus den Daten $y_{ni}(t_{i+1})$ erfolgen. Hierbei wurden, im Hinblick auf die Behandlung des Zustandsraum-Modells, Gauß-Kerne verwendet. Im vorliegenden Kontext (ohne Meßmodell) könnten alternativ andere Kernfunktionen wie der Epanechnikoff-Kern benutzt werden (vgl. Silverman, 1986). Da der Kerndichteschätzer

$$\hat{p}(y, t|Z^i) = \frac{1}{N} \sum_{n=1}^{N} \phi(y_{ni}(t) - y, \Sigma_i(t)). \tag{7.32}$$

mit Bandbreite $\Sigma_i(t)$ (Glättungsparameter) bei der Maximierung der Likelihood sehr oft ausgewertet werden muß, wurde die von Silverman vorgeschlagene Form

$$\begin{aligned} \Sigma_i(t) &= (aN^{-\frac{1}{p+4}})^2 \widehat{\mathrm{Var}}(y_{ni}(t)) \\ a &= \left(\frac{4}{2p+1}\right)^{\frac{1}{p+4}} \end{aligned}$$

[8] Der allgemeine Fall (mit Meßmodell) wird in Abschnitt (7.8) diskutiert.

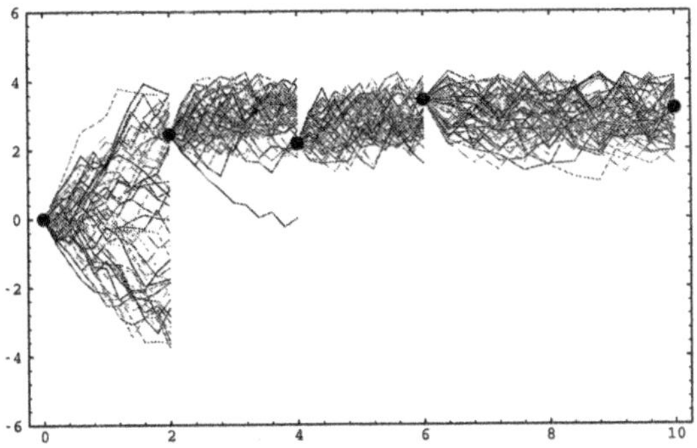

Abbildung 7.19. Ensemble von $N = 50$ simulierten Trajektorien. Schwaches Euler-Maruyama-Schema mit uniformen Zufallszahlen. Messungen bei $t = \{0, 2, 4, 6, 10\}$; $\delta t = 0.1$.

(Silverman, 1976, Kap. 4) benutzt. Hierbei ist $\widehat{\mathrm{Var}}(y_{ni}(t))$ die Stichproben-Kovarianz der Daten (Referenztrajektorien). Im Gegensatz zu anderen Methoden (z.B. Kreuzvalidierung) sind zur Berechnung keine Iterationen erforderlich, allerdings ist die Form nur für Daten aus Gaußverteilungen optimal. Um Rechenzeit zu sparen, wurde weiterhin die Simulation der SDE mit gleichverteilten Zufallszahlen ausgeführt. Wie in Kap. 4.3 erläutert wurde, entspricht dies einer schwachen Approximation der SDE, die ausreicht, wenn nicht die genaue Form der Trajektorien, sondern Wahrscheinlichkeiten oder Momente approximiert werden sollen. Daher wurde ein Euler-Schema der Form

$$\eta_{j+1} = \eta_j + f(\eta_j, t_j)\delta t + g(\eta_j, t_j)\delta \tilde{W}_j; \; j = 0, \ldots, \Delta t_i/\delta t \tag{7.33}$$

$\delta \tilde{W}_j = v_j \sqrt{\delta t}$ mit gleichverteilten Zufallsvariablen $v_j = \sqrt{12}(u_j - \frac{1}{2})$ benutzt, wobei u_j gleichverteilt im Intervall $[0, 1]$ ist. Dann hat $\delta \tilde{W}_j = v_j \sqrt{\delta t}$ die gleichen ersten und zweiten Momente wie die Inkremente des Wiener-Prozesses $\delta W(t)$. In obigen Formeln wurden die Meßintervalle $[t_{i+1}, t_i]$ mit dem Zeitschritt δt diskretisiert.

Die Vorgehensweise ist in den Abbildungen (7.19 - 7.20) dargestellt. Es handelt sich um einen Diffusionsprozeß in einem Potential 4. Ordnung, wie er schon in Kap. 5., Bsp. 5.2 und Kap. 7.5 vorgestellt wurde. Ausgehend vom Startwert $y_0 = 0$ ist deutlich die Diffusion in die beiden Potentialtöpfe bei $\pm\sqrt{10}$ und die bimodale Form der Übergangswahrscheinlichkeit zu erkennen.

Das Maximum der approximativen Likelihood-Funktion

$$\hat{L}_\psi(y) = \prod_{i=0}^{T-1} \hat{p}(y_{i+1}|y_i; \psi) \tag{7.34}$$

wurde mit Hilfe eines Quasi-Newton-Verfahrens mit numerischen Ableitungen und einem BFGS-Sekanten-Update berechnet (Dennis u. Schnabel, 1983). Um Rechenzeit zu sparen, wurden bei den Berechnungen der T

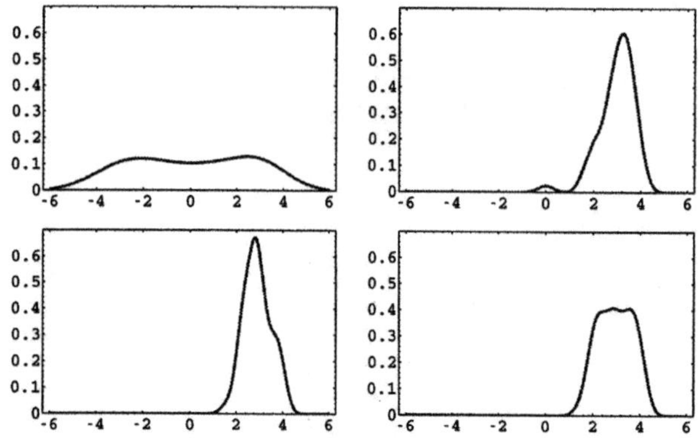

Abbildung 7.20. Kerndichteschätzer der Übergangswahrscheinlichkeiten für die Meßzeitpunkte (von links oben). Die bimodale Form von $\hat{p}_{1|0}$ ist deutlich erkennbar.

Übergangsdichten $\hat{p}(y_{i+1}|y_i;\psi)$ immer die gleichen Zufallszahlen benutzt. Die Länge der Sequenz entspricht dabei dem maximalen Meßintervall geteilt durch δt.

7.7 Beispiel: Diffusion im bimodalen Potential

Die Schätzmethode soll im folgenden im Rahmen einer Simulationsstudie getestet und mit anderen Verfahren verglichen werden. Dazu wurde der Diffusionsprozeß

$$\begin{aligned} dy &= -\partial/\partial y\,[\Phi(y,\psi)]\,dt + \sigma dW(t) \\ &= -\partial/\partial y\left[\frac{\alpha}{2}y^2 + \frac{\beta}{4}y^4\right] dt + \sigma dW(t) \\ &= -[\alpha y + \beta y^3]dt + \sigma dW(t) \end{aligned}$$

mit den wahren Parametern $\psi = \{\alpha, \beta, \sigma\} = \{-1, 0.1, 2\}$ im Intervall [0,50] mit einem Diskretisierungsintervall von $\delta t = 0.1$ simuliert und einem Meßintervall $\Delta t = 2$ abgetastet (diskret gemessen). Da α ein negatives Vorzeichen aufweist und $\beta > 0$ ist, hat das Potential Φ Minima bei $y_s = \pm\sqrt{10}$, die Singularitäten des Vektorfelds sind (vgl. Beispiel 5.2, Kap. 5). Daher ist die Übergangswahrscheinlichkeit von einer bimodalen Form, die für große Zeiträume in die stationäre Dichte $p_0(y) = \lim_{t\to\infty} p(t,y|x,s) \propto \exp(-\frac{2}{\sigma^2}\Phi)$ übergeht. Abbildung (7.21) zeigt eine typische Trajektorie und eine mit dem EKF berechnete Filterlösung. In Tabelle (7.3) wird die Fokker-Planck-Methode ($N = 50$ Stichprobentrajektorien) mit den approximativen ML-Schätzungen aus dem EKF verglichen. Auffällig ist, daß der Parameter α, der die Form der Dichte kontrolliert (uni- oder bimodal), mit der Fokker-Planck-Methode deutlich besser geschätzt wird. Dagegen wird er mit dem EKF, das

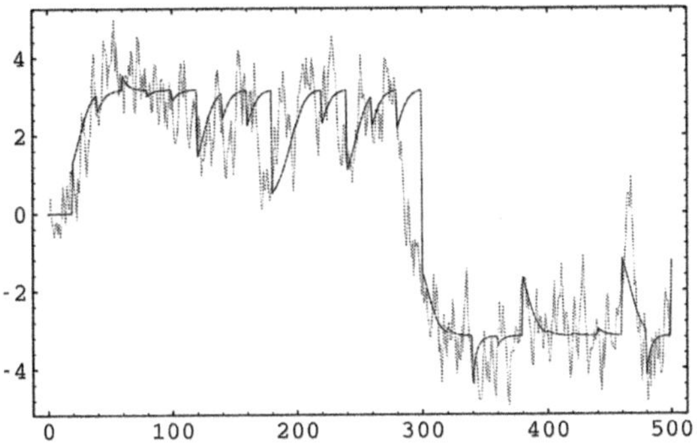

Abbildung 7.21. Simulierte Trajektorie und Filterlösung (EKF). Das System diffundiert zwischen den Potential-Minima hin und her.

$\Delta t = 2$		EKF/ML		Fokker-Planck/ML/$N = 50$	
	wahre Werte	Mittelwert	Std	Mittelwert	Std
k		14.93	5.65023	15.71	6.43163
α	-1.	-0.322485(-0.1945)	0.941115	-1.47312(-1.3782)	0.776728
β	0.1	0.189456	0.28893	0.179503	0.102761
σ	2.	2.26243	1.07069	1.81311	0.355508

Tabelle 7.3. Mittelwerte und Standardabweichungen der ML-Schätzungen in $M = 100$ Replikationen. Vergleich von EKF (Gaußsche Likelihood) und Fokker-Planck ($N = 50$ Referenztrajektorien). Median in Klammern.

$\Delta t = 2$		EKF/Bayes		BiEKF/Bayes	
	wahre Werte	Mittelwert	Std	Mittelwert	Std
y_T		-0.200658	3.04181	-0.200658	3.04181
α	-1.	-0.378697	6.61336	-1.32502	1.82699
β	0.1	0.260032	0.655373	0.24819	0.269728
σ	2.	2.	0.	2.	0.

Tabelle 7.4. Mittelwerte und Standardabweichungen der Bayes-Schätzungen $\{y_T, \alpha, \beta, \sigma\}$ in $M = 100$ Replikationen. Vergleich der EKF-Varianten (ohne und mit Taylor-Entwicklung des Diffusionsterms).

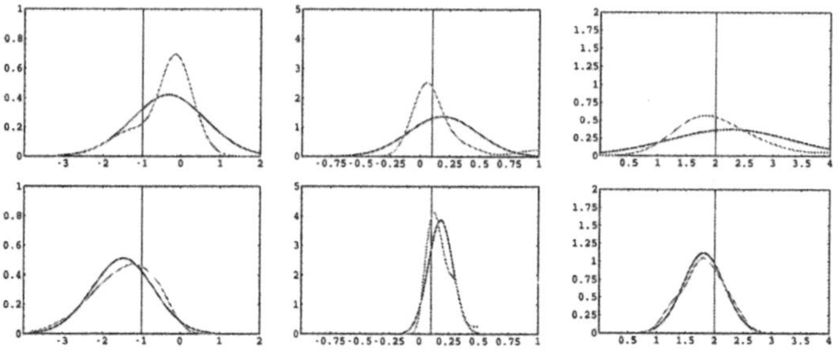

Abbildung 7.22. Kerndichteschätzer und Gaußverteilung von $M = 100$ ML-Schätzungen der Parameter α, β und σ (von links). Obere Zeile: EKF/ML. untere Zeile: Fokker-Planck/ML ($N = 50$). Wahre Werte: senkrechte Linien.

nur approximativ Gaußsche Dichten modellieren kann, verzerrt geschätzt (der Mittelwert von α tendiert eher zum Positiven (unimodale Form der Dichte)). Besonders deutlich wird die Verzerrung beim Vergleich der Mediane und bei Betrachtung der empirischen Verteilungen der Schätzungen (Abb. 7.22). Die Streuungen sind bei der Fokker-Planck-Methode wesentlich geringer und weichen weniger von der Normalverteilung ab (Gauß-Dichten mit gleichem Mittelwert und Standardabweichung sind zusätzlich eingezeichnet).

Tabelle (7.4) vergleicht Bayes-Schätzer, die durch Filterung des erweiterten Zustands $\eta(t) = \{y, \alpha, \beta, \sigma\}$ gewonnen wurden. Der Parameter-Vektor ψ erfüllt die triviale Dynamik $d\psi(t) = 0$ und man erhält einen multiplikativen Rauschterm $\sigma dW(t)$. Daher ist der Diffusionsterm eine Funktion der Zustandskomponente σ, was die Benutzung des modifizierten BiEKF (bilineares EKF; vgl. Abschnitte 5.9, 7.3) nahelegt. Die Filter wurden mit den Anfangswerten $E[\eta_0] = \{y_0, \alpha, \beta, \sigma\}$ und $\text{Var}[\eta_0] = 10^{16} I_4$ initialisiert, was einer diffusen (nichtinformativen) a priori-Dichte $p_{0|-1}$ entspricht. Da kein Meßmodell involviert ist, wurde $h(y) = y$ und $R = 10^{-8}$ gesetzt.

Die Resultate sind insofern etwas überraschend, als weder EKF noch BiEKF eine Schätzung für σ erzeugen. Die Meßdaten zeigen in den Meß-Updates keine Wirkung auf die Zustandskomponente σ. Trotzdem sind die Schätzungen von α und β (Drift) durch das BiEKF deutlich besser.

7.8 Kerndichte-Filter, DKS und Funktional-Integral-Filter

7.8.1 ML-Methode

In diesem Abschnitt wird der allgemeine Fall der ML-Schätzung des kontinuierlich-diskreten Zustandsraum-Modells

$$\begin{aligned} dy(t) &= f(y(t), t)dt + g(y(t), t)dW(t) \\ z_i &= h(y(t_i), t_i) + \epsilon_i; \; i = 0, \ldots, T \end{aligned}$$

behandelt. Die grundlegenden Formeln für die Filter-Updates und die Berechnung der Likelihood-Funktion im Meß-Update

$$p(y_{i+1}|Z^{i+1}) = \frac{p(z_{i+1}|y_{i+1})p(y_{i+1}|Z^i)}{p(z_{i+1}|Z^i)} \tag{7.35}$$

$$L_{i+1} = p(z_{i+1}|Z^i) = \int p(z_{i+1}|y_{i+1})p(y_{i+1}|Z^i)dy_{i+1} \tag{7.36}$$

wurden bereits in Kap. (5.10 - 5.11) abgeleitet. Damit kann die Likelihood aller Messungen als Produkt (analog zur Prädiktions-Fehler-Zerlegung)

$$L_\psi(z) = \prod_{i=0}^{T-1} L_{i+1} \tag{7.37}$$

geschrieben werden. Im vorigen Abschnitt ergab sich als Vereinfachung, daß für direkte Messungen $h(y) = y$ und $R \to 0$ gesetzt werden konnte, wodurch die Integration in $\int p(z_{i+1}|y_{i+1})\, p(y_{i+1}|Z^i)dy_{i+1} = \int \delta(z_{i+1} - y_{i+1})\, p(y_{i+1}|Z^i)dy_{i+1} = p(z_{i+1}|Z^i)$ wegfällt. Im vorliegenden Fall muß sowohl die Berechnung der a priori-Filterdichte $p_{i+1|i} := p(y_{i+1}|Z^i)$ als auch die Integration im Nenner des Meß-Updates ausgeführt werden. Als weitere Komplikation ist zu sehen, daß im nächsten Schritt $(i+1)$ die Lösung der Fokker-Planck-Gleichung mit der Anfangsbedingung $p_{i+1|i+1}$ erfolgen muß.

Zur Lösung dieser Aufgaben wurde in Kap. 5.11 eine Monte-Carlo-Methode vorgeschlagen, welche die stochastische Simulation von Referenztrajektorien, Kerndichte-Schätzer mit Gauß-Kernen und die bekannten EKF-Meß-Updates kombiniert (Kerndichte-Filter KDF). [9] Die Güte der Näherung wird durch die Zahl N der Referenztrajektorien bestimmt, die in die Bandbreite (Varianz)

$$\begin{aligned} \Sigma_i(t) &= (aN^{-\frac{1}{p+4}})^2 \widehat{\mathrm{Var}}(y_{ni}(t)) \\ a &= \left(\frac{4}{2p+1}\right)^{\frac{1}{p+4}} \end{aligned}$$

der Gaußglocken eingeht. Da der Meß-Update im EKF eine Taylor-Entwicklung von $h(y)$ um $y_{n,i+1|i}$ voraussetzt, ist die Approximation der Terme in der Likelihood

$$\begin{aligned} &\int p(z_{i+1}|y_{i+1})p(y_{i+1}|Z^i)dy_{i+1} \approx \\ &\frac{1}{N}\sum_n \int \phi(z_{i+1}; h(y_{n,i+1|i}) + H_{n,i+1}(y_{i+1} - y_{n,i+1|i}), R_{i+1}) \times \\ &\times \quad \phi(y_{i+1}; y_{n,i+1}, \Sigma_i(t_{i+1}))dy_{i+1} \end{aligned}$$

[9] Andere nichtlineare Filteralgorithmen (in *diskreter* Zeit) werden von Sorenson u. Alspach, 1971, Alspach u. Sorenson, 1972, Kitagawa, 1987, Anderson u. Moore, 1979, Carlin, Polson u. Stoffer, 1992, Shephard, 1995, Kim, Shephard u. Chib, 1996, Tanizaki u. Mariano, 1995, diskutiert.

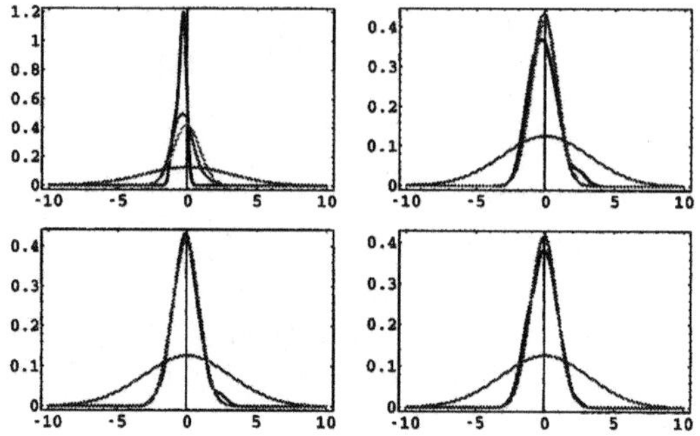

Abbildung 7.23. Meß-Updates für $N = 5, 20, 100, 200$ (von links oben). A priori-Dichte $p_{1|0} = \phi(0, 10)$, Kerndichteschätzer $\hat{p}_{r,1|1} = N^{-1} \sum \phi(y_{n,1}, \Sigma_{1|1})$ (rot = dunkelgrau), Superposition $\hat{p}_{\alpha,1|1} = \sum \alpha_n \phi(y_{n,1|1}, P_{n,1|1})$ (grün = hellgrau) und exakter Update $p_{1|1} = \phi(y_{1|1}, P_{1|1})$.

umso besser, je kleiner die Bandbreite $\Sigma_i(t_{i+1})$ ist, da der Fehler der Taylor-Entwicklung exponentiell abgeschnitten wird. Nur bei linearen Messungen kommt durch die Taylor-Entwicklung kein Fehler zustande, während natürlich im Kerndichte-Schätzer immer eine Näherung involviert ist. Abbildung (7.23) zeigt exemplarisch einen Vergleich des exakten Meß-Updates mit dem aus einer Kerndichteschätzung gewonnenen. Dazu wurden aus der angenommenen a priori-Dichte $p_{1|0} = \phi(0, 10)$ N Zufallszahlen $y_{n,1|0}$ gezogen, die als Daten für die Kernschätzung $\hat{p}_{1|0} = N^{-1} \sum \phi(y_{n,1|0}, \Sigma_{1|0})$ dienen. Anwendung der EKF-Updates auf die Terme in $\hat{p}_{1|0}$ führt zur Superposition von unterschiedlich breiten Gauß-Dichten in $\hat{p}_{\alpha,1|1} = \sum \alpha_n \phi(y_{n,1|1}, P_{n,1|1})$. Aus dieser Verteilung müssen im nächsten Time-Update-Schritt zufällige Anfangswerte für die Itô-Gleichung $dy_n = f dt + g dW_n$ gezogen werden, was mit Hilfe der in Kap. 5.11 erläuterten Resampling-Prozedur erfolgt. Die empirische Verteilung der so gezogenen Startwerte $y_{n,1} \sim p_{1|1}$ ist als weiterer Kernschätzer $\hat{p}_{r,1|1} = N^{-1} \sum \phi(y_{n,1}, \Sigma_{1|1})$ in die Graphik eingezeichnet. Es zeigt sich, daß $\hat{p}_{\alpha,1|1}$ deutlich besser die exakte Verteilung $p_{1|1}$ approximiert, jedoch nähern sich die Dichten für genügend große Stichproben einander an.

Um das Verhalten der Algorithmen beurteilen zu können, wurde das im vorigen Abschnitt diskutierte Modell unter Ergänzung eines Meßmodells

$$\begin{aligned} dy &= -[\alpha y + \beta y^3]dt + \sigma dW(t) \\ z_i &= y_i + \epsilon_i \end{aligned}$$

mit der Parameterwahl $\psi = \{\alpha, \beta, \sigma, R\} = \{1, 0, 2, 1\}$ ($R = \text{Var}(\epsilon_i)$) und Messungen bei

$$\tau = \{0, 4, 6, 8, 10, 11, 12, 13.5, 13.7, 15, 15.1, 17, 19, 20\}$$

(vgl. Beispiel 5.2) auf dem Gitter $t_j = j\delta t; \delta t = 0.1$ simuliert und die Likelihood-Funktion bzw. die Likelihood-Oberfläche für verschiedene Stichprobengrößen $N = 5, 10, 20, 50, 100, 500$ berechnet. Durch diese Wahl des

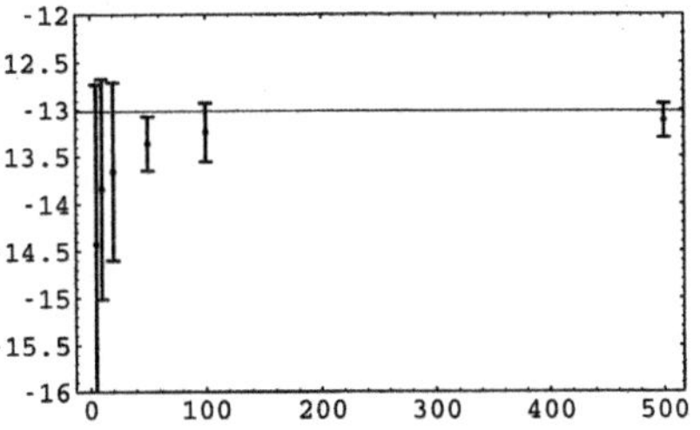

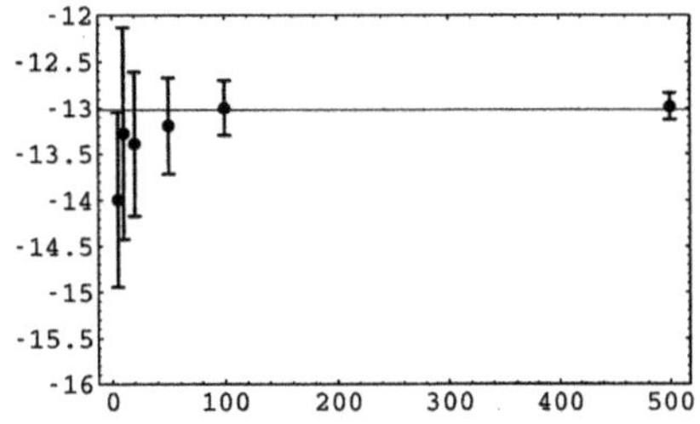

Abbildung 7.24. Mittelwert $\pm$ Standardabweichung für die simulierte Likelihood-Funktion in Abhängigkeit der Stichprobengröße N ($M = 10$ Replikationen pro Wert): Kerndichte-Filter KDF (links), Funktional-Integral-Filter FIF (rechts). Durchgezogene Linie: Exakte Likelihood (Kalman-Filter).

Parameters-Vektors erhält man ein lineares System, so daß sich die Resultate mit den exakten Werten des Kalman-Filters vergleichen lassen.

Zwar nähern sich die Approximationen für genügend große N an die exakte Likelihood an, jedoch sind Stichproben mit 100 und mehr Referenztrajektorien erforderlich (Abb. 7.24). Das Verhalten des FI-Filters scheint günstiger zu sein als das des KDF (geringere Verzerrung). Schwerer wiegt jedoch die Beobachtung, daß die numerisch berechnete Score-Funktion $\hat{s}_\psi(z) = (\hat{l}_{\psi+h}(z) - \hat{l}_\psi(z))/h; h = 0.1$ eine sehr erratische Form aufweist, was auf eine mangelnde Glattheit der Likelihood verweist, d.h. unstetige bzw. nichtdifferenzierbare Abhängigkeit vom Parameter (Abb. 7.25). Dieser Effekt ist vorhanden, obwohl bei jedem Durchlauf des Filters mit identischen Zufallszahlen gearbeitet wurde. Trotz intensiver Bemühungen konnte das Problem bisher nicht gelöst werden. Es ist im Rahmen eines Quasi-Newton-Optimierungsalgorithmus besonders störend, da ja die Nullstelle der Score-Funktion gefunden werden soll. Die extremen Schwankungen im Vorzeichen von $s_\psi(z)$ führen zu mangelhafter Konvergenz der Maximierungs-Algorithmen im multidimensionalen Fall. Da im vorigen Abschnitt gezeigt wurde, daß sich Systeme ohne Meßmodell mit der Methode der simulierten Likelihood gut schätzen lassen, wurde die Abhängigkeit vom Parameter $R = \mathrm{Var}(\epsilon_i)$ untersucht (Abb. 7.25 - 7.27). Es zeigt sich, daß für verkleinerte Varianzparameter des Meßfehlers glattere Verläufe resultieren. Offenbar kommt die Rauhigkeit der Likelihood-Oberfläche durch die Resampling-Prozedur nach dem Meß-Update zustande, d.h. durch das Ziehen von $y_{n,i+1}$ aus der Verteilung

$$\hat{p}_{\alpha,i+1|i+1} = \sum_n \alpha_{n,i+1} \phi(y_{n,i+1|i+1}, P_{n,i+1|i+1}).$$

Für genügend kleines R werden die Größen $y_{n,i+1|i+1}$ (a posteriori-Mittelwerte der Referenz-Trajektorien) sehr ähnlich und alle Startwerte kommen aus der unmittelbaren Umgebung von z_{i+1} (Messung). Für größere R-Werte

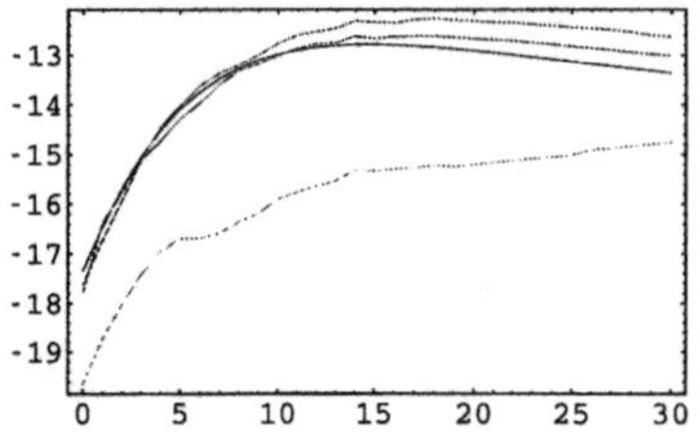

Abbildung 7.25. KDF: Likelihood-Funktion $\hat{l}_{\psi}(z)$ als Funktion des Parameters α (Wertebereich $[0,3]$) für verschiedene Stichprobengrößen ($N = 10, 100, 500$). Die Annäherung an den exakten Verlauf (EKF, schwarze Linie) ist deutlich zu erkennen (linkes Bild). Rechts: Score-Funktion $\hat{s}_{\psi}(z)$ als Funktion des Parameters α (Wertebereich $[0,3]$; Inkrement $h = 0.1$). Die Funktion weist eine große Rauhigkeit auf. Meßfehler-Kovarianz $R = 1$.

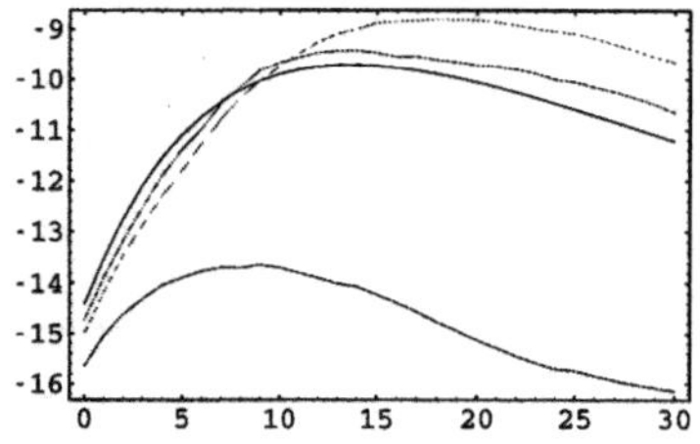

Abbildung 7.26. KDF: Likelihood $\hat{l}_{\psi}(z)$ und Score - Funktion $\hat{s}_{\psi}(z)$ ($N = 10, 100, 500$). Meßfehler-Kovarianz $R = 0.1$.

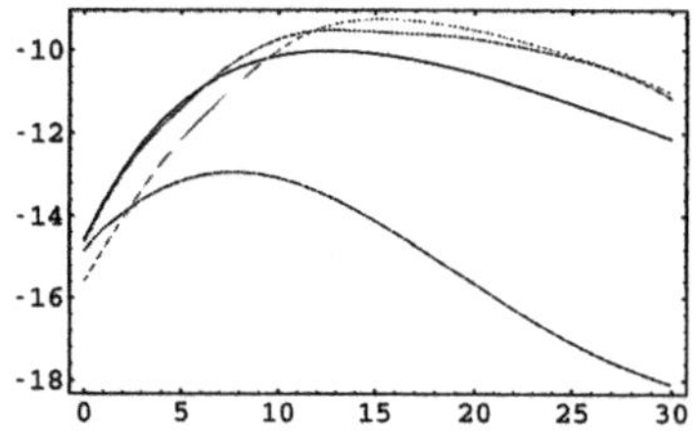

Abbildung 7.27. KDF: Likelihood $\hat{l}_{\psi}(z)$ und Score - Funktion $\hat{s}_{\psi}(z)$ ($N = 10, 100, 500$). Meßfehler-Kovarianz $R = 0.0001$.

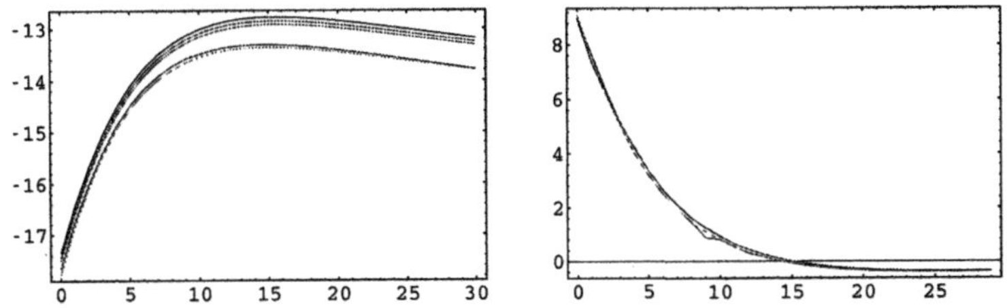

Abbildung 7.28. DKS: Likelihood-Funktion $\hat{l}_\psi(z)$ als Funktion des Parameters α (Wertebereich $[0,3]$) für verschiedene Stichprobengrößen ($N = 5, 10, 100, 500$). Die Annäherung an den exakten Verlauf ist deutlich zu erkennen (linkes Bild). Rechts: Score-Funktion $\hat{s}_\psi(z)$ als Funktion des Parameters α (Wertebereich $[0,3]$; Inkrement $h = 0.1$). Die Funktionen sind wesentlich glatter. Meßfehler-Kovarianz $R = 1$.

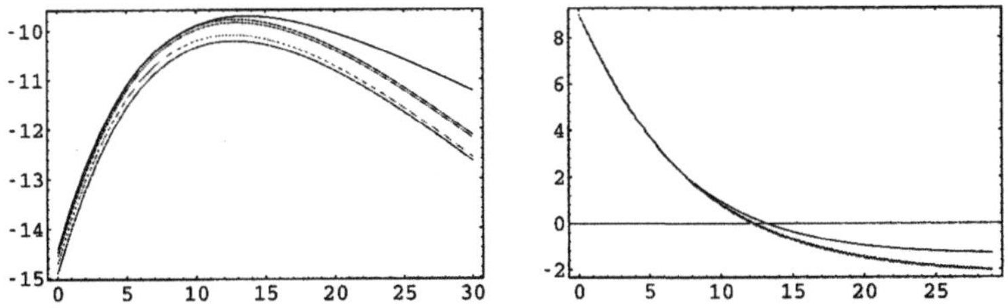

Abbildung 7.29. DKS: Likelihood $\hat{l}_\psi(z)$ und Score-Funktion $\hat{s}_\psi(z)$ ($N = 5, 10, 100, 500$). Meßfehler-Kovarianz $R = 0.1$.

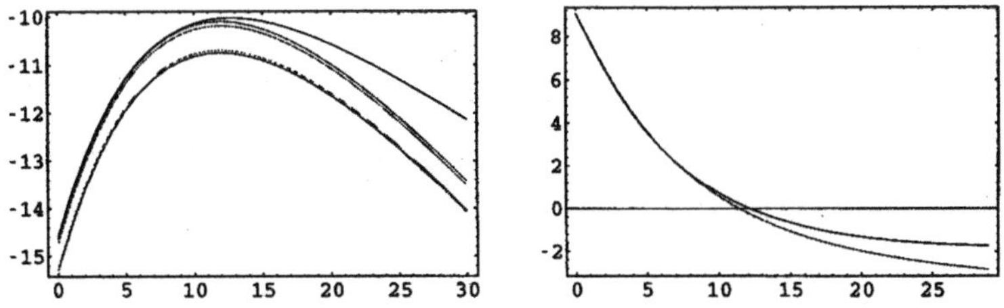

Abbildung 7.30. DKS: Likelihood $\hat{l}_\psi(z)$ und Score-Funktion $\hat{s}_\psi(z)$ ($N = 5, 10, 100, 500$). Meßfehler-Kovarianz $R = 0.0001$.

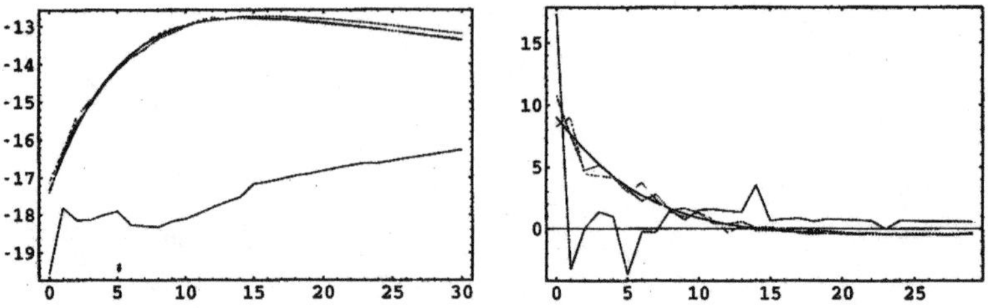

Abbildung 7.31. FIF: Likelihood-Funktion $\hat{l}_{\psi}(z)$ (links) und Score-Funktion (rechts) als Funktion des Parameters α ($N = 10, 100, 500$). Meßfehler-Kovarianz $R = 1$.

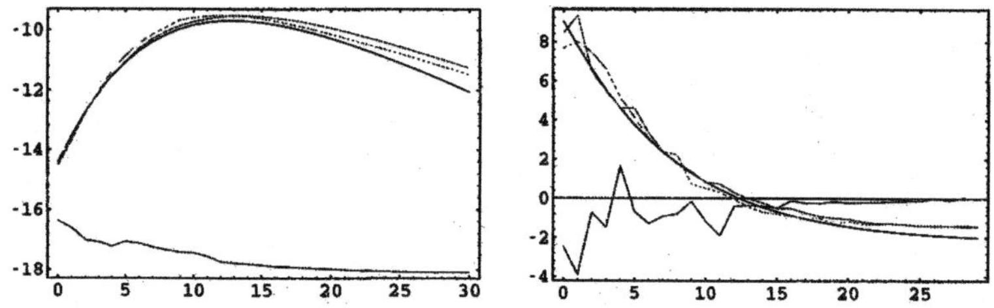

Abbildung 7.32. FIF: Likelihood $\hat{l}_{\psi}(z)$ und Score-Funktion $\hat{s}_{\psi}(z)$ ($N = 10, 100, 500$). Meßfehler-Kovarianz $R = 0.1$.

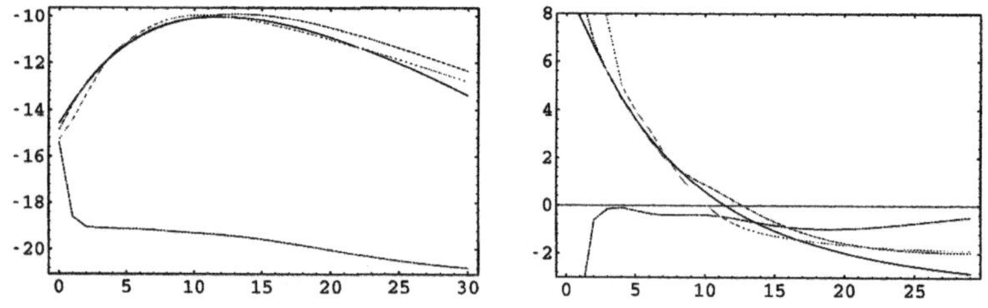

Abbildung 7.33. FIF: Likelihood $\hat{l}_{\psi}(z)$ und Score-Funktion $\hat{s}_{\psi}(z)$ ($N = 10, 100, 500$). Meßfehler-Kovarianz $R = 0.0001$.

machen sich kleine Unterschiede im Parameter ψ, die zu etwas anderen Superpositions-Wahrscheinlichkeiten $\alpha_{n,i+1}$ führen, nach der Ziehung von Indizes $n(\omega)$ in stark unterschiedlichen Startwerten

$$y_{n,i+1} = y_{n,i+1|i+1} + P^{1/2}_{n,i+1|i+1} z_n$$

bemerkbar, die sich durch den sequentiellen Aufbau des Filters verstärken. Daß das Problem mit der Ziehung der Startwerte zusammenhängt, kann auch durch künstliche Setzung von $P_{n,i+1|i+1} = 0$ gezeigt werden – auch dann ist die Likelihood-Oberfläche wesentlich glatter. Allerdings wird damit auch eine falsche Startverteilung bewirkt.

Zum Vergleich wird in den Abb. (7.28 – 7.30) der Verlauf von Likelihood und Score für die DKS-Methode gezeigt (Kap. 5.12, Tabelle 5.1). In diesem Fall wird die Übergangswahrscheinlichkeit $p(y_{i+1}|y_i)$ durch die Gauß-Dichte $\phi(y_{i+1|i}, P_{i+1|i})$ approximiert, wobei dies nur für kleine Meßabstände oder (wie hier) für lineare Systeme gilt. Trotzdem ist eine Näherung involviert, da ja das Integral (Einschritt-Prognose) $\int p(y_{i+1}|y_i)p(y_i|Z^i)\,dy_i$ durch die Monte-Carlo-Approximation $N^{-1}\sum_n p(y_{i+1}|y_{ni})$; $y_{ni} \sim p_{i|i}$ ersetzt wird. Im Gegensatz zum KDF muß jedoch die Übergangswahrscheinlichkeit nicht zusätzlich simuliert werden, sondern ist aus der Verteilung der Prozeßfehler $dW(t)$ bekannt. Diese Kenntnis führt offenbar zum glatteren Verlauf der Likelihood, obwohl sich die Approximation in einer Verzerrung auswirkt. Dies ist eine Folge der nichtlinearen Logarithmus-Funktion $\hat{l}_{i+1} = \log \hat{L}_{i+1} = \log[N^{-1}\sum_n \hat{L}_{n,i+1}]$ im $(i+1)$-ten Teil der Log-Likelihood. Auch für unverzerrtes $\hat{L}_{i+1}$ ergibt sich aufgrund der Jensen-Ungleichung $E[\hat{l}_{i+1}] \leq \log E[\hat{L}_{i+1}]$ eine Verzerrung, die nur für genügend großes N verschwindet. (vgl. die Ausführungen in Monfort u. Van Dijk, 1995). Diese Verzerrungen sind deutlich in den Abb. (7.28 – 7.30) zu sehen. Offenbar sind sie nur in geringem Ausmaß von ψ abhängig, wodurch die Scores davon nicht so stark betroffen sind.

Ein Vergleich mit dem Funktional-Integral-Filter (FIF), das ähnlich zum DKS aufgebaut ist, jedoch die Meßintervalle durch J eingeschobene Gaußdichten überbrückt, zeigt einen Verlauf, der weniger verzerrt als beim DKS, aber rauher ist (Abb. 7.31 – 7.33). Offenbar trägt also auch die Simulation der Übergangswahrscheinlichkeit zur Rauhigkeit der Likelihood bei. Der Vergleich von KDF und FIF fällt zugunsten des letzteren aus, da es eine etwas glattere Likelihood und schnellere Annäherung an den wahren Verlauf ergibt. Für die in den Abb. (7.25 – 7.27) und (7.28 – 7.30) gezeigten Likelihoods wurden mit Hilfe eines BFGS-Quasi-Newton-Algorithmus die ML-Schätzungen und Standardfehler berechnet (Tabelle 7.5). Dabei zeigt sich, daß für eine geeignete Wahl der Inkremente h bei der Berechnung des numerischen Scores Konvergenz sowohl für KDF als auch DKS in die Nähe des exakten, vom Kalman-Filter berechneten Werts stattfindet. Aufgrund der Rauhigkeit der Likelihood muß mit relativ großen Inkrementen

$$h \propto \sqrt{10^{-FDIGITS}}$$

$R = 1$						
	$\hat{\alpha}$	Std($\hat{\alpha}$)	Lik	Score	k	FDIGITS
EKF	1.45987	0.877566	-12.7854	0.00335563	9	16
KDF						
N = 10	1.47786	0.800001	-15.2732	0.0907217	15	1
100	1.43235	0.639925	-12.2899	-0.00403769	9	1
500	1.37597	0.616117	-12.6265	0.0197897	11	1
DKS						
N = 10	1.21854	0.576608	-13.4003	0.00972854	7	1
100	1.27602	0.591686	-12.959	0.00389449	9	1
500	1.26787	0.586709	-12.8921	0.00930599	8	1

Tabelle 7.5. Quasi-Newton-Algorithmus. ML-Schätzer und geschätzte Standardabweichung für einen Meßfehler von $R = 1$. Vergleich von EKF, Kerndichte-Filter KDF und DKS. k = Zahl der Iterationen. $10^{-FDIGITS/2}$ = Inkrement der numerischen Ableitung.

gearbeitet werden, wobei FDIGITS die geschätzte Genauigkeit der Zielfunktion ist (Anzahl der exakten Dezimalstellen; vgl. Dennis u. Schnabel, 1983, S. 279). Hier wurde mit einem Wert von FDIGITS = 16 für den Kalman-Filter und versuchsweise mit FDIGITS = 1 für die simulierten Filter gerechnet. Alternativ kann die Präzision der Likelihood mit Hilfe approximativer Konfidenzintervalle geschätzt werden, was eine M-fache Replikation der Funktionswerte voraussetzt. Dann wird der Mittelwert $\bar{l}(\psi) = M^{-1} \sum_m l_m$ maximiert und die Standardabweichung ist ein Maß für die Genauigkeit der Funktion.

Alternativ zum Quasi-Newton-Verfahren können auch ableitungsfreie Gittersuchverfahren eingesetzt werden. [10] Im folgenden werden die Resultate eines zyklischen Suchverfahrens in den Koordinatenrichtungen $e_i, i = 1, \ldots, u$ mit dem BFGS-Vefahren verglichen. Dazu wurde das zweidimensionale Schätzproblem für $\psi = \{\alpha, g\}$ (unter Fixierung der wahren Werte $\alpha = -1, \beta = 0, g = 2, R = 1$) für die beiden Likelihoods L_{EKF} und $L_{KDF}, N = 50$, untersucht. Da $\beta = 0$ gesetzt wurde, liefert das EKF wieder die exakte Likelihood. Figur (7.34) zeigt die Likelihood-Oberfläche als Funktion der Parameter $\{\alpha, g\}$, und zwar in der oberen Zeile berechnet mit dem Kerndichte-Filter KDF ($N = 50$ Referenztrajektorien), während die untere Zeile die mit dem Kalman-Filter (exakt) gewonnene Fläche darstellt. Links sind die Iterationsschritte des Gittersuchverfahrens, rechts die des BFGS-Quasi-Newton-Verfahrens gezeigt. Im Fall des KDF sind die von GRID bzw. BFGS gefundenen ML-Schätzwerte unterschiedlich, wobei das Suchverfahren einen etwas höhereren Wert für die Likelihood ergibt. Beim BFGS-Verfahren ergibt sich das typische Resultat, daß der Algorithmus in einer Schritt-Halbierung terminiert, d.h. die Newton-Suchrichtung ist keine Aufstiegsrichtung. Trotzdem ist der approximative Score ungleich 0. Berechnet man dagegen die Likelihood mit dem Kalman-Filter, so zeigt der

[10] Tanizaki u. Mariano (1995).

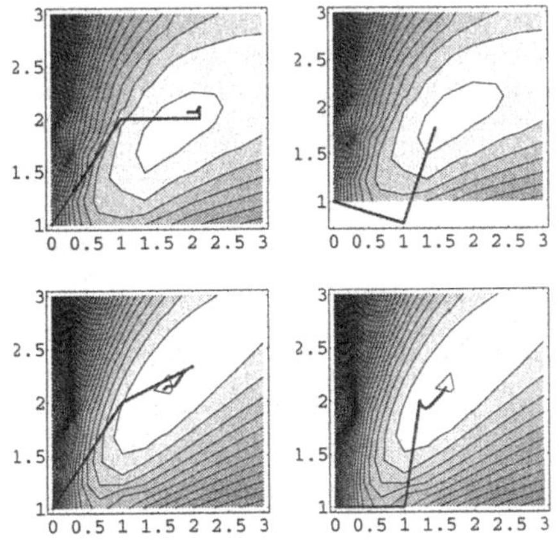

Abbildung 7.34. Vergleich der Optimierungsverfahren: Gittersuche (links) und Quasi-Newton (rechts). Obere Zeile: Simulierte Likelihood (KDF, $N = 50$). Untere Zeile: Kalman-Filter (exakt).

Methode	$\hat{\psi}$	SCORE	Likelihood	Iterationen
		KDF		
GRID	1.95062	-0.175643	-12.74424088829367	11
	2.0599	-0.794993		
BFGS	1.45756	-0.10778	-12.78280434256953	4
	1.76789	-0.621067		
		EKF		
GRID	1.59259	-0.0019267	-12.77970791100705	9
	2.12346	0.00233253		
BFGS	1.5924	-0.00336359	-12.77971243993974	9
	2.12205	0.00483583		

Tabelle 7.6. Vergleich der Optimierungsverfahren: Gittersuche und Quasi-Newton (BFGS) Zielfunktionen: Simulierte Likelihood (KDF, $N = 50$). Exakte Likelihod (Kalman-Filter).

BFGS-Algorithmus das gewohnt gute Verhalten (schnelle Konvergenz, Score ≈ 0), aber auch das Suchverfahren findet sehr ähnliche ML-Schätzwerte. Die Ergebnisse sind in Tabelle (7.6) nochmals zusammengestellt. Versuche mit 3 und mehr Parameter-Komponenten führen bisher zu unbefriedigenden Resultaten und sollen hier nicht dargestellt werden.

7.8.2 Bayes-Methode

Aufgrund der Rauhigkeit der Likelihood-Funktion und der damit verbundenen Konvergenzprobleme wurde als Alternative die schon in Abs. 7.3 erwähnte Bayes-Methode getestet, bei der die Parameter ψ als Komponenten des

System-Zustands $\eta(t) = \{y(t), \psi(t)\}$ aufgefaßt werden. Die nichtlinearen Filtermethoden KDF, FIF und DKS ergeben dann eine Schätzung der bedingten Filterdichte $p(y, \psi, t|Z^t)$ in der Form von Kerndichten oder Mischverteilungen. Aus der marginalen Verteilung $p(\psi, t|Z^t)$ kann das sequentielle Verhalten von $\psi(t)|Z^t$ bzw. der bedingten Erwartungswerte (oder Modi) und Kovarianzen abgeleitet werden. Vorteil des Verfahrens ist, daß keine iterativen Optimierungsverfahren wie bei der ML-Methode erforderlich sind. Man erhält alle gesuchten Größen als Resultat *eines* Filterdurchlaufs, muß jedoch eine höhere Dimension des Systems in Kauf nehmen, da die u Komponenten von ψ den Zustand erweitern. Ein weiterer Vorteil liegt darin, daß in der marginalen Verteilung $p(y, t|Z^t)$ bzw. in den entsprechenden HPD-Konfidenzintervallen (highest posteriori density) $E[y(t)|Z^t] \pm z_{1-\alpha/2}\mathrm{Std}[y(t)|Z^t]$ der Schätzfehler von $\hat{\psi}$ schon enthalten ist, während beim Einsetzen des ML-Schätzers $\hat{\psi}_{ML}$ in den Filter (statt des unbekannten ψ) dieser vernachlässigt wird.

Der Einfachheit halber wurde im folgenden Beispiel nur der Parameter $\alpha = -1$ als Komponente zum Zustand $y(t)$ hinzugefügt, während die anderen Parameter auf ihre wahren Werte $\beta = 0.1, \sigma = 2, R = 1$ fixiert wurden. Die a priori-Verteilung

$$p_{0|-1} = \phi(\{0, -1\}, \mathrm{diag}(10, 1))$$

soll moderates a priori-Wissen über den Parameterwert $\alpha = -1$ ausdrücken. Obwohl die Meßabstände Δt_i nicht alle klein sind, wurde das Verhalten der DKS-Methode (Gaußsche Übergangsdichte $p(y_{i+1}|y_i) \approx \phi(y_{i+1}; y_i + f(y_i)\Delta t_i, \Omega(y_i)\Delta t_i))$ mit dem Kerndichtefilter KDF und dem Funktional-Integral-Filter (FIF) verglichen ($N = 100$ Referenztrajektorien). Die Resultate sind in den Abbildungen (7.35 - 7.39) gezeigt. An den Meßzeitpunkten t_i verändern sich die bedingten Erwartungswerte $E[\psi, t|Z^t]$ unstetig, während sie im Meßintervall aufgrund der fehlenden neuen Messung und der trivialen Dynamik $d\psi = 0$ konstant bleiben. Die Varianz der Verteilung des Parameters wird im Zeitablauf kleiner, da immer mehr Information hinzukommt.

Das Verhalten des DKS-Filters ist ähnlich, wobei es nicht in der Lage ist, die bimodale Form von $p(y_{i+1}|y_i)$ in den größeren Meßintervallen (z.B. $\Delta t_0 = 4$) zu modellieren. Die Verteilung des Parameters α ist im Vergleich zum KDF etwas enger, hat aber in etwa den gleichen Zeitverlauf. Sie muß geglättet werden, da aufgrund der Dynamik $d\psi = 0$ die Diffusionsmatrix des Systems

$$\begin{aligned} d\begin{bmatrix} y(t) \\ \psi(t) \end{bmatrix} &= \begin{bmatrix} f(y(t), \psi(t)) \\ 0 \end{bmatrix} dt + \begin{bmatrix} g(y(t), \psi(t)) \\ 0 \end{bmatrix} dW(t) \\ &:= F(y(t), \psi(t))dt + G(y(t), \psi(t))dW(t) \end{aligned}$$

singulär ist:

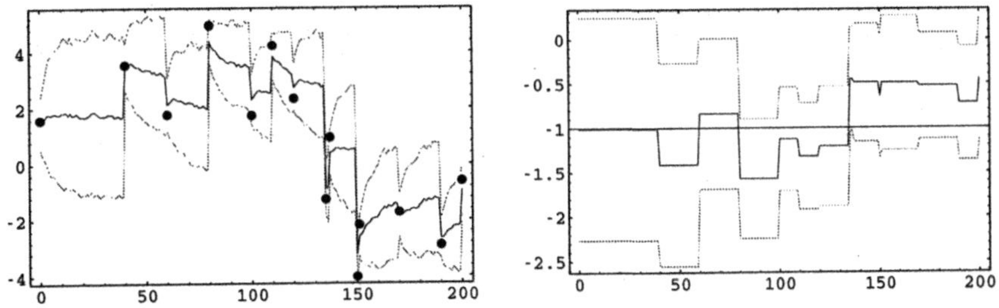

Abbildung 7.35. Bayes-Methode. Kerndichtefilter KDF für den erweiterten Zustand $\{y(t), \alpha(t)\}$. Bedingte Erwartungswerte $\pm$ Standardabweichung (links: $y(t)$, rechts: $\alpha(t)$). $N = 100$ Referenztrajektorien.

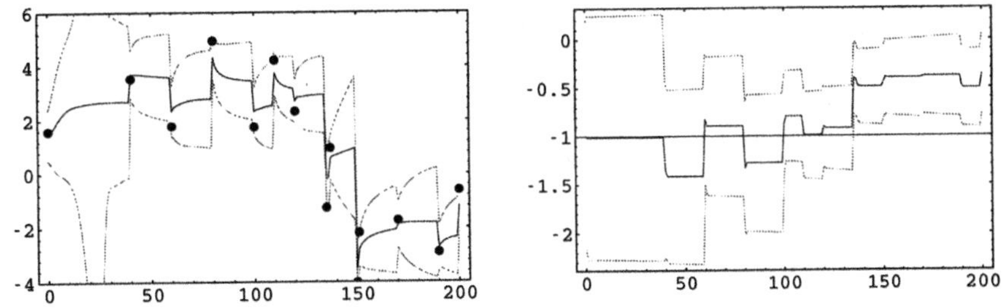

Abbildung 7.36. Bayes-Methode. Diskretisiertes kontinuierliches Sampling DKS für den erweiterten Zustand $\{y(t),\ \alpha(t)\}$. Bedingte Erwartungswerte $\pm$ Standardabweichung (links: $y(t)$, rechts: $\alpha(t)$). $N = 100$ Referenztrajektorien.

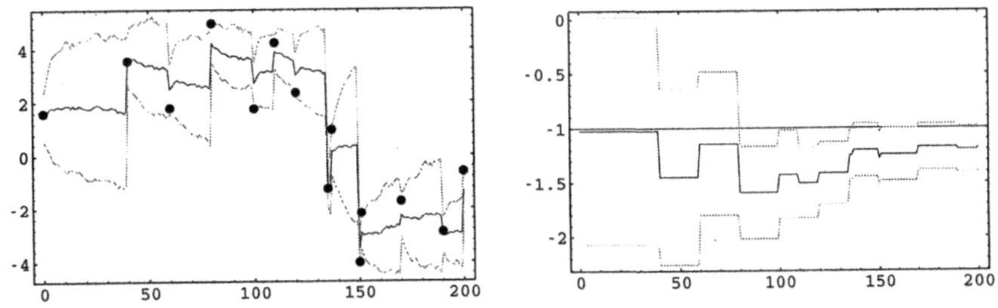

Abbildung 7.37. Bayes-Methode. Funktional-Integral-Filter FIF für den erweiterten Zustand $\{y(t), \alpha(t)\}$. Bedingte Erwartungswerte $\pm$ Standardabweichung (links: $y(t)$, rechts: $\alpha(t)$). $N = 100$ Referenztrajektorien.

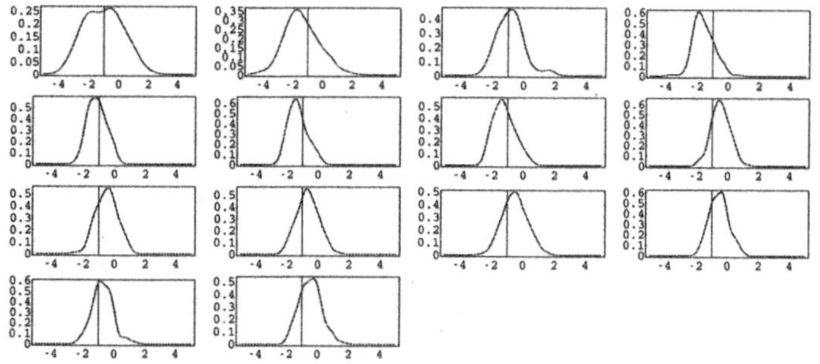

Abbildung 7.38. KDF: Geschätzte marginale Dichten $\hat{p}(\alpha, t|Z^t)$ an den Meßzeitpunkten (Kernschätzer). Wahrer Wert: $\alpha = -1$.

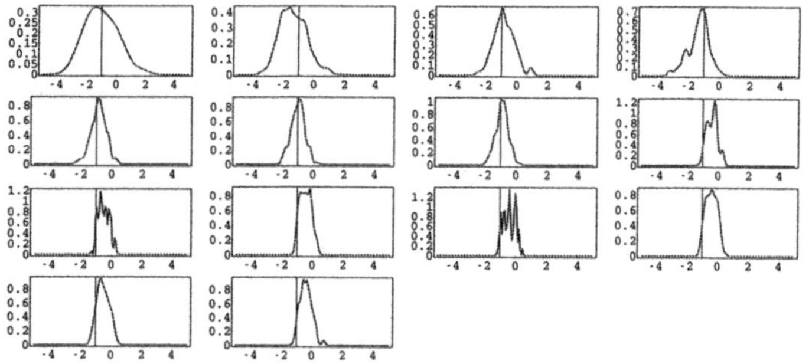

Abbildung 7.39. DKS: Geschätzte marginale Dichten $\hat{p}(\alpha, t|Z^t)$ an den Meßzeitpunkten (geglättete Version, siehe Text). Wahrer Wert: $\alpha = -1$.

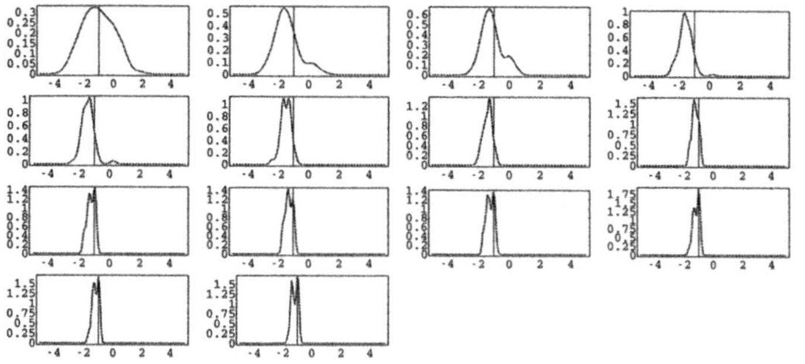

Abbildung 7.40. FIF: Geschätzte marginale Dichten $\hat{p}(\alpha, t|Z^t)$ an den Meßzeitpunkten. Wahrer Wert: $\alpha = -1$.

$$GG' = \begin{bmatrix} gg' & 0 \\ 0 & 0 \end{bmatrix} = \begin{bmatrix} \Omega(y,\psi) & 0 \\ 0 & 0 \end{bmatrix} : (p+u) \times (p+u).$$

Daher sind die Varianzen der ψ-Komponenten in $p(\eta_{i+1}|\eta_i) \approx \phi(\eta_{i+1}; \eta_i + F(\eta_i)\Delta t_i, GG'(\eta_i)\Delta t_i)$ gleich 0 und die Mischverteilung

$$\hat{p}_{i+1|i+1} = \sum_n \alpha_{n,i+1}\phi(\eta_{n,i+1|i+1}, P_{n,i+1|i+1}).$$

(a posteriori-Dichte für η) enthält singuläre Normalverteilungsdichten. Entsprechend setzt sich die marginale Verteilung $\hat{p}_{i+1|i+1}(\psi)$ aus Delta-Funktionen zusammen. Eine geglättete Version ist in Abb. (7.39) zu sehen. Programmtechnisch wurde das Problem durch die Einführung einer Dynamik $d\psi = \epsilon dW$ mit kleinem ϵ-Hilfsparameter umgangen ($\epsilon = 0.1$).

Im Vergleich zu KDF und DKS liegt die Parameterschätzung für den FI-Filter $\hat{\alpha}(t)$ am Ende der Trajektorie am nächsten zum wahren Wert und die geschätzte bedingte Standardabweichung ist am kleinsten. Im Vergleich der Filterfehler [11] ergibt sich {1.46688, 0.346833} (KDF), {1.45942, 0.316097} (DKS) und {1.64039, 0.308949} (FIF), was zeigt, daß das KDF bei der Zustandsprognose $y(t)$ im Mittel etwas besser abschneidet, während der Parameter vom FIF besser geschätzt wird. Allgemeine Aussagen müssen über Simulationsstudien gewonnen werden.

[11] Mittlere quadrierte Abweichung $[J^{-1}\sum(\eta_j - \hat{\eta}_j)^2]^{1/2}$ (getrennt für die Komponenten).

Teil II

Statistische Bewertung von Optionen

8. Zeitstetige Modellierung finanzwirtschaftlicher Prozesse

Während im Rahmen der Ökonometrie zeitstetige Modelle eher eine Randerscheinung bilden (die Gründe hierfür wurden im Einleitungskapitel dargestellt), sind im Rahmen der finanzwirtschaftlichen Theorie, insbesondere in der Theorie der Optionsbewertung, stochastische Differentialgleichungsmodelle in Verbindung mit dem Itô-Kalkül weit verbreitet – ja sie werden sozusagen als Stand der Technik betrachtet (vgl. Merton, 1990). Trotzdem ist auch hier der gleiche Trend zu beobachten, daß nämlich einerseits die theoretische Formulierung in stetiger Zeit vorgenommen wird, während die Spezifikation und Schätzung anhand von Daten mit Zeitreihen-Methoden erfolgt. Dies führt auf das bekannte Problem, daß stetige und diskrete Spezifikation zwar analog erfolgen kann, jedoch der Übergang zwischen den Theorieebenen nicht problemlos möglich ist. Einerseits kann nur für kleine Meßintervalle die zeitstetige Schätztheorie ohne erhebliche Verzerrungen diskretisiert werden (diskretisiertes kontinuierliches Sampling), andererseits kann aus bestimmten Zeitreihenmodellen (z.B. GARCH) im Rahmen eines Kontinuums-Limes mit entsprechender Skalierung der Parameter eine Korrespondenz zwischen Zeitreihen und stochastischen Differentialgleichungen abgeleitet werden (dies wurde von D.B. Nelson in einer Reihe von Arbeiten gezeigt; vgl. etwa Nelson, 1990, 1992). Im allgemeinen müssen jedoch die zeitstetigen Modelle mit zeitdiskreten Messungen geschätzt werden, was wieder zu einem kontinuierlich-diskreten Zustandsraum-Modell und den entsprechenden Problemen führt, die bereits in Kap. 6 – 7 behandelt wurden.

Die Reichhaltigkeit der Modelle in der Optionsbewertung läßt es als sinnvoll erscheinen, die entsprechenden Schätzmethoden und Anwendungen in einem eigenen Teil zu behandeln.

8.1 Wiener-Prozeß und geometrische Brownsche Bewegung

Der Wiener-Prozess wurde ursprünglich als mathematisches Modell für die Brownsche Bewegung von in Flüssigkeiten suspendierten Teilchen konstruiert (Wiener, 1923). Diese irregulären Zitterbewegungen wurden ursprünglich

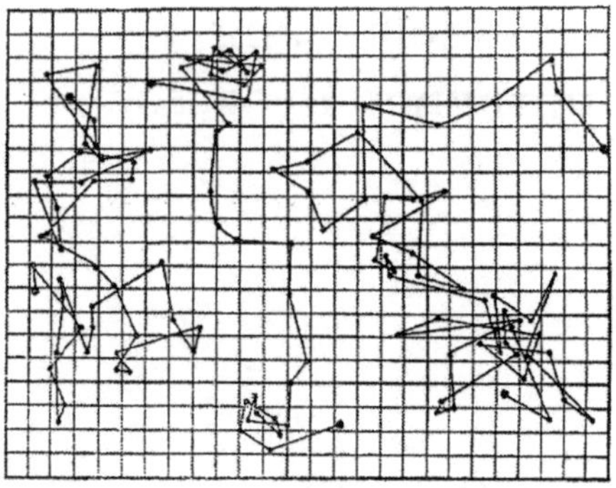

Fig. 7

Abbildung 8.1. Von J. Perrin gemessene Bahnen von Mastix-Teilchen (Zeitintervall 30 s zwischen 2 Messungen; Durchmesser 0.53 μ; Perrin, 1914, S. 107).

von dem schottischen Arzt und Botaniker Robert Brown (1773 - 1858) als Bewegungen von Pollen unter dem Mikroskop beobachtet (vgl. Nelson, 1967, Kap. 2 und 3, Brush, 1968). Später wurde durch die physikalisch motivierten Arbeiten von Einstein (1905), Langevin (1908), Perrin (1914), v. Smoluchowski (1923) und anderen die heute akzeptierte Erklärung Allgemeingut, daß es sich um die Wirkung der bewegten mikroskopischen Flüssigkeitsmoleküle auf die suspendierten Makro-Teilchen handelt. In diesem Zusammenhang sind die Arbeiten des Physik-Nobelpreisträgers J. Perrin von Interesse, da sie direkt versuchen, die Bewegungen der Teilchen zu verfolgen (Abb. 8.1, 8.2, 4.5). Hierbei zeigte sich, daß an die Bahnen keine Tangenten angelegt werden können, so daß die gemessenen Trajektorien zu folgender Äußerung Perrins Anlaß geben:

> (...) gibt eine solche Figur (...) nur einen sehr schwachen Begriff von der Kompliziertheit der wirklichen Bahn. Wenn man auch in 100 mal so kleinen Zeitabschnitten die Stellungen der Teilchen aufzeichnen würde, so würde doch nur jede Verbindungslinie in folgender Zeichnung durch eine vielzackige Linie vertreten sein, die relativ ebenso kompliziert wäre wie die ganze Zeichnung (...) (und) daß es hier und in ähnlichen Fällen praktisch ganz unmöglich ist, eine Tangente an die Bahn anzulegen. (S. 108)
>
> Wenn auch die Funktionen mit Differentialquotienten die einfachsten und am leichtesten zu behandeln sind, so bilden sie doch die Ausnahme (...): die Kurven, welche keine Tangente besitzen, sind die Regel. (S. VIII)
>
> Wir wollen z.B. eine jener weißen Flocken beobachten, die man erhält, wenn man Seifenwasser mit Kochsalz versetzt. Von weitem erscheint ihre Oberfläche scharf umrissen zu sein, sobald man sich nähert, verschwindet dies Schärfe. (...) wenn man die Vergrößerung steigert, sieht man neue Unebenheiten auftreten, ohne daß man jemals den scharfen und für das Auge beruhigenden Eindruck gewönne, den beispielsweise eine polierte Stahlkugel darbietet. (S. IX)

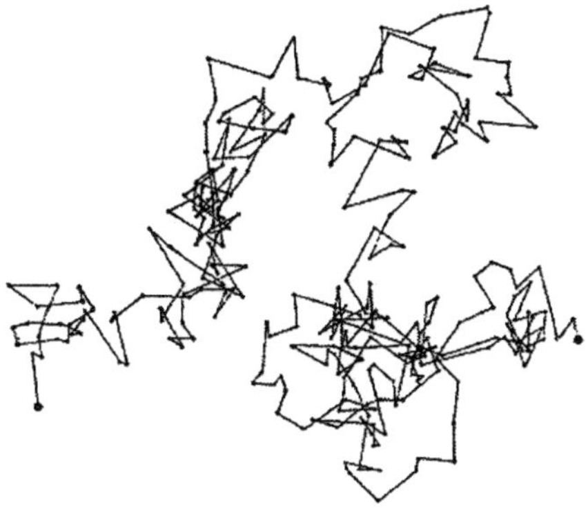

Fig. 8

Abbildung 8.2. Trajektorien von Mastix-Teilchen (Perrin, 1914, S. 108).

Diese Äußerungen zeigen, daß Perrin aufgrund seiner Experimente gezwungen ist, sich der *Physik des Unstetigen* und der entsprechenden Mathematik (z.B. den Arbeiten von E. Borel) zuzuwenden (S. XIII, Fußnote 2). Später wurde die in dem Zitat erwähnte Selbstähnlichkeit (bzw. Selbstaffinität) und Nichtdifferenzierbarkeit von Mandelbrot in seinem Fraktal-Konzept aufgegriffen (Mandelbrot, 1987). Auch N. Wiener bezieht sich in seiner Arbeit *Differential Space* (1923) auf Perrin.

Die Brücke zur Wirtschaftswissenschaft und Finanzmarkt-Theorie wurde jedoch schon viel früher von L. Bachelier (1870 – 1946) geschlagen. In seiner Dissertation *Théorie de la spéculation* (1900) [1] entwickelte er eine Theorie der Preisänderungen und Optionspreise, die aus heutigem Standpunkt genial erscheint. Aus einer zur Chapman-Kolmogoroff-Gleichung äquivalenten Formel (S. 29) entwickelt er die Wahrscheinlichkeitsverteilung des relativen Preises, der als Variable in stetiger Zeit betrachtet wird. Er erhält so als Lösung die Gaußverteilung $p = Ae^{-B^2x^2}$, die entsprechend normiert, auf die Form

$$p = \frac{1}{2\pi k\sqrt{t}} \exp\left(-\frac{x^2}{4\pi k^2 t}\right)$$

mit Erwartungswert

$$\int_0^\infty px\,dx = k\sqrt{t}$$

gebracht werden kann (die Konstante k ist definiert als Erwartungswert für $t = 1$). Dies bedeutet eine Varianz von $2\pi k^2 t$, wobei das Wurzelgesetz für die mittlere quadratische Verschiebung bei Bachelier eigenartigerweise im Erwar-

[1] Dissertation an der Ecole Normale Supérieur (1900). Die Arbeit wurde später ins Englische übersetzt (Cootner, 1964, S. 17 – 78). Eine interessante biographische Notiz ist in Mandelbrot, 1987, S. 402 ff. enthalten.

tungswert $E|X|$ zum Vorschein kommt [2]. Die Ableitung von Einstein (1905) ist ganz ähnlich (Integralgleichung für die Übergangswahrscheinlichkeit), wobei er die Diffusionsgleichung

$$\frac{\partial p}{\partial t} = D\frac{\partial^2 p}{\partial x^2}$$

erhält. Damit ist die mittlere Verschiebung $\sqrt{2Dt} = \sqrt{2\pi k^2 t}$, was die Analogie von k^2 zur Diffusionskonstante zeigt. Auch Bachelier gelangt zu einer partiellen Differentialgleichung für den Preis, nämlich der Fourierschen Gleichung

$$c^2\frac{\partial p}{\partial t} - \frac{\partial^2 p}{\partial x^2} = 0$$

für die Wärmeleitung. In der Tat ist das entsprechende Kapitel *Radiation of Probability* überschrieben:

> Each price x during an element of time radiates toward its neighboring price an amount of probability proportional to the difference of their probabilities. (...) law of radiation or diffusion of probabilities. (S. 39)

Anschließend entwickelt Bachelier eine Optionspreistheorie, die nur deshalb nicht in der bekannten Black-Scholes-Formel endet, weil bei ihm die Preise selbst und nicht die logarithmierten Preise normalverteilt sind. Ansonsten wäre der Preis analog zur Feynman-Kac-Formel als Erwartungswert zu bestimmen:

> The mathematical expectation of the buyer of an option is zero. (S. 45)

Später wurde von Osborne (1958) das aus der Psychologie bekannte Weber-Fechner-Gesetz dazu benutzt, die log-normale Verteilung der Preise von Aktien zu begründen. Hierbei wird der *Preis S* analog zum physikalischen Stimulus (z.B. Schalldruck), dagegen der *Wert y* mit der subjektiv wahrgenommenen Intensität (z.B. Lautstärke) identifiziert. Gleiche Verhältnisse des Stimulus ergeben dann gleiche Intervalle der Wahrnehmung (Wert), d.h. es gilt

$$\Delta S/S \propto \Delta y,$$

was nach einem Grenzübergang zu $dS/S = kdy$ und der Lösung

$$\int dS/S = \log(S/S_0) = k(y - y_0)$$

führt. Die Proportionalitäts-Konstante k muß aus Messungen bestimmt werden. Man erhält so eine logarithmische Skala für den Wert, die mit den

[2] Die gestutzte Normalverteilung im Intervall $[0, \infty)$ hat einen Erwartungswert von $2(2\pi)^{-1/2}\sigma$. Der Erwartungswert (für positive x-Werte) verweist auf die spätere Berechnung des Optionspreises als *mathematische Erwartung* (S. 45).

aus der Elektrotechnik und Akustik bekannten Dezibel-Skalen verwandt ist. Weiterhin macht Osborne Anleihen bei der statistischen Mechanik und betrachtet Preise und Geldwert als Ensemble von Entscheidungen im statistischen Gleichgewicht, die ähnliche Eigenschaften wie Ensembles von Teilchen aufweisen sollen. Somit wird die Verteilung von $y(\tau) = \log(S(t+\tau)/S(t))$ als normal angenommen, da sich die logarithmierten Preisverhältnisse (Wertänderungen) als Summe einzelner unabhängiger Zufallsvariablen $y(i) = \log[S(t+i\delta)/S(t+(i-1)\delta)]$ schreiben lassen (Wertänderungen der einzelnen Aktien, δ = Zeit zwischen einzelnen Verkäufen). Dann wird nach dem zentralen Grenzwertsatz y normalverteilt sein (Osborne, a.a.O., S.109 f).

Setzt man also versuchsweise [3] die Wertänderungen $\log S(t+\tau) - \log S(t)$ als proportional zum Wienerprozeß an, so ergibt sich unter Berücksichtigung einer deterministischen Rendite μ der Ansatz

$$\Delta y(t) \quad := \quad \log S(t+\tau) - \log S(t) = \mu\tau + \sigma[W(t+\tau) - W(t)]$$

oder für $\tau \to 0$

$$dy(t) \quad = \quad \mu dt + \sigma dW(t).$$

Die Lösung dieser stochastischen Differentialgleichung ist ein Wiener-Prozeß mit Drift, d.h.

$$y(t) \quad = \quad y_0 + \mu(t - t_0) + \sigma[W(t) - W(t_0)], \tag{8.1}$$

$$S(t) \quad = \quad S_0 \exp\{\mu(t - t_0) + \sigma[W(t) - W(t_0)]\}. \tag{8.2}$$

Allerdings erfüllt $S = \exp y$ die Itô-Gleichung $dS = Sdy + \frac{1}{2}Sdy^2 = (\mu + \frac{1}{2}\sigma^2)Sdt + \sigma SdW$, was nicht ganz den intuitiven Vorstellungen entspricht (der Erwartungwert von $S(t)$ hat eine Rate $\mu^+ = \mu + \frac{1}{2}\sigma^2$). Besser ist es deshalb, von der Form

$$dS(t) \quad = \quad \mu S(t)dt + \sigma S(t)dW(t) = [\mu dt + \sigma dW(t)]S(t)$$

auszugehen, was in den logarithmierten Preisen (subjektiver Wert) zu der weniger intuitiven Form

$$\begin{aligned} dy(t) \quad &= \quad (\mu - \tfrac{1}{2}\sigma^2)dt + \sigma dW(t) \\ &:= \quad \mu^- dt + \sigma dW(t) \end{aligned} \tag{8.3}$$

führt. Die Wong-Zakai-Korrektur ist der Preis, der für die Benutzung des Itô-Kalküls bei nichtlinearen Transformationen bezahlt werden muß. Während im klassischen und Stratonovich-Kalkül das totale Differential $d\log S = dS/S$ die übliche Renditeformel ergibt, erhält man mit den Itô-Regeln $d\log S = dS/S - \frac{\sigma^2 S^2}{2S^2}dt = dS/S - \frac{1}{2}\sigma^2 dt$. [4] Betrachtet man die Lösung von (8.3)

[3] Die folgende Argumentation stammt vom Autor.

[4] Die übliche Argumentation in diskreter Zeit: $\Delta \log S_i = \log S_{i+1} - \log S_i = \log(S_{i+1}/S_i) = \log(\frac{\Delta S_i}{S_i} + 1) \approx \frac{\Delta S_i}{S_i}$ muß hier bis zur 2. Ordnung ausgeführt werden: $\log(1+x) = x - x^2/2 + O(x^3)$.

$$S(t) = S_0 \exp\{(\mu - \tfrac{1}{2}\sigma^2)(t - t_0) + \sigma[W(t) - W(t_0)]\} \tag{8.4}$$

$$= S_0 \prod_{i=0}^{T-1} e^{\mu^- \Delta t + \sigma \Delta W_i}, \tag{8.5}$$

so zeigt sich die erfreuliche Tatsache, daß der so konstruierte Kursprozeß, der auch als *geometrische Brownsche Bewegung* bezeichnet wird, nur positive Werte annehmen kann. Dies ist ein weiterer Vorteil gegenüber dem Wiener-Prozeß, jedoch sind beide Prozesse nicht stationär. Weiterhin sind sie nicht differenzierbar, was jedoch nicht unbedingt ein Nachteil sein muß (siehe oben) und aufgrund der geforderten Eigenschaften (unabhängige Zuwächse) sogar notwendig ist. Der Rendite-Prozeß $r(t)$ im infinitesimalen Zeitintervall, der formal als

$$r(t) = \frac{dS(t)}{S(t)dt} = \mu + \sigma \frac{dW(t)}{dt}$$

geschrieben werden kann, setzt sich also additiv aus (erwarteter) Rendite μ und Gaußschem weißem Rauschen zusammen. Die sogenannte *Volatilität* wird häufig als Varianz bzw. Standard-Abweichung der Renditen (returns) berechnet. Black u. Scholes (1973, S. 639, Fußnote 1) definieren als *Varianz-Rate der Renditen* den Grenzwert von $\mathrm{Var}[\Delta S(t)/S(t)]/\Delta t$, was im vorliegenden Fall den konstanten Wert σ^2 ergibt, so daß die Volatilität ($= \sigma$) unabhängig vom Kursniveau ist. Sogenannte *leverage effects*, d.h. Abhängigkeit der Volatilität vom Kursniveau, führen zur Entwicklung alternativer Kursmodelle, z.B. zum Modell konstanter Elastizität der Varianz (CEV).

8.2 CEV-Diffusionsprozesse

Die Klasse der CEV-Diffusions-Modelle (Constant Elasticity of Variance) verallgemeinert die GBB auf die Gleichung

$$dS(t) = \mu S(t)dt + \sigma S(t)^{\alpha/2} dW(t) \tag{8.6}$$

(Cox u. Ross, 1976, Beckers, 1980, Emanuel u. MacBeth, 1982, Adjaoute, 1993). Im Spezialfall $\alpha = 1$ (Quadratwurzelprozeß) wurde schon im Jahre 1951 von Feller die Übergangswahrscheinlichkeit als Lösung der Fokker-Planck-Gleichung analytisch abgeleitet. Diese Arbeit ist grundlegend für spätere Berechnungen. Prozesse vom Quadratwurzeltyp spielen auch eine wichtige Rolle im CIR-Modell für Zinssätze (Cox, Ingersoll u. Ross, 1985; vgl. auch Marsh u. Rosenfeld, 1983). In diesem Fall schwankt der kurzfristige Zinssatz um einen langfristigen Wert θ (mean reversion)

$$dr(t) = \kappa[\theta - r(t)]dt + \sigma\sqrt{r(t)}dW(t). \tag{8.7}$$

Das Modell hat die Eigenschaft, daß keine negativen Lösungen $r(t)$ auftreten können (dies gilt allgemein für das CEV-Modell mit $\alpha > 0$). Wenn auch der langfristige Wert $\theta(t)$ fluktuiert, erhält man einen verallgemeinerten Bessel-Prozeß, falls $\theta(t)$ ein nichtnegativer adaptierter Prozeß ist (Deelstra und Delbaen, 1994). Beispielsweise könnte man auch $\theta(t)$ wieder als Quadratwurzelprozeß mit Gleichgewichtswert θ^* modellieren (CIR-2-Faktor-Modell):

$$\begin{aligned} dr(t) &= \kappa[\theta(t) - r(t)]dt + \sigma\sqrt{r(t)}dW(t) \\ d\theta(t) &= \nu[\theta^* - \theta(t)]dt + \gamma\sqrt{\theta(t)}dV(t) \end{aligned}$$

(vgl. Cox et al., 1985, Deelstra und Delbaen, 1994). Hierbei können die beiden Wiener-Prozesse beliebig korreliert sein ($\text{Cov}(dW, dV) = \rho dt$). Multivariate Modelle dieser Art lassen sich am besten als Zustandsraum-Modelle formulieren, da unbeobachtete Prozesse (sog. Faktoren) auftreten.

Im CEV-Modell (8.6) ist die bedingte Varianz der Renditen

$$\text{Var}[dS(t)/S(t)|S(t)] = \sigma^2 S(t)^{\alpha-2}dt \tag{8.8}$$

eine Funktion des Kursniveaus, wobei für $\alpha < 2$ eine umgekehrt proportionale Beziehung besteht. Die Elastizität des Diffusionskoeffizienten ist durch

$$\frac{\partial g/g}{\partial S/S} = \alpha/2,$$

d.h. gerade durch den Exponenten des kursabhängigen Terms, gegeben. Das Modell kann durch eine Substitution auf die Form des Quadratwurzel-Prozesses gebracht werden (vgl. Bsp. 3.6, Kap. 3.4). Die explizite Form der von Feller berechneten Übergangsdichte läßt sich zur Lösung der Optionsbewertungsgleichung verwenden (Cox u. Ross, 1976). Allerdings bleiben bei der Parameterschätzung von $\{\mu, \sigma, \alpha\}$ durch Beckers (1980) einige Fragen offen, die Gegenstand von Abs. 10.3 sind.

8.3 Modelle mit stochastischen Volatilitäten/GARCH-Limes

Das CEV-Modell hat den Vorteil, daß im Diffusionsterm $g(S)dW = [\sigma S(t)^{\alpha/2-1}]SdW$ der Koeffizient vor SdW eine zustandsabhängige Größe $\sigma(t)$ ist. Die Fluktuationen dieses Volatilitätskoeffizienten sind jedoch völlig durch diejenigen des Kursprozesses gegeben. Eine andere Möglichkeit besteht darin, die Dynamik von $\sigma(t)$ eigens zu modellieren. Dies führt auf die Klasse der Modelle mit stochastischer Volatilität. Diese unterscheiden sich voneinander in der Spezifikation des Volatilitäts-Prozesses, der eine latente Variable darstellt. Die unterschiedlichen Ansätze sind in Tabelle (8.1) zusammengestellt.
Die verschiedenen Modelle unterscheiden sich im wesentlichen dadurch, ob die stochastische Volatilität direkt oder indirekt (als transformierte Größe) modelliert wird. Dies ist vor allem durch die Vorgabe motiviert, daß $\sigma(t)$ eine positive Größe darstellen soll. Das Modell von Scott modelliert $\sigma(t)$ als

Autoren	Modell	Bemerkungen
Scott (1987) Chesney u. Scott (1989)	$dS(t) = \mu S(t)dt + \sigma(t)S(t)dW(t)$ $d\sigma(t) = \lambda[\sigma(t) - \bar{\sigma}]dt + \gamma dV(t)$ bzw. $d\log\sigma(t) = \lambda[\log\sigma(t) - \bar{\sigma}]dt + \gamma dV(t)$ $\mathrm{Var}(dW, dV) = \rho dt$	Aktien-Kurse Devisen-Kurse Kauf-Optionen
Hull u. White (1987)	$dS(t) = \mu S(t)dt + \sigma(t)S(t)dW(t)$ $d\sigma^2(t) = \lambda(\sigma,t)\sigma^2(t)dt + \gamma(\sigma,t)\sigma^2(t)dV(t)$ $\lambda(\sigma,t) = a(\bar{\sigma} - \sigma)$ $\mathrm{Var}(dW, dV) = \rho dt$	Aktien-Kurse Kauf-Optionen
Wiggins (1987)	$dS(t) = \mu S(t)dt + \sigma(t)S(t)dW(t)$ $d\sigma(t) = f(\sigma(t))dt + \gamma\sigma(t)dV(t)$ $f = (\alpha + \beta[\log\bar{\sigma} - \log\sigma(t)])\sigma(t)$ $\mathrm{Var}(dW, dV) = \rho dt$	Aktien-Kurse Kauf-Optionen
Johnson u. Shanno (1987)	$dS(t) = \mu S(t)dt + \sigma(t)S(t)^\alpha dW(t)$ $d\sigma(t) = \mu_s\sigma(t)dt + \sigma_s\sigma(t)^\beta dV(t)$ $\mathrm{Var}(dW, dV) = \rho dt$	Aktien-Kurse
Nelson (1990)	$d\log S(t) = \theta\sigma(t)^2dt + \sigma(t)dW(t)$ $d\log\sigma^2(t) = -\beta[\log\sigma^2(t) - \alpha]dt + \gamma dV(t)$ $\mathrm{Var}(dW, dV) = \rho dt$	AR(1)-EGARCH-Limes
Nelson (1990)	$dy(t) = c\sigma(t)^2dt + \sigma(t)dW(t)$ $d\sigma(t)^2 = [\omega - \theta\sigma(t)^2]dt + \alpha\sigma(t)^2dV(t)$ $\mathrm{Var}(dW, dV) = 0!$	GARCH(1,1)-M-Limes (y = returns)
Melino u. Turnbull (1990)	$dS(t) = (a + bS(t))dt + \sigma(t)S^{\alpha/2}(t)dW(t)$ $d\log\sigma(t) = [\alpha + \delta\log\sigma(t)]dt + \gamma dV(t)$ $\mathrm{Var}(dW, dV) = \rho dt$	Devisen-Optionen
Bollerslev, Engle u. Nelson (1994)	$dS(t) = \mu S(t)dt + \sigma(t)S(t)dW(t)$ $d\log\sigma(t)^2 = \lambda[\log\sigma(t)^2 - \log\bar{\sigma}^2]dt + \gamma dV(t)$ $\mathrm{Var}(dW, dV) = \rho dt$	$dy = (\mu - \frac{1}{2}\sigma^2)dt + \sigma dW$ $y := \log S$

Tabelle 8.1. Kurs-Modelle mit stochastischer Volatilität $\sigma(t)$.

Ornstein-Uhlenbeck-Prozeß, der auch negative Werte annimmt. Allerdings geht die Größe nur als Produkt σdW in die Kurs-Gleichung ein, wobei auch dW negativ werden kann. Da die endlichdimensionalen Verteilungen von $S(t)$ durch $\Omega = g^2 = (\sigma(t)S(t))^2$ bestimmt sind, entsteht so kein Problem. Andere Ansätze wie die von Hull u. White (1987) modellieren $\sigma(t)^2$ als geometrische Brownsche Bewegung oder wie Johnson u. Shanno (1987) als CEV-Prozeß, was zwar positive Werte impliziert, jedoch auch eine Drift des Koeffizienten zur Folge hat. Als Transformation wird in den Modellen die Logarithmus-Funktion verwendet, so daß die Volatilität $\propto \exp(\frac{1}{2}\log\sigma^2)$ etc. auf jeden Fall positiv ist (vgl. Nelson, 1990 (AR(1)-EGARCH) und Melino u. Turnbull, 1990). Die von verschiedenen Autoren propagierten Modelle in diskreter Zeit

$$\begin{aligned} y_i &= \exp(h_i/2)\epsilon_i \\ h_{i+1} - \bar{h} &= \lambda[h_i - \bar{h}] + \gamma\eta_i \\ (h_i &= \log\sigma_i^2) \end{aligned}$$

für die mittelwerts-korrigierten Renditen y_i sind hierzu analog [5]. Hierbei wird die logarithmierte quadrierte Volatilität h_i analog zum Ornstein-Uhlenbeck-Prozeß als AR(1)-Prozeß modelliert. Die in Tabelle (8.1) in der letzten Zeile angeführte Spezifikation ist die zeitstetige Variante dieses Ansatzes. Dabei wird der Aktienkurs als GBB mit stochastischer Volatilität und der Logarithmus der quadrierten Volatilität als Ornstein-Uhlenbeck-Prozes (CAR(1)) modelliert (Singer, 1997a). Diese Spezifikation entspricht in der Volatilitätsgleichung dem EGARCH-Limes von Nelson (1990) und in der Kurs-Gleichung den Ansätzen von Scott, Hull u. White und Wiggins (a.a.O).

Besonders interessant in diesem Zusammenhang sind die Arbeiten von Nelson (1990, 1992), Nelson und Foster (1995), da sie einen Zusammenhang zwischen der Klasse der ARCH- und GARCH-Modelle [6] in diskreter Zeit und den zeitstetigen Modellen herstellen. Hierbei wird in einem Grenzübergang für $\Delta t \to 0$ gezeigt, daß bei entsprechender Skalierung der Parameter des Zeitreihenmodells Diffusionsprozesse entstehen. Dies ist insbesondere von Interesse, da Modelle in der Options-Literatur meistens in stetiger Zeit spezifiziert werden, während die empirischen Arbeiten stark durch Zeitreihen-Methoden (insbesondere ARCH und GARCH etc.) geprägt sind. Beispielsweise kann das GARCH(1,1)-Modell

$$\sigma_i^2 = \omega + \alpha\epsilon_{i-1}^2 + \beta\sigma_{i-1}^2 \tag{8.9}$$

für die bedingte Varianz der Zeitreihe der Renditen

$$y_i = E[y_i|Z^{i-1}] + \epsilon_i \tag{8.10}$$

[5] vgl. Taylor (1986, 1994), Ruiz (1994), Harvey, Ruiz u.Shephard (1994), Jaquier, Polson u. Rossi (1994; incl. anschließender Diskussion), Danielsson (1994), Kim, Shephard u. Chib (1996), Andersen u. Sörensen (1997).

[6] (Generalized) autoregressive conditional heteroscedasticity; vgl. Engle (1982), Bollerslev (1986), Bollerslev, Chou u. Kroner (1992), Bollerslev, Engle u. Nelson (1994).

$$\mathrm{Var}[y_i|Z^{i-1}] \quad = \quad E[\epsilon_i^2|Z^{i-1}] := \sigma_i^2 \tag{8.11}$$

angesetzt werden (vgl. Engle u. Mustafa, 1992). Dies bedeutet, daß die bedingte Varianz des Innovationsprozesses ϵ_i als Funktion früherer Innovationen und bedingter Varianzen modelliert wird (*bedingte Heteroskedastizität*; Z^i ist die bis zum Zeitpunkt i verfügbare Information). Häufig wird auch

$$\epsilon_i = \sigma_i z_i \tag{8.12}$$

für den Innovationsprozeß geschrieben, wobei die Folge z_i mit $E[z_i] = 0, \mathrm{Var}[z_i] = 1, E[z_i^3] = 0$ eine i.i.d.-Rauschsequenz ist und die quadrierte Volatilität eine Funktion früherer Innovationen ist (ARCH(q); Engle, 1982) oder zusätzlich frühere Volatilitäten enthält. Der GARCH(p, q)-Prozeß ist dann als

$$\sigma_i^2 \quad = \quad \omega + \sum_{j=1}^{q} \alpha_j \epsilon_{i-j}^2 + \sum_{j=1}^{p} \beta_j \sigma_{i-j}^2 \tag{8.13}$$

definiert (Bollerslev, 1986). Die Form $\epsilon_i = \sigma_i z_i$ des Innovationsprozesses legt schon die Analogie zum Term $\sigma(t)dW(t)$ nahe, wobei man als Zuwächse einen Gaußschen Wiener-Prozeß oder einen Wiener-Prozeß im weiteren Sinn (vgl. Liptser u. Shiryayev, 1978, Kap. 15; vgl. auch Kap. 4.3 dieser Arbeit) verwenden kann. Schreibt man (vgl. Engle u. Mustafa, 1992)

$$\sigma_i^2 - \sigma_{i-1}^2 \quad = \quad \omega + (\beta - \alpha - 1)\sigma_{i-1}^2 + \alpha\sigma_{i-1}^2(z_{i-1}^2 - 1) \tag{8.14}$$

und berücksichtigt, daß $E[z_{i-1}^2 - 1] := E[\delta_{i-1}] = 0$ und $E[\delta_{i-1}^2] = E[z_{i-1}^4 - 2z_{i-1}^2 + 1] = 2$ gilt, so kann mit der Skalierung

$$\alpha \quad \rightarrow \quad \sqrt{dt/2} \tag{8.15}$$

$$\omega \quad \rightarrow \quad \omega dt \tag{8.16}$$

$$\beta - \alpha - 1 \quad \rightarrow \quad -\theta dt \tag{8.17}$$

aus dem GARCH(1,1)-Modell die stochastische Differentialgleichung

$$d\sigma(t)^2 = [\omega - \theta\sigma(t)^2]dt + \alpha\sigma(t)^2 dV(t) \tag{8.18}$$

gewonnen werden. Der Term $\sigma_i z_i$ aus der Return-Gleichung geht nach Multiplikation mit $\sqrt{dt}$ im Grenzwert in $\sigma(t)dW$ über, wobei in diesem Fall aufgrund von $E[z_i\delta_i] = E[z_i(z_i^2 - 1)] = 0$ die Störterme (dW, dV) unkorreliert sind [7]. Eine strengere Ableitung dieses Resultats ist in Nelson (1990) zu finden, wobei die schwache Konvergenz von CADLAG-Sprungfunktionen, die an den Sprungstellen mit der Zeitreihe übereinstimmen, gegen einen Diffusionsprozeß mit entsprechender Drift- und Diffusionsmatrix gezeigt wird.

In ähnlicher Weise kann das von Nelson (1991) konstruierte AR(1)-EGARCH-Modell für $y_i = \log S_i$

[7] Korrelierte Wiener-Prozesse ergeben sich aus der allgemeineren Form in Glg. (8.28).

$$
\begin{aligned}
y_{i+1} &= y_i + \theta\sigma_i^2 dt + \sigma_i z_i \sqrt{dt} && (8.19)\\
\log\sigma_{i+1}^2 &= \log\sigma_i^2 - \beta[\log\sigma_i^2 - \alpha]dt + \gamma\rho z_i\sqrt{dt}\\
&+ \gamma\sqrt{\tfrac{1-\rho^2}{1-2/\pi}}\left[|z_i\sqrt{dt}| - \sqrt{2dt/\pi}\right] && (8.20)
\end{aligned}
$$

im Limes $dt \to 0$ in das System von SDE

$$
\begin{aligned}
d\log S(t) &= \theta\sigma(t)^2 dt + \sigma(t)dW(t) && (8.21)\\
d\log\sigma^2(t) &= -\beta[\log\sigma^2(t) - \alpha]dt + \gamma dV(t) && (8.22)\\
\mathrm{Var}(dW, dV) &= \rho dt && (8.23)
\end{aligned}
$$

umgeschrieben werden (Nelson, 1990). Die SDE für den Kurs $S(t)$ lautet (mit Hilfe des Lemmas von Itô) $dS = [\theta\sigma^2 + \frac{1}{2}\sigma^2]Sdt + \sigma SdW$, was zeigt, daß es sich um eine geometrische Brownsche Bewegung mit stochastischer Drift handelt. Das EGARCH-Modell parametrisiert $\log\sigma^2$ als ARMA-Modell, wobei zusätzlich zum üblichen Störterm auch der Absolutbetrag eine Rolle spielt. Große Preisänderungen folgen aufeinander, jedoch wird für $\rho < 0$ dieser Effekt für negative Preisänderungen verstärkt. Diese Eigenschaft von Renditen wird oft als 'leverage effect' bezeichnet. Beispielsweise hat ein crash im Aktienmarkt eine Periode höherer Volatilität zur Folge, während ein Anstieg nicht diesen Effekt nach sich zieht. Wie schon erwähnt, dient auch der Exponent $\alpha < 2$ im CEV-Modell einem ähnlichen Zweck.

GARCH-Modelle und Modelle mit stochastischen Volatilitäten unterscheiden sich vor allem dadurch, daß in letzterem Fall beide Gleichungen (Kurs- und Volatilitäts-Komponente) von unterschiedlichen (korrelierten) Wiener-Prozessen angetrieben werden, während im GARCH-Modell nur *ein* Innovationsprozess involviert ist, dessen Kenntnis (Informationsmenge $Z^i = \{\epsilon_i, \ldots, \epsilon_0\}$ bzw. $Z^i = \{y_i, \ldots, y_0\}$) die rekursive Berechnung der quadrierten Volatilität σ_i^2 ermöglicht. Im GARCH-Ansatz ist also die Volatilität eine beobachtbare (direkt berechenbare) Größe. Dagegen ist sie im Modell der stochastischen Volatilitäten ein latenter Prozeß, der mit Hilfe nichtlinearer Filtermethoden optimal geschätzt werden kann (vgl. Kap. 10.5). Betrachtet man hierzu eine Euler-Approximation des Modells (letzte Zeile in Tabelle (8.1))

$$
\begin{aligned}
dS(t) &= \mu S(t)dt + \sigma(t)S(t)dW(t)\\
d\begin{bmatrix} y(t) \\ \log\sigma(t)^2 \end{bmatrix} &= \begin{bmatrix} \mu - \frac{1}{2}\sigma(t)^2 \\ \lambda[\log\sigma(t)^2 - \log\bar{\sigma}^2] \end{bmatrix} dt + \begin{bmatrix} \sigma(t) & 0 \\ 0 & \gamma \end{bmatrix}\begin{bmatrix} dW(t) \\ dV(t) \end{bmatrix}\\
&= \begin{bmatrix} \mu - \frac{1}{2}\sigma(t)^2 \\ \lambda[\log\sigma(t)^2 - \log\bar{\sigma}^2] \end{bmatrix} dt + \begin{bmatrix} \sigma(t) & 0 \\ 0 & \gamma \end{bmatrix} \times\\
&\times \begin{bmatrix} 1 & 0 \\ \rho & \sqrt{1-\rho^2} \end{bmatrix}\begin{bmatrix} dW_1(t) \\ dW_2(t) \end{bmatrix}\\
\mathrm{Var}(dW, dV) &= \rho dt
\end{aligned}
$$

mit unabhängigen Wiener-Prozessen $W_1(t), W_2(t)$, d.h.

$$y_{i+1} - y_i = (\mu - \tfrac{1}{2}\sigma_i^2)dt + \sigma_i z_{1i}\sqrt{dt} \tag{8.24}$$

$$\log \sigma_{i+1}^2 - \log \sigma_i^2 = \lambda[\log \sigma_i^2 - \log \bar{\sigma}^2]dt + \gamma z_{2i}\sqrt{dt} \tag{8.25}$$

$$\mathrm{Var}(z_{1i}, z_{2i}) = \rho, \mathrm{Var}(z_{1i}) = \mathrm{Var}(z_{1i}) = 1 \tag{8.26}$$

(vgl. Bollerslev et al., Abs. 4.1), so sieht man, daß die Störgröße $z_{2i}\sqrt{dt}$ durch eine Funktion g von $z_{1i}\sqrt{dt}$ ausgedrückt werden muß, um ein (G)ARCH-Modell zu erhalten. Diese Möglichkeit der Approximation des Diffusionsmodells durch GARCH- Zeitreihen (und umgekehrt) im Grenzwert kleiner Diskretisierungsintervalle wurde von Nelson (1990) erstmals erkannt [8]. Mögliche Transformationen wie etwa

$$\begin{aligned} z_{2i} &= g(z_{1i}) = \rho z_{1i} + \sqrt{1-\rho^2}\left(\frac{|z_{1i}| - \sqrt{2/\pi}}{\sqrt{1-2/\pi}}\right) \\ &:= \rho z_{1i} + \sqrt{1-\rho^2}\delta_i \end{aligned} \tag{8.27}$$

$$\begin{aligned} z_{2i} &= g(z_{1i}) = \rho z_{1i} + \sqrt{1-\rho^2}\left(\frac{z_{1i}^2 - 1}{\sqrt{2}}\right) \\ &:= \rho z_{1i} + \sqrt{1-\rho^2}\delta_i \end{aligned} \tag{8.28}$$

führen dann zu den oben diskutierten AR(1)-EGARCH-Grenzwerten. Modell (8.28) ergibt den asymptotisch optimalen GARCH-Filter für das System von Diffusionsgleichungen im Grenzfall stetiger Messungen (Nelson, 1992, Nelson u. Foster, 1994).

Beide Transformationen erfüllen die geforderte Bedingung

$$\mathrm{Var}(\{z_{1i}, z_{2i}\}) = \begin{bmatrix} 1 & \rho \\ \rho & 1 \end{bmatrix}, \tag{8.29}$$

wobei die Korrelation zwischen den Störprozessen mit Hilfe der Cholesky-Zerlegung

$$\begin{bmatrix} z_{1i} \\ z_{2i} \end{bmatrix} = \begin{bmatrix} 1 & 0 \\ \rho & \sqrt{1-\rho^2} \end{bmatrix} \begin{bmatrix} z_{1i} \\ \delta_i \end{bmatrix} \tag{8.30}$$

aus den unkorrelierten Folgen z_{1i} und δ_i gewonnen wurde. Diese sind voneinander abhängig, jedoch orthogonal. Wie schon in Kap. 4.3 erwähnt, genügt es für die schwache Konvergenz einer numerischen Approximation für eine stochastische Differentialgleichung, daß die Störprozesse der Differenzengleichung in den ersten und zweiten Momenten mit den Gaußschen Inkrementen der Euler-Maruyama-Approximation übereinstimmen (auch 2-Punkt-Variablen wie im Binomialmodell von Cox u. Ross (1976) wären hier möglich; vgl. Kloeden u. Platen, 1992, Kap. 14.1-2). [9]

[8] Interessanterweise wurde von gleichen Autor die Unmöglichkeit eines solchen GARCH-Diffusionsgrenzwerts in früheren Arbeiten behauptet (vgl. Nelson, 1990, S. 15).

[9] Weiterhin ist zu erwähnen, daß in den Sätzen von Kloeden u. Platen (1992) eine allgemeine Zerlegung des Intervalls $[a, b]$ durchgeführt wird, die auch

Man kann zeigen, daß das *vereinfachte schwache Euler-Schema* (4.33)

$$\eta_{i+1} = \eta_i + f(\eta_i, t_i)\Delta t_i + g(\eta_i, t_i)\Delta\tilde{W}_i, \tag{8.31}$$

bei dem die Zuwächse des Wiener-Prozesses durch unabhängige Zufallsvariable mit ähnlichen Momenten ersetzt werden, schwach mit Ordnung $\beta = 1$ gegen die entsprechende Itô-Gleichung konvergiert (Kloeden u. Platen, Satz 14.5.1, S. 473). Hierzu ist die 4-fache stetige Differenzierbarkeit der Drift- und Diffusionskoeffizienten erforderlich. Auch die Hölder-Stetigkeit ist hinreichend, allerdings sind dann nur Ordnungen von $\beta < 1$ erreichbar (Kloeden u. Platen, Satz 14.1.5, S. 460). Außerdem muß die Gültigkeit der Momentenbedingung (Kloeden u. Platen, S. 458)

$$\left|E(\Delta\tilde{W}_{ij})\right| + \left|E(\Delta\tilde{W}_{ij}^3)\right| + \left|E(\Delta\tilde{W}_{ij}^2) - \Delta t_i\right| \quad \leq \quad K\Delta t_i^2 \tag{8.32}$$

für die Komponenten $\Delta\tilde{W}_{ij}; j = 1, \ldots, r$ überprüft werden. Dies ist jedoch für die Variablen $\{z_{1i}, \delta_i\}\sqrt{dt}$ in der GARCH-Approximation erfüllt.

Die Möglichkeit einer GARCH-Approximation im Grenzwert kleiner Meßintervalle hat den Vorteil, daß die Parameter der SDGl. mit Hilfe von ML-Methoden geschätzt werden können. Bezeichnet man die Dichtefunktion der Störvariable z_i in (8.12) als $f(z)$, so läßt sich die bedingte Dichte des Innovationsprozesses ϵ_i als $f_\epsilon(\epsilon)d\epsilon = f(\epsilon/\sigma)(d\epsilon/\sigma)$ ausdrücken, was aufgrund der Prädiktionsfehler-Zerlegung

$$p(\epsilon_T, \ldots, \epsilon_0) \quad = \quad \prod_{i=0}^{T-1} p(\epsilon_{i+1}|\epsilon_i, \ldots, \epsilon_0) \tag{8.33}$$

zur Log-Likelihood

$$l(\theta) \quad = \quad \sum_{i=1}^{T}[\log f(\epsilon_i/\sigma_i) - \log \sigma_i] \tag{8.34}$$

führt. Damit ist auch die Likelihood der Daten y_i aus (8.10) gegeben. Diese einfache explizite Form der Likelihood-Funktion beruht wieder auf der Eigenschaft der GARCH-Spezifikation, daß die bedingte Varianz rekursiv aus früheren Innovationen berechnet werden kann. Im Gegensatz dazu involvieren Modelle mit stochastischer Volatilität einen latenten Prozeß und die Likelihood ist nur mit aufwendigen numerischen Verfahren zu berechnen (vgl. Fußnote 5). Auch für die zeitdiskret gemessenen Differentialgleichungsmodelle (Tab. 8.1) muß bei großem Meßabstand das kontinuierlich-diskrete Filter-Problem gelöst werden, was mit den Methoden aus Kap. 5 und 7 möglich ist (vgl. Abs. 10.5).

---

zufällige Zeitpunkte t_i einschließt. Daher sind die diskreten Approximationen, welche als rechtsstetig mit Grenzwerten von links (CADLAG) definiert werden, in sehr allgemeiner Form gegeben. Sie enthalten sowohl Sprungfunktionen mit deterministischen oder zufälligen Sprungzeiten (Itô-Prozesse mit Poisson-Sprung-Komponenten) als auch Polygonzüge und Interpolationen mit stückweise 'eingefrorenen' Koeffizienten der SDGl. (vgl. Kap. 9.5, a.a.O.).

8.4 Verallgemeinerte Itô-Prozesse

Der Vollständigkeit halber soll eine Verallgemeinerung der allgemeinen Itô-Spezifikation $dS = fdt + gdW$ erwähnt werden, die noch zusätzlich zum diffusiven Verhalten Sprünge berücksichtigt. Mit Hilfe des Poisson-Prozesses $\pi(t)$ mit $P(\pi(t) = k) = \exp(-t)t^k/k!$ und $P(\pi(0) = 0) = 1$ kann der kompensierte Poisson-Prozeß $\tilde{W}(t) = \pi(t) - t$ als *Wiener-Prozeß im weiteren Sinne* aufgefaßt werden (vgl. Liptser u. Shiryayev, 1978, Kap. 15). Man kann leicht zeigen, daß $\tilde{W}(t)$ im ersten und zweiten Moment die gleichen Eigenschaften wie der Wiener-Prozeß aufweist. Obwohl $\tilde{W}(t)$ pfadweise unstetig ist, ergibt sich die Quadratmittel-Stetigkeit unmittelbar aus $E[\tilde{W}(t) - \tilde{W}(s)]^2 = |t - s|$. Weiterhin ist der *Wiener-Prozeß im weiteren Sinne* ein Prozeß mit orthogonalen Inkrementen, d.h. $E[\tilde{W}(t_2) - \tilde{W}(t_1)][\tilde{W}(s_2) - \tilde{W}(s_1)] = 0$ für nicht überlappende Zeitintervalle $s_1 < s_2 < t_1 < t_2$ (Liptser u. Shiryayev, 1978, Kap. 15). Für Wiener-Prozesse im weiteren Sinn und Prozesse mit orthogonalen Inkrementen lassen sich Itô-Integrale (im weiteren Sinn) definieren, welche als Quadratmittel-Limes der entsprechenden Summen $\sum_i f(t_i)$ $[\tilde{W}(t_{i+1}) - \tilde{W}(t_i)]$ aufgefaßt werden. Auch stochastische Gleichungen, die von $\tilde{W}(t)$ angetrieben werden, lassen sich so definieren (Liptser u. Shiryayev, 1978, Kap. 15, S. 134).

In der finanzwirtschaftlichen Literatur wird oft von stochastischen Gleichungen ausgegangen, welche eine Sprungkomponente enthalten. Beispielsweise schlagen Cox u. Ross (1976) die Gleichung

$$dS(t)/S(t) = \mu dt + (k-1)d\pi(t) \tag{8.35}$$

für den Aktienkurs vor. Hierbei ist $k - 1$ die Sprung-Amplitude, welche auch als Zufallsvariable aufgefaßt werden kann. Zusätzlich zur Sprungkomponente kann ein diffusiver Störterm σdW addiert werden. In allgemeiner Form erhält man somit einen Sprung-Diffusionsprozeß der Form

$$dS(t) = f(S,t)dt + g(S,t)dW(t) + c(S,t)d\pi(t) \tag{8.36}$$

(vgl. Lo, 1988). Dies ist wieder als stochastische Integralgleichung zu lesen, wobei das Integral über den Poisson-Zählprozeß als stochastisches Stieltjes-Integral aufgefaßt werden muß (Liptser u. Shiryayev, 1978, Kap. 18). Wenn die Funktionen f, g, c von Parametern abhängen, kann die Likelihood-Funktion mit Hilfe der Übergangswahrscheinlichkeiten $p(S_{i+1}|S_i)$ ausgedrückt werden. Diese sind als Lösungen einer verallgemeinerten Fokker-Planck-Gleichung darstellbar (Lo, 1988). Kursmodellierung und Optionsbewertung auf der Grundlage von gemischten Prozessen wird in den Arbeiten von Cox u. Ross (1976), Merton (1976, 1990), Aase (1988), Beinert u. Trautmann (1991), Schäfer (1994) u.a. ausführlich dargestellt.

9. Die verallgemeinerte Black-Scholes-Differentialgleichung

9.1 Optionen

Optionen sind derivative (abgeleitete) Finanzierungsinstrumente, die sich auf ein Basisobjekt beziehen. Dabei sind für Optionen, die an einer Optionsbörse zum amtlichen Handel zugelassen sind, nur Aktien, Rentenpapiere, Waren (Rohstoffe oder Edelmetalle), Devisen, Terminkontrakte oder Aktienindizes möglich (Spremann, 1991, S. 535). Im Rahmen der Mathematik und Statistik rührt das Interesse an Optionen von der Anwendbarkeit der stochastischen Analysis, Martingaltheorie, Itô-Kalkül und partiellen Diffentialgleichungen bzw. der stochastischen Repräsentation deren Lösungen her (Feynman-Kac-Formel). Dem kommt entgegen, daß der Optionshandel seit Eröffnung des Chicago Board Option Exchange (CBOE) im Jahr 1973 eine stürmische Entwicklung erlebte. [1] Ähnlich der Struktur der Schweizer Terminbörse SOFFEX arbeitet die Deutsche Terminbörse DTB seit Anfang 1990 (vgl. ausführlich Loistl, 1992, S. 315 ff.).

Optionen zählen zur Gruppe der bedingten Termingeschäfte, da einem Partner (Käufer) das Recht zusteht, für die Ausübung oder den Verfall der Option zu optieren. Der Verkäufer muß sich fügen (Stillhalter). Dafür muß der Käufer bei Vertragsabschluß die vereinbarte Optionsprämie bezahlen.

Standardisierte Optionen besitzen einheitliche Kontraktspezifikationen wie Laufzeiten, Kontraktgröße, Basispreise usw. und sind damit zu börsenmäßiger Handelbarkeit geeignet. Dagegen sind over the counter (OTC)-Optionen individuell auf die Bedürfnisse der Vertragspartner abgestimmt. Grundsätzlich lassen sich Kaufoptionen (calls) und Verkaufsoptionen (puts) unterscheiden. Erstere beinhalten das Recht, einen bestimmten Gegenstand (z.B. Waren, Wertpapiere) in der Zukunft (Zeitintervall oder Zeitpunkt T) zu einem vorher festgelegten Preis (Basispreis K) zu beziehen oder an den Stillhalter zu verkaufen (puts). Dabei werden amerikanische Optionen (Ausübungsrecht während der Laufzeit) und europäische Optionen (Ausübungsrecht am Laufzeitende) unterschieden. Dies bedeutet jedoch nicht, daß etwa in Europa keine amerikanischen Optionen gehandelt werden. Zum Beispiel

[1] Quellen: Loistl, 1992, Spremann, 1991, Steiner und Bruns, 1995, Bruns u. Meyer-Bullerdiek, 1996.

können die in Kap. 11 analysierten Aktien-Optionscheine sowohl 'european' als auch 'american style' sein.

Mit den Optionsformen call und put bzw. dem Kauf (long) oder Verkauf (short) lassen sich 4 Positionen unterscheiden, die als long call, long put, short call und short put bezeichnet werden. Beispielsweise muß der Käufer einer Kaufoption (long call) nur einen Verlust in Kauf nehmen, der maximal gleich der bezahlten Optionsprämie ausfallen kann, wenn nämlich der Kurs des Basiswerts unterhalb von K fällt. Demgegenüber kann der Verlust der short-Position beliebig hoch ausfallen, da der Stillhalter den Basiswert zum vereinbarten Kurs K liefern muß, jener jedoch (etwa bei stark gestiegenen Kursen) wesentlich mehr kostet. Damit ist die Kaufoption in etwa einer Versicherung vergleichbar, die eine bestimmte Prämie kostet, welche bei Nichteintreten des Schadensfalls verfällt, jedoch der Versicherungsnehmer im Schadensfall (evtl. oberhalb einer Selbstbeteiligung) die Kosten in unbegrenzter Höhe erstattet bekommt.

Ein Hauptziel der Optionspreistheorie ist daher die Bestimmung von Schranken für den Optionspreis und unter spezifischeren Annahmen für die Dynamik des Basiswerts eine möglichst objektive Bestimmung der zu zahlenden Prämie bei Abschluß des Vertrags (fairer Preis). Allgemeine Determinanten des Optionspreises sind

1. der aktuelle Kurs S des Basiswerts (z.B. Aktienkurs)
2. der Ausübungskurs (Basispreis K)
3. die Restlaufzeit $T - t$ bis zum Erlöschen der Option
4. die Volatilität σ des Basiswerts
5. der Marktzins r
6. Dividenden innerhalb der Optionsfrist

(Spremann, 1991, S. 543). In diesem Zusammenhang wird der *innere Wert* der Kaufoption als $\max(S-K,0) := (S-K)^+$, derjenige der Verkaufsoption (spiegelbildlich) als $\max(K - S, 0) := (K - S)^+$ definiert. Es ist der Wert, den die Option am Ausübungszeitpunkt hat. Bei positivem innerem Wert sagt man, daß die Option *im Geld* sei, während sie für inneren Wert $= 0$ als *aus dem Geld* und für $S \approx K$ *am Geld* bezeichnet wird. Die Differenz zwischen tatsächlichem Optionspreis und dem inneren Wert wird häufig als *Zeitwert* (auch Aufgeld) bezeichnet, da sie die Erwartung ausdrückt, daß die Option mit der Zeit ins Geld kommt, auch wenn dies im Moment noch nicht der Fall ist. Damit hängt auch der Einfluß der Volatilität zusammen, die proportional zur bedingten Varianz bzw. Standardabweichung der Rendite des Basiswerts ist (siehe nächster Abschnitt). Sie determiniert die Wahrscheinlichkeit starker Kursschwankungen, was die Chance erhöht, daß die Option ins Geld kommt.

Weniger offensichtlich ist der Einfluß des Marktzinssatzes r. Wie im nächsten Abschnitt gezeigt wird, läßt sich aus dem Besitz von Aktien und dem Verkauf von Kaufoptionen ein risikoloses Portefeuille zusammenstellen, das sich dann wie andere risikolose Anleihen verzinsen müßte (Vermeidung von Arbitragegewinnen). Dies motiviert den Einfluß von r auf den Optionspreis.

Interessant ist nun, daß sich auch ohne detaillierte stochastische Modelle Schranken für den Optionspreis und Zusammenhänge zwischen Verkaufs- und Kaufoptionen herleiten lassen. Diese beruhen auf Arbitrageüberlegungen für entsprechend konstruierte Portefeuilles. Etwa gilt die *Put-Call-Paritätsformel* für europäische Optionen (ohne Dividende)

$$C - P = S - Ke^{-r\tau} \tag{9.1}$$

(C = Callpreis, P = Putpreis, $\tau := T - t$ = Restlaufzeit) (vgl. Merton, 1973, Theorem 8.12, Spremann, 1991, S. 556). Andere Ungleichungen, die unter Vernachlässigung steuerlicher Gesichtspunkte und unter Möglichkeit von Leerverkäufen gelten, sind (Merton, 1973, Spremann, 1991, S. 560):

$$S \geq C \geq (S - Ke^{-r\tau})^+ \geq (S - K)^+ \tag{9.2}$$

$$C(K_1) \geq C(K_2), \text{ falls } K_2 > K_1 \tag{9.3}$$

$$K_2 - K_1 \geq C(K_1) - C(K_2), \text{ falls } K_2 > K_1 \tag{9.4}$$

$$C(K_2) \geq \lambda C(K_1) + (1 - \lambda) C(K_3), \text{ falls } \lambda = \tfrac{K_3 - K_2}{K_3 - K_1}; \quad K_1 < K_2 < K_3 \tag{9.5}$$

$$C(\tau_2) \geq C(\tau_1), \text{ falls } \tau_2 > \tau_1. \tag{9.6}$$

Analoge Ungleichungen gelten für Verkaufsoptionen.

Da sich amerikanische und europäische Kaufoptionen im Recht unterscheiden, wann die Option ausgeübt werden kann, sollte sich die jederzeitige Ausübungsmöglichkeit in einem höheren Wert ausdrücken, d.h. $C_{amer} \geq C_{eur}$. Wie von Merton (1973) gezeigt wurde, ist dies jedoch nicht der Fall, wenn keine Dividendenzahlungen innerhalb der Optionsfrist anfallen. In der Tat gilt für die amerikanische Option

$$C_{amer} \geq (S - Ke^{-r\tau})^+ \geq (S - K)^+, \tag{9.7}$$

wogegen der Wert bei sofortiger Ausübung nur $(S - K)^+$ ist. Daher ist die Option *always worth more 'alive' than 'dead'*, wird daher nicht ausgeübt und ist gleich dem Wert der europäischen Variante. Unterschiede im Wert deuten daher auf Änderungen im Ausübungspreis oder fehlenden Dividendenschutz hin (Merton, 1990, S. 260).

Will man über allgemeine Aussagen hinausgehen, so sind zusätzlich zu den oben gemachten Voraussetzungen Annahmen über den stochastischen Verlauf des Basiswerts zu treffen. Wie schon erwähnt, nahm Bachelier (1900) an, daß die Aktienkurse einer Brownschen Bewegung mit Drift 0 folgen. Erfolgreicher war die wesentlich spätere Hypothese einer Log-Normal-Verteilung (geometrische Brownsche Bewegung), die im nächsten Abschnitt diskutiert wird.

9.2 Rückwärtsgleichung mit Inhomogenität

Die Ableitung der Optionsbewertungsformel in der klassischen Arbeit von Black u. Scholes (1973) geht davon aus, daß der Aktienkurs S durch einen zeitkontinuierlichen random walk mit einer Varianz-Rate proportional zu S^2 gegeben ist, d.h. $\mathrm{Var}(dS|S) \propto S^2$. Dies bedeutet, daß die Varianz-Rate der Renditen $\mathrm{Var}(dS/S \mid S)/dt$ eine Konstante σ^2 ist. Explizit ausgedrückt erfüllt daher das Basispapier eine Gleichung der Form

$$dS(t) = \mu S(t)dt + \sigma S(t)dW(t) \tag{9.8}$$

mit konstantem Volatilitätsparameter σ. Zwar erscheint diese Gleichung nicht explizit in der Arbeit, kann jedoch aus den Ableitungen gefolgert werden. Schreibt man den Wert der Kauf-Option (call) als $C(S,t)$, so kann aus einer Kombination von Aktie (long) und Option (short) eine hedge-Position gebildet werden, die risikolos ist und deren Wert nur von der Zeit und den gegebenen Konstanten wie risikolosem kurzfristigem Zinssatz r (short term interest rate) und der Volatilität σ abhängt. Das entscheidende Argument der Autoren ist, daß das variable Verhältnis (hedge ratio) $1/C_S(S,t) := 1/(\partial C/\partial S)$, welches angibt, wieviele Optionen gegen eine Aktie verkauft werden müssen, kontinuierlich angepaßt werden muß. [2] Die Änderung des Werts der Position (Hedge-Portfolio) ist dann

$$dV(t) = dS - (1/C_S(S,t))dC, \tag{9.9}$$

wobei mit dem Lemma von Itô die Veränderung der Funktion C als

$$dC(S,t) = C_S dS + \tfrac{1}{2} C_{SS} dS^2 + C_t dt = C_S dS + \tfrac{1}{2} C_{SS}\sigma^2 S^2 dt + C_t dt$$

angegeben werden kann. [3] Daraus ergibt sich die Wert-Änderung

$$\begin{aligned} dV(t) &= dS - (1/C_S)(C_S dS + \tfrac{1}{2} C_{SS}\sigma^2 S^2 dt + C_t dt) \\ &= -(1/C_S)(\tfrac{1}{2} C_{SS}\sigma^2 S^2 + C_t)dt, \end{aligned}$$

welche den Störprozeß dW nicht mehr enthält, was nach Gleichsetzung mit der sicheren Rendite r des Portfolios ($dV/V = rdt$) zu einer (deterministischen) partiellen Differentialgleichung für die unbekannte Funktion $C(S,t)$ führt:

$$[S - (1/C_S)C]rdt = -(1/C_S)(\tfrac{1}{2} C_{SS}\sigma^2 + C_t)dt \tag{9.10}$$

oder

$$0 = C_t + rSC_S + \tfrac{1}{2}\sigma^2 S^2 C_{SS} - rC \tag{9.11}$$

$$0 = C_t + LC - rC. \tag{9.12}$$

Dies ist die *Black-Scholes-Differentialgleichung*, deren Lösung unter der Endbedingung am Ausübungszeitpunkt $C(S,T) = (S-K)^+ := \max(S -$

[2] Die partielle Ableitung $\delta = \partial C/\partial S$ wird auch als griechische Variable bezeichnet (vgl. etwa Loistl, 1992, Kap. 5).

[3] Black u. Scholes zitieren McKean (1969).

$K, 0)$ die Black-Scholes-Formel ergibt (K = Ausübungspreis, $(S - K)^+$ = Auszahlungsfunktion). Wie schon in Kapitel 3 gezeigt, kann dies als inhomogene Rückwärtsgleichung für den Prozeß

$$dS = rSdt + \sigma SdW, \tag{9.13}$$

interpretiert werden, der jedoch im Gegensatz zum postulierten Kurs-Modell einen anderen Drift-Term aufweist, welcher mit dem risikolosen Zinssatz r übereinstimmt. Daher geht die tatsächliche Rendite der Aktie in die Bewertung der Option nicht ein (die Präferenzen der Investoren spielen nur insoweit eine Rolle, als sie die Gleichgewichtswerte der Parameter bestimmen). In der Arbeit von Cox und Ross (1976) wurde erkannt, daß eine nützliche Annahme über Präferenzen die Risikoneutralität der Investoren ist. In einer solchen Welt müssen die erwarteten Renditen sowohl der Aktie als auch der Option gleich der risikolosen Rate sein; d.h. $E[S(T)/S(t) \mid S(t) = S] = \exp(r(T-t)); 0 \leq t \leq T$ und

$$\begin{aligned} E[C(S(T),T)/C(S,t) \mid S(t) = S] &= C(S,t)^{-1}E[h(S(T)) \mid S(t) = S] \\ &= e^{r(T-t)}, \end{aligned} \tag{9.14}$$

wobei die Endbedingung $h(S) = C(S,T)$, also z.B. $(S - K)^+$ für eine Kaufoption eingesetzt wurde. Somit ergibt sich der Wert der Option als abgezinster Erwartungswert der Auszahlungsfunktion, d.h.

$$\begin{aligned} C(S,t) &= e^{-r(T-t)}E[h(S(T)) \mid S(t) = S] \\ &= e^{-r(T-t)} \int h(S')p(S',T|S,t)dS'. \end{aligned} \tag{9.15}$$

Die im Erwartungswert erforderliche bedingte Dichte $p(S',T|S,t)$ ist die Übergangsdichte des Prozesses $S(t)$ in der postulierten risikoneutralen Welt (d.h. mit $\mu = r$). Die bedingte Dichte dieses adjustierten Prozesses ist somit Lösung der Rückwärtsgleichung mit der Endbedingung $p(S',T|S,T) = \delta(S' - S)$. Daß (9.15) eine korrekte Lösung von (9.11) mit Endbedingung $C(S,T) = h(S)$ ist, kann durch Einsetzen des abgezinsten Werts $C^* := \exp(-rt)C$ in (9.11) gezeigt werden. Man kann dadurch die Inhomogenität eliminieren und erhält

$$0 = C_t^* + LC^*. \tag{9.16}$$

Wie in Kapitel 3 gezeigt wurde, läßt sich mit Hilfe der Kolmogoroff-Formel die Lösung dieser Gleichung als bedingter Erwartungswert der Endbedingung schreiben, d.h.

$$C^*(S,t) = E[e^{-rT}h(S(T)) \mid S(t) = S] \quad \text{oder} \tag{9.17}$$

$$C(S,t) = E[e^{-r(T-t)}h(S(T)) \mid S(t) = S]. \tag{9.18}$$

Damit ergibt sich die intuitive Ableitung von Cox u. Ross auch formal aus der partiellen Differentialgleichung für $C(S,t)$. Betrachtet man den abgezinsten Aktienkurs $S^* := \exp(-rt)S$, so erfüllt dieser die stochastische Differentialgleichung $dS^* = (\mu - r)S^*dt + \sigma S^*dW$, was in der risikoneutralen Welt mit

$\mu = r$ zu der Beobachtung führt, daß der abgezinste Kurs ein Martingal ist ($dS^* = \sigma S^* dW$). Eine maßtheoretisch fundierte Theorie des sog. äquivalenten Martingal-Maßes wurde von Harrison u. Kreps (1979) aufgestellt. Die oben diskutierten Ableitungen sind gewissermaßen als ein *poor man's approach* zu dieser Theorie aufzufassen.

Die Bewertung von Optionen und anderen zustandsbedingten Ansprüchen (contingent claims) reduziert sich somit auf die Bestimmung der erwarteten Auszahlungsfunktion, wobei der Erwartungswert auf den jetzigen Aktienkurs $S(t)$ bedingt, mit der risikolosen Zinsrate r abgezinst und – was sich im folgenden als zentral herausstellen wird – nicht mit der tatsächlichen Rendite, sondern mit der risikolosen Rendite berechnet wird.

9.3 Das äquivalente Martingal-Maß und der Satz von Girsanov

Die oben durchgeführte Ableitung ist unter weit allgemeineren Annahmen über das Aktienkurs-Modell möglich (vgl. Cox u. Ross, 1976). Läßt man einen allgemeinen Rendite-Prozeß $\mu(\omega, t)$, eine Volatilität $\sigma(S, t)$ und einen zeitvariablen und kursabhängigen Zinssatz $r(S, t)$ zu, so ergibt sich die Gleichung für die Renditen (returns)

$$dS(t)/S(t) = \mu dt + \sigma dW(t) \tag{9.19}$$

und daraus mit den analogen Schritten die partielle Differentialgleichung (*verallgemeinerte Black-Scholes-Differentialgleichung*)

$$0 = C_t + r(S,t)SC_S + \tfrac{1}{2}\sigma(S,t)^2 S^2 C_{SS} - r(S,t)C \tag{9.20}$$

$$0 = C_t + LC - rC. \tag{9.21}$$

Für die Drift $f = \mu S$ kann hierbei ein nicht vorgreifendes Funktional $\mu(\omega, t)$ spezifiziert werden, das nicht unbedingt eine explizite Funktion des Kurses ist. Das gleiche ist für den Volatilitäts-Parameter $\sigma(\omega, t)$ möglich, jedoch ergibt sich dann keine (deterministische) partielle Differentialgleichung für den Optionspreis. Die Berechnung des Optionspreises kann jedoch mit Hilfe der Erwartungswert-Formel

$$C(S,t) = E\left[e^{-\int_t^T r(S(u),u)du} h(S(T)) \mid S(t) = S\right] \tag{9.22}$$

erfolgen. Auch hier muß wieder die Erwartungswertbildung für den Pseudo-Preis-Prozeß $dS = rSdt + \sigma SdW$ ausgeführt werden (adjustierte Drift). Diese probabilistische Lösung der partiellen Differentialgleichung (9.20) ist ein Spezialfall der sog. Feynman-Kac-Formel, die ursprünglich zur Lösung der Schrödinger-Gleichung in Problemen der Quantenelektrodynamik benutzt wurde (vgl. Feynman, 1948, Kac, 1949). Auch eine Erweiterung auf gemischte Prozesse mit Sprüngen ist möglich (Aase, a.a.O.). Da in der relevanten Literatur ausnahmslos ein maßtheoretischer Aufbau der Theorie erfolgt, soll diese kurz dargestellt werden (die Darstellung folgt den Arbeiten von Harrison u. Kreps, 1979, Harrison u. Pliska, 1981, 1983, Aase, 1987, Duffie, 1992; vgl. auch Schöbel, 1995).

Man betrachtet einen Markt mit kontinuierlichem Handel, bei dem keine Transaktionskosten entstehen. Im Intervall $0 \leq t \leq T$ wird ein positives Semi-Martingal der Struktur

$$dS(t)/S(t) = \mu(\omega, t)dt + \sigma(\omega, t)dW(t) \tag{9.23}$$

definiert, das ein Kurs-Modell (z.B. Aktienkurs) darstellt. Weiterhin wird ein zero-bond $S_0(t)$ mit Verzinsung $r(t)$ eingeführt. Hierbei ist r eine deterministische Funktion. [4] Der Wert des zero-bonds (mit Wert 1 bei $t = 0$) ergibt sich daher als Lösung von $dS_0 = r(t)S_0dt$ zu

$$S_0(t) = e^{\int_0^t r(s)ds} \tag{9.24}$$

und der Diskont(Abzinsungs)-Faktor ist durch $\beta(t) = 1/S_0(t)$ gegeben. Durch Multiplikation mit β ergeben sich also diskontierte Kurse $S^* = S/S_0, C^* = C/S_0$ etc. Der zero bond gibt sozusagen die Grundlinie an, gegen die Renditen und Preise gemessen werden (in der grundlegenden Arbeit von Harrison u. Kreps wird (o.B.d.A) eine risikolose Rate von 0 unterstellt). Betrachtet man weiterhin einen Wahrscheinlichkeitsraum (Ω, F, P), auf dem die Prozesse $S(t), S_0(t)$ definiert sind und die Filtration $\mathbf{F} = \{F_t \mid 0 \leq t \leq T\}$, so ist die Menge $\mathbf{P}$ der zu P äquivalenten Maße P^*, unter denen der abgezinste Prozeß $S^* = \beta S$ ein Martingal ist, von zentralem Interesse. Die in $\mathbf{P}$ enthaltenen Wahrscheinlichkeitsmaße werden als *äquivalente Martingal-Maße* bezeichnet.

Mit Hilfe des Satzes von Girsanov kann eine Maß-Transformation angegeben werden, so daß ein Wiener-Prozeß mit überlagerter Drift (bzgl. des Maßes P) unter einem anderen, dazu äquivalenten Maß P^* als Wiener-Prozeß erscheint. Überträgt man dies auf die Kurs-Gleichung (9.23), so ergibt sich eine Bedingung, unter der auch $S^* = S/S_0$ ein Martingal ist. In dieser risikoneutralen Welt wird dann der Optionspreis als Erwartungswert E^* der Auszahlungsfunktion bzgl. P^* berechnet.

Theorem 9.3.1 (Girsanov).
Sei (z_t, F_t); $t \leq T$ ein Supermartingal der Form

$$z_t = \exp\left(\int_0^t \eta_s dW(s) - \tfrac{1}{2}\int_0^t \eta_s^2 ds\right) \tag{9.25}$$

und $P(\int_0^t \eta_s^2 ds < \infty) = 1$. Dann gilt:

---

[4] Im Rahmen von Zins-Modellen und Zins-Optionen wird auch $r(t)$ als stochastischer Prozeß modelliert (vgl. etwa Cox, Ingersoll u. Ross, 1985, Chen, 1996).

$z_t = 1 + \int_0^t \eta_s z_s dW(s)$ und falls $E(z_T) = 1$: Der Prozeß $W^*(t) = W(t) - \int_0^t \eta_s ds$ ist ein Wiener-Prozeß bzgl. dem System F_t und dem Maß P^* ($dP^* = z_T(\omega)dP$).

(Liptser u. Shiryayev, 1977, Satz 6.3). Auch eine multidimensionale Version des Satzes gilt (hierbei ist η ein n-Vektor und $W(t)$ ein n-dimensionaler Wiener-Prozeß (Liptser u. Shiryayev, 1977, Satz 6.4). Der Prozeß z_t kann also als Lösung der SDGl. $dz = \eta z dW; z_0 = 1$, d.h. einer geometrischen Brownschen Bewegung mit Drift 0, aufgefaßt werden. Setzt man $dW^*(t) = dW(t) - \eta_t dt$ in die Kursgleichung (9.23) ein, so ergibt sich

$$dS(t)/S(t) = [\mu(t,\omega) + \sigma(t,\omega)\eta_t]dt + \sigma(t,\omega)dW^*(t). \tag{9.26}$$

Dies zeigt, daß die Lösung

$$S(t) = S(0)\exp\left(\int_0^t (\mu + \sigma\eta - \tfrac{1}{2}\sigma^2)dt + \int_0^t \sigma dW^*\right) \tag{9.27}$$

unter P^* ein Martingal ist, wenn man $\mu + \sigma\eta = 0$ wählt (vgl. Harrison u. Kreps, 1979, Abs. 5). Bei Berücksichtigung des risikolosen Zinssatzes $r(t)$ ergibt sich eine analoge Formel für den abgezinsten Aktien-Kurs:

$$S^*(t) = S(0)\exp\left(\int_0^t (\mu - r + \sigma\eta - \tfrac{1}{2}\sigma^2)dt + \int_0^t \sigma dW^*\right). \tag{9.28}$$

Hier muß also $\eta = -(\mu - r)/\sigma$ gesetzt werden, damit ein Martingal als Lösung resultiert. Zusammenfassend ergibt sich

Theorem 9.3.2.
Sei $\eta = -(\mu - r)/\sigma$ und für $0 \le t \le T$

$$z_t = \exp\left(\int_0^t \eta_s dW(s) - \tfrac{1}{2}\int_0^t \eta_s^2 ds\right) \tag{9.29}$$

mit $P(\int_0^t \eta_s^2 ds < \infty) = 1$. Dann gilt: Falls $E(z_T) = 1$:

(a) z_t ist ein (P, F_t)-Martingal.

(b) Der Prozeß $W^*(t) = W(t) - \int_0^t \eta_s ds$ ist ein Wiener-Prozeß bzgl. dem System F_t und dem Maß P^* ($dP^* = z_T(\omega)dP$).

(c) Der diskontierte Prozeß $S^*(t)$ ist ein (P^*, F_t)-Martingal.

Eine allgemeinere Version dieses Satzes unter Einbeziehung von Sprüngen ist in Aase (1988, Satz 2) zu finden. Damit kann unter der Bedingung $E(z_T) = 1$ ein äquivalentes Martingal-Maß P^* gefunden werden.

Die Bedeutung von P^* liegt unter anderem darin, daß bei seiner Existenz keine Arbitrage möglich ist. Die arbitragefreie Bewertung der Option wurde auch schon in der klassischen Herleitung von Black u. Scholes benutzt, da die Verzinsung des Hedge-Portfolios mit dem risikolosen Zinssatz r erfolgt.

In diesem Zusammenhang sind einige Definitionen erforderlich, die von Harrison u. Kreps (1979) gegeben wurden (vgl. Duffie, 1992, Kap. 6). Man betrachtet einen Vektor von Wertpapieren [5] $S(t) = \{S_0, \ldots, S_N\}$, die zusam-

[5] Die Komponente S_0 kann mit dem zero-bond identifiziert werden.

men einem multivariaten Itô-Prozeß genügen, d.h. der Preis-Prozeß erfüllt

$$dS(t) = f(t,\omega)dt + g(t,\omega)dW(t). \tag{9.30}$$

Weiterhin wird eine *Handels-Strategie* $\phi(t) = \{\phi_0, \ldots, \phi_N\}$ und ein *Portfolio* $V(t) = \phi(t)S(t) = \sum_{i=0}^{N} \phi_i S_i$ betrachtet, das sich aus variablen Anteilen von Wertpapieren zusammensetzt. Eine Handels-Strategie heißt *selbstfinanzierend*, wenn

$$\begin{aligned} V(t) &= V(0) + \int_0^t \phi(s)dS(s) := V(0) + G(t);\ 0 \le t \le T \\ \phi(t)S(t) &= \phi(0)S(0) + \int_0^t \phi(s)dS(s) \end{aligned} \tag{9.31}$$

d.h. wenn sich der Wert zum Zeitpunkt t aus dem Ausgangswert und den *Erträgen* (gains $G(t)$) zusammensetzt. [6] Wenn *Arbitragemöglichkeiten* bestehen, ist entweder $\phi(0)S(0) < 0$ und $\phi(T)S(T) \ge 0$ oder $\phi(0)S(0) \le 0$ und $\phi(T)S(T) > 0$. Damit ist in beiden Fällen $V(T) - V(0) = G(T) > 0$, d.h. es besteht die Möglichkeit von Arbitrage-Gewinnen (free lunch). Der Zusammenhang zwischen P^* und Arbitrage-Freiheit wird durch folgenden Satz hergestellt:

Theorem 9.3.3.
Wenn der Preis-Prozess $S(t)$ ein äquivalentes Martingal-Maß P^* erlaubt, gibt es keine Arbitrage.

(Duffie, 1992, S. 101).

Dies ist unmittelbar aus der Definition der selbstfinanzierenden Handels-Strategie ersichtlich, so daß gilt $\phi(0)S(0) = E^*[\phi(t)S(t) - \int_0^t \phi(s)dS(s)] = E^*[\phi(t)S(t)]$, da der Erwartungswert des stochastischen Integrals verschwindet, wenn S unter P^* ein Martingal ist.

Für $\phi(T)S(T) \ge 0$ muß dann $\phi(0)S(0) \ge 0$ gelten und $\phi(T)S(T) > 0$ impliziert $\phi(0)S(0) > 0$. Damit ist Arbitrage ausgeschlossen. □

Als Folgerung kann eine analoge Aussage über den diskontierten Preis-Prozess $S^*(t) = \beta(t)S(t)$, der durch den Diskont-Faktor (Deflator) aus S entsteht. Dieser kann die Form $1/S_0 = \exp(-\int_0^t r(s)ds)$ aufweisen oder ganz allgemein ein positiver Itô-Prozess sein. Definiert man entsprechend einen diskontierten Wert-Prozeß $V^* = \beta V$ für das Portfolio und analog $G^* = \int \phi dS^*$, so gilt:

[6] Diese Definition beinhaltet, daß Adjustierungen der Anteile $\phi(t)$ immer nur *nach* den Wertveränderungen $dS(t)$ der Wertpapiere erfolgen können. Dies impliziert, daß das stochastische Differential $dV = \phi dS$ im Sinne von Itô interpretiert werden muß. Eine Interpretation im Sinne von Stratonovich würde in vorgreifender Weise Kenntnisse des Wertpapierkurses aus der Zukunft voraussetzen. Dies ist auch der Grund, warum Anwendungen des Stratonovich-Kalküls in der Finanzwirtschaft i.a. zu unbefriedigenden Ergebnissen führen (vgl. Sethi u. Lehoczky, 1981).

Theorem 9.3.4.
Die Handels-Strategie ϕ ist selbstfinanzierend bzgl. $S(t)$, genau dann, wenn sie selbstfinanzierend bzgl. $S^*(t)$ ist.

Dies ergibt sich aus der Produktregel für Itô-Prozesse (vgl. Kap. 3.5), d.h. $dV^* = d(\beta V) = \beta dV + V d\beta + g_\beta \phi g dt$, wobei g_β der Diffusionskoeffizient des Deflators ist. Durch Ausklammern von ϕ findet man $dV^* = \beta\phi dS + \phi S d\beta + g_\beta \phi g dt = \phi(\beta dS + S d\beta + g_\beta g dt) = \phi dS^*$. Damit gilt $dV^* = \phi dS^*$ und die Handelsstrategie ist selbstfinanzierend bzgl. S^*. □

Somit gibt es ebenfalls keine Arbitrage, wenn der Preis-Prozeß S^* ein äquivalentes Martingal-Maß erlaubt. In der Tat wird die Aussage meistens in dieser Form verwendet, d.h. der diskontierte Preis-Prozeß ist ein Martingal unter P^*.

Im multivariaten Fall ergibt der Satz von Girsanov für den Preis-Prozeß die Bedingung

$$\begin{aligned} dS(t) &= f dt + g dW(t) && (9.32)\\ &= [f + g\eta] dt + g dW^*(t) && (9.33) \end{aligned}$$

d.h. wenn $f + g\eta = 0$ erfüllt werden kann, ist S ein Martingal unter dem Maß P^*.

Entsprechend genügt der abgezinste Prozeß $S^* = \beta S = S/S_0 = \{1, S_1^*, \ldots, S_N^*\}$ der Gleichung

$$\begin{aligned} dS^*(t) &= \beta[(f - rS)dt + g dW(t)] && (9.34)\\ &= \beta[f - rS + g\eta]dt + \beta g dW^*(t) && (9.35) \end{aligned}$$

und die Martingal-Bedingung lautet $f - rS + g\eta = 0$. Ist diese erfüllt, genügt $S(t)$ der Gleichung

$$dS(t) = rS dt + g dW^*(t). \qquad (9.36)$$

Dies ist wieder der von Cox und Ross postulierte Pseudo-Preis-Prozeß in der risiko-neutralen Welt unter P^*.

Im Rahmen dieser abstrakten Theorie werden die Preise von *zustandsbedingten Ansprüchen X (contingent claims)* als lineare Funktionale auf dem Hilbertraum $L_2(\Omega, F, P); F = F_T$ aufgefaßt (d.h. $E||X||^2 < \infty$, $\pi = l(X)$). Eine Handels-Strategie ϕ heißt *zulässig (admissible)*, wenn

1. $E^*\left\{\int_0^t \phi(s)^2 d\langle S^*, S^*\rangle_s\right\} < \infty$
2. $V^*(0) \geq 0$
3. $V^*(t) = V^*(0) + G^*(t)$
4. $V^*(t)$ ist ein (P^*, F_t)-Martingal.

Bedingung 1 bedeutet, daß der Prozeß der Erträge $G^*(t) = \int_0^t \phi(s) dS^*(s)$ quadratintegrabel ist. [7] Weiterhin wird der Raum $H^2(P^*) = \{M_t | E^*[M_t^2] <$

[7] Vgl. Karatzas u. Shreve (1991, Kap. 1.5) zur Definition quadratintegrabler Martingale. Die quadratische Variation $\langle X, X\rangle := \langle X\rangle$ ist durch

$\infty; 0 \leq t < \infty\}$ (Raum der quadrat-integrierbaren Martingale) und der Unterraum $L^2(P^*) \subset H^2(P^*)$ mit der zusätzlichen Bedingung $L^2 = \{M_t | M_t = c + \int \phi dS^*; c \in \mathbf{R}\}$ betrachtet.

Ein zustandsbedingter Anspruch wird weiterhin als *P^*-erreichbar (attainable)* bezeichnet, wenn eine zulässige Strategie ϕ mit $V^*(T) = \beta(T)X$ existiert. In diesem Fall wird X *als von ϕ erzeugt* bezeichnet und $\pi = V^*(0)$ ist der zu X zugeordnete Preis.

Folgender Satz stellt nun einen Zusammenhang zwischen dem diskontierten Wert $V^*(t)$ des Portfolios und der Endbedingung $\beta(T)X$ her:

Theorem 9.3.5 (Harrison u. Pliska, 1981, Satz 3.32).
Sei X ein zustandsbedingter Anspruch und $\tilde{V}^*(t) := E^*[\beta(T)X|F_t]$. Dann ist X P^*-erreichbar, genau dann, wenn $\tilde{V}^*$ ein Element von $L^2(P^*)$ ist. In diesem Fall ist $\tilde{V}^*(t) = V^*(t)$ für jede zulässige selbstfinanzierende Handelsstrategie ϕ, die X erzeugt.

Daher läßt sich der Preis eines zustandsbedingten Anspruchs, der durch den diskontierten Wertprozeß $V^*(t)$ eines Portfolios dargestellt werden kann, als bedingter Erwartungswert bzgl. P^* ausdrücken.

In der Tat gilt: Wenn X P^*-erreichbar ist, ist per Definition $\tilde{V}^*(t) := E^*[\beta(T)X|F_t] = E^*[V^*(T)|F_t] = V^*(t)$ unter Ausnutzung der Martingaleigenschaft von V^*. Daher hat $\tilde{V}^*(t)$ die Darstellung $V^*(t) = V^*(0) + G^*(t) \in L^2(P^*)$. Umgekehrt kann aus der Form $\tilde{V}^*(t) = V^*(0) + \int H dS^* \in L^2(P^*)$ und $H = \phi$ gefolgert werden, daß ϕ eine zulässige Strategie mit $V^*(T) = \beta(T)X = \tilde{V}^*(T)$ ist. Daher ist X P^*-erreichbar und von ϕ erzeugt.□

Für $\beta(t) = \exp - \int_0^t r(S,s)ds$ ergibt sich also

$$V(t) = E^*[\beta(T)/\beta(t)X|F_t] \tag{9.37}$$

$$= E^*[\exp(-\int_t^T r(S,s)ds)X \mid F_t], \tag{9.38}$$

d.h. wieder die Feynman-Kac-Darstellung des Preises. Wählt man etwa $X = (S-K)^+$ als Endbedingung, so findet man den Preis einer europäischen Kauf-Option. Wie im nächsten Abschnitt gezeigt wird, ist die Erwartungswert-Formel eine probabilistische Lösung der partiellen Black - Scholes - Differentialgleichung (9.20). Im Fall von Kurs-Gleichungen mit allgemeinen Diffusionskoeffizienten $\sigma(\omega, t)$ (nicht vorgreifende Funktionale), etwa mit verzögerten Effekten der Form $\sigma(\omega,t) = \sigma\sqrt{t^{-1}\int_0^t S(s,\omega)^2 ds}$ (Aase, 1988) ergibt sich keine partielle Differentialgleichung, jedoch kann trotzdem der zustandsbedingte Anspruch über $E^*[\beta(T)/\beta(t)X \mid F_t]$ bewertet werden.

Einige Beispiele sollen im folgenden die Theorie nochmals erläutern.

$\text{p-}\lim_{\Delta t \to 0} \sum |\Delta X_i|^2$ definiert (Satz 5.8). Für das stochastische Integral $I_t = \int_0^t X_t dM_t$ (Kap. 3.1) bezüglich dem quadratintegrablen Martingal M_t gilt: $E[I_t^2] = E[\int_0^t X_s^2 d\langle M \rangle_s]$.

Beispiel 9.3.1 (Portfolio aus Aktie und zero bond).
Dies variiert die Vorgehensweise von Black u. Scholes. Setzt man $V(t) = \phi_0(t)S_0(t) + \phi_1(t)S(t) := C(S,t)$, so wird der Wert der Option über ein Portfolio von zero bond und Aktie dupliziert. Da V selbstfinanzierend ist, gilt $dV = dC = \phi_0(t)dS_0(t) + \phi_1(t)dS(t)$. Setzt man den Pseudo-Preisprozess $dS = rSdt + \sigma SdW^*$ (adjustierte Drift mit dem Satz von Girsanov) und $dS_0 = rS_0dt$ für den zero-bond ein, so ergibt sich nach einem Koeffizientenvergleich mit $dC = C_SdS + \frac{1}{2}C_{SS}(\sigma S)^2dt + C_tdt$ (Satz von Itô) die Relation $\phi_1 = C_S$, $\phi_0 = (C - C_SS)/S_0$ und $(\phi_0S_0 + \phi_1S)r = (C_SrS + \frac{1}{2}C_{SS}(\sigma S)^2 + C_t) = C_t + LC$, was nach Elimination der Portfolio-Gewichte die partielle Black-Scholes-Differentialgleichung $C_t + rSC_S + \frac{1}{2}(\sigma S)^2C_{SS} - rC = 0$ ergibt.

Führt man die gleiche Überlegung im multi-dimensionalen Fall aus, d.h. $\phi = \{\phi_0, \phi_1, \ldots, \phi_N\}$ und $dS = rSdt + gdW^* : N \times 1$, so ergibt sich der Optionspreis $C(S,t) = C(S_1, \ldots, S_N, t)$ als Lösung von

$$\begin{aligned} 0 &= C_t + r\sum_i S_iC_{S_i} + \tfrac{1}{2}\sum_{ij}\Omega_{ij}C_{S_iS_j} - rC \\ 0 &= C_t + LC - rC. \end{aligned}$$

Bemerkung: In Matrix-Notation kann man LC auch als $rS'C_S + \frac{1}{2}\mathrm{tr}[\Omega C_{SS}]$, $\Omega = gg'$ schreiben.

Beispiel 9.3.2 (Zins-Struktur).
Betrachtet man einen zero bond mit Wert 1, der zum Zeitpunkt s fällig ist, so ist die Auszahlungsfunktion $h(r,s) = 1$. Dann ergibt sich der Preis dieses Wertpapiers als Erwartungswert

$$\Lambda(t,s) = E^*[\exp(-\int_t^s r(u)du) \mid F_t], \tag{9.39}$$

Dieser doppelt indizierte Prozess wird als Diskont-Funktion oder Zins-Struktur-Kurve (term structure of interest rates) bezeichnet (vgl. Duffie, 1992, Kap. 7).

Wenn der Zinssatz $r(t)$ eine stochastische Differentialgleichung der Form

$$dr = f(r,t)dt + g(r,t)dW^*$$

unter dem äquivalenten Martingalmaß erfüllt, kann die Funktion $\Lambda(t,T) = u(r(t),t); t \le T$ als Lösung der partiellen Differentialgleichung

$$0 = u_t + fu_r + \tfrac{1}{2}g^2u_{rr} - ru$$

mit Endbedingung $u(r,T) = 1$ gefunden werden. Die bekannteste explizite Spezifikation des Zins-Prozesses $r(t)$ ist das Cox-Ingersoll-Ross(CIR)-Modell (vgl. Glg. 8.7)

$$dr(t) = \kappa[\theta - r(t)]dt + \sigma\sqrt{r(t)}dW(t). \tag{9.40}$$

bei dem ein langfristiger Zinssatz θ zugrundegelegt wird.

Derivate (Zinsoptionen) mit Auszahlungsfunktion $h(r)$ und Dividendenrate $d(r,t)$ lassen sich dann als Erwartungswerte

$$u(t) = E^* \left[e^{-\int_t^T r(\tau)d\tau} h(r(T)) + \int_t^T e^{-\int_t^s r(\tau)d\tau} d(r(s),s)ds \,\Big|\, F_t \right]$$

darstellen. Die zugehörige PDE enthält zusätzlich die Dividendenrate $d(r,t)$ als Quellterm und es ergibt sich das sog. *Cauchy-Problem* für $u(r,t)$

$$0 = u_t + f(r,t)u_r + \tfrac{1}{2}g(r,t)^2 u_{rr} - ru + d(r,t) \tag{9.41}$$

mit Endbedingung $u(r,T) = h(r)$.

9.4 Feynman-Kac-Formel und Greensche Funktionen

Die Black-Scholes-Differentialgleichung (9.20) ist ein Spezialfall der allgemeinen Problemstellung

$$\begin{aligned} 0 &= u_t + f(y,t)u_y + \tfrac{1}{2}g(y,t)^2 u_{yy} + v(y,t)u;\ t \le T \qquad (9.42)\\ &= u_t + L(y,t)u + v(y,t)u \end{aligned}$$

mit Endbedingung $u(y,T) = h(y)$. Hierbei kann, wie schon erwähnt, die Funktion $v(y,t)$ als Potential eines Quantensystems oder als zustandsabhängiger Zinssatz interpretiert werden. Die Lösung des homogenen Systems ($v \equiv 0$) ist in probabilistischer Weise mit Hilfe der Kolmogoroff-Formel

$$u(y,t) = E[h(y(T)) \mid y(t) = y] \tag{9.43}$$

darstellbar ($dy = fdt + gdW; y(t) = y$). Für rein zeitabhängige Potentiale $v(t)$ kann die Inhomogenität durch die Setzung ('abgezinste' Lösung) $u^* = \exp(\int_0^t vdt)u$ eliminiert werden. Im allgemeinen Fall erhält man die *Feynman-Kac-Formel*

$$u(y,t) = E\left[e^{\int_t^T v(y(s),s)ds} h(y(T)) \mid y(t) = y \right] \tag{9.44}$$

$$u(y,T) = h(y) \tag{9.45}$$

und der Erwartungswert ist über die stochastischen Zeitpfade der SDE

$$dy(s) = f(y,s)ds + g(y,s)dW(s);\ y(t) = y;\ t \le s \le T \tag{9.46}$$

zu bilden (Pfadintegral). Im Spezialfall $f = 0, g = 1$ ist die Lösung ein Wiener-Prozeß und der Erwartungswert kann explizit als Integral bzgl. dem Wiener-Maß angeschrieben werden (vgl. Hackenbroch u. Thalmaier, 1994, Kap. 6.6). Formal ist die Lösung durch

$$u(y,t) = \overrightarrow{T}\, e^{\int_t^T (L+v)ds} h(y) = \overrightarrow{T}\, e^{\int_t^T Hds} h(y) \tag{9.47}$$

gegeben (vgl. Kap. 3.8.4). Im multidimensionalen Fall $y = \{y_1, \ldots, y_p\}$ ist hierbei der Operator L durch

$$\begin{aligned} L(y,t) &= \sum_{i=1}^{p} f_i(y,t)\frac{\partial}{\partial y_i} + \tfrac{1}{2}\sum_{i,k=1}^{p}(gg')_{ik}(y,t)\frac{\partial^2}{\partial y_i y_k} \\ &= f'\frac{\partial}{\partial y} + \tfrac{1}{2}\mathrm{tr}[gg'\frac{\partial^2}{\partial y^2}] \end{aligned} \tag{9.48}$$

definiert.

Beweis 1 (Satz von Itô):

Setzt man in die Lösung $u(y,s)$ den Prozeß $y(s)$ mit Anfangswert $y(t) = y,\ t \leq s \leq T$ ein und multipliziert mit $\beta(t,s) = \exp(\int_t^s v(y(\tau),\tau)d\tau)$, so ergibt sich mit dem Satz von Itô für $Y(s) = \beta(t,s)u(y(s),s)$ die Darstellung

$$dY(s) = \beta du + (d\beta)u \tag{9.49}$$

da der Produkt-Term $d\beta du$ aufgrund $d\beta = v(y,s)\beta ds$ von höherer Ordnung ist. [8] Daher erhält man die Integraldarstellung

$$Y(T) - Y(t) = \int_t^T \beta(t,s)(Lu + u_s + vu)ds + \int_t^T \beta v_y dW(s), \tag{9.50}$$

was nach Erwartungswertbildung und Berücksichtigung der Martingaleigenschaft des stochastischen Integrals zu

$$Y(t) = u(y,t) = E[Y(T)|y(t) = y] = E[\beta(t,T)u(Y(T),T)|y(t) = y] \tag{9.51}$$

und mit $u(Y(T),T) = h(Y(T))$ zur gesuchten Formel (9.44) führt.

Als Folgerung erhält man auch eine Lösung des Cauchy-Problems (9.41), wenn man $Lu + u_s + vu = -d$ in obige Integraldarstellung einsetzt, und somit

$$u(y,t) = E[\beta(t,T)u(Y(T),T) + \int_t^T \beta(t,s)d(y,s)ds \mid y(t) = y] \tag{9.52}$$

erhält. □

Beweis 2 (Integral-Gleichungs-Methode von B. Simon):

Eine andere Herleitung ist einem Beweis von B. Simon (im Falle der Schrödinger-Halbgruppe) nachempfunden (vgl. Roepstorff, 1994, Kap. 2.2). Schreibt man die Lösung (im zeitinvarianten Fall) als $u(t) = \exp[H(T-t)]h$ und $H = L + v$, so ergibt sich für die Differenz

---

[8] Üblicherweise wird der Satz von Itô für Funktionen $f(y,s)g(y,s)$ betrachtet. Hier ist jedoch β ein Funktional von $y(\tau),\ t \leq \tau \leq s$. Der Satz von Itô läßt sich dann in der Form $d(fg) = fdg + gdf + dfdg$ vorteilhaft verwenden. Da $d\beta = \beta v ds$ und $du = u_y dy + \frac{1}{2}u_{yy}g^2 ds$, fällt der letzte Term $dfdg$ weg. Alternativ kann man den Vektor-Prozeß $z = \{y, \beta\}$ und das System $dy = f(y,s)ds + g(y,s)dW; d\beta = v(y,s)\beta ds$ betrachten. Für $Y(s) = \beta(s)u(y(s),s) = F(\beta,y)$ gilt dann $dY = F_y dy + F_\beta d\beta + \frac{1}{2}(F_{yy}dy^2 + 2F_{y\beta}dyd\beta + F_{\beta\beta}d\beta^2 = \beta(u_y dy + \frac{1}{2}u_{yy}dy^2) + ud\beta = \beta du + ud\beta$. Die anderen Terme sind von höherer Ordnung.

$$A(t) = e^{H(T-t)}h - e^{L(T-t)}h \tag{9.53}$$

die Differentialgleichung

$$\dot{A}(t) = -LA - ve^{H(T-t)}h, \tag{9.54}$$

welche zur Integraldarstellung

$$A(t) = e^{H(T-t)}h - e^{L(T-t)}h = \int_t^T e^{L(s-t)}v(s)e^{H(T-s)}h ds \tag{9.55}$$

führt. Dies entspricht der Dyson-Gleichung für die Green-Funktionen G_0 und G (vgl. 9.60). Andererseits gilt die Identität

$$\begin{aligned} 1 - \exp \int_t^T v(y(\tau), \tau)d\tau &= \int_t^T ds \frac{d}{ds} \exp \left[\int_s^T v(y, \tau)d\tau \right] \\ &= \int_t^T ds(-v(y(s), s)) \exp \left[\int_s^T v(y, \tau)d\tau \right] \end{aligned}$$

was nach Multiplikation mit $h(y(T))$ und Erwartungswertbildung zu

$$\begin{aligned} & E[e^{\int_t^T v(y(s),s)ds} h(y(T))|y(t) = y] - E[h(y(T)) \mid y(t) = y] \\ = \; & E[\int_t^T v(y(s), s)e^{\int_s^T v(y,l)dl} h(y(T))ds \mid y(t) = y] \\ = \; & \int_t^T v(y', s)E[e^{\int_s^T v(y,\tau)d\tau} h(y(T)) \mid y(s) = y']p(y', s|y, t)dy'ds \end{aligned}$$

führt. Daher erfüllen die Funktionen $\langle y', e^{H(T-s)}h \rangle$ und $E[\exp(\int_s^T v(y, \tau)d\tau)$ $h(y(T))|y(s) = y']$ die gleiche Integralgleichung und es gilt die Identität [9]

$$u(y, t) = \langle y, e^{H(T-t)}h \rangle = E \left[e^{\int_t^T v(y,s)ds} h(y(T)) \;\middle|\; y(t) = y \right]. \tag{9.56}$$

□

Die ursprüngliche Herangehensweise von Feynman (1949) bestand in einer Green-Funktionen-Methode zur Lösung der zeitabhängigen Schrödingergleichung. Diese Methode kann auch auf das hier diskutierte Problem angewandt werden. In neueren Arbeiten zur Bewertung von Zins-Optionen werden Greensche Funktionen ebenfalls eingesetzt (vgl. Chen, 1996, Kap. 1.4). Man betrachtet hierbei die Lösung der homogenen Rückwärtsgleichung mit einem singulären Quellterm, d.h.

$$[\tfrac{\partial}{\partial t} + L(y, t)]G_0(y, t|y', t') := D_0G_0 = \delta(t - t')\delta(y - y') \tag{9.57}$$

und weiterhin

$$[\tfrac{\partial}{\partial t} + L(y, t) + v(y, t)]G(y, t|y', t') := DG = \delta(t - t')\delta(y - y'). \tag{9.58}$$

---

[9] $\langle f, g \rangle$ ist das Skalarprodukt der Funktionen f, g.

Mit der Greenschen Funktion kann die Lösung mit Endbedingung $u(y', t')$

$$\theta(t'-t)u(y,t) = -\int G(y,t|y',t')u(y',t')dy'; \; t < t' \tag{9.59}$$

als Überlagerung von Lösungen mit dem Ausbreitungskern G geschrieben werden. [10] Dies entspricht dem Huygensschen Prinzip, da die Lösung als Superposition von Amplituden aus der Zukunft angesehen werden kann. Die Multiplikation mit der Sprungfunktion $\theta(t'-t)$ sichert zusammen mit der Kausalitätsbedingung $G(y,t|y',t') = 0; \; t > t'$ (avancierte Green-Funktion) die Gültigkeit der Darstellung für beliebige Zeiten. Durch Anwendung von D auf (9.59) ergibt sich

$$D[\theta(t'-t)u(y,t)] = -\delta(t-t') = -\int (DG(y,t|y',t'))u(y',t')dy',$$

so daß in der Tat $DG = \delta(t-t')\delta(y-y')$ erfüllt sein muß. Mit Hilfe der Identität (Dyson-Gleichung)

$$\begin{aligned} G(y,t|y',t') &= \\ & G_0(y,t|y',t') - \int G_0(y,t|y'',t'')v(y'',t'')G(y'',t''|y',t')dy''dt'' \end{aligned} \tag{9.60}$$

(Integration über intermediäre Koordinaten) ergibt sich durch Iteration die Störungs-Entwicklung (2. von Neumann-Reihe in den Resolventen)

$$G = \sum_{l=0}^{\infty}(-G_0 v)^l G_0 = G_0 - G_0 v G_0 + G_0 v G_0 v G_0 \mp \ldots . \tag{9.61}$$

Bei Kenntnis der Green-Funktion G_0 des ungestörten Systems kann also der Progagator sukzessive berechnet werden. Dies bedeutet, daß sich die Lösung $u(y,t)$ aus einer Überlagerung von gestreuten Wellen am Potential bei $v(y_1,t_1), v(y_2,t_2), \ldots$ zusammensetzt (vgl. Abb. 9.1). Die Green-Funktion G_0 (freies System ohne Potential) läßt sich in diesem Fall als $G_0(y,t|y',t') = -\theta(t'-t)p(y',t'|y,t)$ mit Hilfe der Übergangswahrscheinlichkeit schreiben, da $D_0 p = 0$ die Rückwärtsgleichung ist. In der Tat gilt $D_0 G_0 = \delta(t'-t)p(y't'|y,t) = \delta(t'-t)\delta(y'-y)$. Die Lösung, ausgehend vom Endzeitpunkt T mit $u(y_T, T) = h(y_T)$

$$\begin{aligned} u(y,t) &= -\sum_{l=0}^{\infty} \int (-G_0 v)^l G_0 h(y_T) dy_T; \; t < T \qquad (9.62) \\ &= -\int G_0(y,t|y_T,T)h(y_T)dy_T \\ &\quad + \int G_0(y,t|y_1,t_1)v(y_1,t_1)G_0(y_1,t_1|y_T,T)h(y_T)dy_1 dt_1 dy_T \\ &\quad \mp \ldots \end{aligned}$$

[10] Die Green-Funktion wird auch als Feynman-Propagator bezeichnet (vgl. Bjorken u. Drell, 1966)

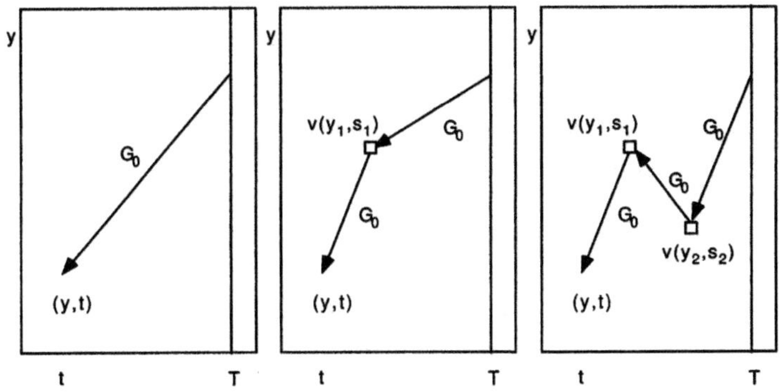

Abbildung 9.1. Darstellung der Green-Funktion G als Streuprozeß am Potential $v(y,t)$. Im Falle von Optionen findet der Vorgang ausgehend von der Endbedingung rückwärts in der Zeit statt.

ist somit die Superposition 'freier' Bewegungen und Streuprozessen am Potential. Graphische Repräsentationen der einzelnen Terme werden als sog. *Feynman-Graphen* bezeichnet. Man kann nun zeigen (Feynman, 1948, Feynman u. Hibbs, 1965) [11] , daß nach expliziter Summation der Reihe die bekannte Pfadintegral-Darstellung

$$u(y,t) \quad = \quad E[e^{\int_t^T v(y(s),s)ds} h(y(T))|y(t) = y] \tag{9.63}$$

resultiert. Entwickelt man die Exponentialfunktion in eine Taylor-Reihe, so ergibt sich die Summe

$$\begin{aligned} u(y,t) &= \sum_{l=0}^{\infty} E[\frac{1}{l!}\left[\int_t^T v(y(s),s)ds\right]^l h(y(T))|y(t) = y] \\ &= E[h(y(T))|y(t) = y] \\ &+ E[(\int_t^T v(y(s_1),s_1)ds_1)h(y(T))|y(t) = y] \\ &+ E[(\frac{1}{2!}\int_t^T\int_t^T v(y(s_2),s_2)v(y(s_1),s_1)ds_2ds_1) \times \\ &\quad \times h(y(T))|y(t) = y] \\ &\dots \end{aligned}$$

[11] In der ursprünglichen Herleitung wird ein Pfadintegral über die Wirkungsfunktion

$$S = \int_{t_a}^{t_b} [\frac{m}{2}\dot{y}^2 - v(y,t)]dt,$$

d.h. $G(b|a) = \int_a^b \exp\left(\frac{i}{\hbar}S\right)Dy(t)$ betrachtet (vgl. Kap. 2.1). Die Wirkungsfunktion ist als das Integral über die Lagrange-Funktion des Systems definiert.

Da die Erwartungswerte jeweils nur von den Koordinaten $y(T), y(s_1), y(s_2)$, ... abhängen, können sie mit Hilfe der Übergangswahrscheinlichkeiten $p(y_T, T|y_2, s_2), p(y_2, s_2|y_1, s_1), p(y_1, s_1|y, t)$ ... explizit angeschrieben werden. Berücksichtigt man auch noch die zeitliche Reihenfolge $t < s_1 < s_2 < T$, so können die Faktoren $l!$ weggelassen werden und man erhält

$$\begin{aligned} u(y,t) &= \int h(y_T)p(y_T,T|y,t)dy_T \\ &+ \int_{t<s_1<T} h(y_T)p(y_T,T|y_1,s_1)v(y_1,s_1)p(y_1,s_1|y,t)dy_T dy_1 ds_1 \\ &+ \int_{t<s_1<s_2<T} h(y_T)p(y_T,T|y_2,s_2)v(y_2,s_2)p(y_2,s_2|y_1,t_1) \\ &\times v(y_1,s_1)p(y_1,s_1|y,t)dy_T dy_2 dy_1 ds_2 ds_1 \\ & \ldots \end{aligned}$$

Einsetzen der Green-Funktion $G_0(y_1, s_1|y_2, s_2) = -\theta(s_2 - s_1)p(y_2, s_2|y_1, s_1)$ liefert das gewünschte Resultat

$$E\left[e^{\int_t^T v(y(s),s)ds} h(y(T)) \,\Big|\, y(t) = y\right]$$

$$= -\sum_{l=0}^{\infty} \int (-G_0 v)^l G_0 h(y_T) dy_T \tag{9.64}$$

$$= -\int G(y,t|y_T,T)h(y_T)dy_T \tag{9.65}$$

$$= \vec{T} \exp\left\{\int_t^T [L(y,s) + v(y(s),s)]ds\right\} h \tag{9.66}$$

(vgl. Kap. 3.8.4). Die Reihenentwicklung (Störungsreihe) ist somit eine Alternative zur Monte-Carlo-Simulation des Pfad-Integrals, da die Kenntnis der Green-Funktion G_0 und damit der Übergangswahrscheinlichkeiten p ausreicht, um das Funktionalintegral näherungsweise zu berechnen.

Setzt man in den Erwartungswert explizit die Wahrscheinlichkeitsdichten $p(y_{j+1}|y_j) := p(y_{j+1}, t_{j+1}|y_j, t_j); t_0 = t, \ldots, t_J = T$ ein, so ergibt sich wie in Kap. 5.13 die explizite (diskretisierte) Version des Pfadintegrals als

$$E\left[e^{\int_t^T v(y(s),s)ds} h(y(T)) \,\Big|\, y(t) = y\right] =$$

$$\lim_{J\to\infty} \int h(y_J) \exp\Big[-\tfrac{1}{2}\sum_{j=0}^{J-1}(y_{j+1} - y_j - f_j\delta t)'(\Omega_j\delta t)^{-1}$$

$$\times(y_{j+1} - y_j - f_j\delta t) + \sum_{j=0}^{J-1} v_j\delta t\Big] \prod_{j=0}^{J-1} |2\pi\Omega_j\delta t|^{-1/2} dy_J \ldots dy_1 \tag{9.67}$$

was man formal mit dem Onsager-Machlup-Funktional als

$$\int h(y(T)) \exp\Big\{-\int_t^T [\tfrac{1}{2}[\dot{y}(s) - f(y,s)]' \Omega(y,s)^{-1} \times$$
$$\times [\dot{y}(s) - f(y,s)] - v(y(s),s)] ds\Big\} Dy(s)$$

schreiben kann. Die Notation $Dy(s)$ symbolisiert hierbei die Summation über alle Pfade (Pfadintegral).

Im Fall $f = 0, \Omega = 1$ erhält man analog zum quantenmechanischen Fall den Faktor $\exp - \int [\frac{1}{2}\dot{y}(s)^2 - v(y(s),s)]ds$, was einer Wirkungsfunktion entspricht.[12] Ein anderer Spezialfall ergibt sich bei der Optionsbewertung. Setzt man die konventionellen Bezeichnungen $y \to S$ und $v = -r$ ein und wählt als Drift $f = rS$ bzw. $\Omega = (\sigma S)^2$, d.h. das Modell von Black u. Scholes, so ergibt sich:

$$C(S,t) = \int h(S(T)) \exp\left\{-\int_t^T \left[\frac{1}{2}\frac{(\dot{S}(s) - rS(s))^2}{\sigma^2 S(s)^2} + r\right] ds\right\} DS(s).$$

Das Integral ist hierbei über alle bei $S(t) = S$ startenden Pfade zu nehmen. Diejenigen Pfade, welche stark von der Trajektorie mit $\dot{S} - rS = 0$ abweichen, tragen wenig zum Integral bei, da sie mit negativem Vorzeichen im Exponent vorkommen. Andererseits muß der Endwert $S(T)$ oberhalb des Ausübungspreise K liegen, damit $h(S) = (S - K)^+$ einen Beitrag liefert. Schreibt man

$$\frac{(\dot{S} - rS)^2}{\sigma^2 S^2} = \sigma^{-2}\left(\frac{dS}{Sdt} - r\right)^2,$$

so zeigt sich, daß die quadrierte Differenz zwischen (stochastischer) Rendite $\rho(t) = dS/(Sdt) = r + \sigma dW/dt$ und r wesentlich in die Bewertungsformel eingeht. Dies ist aber gerade der Fluktuationsterm $(dW/dt)^2$. Die Volatilität σ fällt heraus, ist jedoch im Normierungsterm von $DS(s)$ enthalten. Im Falle der Optionsbewertung nach Black u. Scholes ist also der Ausdruck

$$-\int_t^T \left[\frac{1}{2}\dot{W}(s)^2 + r(S(s),s)\right] ds$$

der Wirkungsfunktion

$$\int \left[\frac{m}{2}\dot{y}(s)^2 - \phi(y(s),s)\right] ds$$

analog. Der wesentliche Unterschied besteht jedoch im imaginären Vorfaktor $\frac{i}{\hbar}$, welcher Interferenzen der Beiträge erlaubt (vgl. Roepstorff, 1994, Kap. 2.10, Nagasawa, 1993).

---

[12] Im Fall der Schrödingergleichung $i\hbar\frac{\partial\psi}{\partial t} = -\frac{\hbar^2}{2m}\frac{\partial^2}{\partial y^2}\psi + \phi(y,t)\psi$ setzt man $\Omega = \frac{\hbar}{im}$, $f = 0$ und erhält so $\exp\left\{-\frac{i}{\hbar}\int[\frac{m}{2}\dot{y}(s)^2 - \phi(y(s),s)]ds\right\}$. In Vorwärtsrichtung $t > T$ ergibt sich ein positives Vorzeichen im Exponent.

9.5 Spezialfälle

In diesem Abschnitt wird die explizite Lösung der Optionspreis-Differentialgleichung für zwei Spezialfälle explizit durchgeführt. Die Struktur des Problems erlaubt sogar in beiden Fällen eine analytische Darstellung der Lösung mit Hilfe spezieller Funktionen (Fehler-Integral bzw. Bessel-Funktionen). Im Fall des CEV-Modells wurde die Übergangswahrscheinlichkeit durch Lösung der Fokker-Planck-Gleichung von Feller (1951) explizit berechnet (Quadratwurzel-Prozess).

9.5.1 Black-Scholes-Formel

Die Black-Scholes-Formel für den Optionspreis $C(S,t)$ ist die Lösung der partiellen Differentialgleichung (9.11)

$$0 = C_t + rSC_S + \tfrac{1}{2}\sigma^2 S^2 C_{SS} - rC \tag{9.68}$$

mit Endbedingung $C(S,T) = (S-K)^+ := \max(S-K,0)$ im Falle einer europäischen Kaufoption. Hierzu äquivalent ist die Darstellung mit der Feynman-Kac-Formel

$$C(S,t) = e^{-r(T-t)} E[h(S(T)) \mid S(t) = S], \tag{9.69}$$

wobei der Erwartungswert bzgl. dem Pseudo-Preisprozeß $dS = rSdt + \sigma SdW^*$ berechnet wird. Zunächst wird angenommen, daß r und σ Konstanten sind. Erweiterungen sind dann auf den Fall $r(t)$, $\sigma(t)$ (deterministische Funktionen) bzw. $\sigma(\omega,t)$ (stochastische Volatilität) möglich. In der Arbeit von Black u. Scholes wird die partielle Differentialgleichung durch eine Substitution auf die Wärmeleitungsgleichung [13] (bzw. Diffusionsgleichung) transformiert und durch einen Separationsansatz gelöst.

Wärmeleitungsgleichung. Mit Hilfe der Substitution (Black u. Scholes, a.a.O.)

$$C(S,t) = e^{-r(T-t)} y(u,\tau) \tag{9.70}$$

$$u(S,t) = \frac{2}{\sigma^2}\left(r - \frac{\sigma^2}{2}\right)\left[\log\frac{S}{K} - \left(r - \frac{\sigma^2}{2}\right)(t-T)\right] \tag{9.71}$$

$$\tau(t) = -\frac{2}{\sigma^2}\left(r - \frac{\sigma^2}{2}\right)^2 (t-T) \tag{9.72}$$

ergibt sich aus der Black-Scholes-Dgl. die Wärmeleitungsgleichung

$$y_\tau = y_{uu} \tag{9.73}$$

mit Anfangsbedingung

$$y(u,0) = \begin{cases} K(\exp(\frac{\sigma^2 u}{2r^-}) - 1) & ; u \geq 0 \\ 0 & ; u < 0 \end{cases} \tag{9.74}$$

[13] vgl. Bacheliers *radiation of probability* (Kap. 8.1).

($r^- = r - \sigma^2/2$). Die Substitution läßt sich durch zwei Ziele motivieren: 1. kann durch den Abzinsungsfaktor $e^{-r(T-t)}$ die Inhomogenität $-rC$ eliminiert werden, und 2. erzeugt die Variablen-Transformation $u \propto \log(S/K) + const.$ eine Elimination des Drift-Terms rSC_S und weiterhin eine Vereinfachung des Vorfaktors von $\frac{1}{2}\sigma^2 S^2 C_{SS}$. Eine Grundlösung der Wärmeleitungs(Diffusions)gleichung (9.73) ist durch den Gauß-Kern

$$\phi(u,\tau) = (2\pi\tau)^{-\frac{1}{2}} \exp\left(-\frac{u^2}{2\tau}\right) \tag{9.75}$$

gegeben, wenn man $\phi(u, 2\tau)$ in (9.73) einsetzt. [14] Eine Konstruktion dieser Lösung ist durch den Separationsansatz $y(u,\tau) = \varphi(\tau)\psi(u)$ möglich, der nach Einsetzen in die Gleichung (9.73) zu zwei getrennt lösbaren gewöhnlichen Differentialgleichungen für $\varphi(\tau)$ und $\psi(u)$ führt (vgl. etwa Courant u. Hilbert, 1968, S. 16f.). Eine Lösung mit beliebiger Anfangsbedingung ist durch die Superposition

$$y(u,\tau) = \int_{-\infty}^{+\infty} \phi(u-u', 2\tau) y(u', 0) du' \tag{9.76}$$

gegeben, da für die Grundlösung $\phi(u-u', 0) = \delta(u-u')$ gilt. Durch Einsetzen der Anfangsbedingung (9.74) ergibt sich so die Integraldarstellung

$$\begin{aligned} C(S,t) &= e^{-r(T-t)} \frac{1}{\sqrt{2\pi}} \int_{-d_2}^{+\infty} K e^{(\sqrt{2\tau}z+u)(\sigma^2/(2r^-))} e^{-z^2/2} dz \qquad (9.77) \\ &- e^{-r(T-t)} \frac{1}{\sqrt{2\pi}} \int_{-d_2}^{+\infty} K e^{-z^2/2} dz. \end{aligned}$$

Ausführung der Integration ergibt schließlich die berühmte *Black-Scholes-Formel*

$$C(S,t) = S\Phi(d_1) - e^{-r(T-t)} K\Phi(d_2) \tag{9.78}$$

mit den Abkürzungen

$$d_1 = \frac{\log S/K + r^+(T-t)}{\sigma\sqrt{T-t}}; \; r^+ = r + \sigma^2/2 \tag{9.79}$$

$$d_2 = \frac{\log S/K + r^-(T-t)}{\sigma\sqrt{T-t}}; \; r^- = r - \sigma^2/2. \tag{9.80}$$

Feynman-Kac-Formel. Die Integraldarstellung (9.77) des Optionspreises ergab sich aus einer Lösung der Wärmeleitungsgleichung durch Superposition singulärer Grundlösungen. Eine direkte Integraldarstellung wird durch

$$C(S,t) = e^{-r(T-t)} E[(S(T) - K)^+ \mid S(t) = S] \tag{9.81}$$

$$= e^{-r(T-t)} \int (S_T - K)^+ p(S_T|S) dS_T \tag{9.82}$$

[14] $\phi(u,\tau)$ erfüllt die Fokker-Planck-Gleichung $\phi_\tau = \frac{1}{2}\phi_{uu}$.

gegeben. Hierbei ist nur die bedingte Dichte $p(S_T|S)$ erforderlich, da der Zinssatz r eine Konstante (oder deterministische Funktion) ist und somit der Faktor $\exp - \int_t^T r d\tau$ vor das Integral gezogen werden kann. Aufgrund der expliziten Lösung der geometrischen Brownschen Bewegung

$$S(T) = Se^{(r-\sigma^2/2)(T-t)+\sigma[W(T)-W(t)]}; \; S(t) = S \tag{9.83}$$

ist die Variable $S(T)$ für festes S log-normalverteilt, d.h. $S(T)/S = \exp(X)$; $X \sim N(\nu, \gamma^2)$ mit Parametern $\nu = (r - \sigma^2/2)(T - t)$ und $\gamma^2 = \sigma^2(T - t)$. Daher gilt für die Dichte

$$f(X)dX = f(\log \frac{S_T}{S})dS_T/S_T = \left[\frac{1}{S_T} f(\log \frac{S_T}{S})\right] dS_T \tag{9.84}$$

$$:= p(S_T|S)dS_T, \tag{9.85}$$

wobei $f(X) = \phi(X; \nu, \gamma^2)$ die Normalverteilungsdichte ist. Der Erwartungswert-Term

$$\begin{aligned} E[(S(T) - K)^+|S(t) = S] &= \int_K^\infty (S_T - K)p(S_T|S)dS_T \\ &= \int_K^\infty S_T p(S_T|S)dS_T - K \int_K^\infty p(S_T|S)dS_T \\ &= I - II \end{aligned}$$

läßt sich in zwei Ausdrücke zerlegen, wobei der zweite die Wahrscheinlichkeit enthält, daß der Kurs $S(T)$ Werte oberhalb dem Ausübungspreis K annimmt. Damit gilt einfach

$$\begin{aligned} II &= K \int_K^\infty p(S_T|S)dS_T = K \int_{\log(K/S)}^\infty f(X)dX \\ &= K(1 - \Phi(\log(K/S); \nu, \gamma^2)) \\ &= K\Phi(-z); \; z = (\log(K/S) - \nu)/\gamma \\ &= K\Phi(d_2) \\ d_2 &= \frac{\log(S/K) + \nu}{\gamma}. \end{aligned}$$

Einsetzen von ν und γ ergibt dann die übliche Form $d_2 = [\log(S/K) + r - \sigma^2/2)(T - t)]/(\sigma\sqrt{T - t})$. Die allgemeine Schreibweise mit den Parametern ν und γ hat jedoch den Vorteil, daß die Resultate auch in anderen Situationen (z.B. bei stochastischen Volatilitäten) eingesetzt werden können (vgl. nächster Abschnitt).

Der Term I kann in analoger Weise als

$$\begin{aligned} I &= \int_K^\infty S_T p(S_T|S)dS_T \\ &= \int_{\log(K/S)}^\infty Se^X f(X)dX \end{aligned}$$

$$\begin{aligned}
&= Se^{\nu+\gamma^2/2}(2\pi\gamma^2)^{-\frac{1}{2}} \int_{\log(K/S)}^{\infty} e^{-\frac{1}{2}\frac{X-(\nu+\gamma^2)}{\gamma^2}} dX \\
&= Se^{\nu+\gamma^2/2}\Phi(d_1) \\
d_1 &= d_2 + \gamma
\end{aligned}$$

geschrieben werden. Im Standardfall ergibt sich wieder $d_1 = d_2 + \sigma\sqrt{T-t}$. Insgesamt erhält man die Black-Scholes-Formel

$$C(S,t) = e^{-r(T-t)}\left[Se^{\nu+\gamma^2/2}\Phi(d_1) - K\Phi(d_2)\right] \tag{9.86}$$

$$d_1 = d_2 + \gamma \tag{9.87}$$

$$d_2 = \frac{\log(S/K) + \nu}{\gamma}. \tag{9.88}$$

Nach Einsetzen der Parameter der Log-Normalverteilung $E[S(T)|S] = S \exp(\nu + \gamma^2/2) = S\exp[(r-\sigma^2/2)(T-t) + \sigma^2(T-t)] = S\exp(r(T-t))$ läßt sich dies in der bekannten Form

$$C(S,t) = S\Phi(d_1) - e^{-r(T-t)}K\Phi(d_2) \tag{9.89}$$

schreiben. Man erhält also wieder die Formel (9.78).

Bemerkung: Im Fall zeitvariabler (deterministischer) Zinssätze $r(s)$ und Volatilitäten $\sigma(s)$ müssen die Formeln modifiziert werden. Anstatt $r(T-t)$ ist $\int_t^T r(s)ds$ zu setzen und $\sigma^2(T-t)$ wird zu $\int_t^T \sigma^2(s)ds$. Es ist daher problematisch, in der üblichen Black-Scholes-Formel einfach zeitvariable Marktzinssätze und Volatilitäten einzusetzen, da offenbar die mittleren Werte im Bewertungszeitraum $[t,T]$, d.h. $(T-t)(T-t)^{-1}\int_t^T r(s)ds = (T-t)\bar{r}$ und $(T-t)(T-t)^{-1}\int_t^T \sigma^2(s)ds = (T-t)\bar{\sigma^2}$ in die Bewertung eingehen. Dies ist einleuchtend, da das Hedge-Portfolio permanent adjustiert werden muß und daher alle Werte bis zur Fälligkeit in den Optionspreis eingehen (vgl. auch Bsp. 9.6).

Stochastische Volatilitäten. Die etwas ungewöhnliche Schreibweise der Black-Scholes-Formel mit den Parametern der Log-Normalverteilung ν und γ^2 ist in anderen Situationen von Vorteil, die vom Standardfall abweichen. Betrachtet man etwa eine zeitvariable, stochastische Volatilität $\sigma(\omega,t)$, so gilt bedingt auf $F_T = \sigma\{\sigma(\omega,s); s \le T\}$ die Black-Scholes-Formel. Anders ist die Situation, wenn das System

$$dS(t) = rS(t)dt + \sigma(t)S(t)[\sqrt{1-\rho^2}dW_1 + \rho dW_2] \tag{9.90}$$

$$d\sigma(t) = a(\sigma(t),t)dt + b(\sigma(t),t)dW_2 \tag{9.91}$$

den Kurs $S(t)$ beschreibt. Hier sind die Brownschen Bewegungen $dW = \sqrt{1-\rho^2}dW_1 + \rho dW_2$ und $dV = dW_2$ korreliert ($\mathrm{Cov}(dV,dW) = \rho dt$; vgl. Kap. 8.3). Mit dem Satz von Itô und der Substitution $y = \log S$ ergibt sich daher

$$dy(t) = rdt + \sigma(t)[\sqrt{1-\rho^2}dW_1 + \rho dW_2] - \tfrac{1}{2}\sigma^2 dt \tag{9.92}$$

und daraus die Lösung

$$\begin{aligned} S(T) &= S\exp\left[\int_t^T (r - \tfrac{1}{2}\sigma^2)ds + \rho\int_t^T \sigma dW_2 + \sqrt{1-\rho^2}\int_t^T \sigma dW_1\right] \\ &= S\exp X \end{aligned} \tag{9.93}$$

Bedingt man also auf $\sigma(s)$ bzw. $W_2(s); t \le s \le T$, so enthält die Kursgleichung eine veränderte Drift. Somit gilt

$$\nu = E[X|F_T] = r(T-t) - \tfrac{1}{2}\int_t^T \sigma^2 ds + \rho\int_t^T \sigma dW_2 \tag{9.94}$$

$$\gamma^2 = \mathrm{Var}[X|F_T] = (1-\rho^2)\int_t^T \sigma^2 ds \tag{9.95}$$

Daraus lassen sich die Koeffizienten

$$\begin{aligned} d_2 &= \frac{\log(S/K) + \nu}{\gamma} \\ &= \frac{\log(S/K) + r(T-t) - \frac{1}{2}\int_t^T \sigma^2 ds + \rho\int_t^T \sigma dW_2}{\sqrt{(1-\rho^2)\int_t^T \sigma^2 ds}} \\ d_1 &= d_2 + \gamma \\ &= \frac{\log(S/K) + r(T-t) + (\frac{1}{2} - \rho^2)\int_t^T \sigma^2 ds + \rho\int_t^T \sigma dW_2}{\sqrt{(1-\rho^2)\int_t^T \sigma^2 ds}} \\ \nu + \gamma^2/2 &= r(T-t) + \rho\int_t^T \sigma dW_2 - \tfrac{1}{2}\rho^2\int_t^T \sigma^2 ds \end{aligned}$$

und mit (9.86) die Preisformel

$$\begin{aligned} C(S,\sigma,t) &= E\Big[E[(S(T)-K)^+ \mid F_T] \,\Big|\, S(t) = S, \sigma(t) = \sigma\Big] \\ &= SE\left[e^{\rho\int_t^T \sigma dW_2 - \frac{1}{2}\rho^2\int_t^T \sigma^2(s)ds}\Phi(d_1) \,\Big|\, S(t) = S, \sigma(t) = \sigma\right] \\ &- e^{-r(T-t)}KE\Big[\Phi(d_2) \,\Big|\, S(t) = S, \sigma(t) = \sigma\Big] \end{aligned} \tag{9.96}$$

ableiten. Diese ist analog zur üblichen Form, jedoch sind hier die Koeffizienten d_1 und d_2 noch vom Wiener-Prozeß $W_2(s)$ und der stochastischen Volatilität $\sigma(s)$ abhängig. Für den Fall $\rho = 0$ ergibt sich einfach der Erwartungswert der auf die Volatilitätstrajektorie $\sigma(s)$ bedingten Black-Scholes-Formel. Explizite Berechnungen der Funktionale mit den in Kap. 8.3 aufgelisteten Modellen sind in Leblanc (1996) enthalten.

9.5.2 Cox-Ross-Optionspreis-Formel (CEV-Modell)

Wie in Kap. 8.2 diskutiert, kann die restriktive Annahme konstanter Volatilität durch eine explizite kursabhängige Modellierung des Diffusionskoeffi-

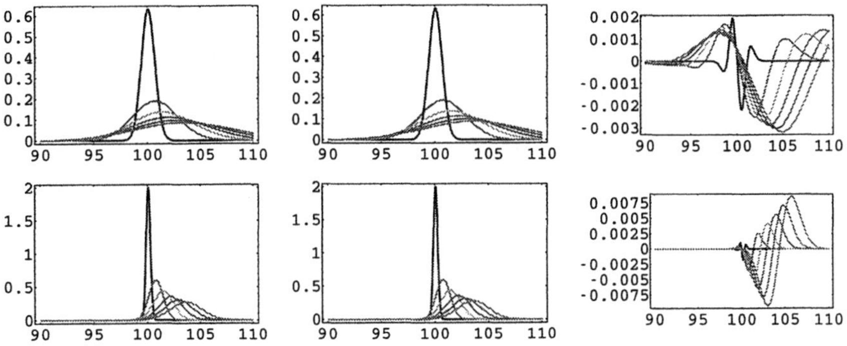

Abbildung 9.2. Dichtefunktion $p(S^*, \tau|S)$ des CEV-Modells als Funktion von S^* für unterschiedliche Restlaufzeiten $\tau = .01, \ldots .51$ mit Parametern $r = .07, \sigma^2 = .04, \alpha = 1.5$ (oben), $\alpha = 1$ (unten), $S = 100$. In der mittleren Spalte sind die entsprechenden bedingten Gauß-Dichten und rechts die Differenzen gezeichnet.

zienten $g(S)$ verallgemeinert werden. Setzt man $g = \sigma S^{\alpha/2}$, ergibt sich das CEV-Modell von Cox u. Ross (1976)

$$dS(t) = \mu S(t)dt + \sigma S(t)^{\alpha/2} dW(t). \tag{9.97}$$

Es kann mit Hilfe der Substitution $y = S^{2-\alpha}, \alpha \neq 2$ und dem Satz von Itô auf die Form

$$\begin{aligned} dy &= (2-\alpha)\mu S^{2-\alpha}dt + \frac{\sigma^2}{2}(2-\alpha)(1-\alpha)dt + \sigma(2-\alpha)S^{1-\alpha/2}dW(t) \\ &:= (by+c)dt + \sqrt{2a}\sqrt{y}dW \end{aligned} \tag{9.98}$$

gebracht werden. Die so definierten Koeffizienten a, b, c entsprechen der Notation von Feller (1951). Dieser berechnet die Übergangswahrscheinlichkeit $f(y^*, t|y)$ als Lösung der zugeordneten Fokker-Planck-Gleichung

$$f_t = -[(by+c)f]_y + (ayf)_{yy} \tag{9.99}$$

mit $f(y^*, 0|y) = \delta(y^* - y)$. Durch Rücktransformation kann daraus die Dichte des Prozesses $S^*(t)$ als

$$p(S^*, t|S)dS^* = f(y^*, t|y)dy^* = f({S^*}^{2-\alpha}, t|S^{2-\alpha})(2-\alpha){S^*}^{1-\alpha}dS^*$$

gewonnen werden. Abb. (9.2) zeigt den Verlauf der bedingten Dichte als Funktion von S^* für unterschiedliche Zeiten ($\tau = 0.01, 0.11, \ldots, 0.51$). Die Gauß-Näherung $\phi(S^*; S+rS\tau), \sigma^2 S^\alpha \tau)$ (diskretisiertes kontinuierliches Sampling) weicht davon erstaunlich wenig ab. Der Optionspreis $C(S,t)$ ergibt sich damit als Erwartungswert

$$\begin{aligned} C(S,t) &= e^{-r(T-t)}E[(S(T)-K)^+ \mid S(0) = S] \\ &= e^{-r(T-t)}\int_K^\infty (S^* - K)p(S^*, T-t|S)dS^* \end{aligned} \tag{9.100}$$

$$= e^{-r(T-t)} \int_{K^{2-\alpha}}^{\infty} (y^{*\frac{1}{2-\alpha}} - K) f(y^*, T-t|y) dy^*,$$

wobei die Drift μ durch den risikolosen Zinssatz r ersetzt werden muß. Da das Problem zeitlich homogen ist (konstante Koeffizienten), hängt es nur von der Restlaufzeit $T - t = \tau$ ab. Für die Übergangswahrscheinlichkeit ergibt sich nach Feller die explizite Form

$$f(y^*, \tau|y) = ue^{-\eta^* - \eta} (\eta^*/\eta)^{(c-a)/2a} I_{1-c/a}(2\sqrt{\eta^* \eta}) \tag{9.101}$$

mit den Termen

$$\begin{aligned} I_k(x) &= \sum_{n=0}^{\infty} \frac{(x/2)^{2n+k}}{n!\Gamma(n+1+k)} && (9.102) \\ u &= \frac{b}{a(\exp(b\tau) - 1)} && (9.103) \\ \eta^* &= uy^* && (9.104) \\ \eta &= ue^{b\tau} y && (9.105) \\ a &= \frac{\sigma^2}{2}(2-\alpha)^2 && (9.106) \\ b &= (2-\alpha)r && (9.107) \\ c &= \frac{\sigma^2}{2}(2-\alpha)(1-\alpha) && (9.108) \end{aligned}$$

Hierbei ist $I_k(x)$ die modifizierte Bessel-Funktion 1. Art [15] und das Argument $1-c/a$ der Bessel-Funktion ist durch $\frac{1}{2-\alpha}$ gegeben. Mit Hilfe der Substitution $ue^{b\tau} = \frac{1}{2t'}$ und $y' = e^{-b\tau} y^*$ läßt sich die Dichte (9.101) in der Form

$$f(y^*, \tau|y) dy^* = \frac{1}{2t'} e^{-\frac{y'+y}{2t'}} (y'/y)^{((c/a)-1)/2} I_{1-c/a} \left(\frac{1}{t'} \sqrt{y'y} \right) dy' \tag{9.109}$$

schreiben. Dies ist aber gerade die Dichte eines quadrierten Bessel-Prozesses BESQ^δ mit Index $\nu := (\delta/2) - 1 = (c/a) - 1$, d.h.

$$f(y', t'|y) dy' = \frac{1}{2t'} e^{-\frac{y'+y}{2t'}} (y'/y)^{\nu/2} I_{|\nu|} \left(\frac{1}{t'} \sqrt{y'y} \right) dy' \tag{9.110}$$

(vgl. Revuz u. Yor, 1994, Kap. 11, Borodin u. Salminen, 1996, S. 117). Mit der Umrechnung

$$\nu = \frac{c}{a} - 1 = \frac{1}{\alpha - 2} \tag{9.111}$$

sieht man, daß für Elastizitäten $\alpha < 2$ negative Indizes des quadrierten Besselprozesses resultieren. Für positive Werte von ν ($\alpha > 2$) ist die Dichte durch

---

[15] Vgl. Feller, 1951, Lemma 8, und Bronstein-Semendjajew, 1972, S. 400. Die Besselfunktion $I_k(x)$ erfüllt die Differentialgleichung $x^2 y'' + xy' - (x^2 + k^2) y = 0$.

$$f(y',t'|y)dy' = \frac{1}{2t'}e^{-\frac{y'+y}{2t'}}(y'/y)^{\nu/2}I_\nu\left(\frac{1}{t'}\sqrt{y'y}\right)dy' \qquad (9.112)$$

gegeben. Man kann explizit zeigen, daß die Substitution (Zeit-Transformation)

$$y'(t') = e^{-bt}y(t) \qquad (9.113)$$

$$t' = \frac{a}{2b}(1-e^{-bt}) \qquad (9.114)$$

zum Verschwinden des Drift-Terms by in (9.98) und auf die Gleichung

$$dy'(t') = \frac{2c}{a}dt' + 2\sqrt{y'(t')}dW(t') \qquad (9.115)$$

führt (Leblanc, 1996). Dies ist aber gerade die definierende Gleichung des quadrierten Bessel-Prozesses BESQ$^\delta$ mit Dimension $\delta = \frac{2c}{a}$ und Index $\nu = (\delta/2) - 1 = \frac{c}{a} - 1$ (vgl. Revuz u. Yor, 1994). Für ganzzahlige Werte δ ist y' der quadrierte Betrag des Radius-Vektors einer δ-dimensionalen Brownschen Bewegung $\{W_1, \ldots, W_\delta\}$ und insbesondere immer positiv.

Setzt man die Dichtefunktion (9.101) in die Optionspreis-Formel (9.100) ein, so ergibt sich durch Einführung der Notation

$$g(n,z) = \frac{e^{-z}z^{n-1}}{(n-1)!} = \frac{e^{-z}z^{n-1}}{\Gamma(n)} \qquad (9.116)$$

$$G(n,w) = \int_w^\infty g(n,z)dz, \qquad (9.117)$$

wobei $g(n,z)$ die Gamma-Dichte und $G(n,w)$ die regularisierte unvollständige Gamma-Funktion ist, nach längerer Umformung die *CEV-Optionspreisformel* für $\alpha < 2$ [16]

$$C(S,t) = S\sum_{n=0}^{\infty} g(n+1,\eta)G\left(n+1+\frac{1}{2-\alpha}, uK^{2-\alpha}\right) \qquad (9.118)$$
$$- Ke^{-r(T-t)}\sum_{n=0}^{\infty} g\left(n+1+\frac{1}{2-\alpha},\eta\right)G(n+1,uK^{2-\alpha})$$

mit den Abkürzungen

$$\eta = ue^{b\tau}S^{2-\alpha}; \tau = T-t$$
$$u = \frac{b}{a(e^{b\tau}-1)}$$
$$b = (2-\alpha)r$$
$$a = \frac{\sigma^2}{2}(2-\alpha)^2.$$

Betrachtet man die Funktion $g(n+1,z)$ als Funktion des Index n, so läßt sich diese als Poisson-Verteilung $P(n;z)$ mit Erwartungswert z und

[16] vgl. Cox u. Ross (1976). Die Autoren betrachten nur den Fall $\alpha = 1$. Für $\alpha > 2$ kann eine modifizierte Formel abgeleitet werden (Emanuel u. MacBeth, 1982).

Varianz z auffassen. Die unendlichen Summen in (9.118) lassen sich daher bei numerischer Auswertung auf einen Bereich von $r \in \{z \pm k\sqrt{z}\}$ beschränken (z.B. wurde in der programmtechnischen Umsetzung ein Wert von $k = 4$ Standardabweichungen benutzt). In Abb. (9.3) sind die Resultate für die Black-Scholes-Formel ($\alpha = 2$) und für das CEV-Modell ($\alpha = 3, 1, 0$) gegenübergestellt. Die beiden Elastizitätswerte $\alpha = 1, 0$ entsprechen dem Quadratwurzelmodell und dem sog. absoluten Modell. Die Parameterwerte für den risikolosen Zinssatz $r = \log(1.05)$, Ausübungspreis $K = 40$, die Volatilität $\sigma = \{.2, .3, .4\}$ und die Restlaufzeit $\tau = \{1, 4, 7\}/12$ wurden der Arbeit von Cox u. Rubinstein (1985, Kap. 7) entnommen. Um die von der Black-Scholes- und der CEV-Formel berechneten Optionspreise vergleichen zu können, wurde in der Graphik anhand der Formel $\sigma_{BS}S = \sigma_{CEV}S^{\alpha/2}$ für vorgegebenes σ_{BS} jeweils adjustierte Volatilitäten σ_{CEV} berechnet (vgl. Beckers, 1980, MacBeth u. Merville, 1980, Cox u. Rubinstein, 1985). In empirischen Anwendungen müssen selbverständlich die entsprechenden Parameterwerte $\{\sigma, \alpha\}$ aus erhältlichen Aktienkursverläufen geschätzt werden.

Die Kurven zeigen das generelle Resultat, daß für Optionen im Geld der Optionspreis umgekehrt proportional zum Exponenten α ist. Beispielsweise liefert das CEV-Modell für $\alpha < 2$ höhere Werte als das Black-Scholes-Modell ($\alpha = 2$). Dieser Effekt ist umso ausgeprägter, je länger die Restlaufzeit und je höher die Volatilität ist. Umgekehrt ist für Optionen aus dem Geld der Optionspreis um so höher, je größer der Elastizitätskoeffizient $\alpha < 2$ ausfällt. Der Black-Scholes-Fall ist also in seinem Verlauf im Kontinuum der Werte α eingebettet.

Dies stimmt mit Resultaten von MacBeth u. Merville (1979, 1980) überein, die an 6 Optionen gewonnen wurden. Allerdings muß zu diesen Arbeiten kritisch angemerkt werden, daß keine originale Schätzprozedur angewandt wurde, die sich nur auf das CEV-Diffusionsmodell und historische Aktienkursverläufe stützt (vgl. Adjaoute, 1993). In Kap. 11 werden entsprechende Schätzmethoden entwickelt und exemplarisch auf 5 Optionsscheine angewandt.

9.6 Numerische Lösungsmethoden

Im vorigen Abschnitt wurde diskutiert, wie explizite Optionspreisformeln hergeleitet werden können. Dies gelingt i.a. nur, wenn die Übergangswahrscheinlichkeit $p(S_T, T|S_t, t)$ berechnet werden kann. Zudem muß noch das Integral $E[(S(T) - K)^+|S(t) = S]$ analytisch ausgewertet werden. Alternativ ist die partielle Black-Scholes-Differentialgleichung (9.20) mit entsprechender Endbedingung zu lösen. Wie das Beispiel des CEV-Modells zeigt, ist schon für relativ einfache skalare Diffusionsgleichungen mit sehr komplizierten Lösungen zu rechnen. Dies verschärft sich im Fall von multivariaten Ansätzen, bei denen der Optionspreis von mehreren, teilweise unbeobachtbaren Faktoren

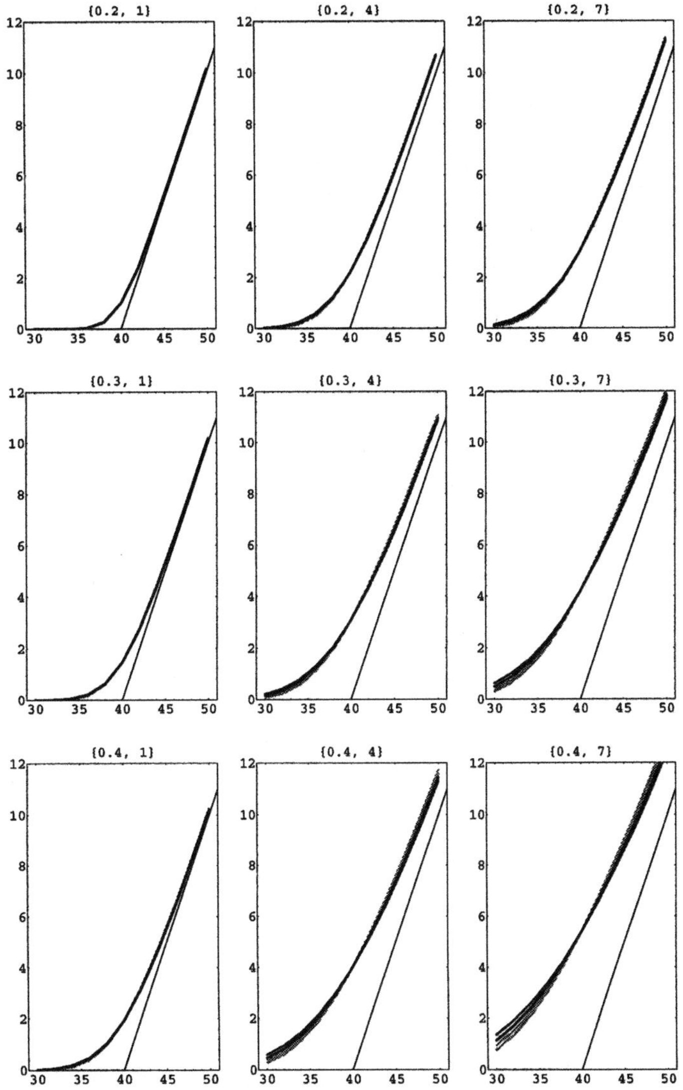

Abbildung 9.3. Optionspreis für das CEV-Modell mit den Parametern $r = \log(1.05), \sigma = \{.2, .3, .4\}$ (oben, mitte, unten), $\tau = \{1, 4, 7\}/12$ (Jahre) (links, mitte, rechts) und Ausübungspreis $K = 40$. In den Graphiken sind jeweils die Verläufe für $\alpha = 2$ (schwarz; Black-Scholes-Fall), $\alpha = 3$ (blau bzw. dunkelgrau) und $\alpha = 1,0$ (grün bzw. hellgrau) eingezeichnet. Für Optionen im Geld ist der Options-Preis um so höher, je kleiner α ist, für Optionen aus dem Geld proportional zu α.

abhängt. Beispielsweise ist im Fall stochastischer Volatilitäten der Optionspreis eine Funktion $C(S,\sigma)$ der nicht direkt beobachtbaren Volatilität bzw. muß der Erwartungswert $E[(S(T)-K)^+|S(t)=S,\sigma(t)=\sigma]$ über die Randverteilung $p(S_T,T|S,\sigma,t)$ der bivariaten Dichte berechnet werden (vgl. etwa Hull u. White, 1987, Wiggins, 1987). Dies gelingt in manchen Fällen anlytisch (Leblanc, 1995), jedoch sind oft approximative numerische Methoden von Interesse. Im folgenden sollen zwei Verfahren kurz diskutiert werden, die sehr unterschiedlich sind. Während das Monte-Carlo-Verfahren den probabilistischen Aspekt der partiellen Differentialgleichung ausnützt, ist die klassische Methode der endlichen Differenzen auch für andere PDE geeignet, welche keine wahrscheinlichkeitstheoretische Interpretation aufweisen. Bezüglich anderer Lösungsmethoden muß auf die Literatur verwiesen werden (vgl. etwa Risken, 1989, Press et al., 1992, Ames, 1992).

9.6.1 Monte Carlo-Simulation der Feynman-Kac-Formel

In Abschnitt 9.4 wurde gezeigt, daß die Lösung der partiellen Differentialgleichung für den Optionspreis durch einen bedingten Erwartungswert

$$\begin{aligned} u(y,t) &= E\left[e^{\int_t^T v(y(s),s)ds} h(y(T)) \,\Big|\, y(t)=y\right] \\ u(y,T) &= h(y) \end{aligned}$$

dargestellt werden kann, der von allen Werten der Trajektorie $y(s); t \leq s \leq T$ abhängt. Es handelt sich daher um ein Funktional-Integral, da ein Wahrscheinlichkeitsmaß für die zufälligen Funktionen $y(s)$ involviert ist (vgl. Kloeden u. Platen, 1992, Kap. 17). Schreibt man die Trajektorie mit Startpunkt $y(t)=y, y_{p+1}(t)=0$ als

$$dy = f(y,s)ds + g(y,s)dW(s) \tag{9.119}$$

$$dy_{p+1} = v(y,s)ds,\ t \leq s \leq T, \tag{9.120}$$

so ergibt sich die gesuchte Lösung als

$$u(y,t) = E\left[e^{y_{p+1}(T)}h(y(T))\right] := E[g(Y(T))] \tag{9.121}$$

mit $Y=\{y_1,\ldots,y_p,y_{p+1}\}$, d.h. $\int_t^T v(y(s),s)ds = y_{p+1}(T)$. Durch Hinzunahme einer Dimension kann also die Feynman-Kac-Formel als Erwartungswert des Prozesses $Y(s)$ bei $s=T$ ausgedrückt werden. Dies ist ein Funktional eines multidimensionalen Itô-Prozesses, das mit Hilfe eines schwachen Schemas für die stochastische Differentialgleichung approximiert werden kann (vgl. Kap. 4). Beispielsweise können im *vereinfachten schwachen Euler-Schema*

$$\eta_{i+1} = \eta_i + f(\eta_i,t_i)\Delta t_i + g(\eta_i,t_i)\Delta\tilde{W}_i \tag{9.122}$$

$$\eta_{p+1,i+1} = \eta_{p+1,i} + v(\eta_i,t_i)\Delta t_i;\ i=0,\ldots,I-1 \tag{9.123}$$

als Zufallsvariablen $\Delta\tilde{W}_i$ die 2-Punkt (Bernoulli)-Variablen mit

$$P(\Delta\tilde{W}_i = \pm\sqrt{\Delta t}) = \tfrac{1}{2}$$

oder die 3-Punkt-Variablen

$$\begin{aligned} P(\Delta\tilde{W}_i = \pm\sqrt{3\Delta t}) &= \tfrac{1}{6} \\ P(\Delta\tilde{W}_i = 0) &= \tfrac{2}{3} \end{aligned}$$

benutzt werden. Auch gleichverteilte Variable sind von Interesse. Setzt man die so erhaltenen Approximationen $\eta_I, \eta_{p+1,I}$ in die Funktion $g(Y(T))$ ein, so ergibt sich die Zufallsvariable

$$F_1(\Delta t) := g(\eta_{1,I}, \ldots, \eta_{p,I}, \eta_{p+1,I}) = e^{\eta_{p+1,I}} h(\eta_{1,I}, \ldots, \eta_{p,I}) \quad (9.124)$$

deren Erwartungswert das gesuchte Funktional $u(y,t)$ approximiert. Der Approximationsfehler hängt dabei von der Größe der Diskretisierungsschritte $\Delta t = (T-t)/I$ ab. Da das Euler-Schema schwach konvergent mit Ordnung $\beta = 1$ ist, gilt

$$|E[g(Y(T))] - E[F_1(\Delta t)]| < K\Delta t.$$

Durch Extrapolation kann die Genauigkeit verbessert werden. Setzt man

$$F_2(\Delta t) = 2F_1(\Delta t) - F_1(2\Delta t), \quad (9.125)$$

so ist die resultierende Zufallsvariable von Ordnung $\beta = 2$, d.h.

$$|E[g(Y(T))] - E[F_2(\Delta t)]| < K\Delta t^2.$$

(vgl. Kloeden u. Platen, 1992, Kap. 15.3).

Durch N-fache Replikation der Simulation von $\eta = \{\eta_{1,i}, \ldots, \eta_{p,i}, \eta_{p+1,i}\}$; $i = 0, \ldots, I$ läßt sich die Streuung der Zufallsvariable F_1 verkleinern. Setzt man

$$F_{1N} = \frac{1}{N}\sum_{n=1}^{N} F_1(\eta_n), \quad (9.126)$$

so weist dieser Mittelwert wie üblich einen Erwartungswert von $E[F_{1N}] = E[F_1]$ und eine Varianz von $\mathrm{Var}(F_{1N}) = \frac{1}{N}\mathrm{Var}(F_1)$ auf. Die systematischen und statistischen Fehler lassen sich durch die Aufteilung des Schätzfehlers

$$\begin{aligned} F_{1N} - E[g(Y(T))] &= \mu_{sys} + \mu_{stat} \quad (9.127) \\ &= (E[F_{1N}] - E[g(Y(T))]) + (F_{1N} - E[F_{1N}]) \end{aligned}$$

zerlegen. Dabei gilt für den erwarteten quadratischen Fehler die Zerlegung

$$E[F_{1N} - E[g(Y(T))]^2 = (E[F_{1N}] - E[g(Y(T))])^2 + \mathrm{Var}(F_{1N}),$$

also die Summe aus quadrierter Verzerrung und Varianz des Schätzers. Der statistische Fehler ist dabei asymptotisch normalverteilt mit Erwartungswert 0 und Varianz $\mathrm{Var}(\mu_{stat}) = \frac{1}{N}\mathrm{Var}(F_1)$.

Da der erwartete quadratische Fehler einerseits durch die Verzerrung, andererseits durch die Zahl der Replikationen und die Varianz der Zufallsvariablen F_1 bestimmt ist, muß der Diskretisierungsfehler durch Wahl eines genügend kleinen Intervalls Δt kontrolliert und zusätzlich versucht werden, die Größe der Konfidenzintervalle durch möglichst kleine Varianzen $\mathrm{Var}(F_1)$ zu verringern. Dies kann durch varianz-reduzierende Methoden erfolgen. Schreibt man den gesuchten Erwartungswert

$$u(y,t) = E\left[e^{y_{p+1}(T)}h(y(T))\right] := E[g(Y(T))]$$

als endlichdimensionales Integral

$$E[g(Y(T))] = \int g(Y_J)p_1(Y_J,\ldots,Y_0)dY_J\ldots dY_1,$$

$Y_0 = \{y,0\} : (p+1)\times 1$, mit der Notation $Y(T) = Y_J,\ldots,Y(t) = Y_0$, so ist ein einfacher Monte-Carlo-Schätzer durch $g(Y_J)$ gegeben, wobei Y_J eine Zufallvariable mit Verteilung $p(Y_J,\ldots,Y_0)$ ist. Da das Integral jedoch nur wichtige Beiträge zum Funktional ergibt, wenn $g(Y_J) \neq 0$, ist es im Sinne der *Methode der wesentlichen Stichprobe* (importance sampling), den Erwartungswert mit einem anderen Wahrscheinlichkeitsmaß auszuführen, das an diesen Stellen eine hohe Wahrscheinlichkeit ergibt. Beispielsweise ist es bei der Endbedingung $h(S_T) = (S_T - K)^+$ von Vorteil, wenn keine Werte unterhalb von K vorkommen. Schreibt man den Erwartungswert in der Form

$$\begin{aligned} E[g(Y(T))] &= \int g(Y_J)\frac{p_1(Y_J,\ldots,Y_0)}{p_2(Y_J,\ldots,Y_0)}p_2(Y_J,\ldots,Y_0)dY_J\ldots dY_1 \\ &= E_2[g\tfrac{p_1}{p_2}], \end{aligned}$$

so kann dies als Erwartungswert bzgl. p_2 aufgefaßt werden. Der Quotient $z = p_1/p_2$ läßt sich als Likelihood-Quotient der Trajektorie $Y = \{Y_J,\ldots,Y_0\}$ unter den beiden Wahrscheinlichkeitsmaßen p_1 und p_2 interpretieren. Wenn sich diese nur durch die Drift-Koeffizienten $F = F_1$ und F_2 unterscheiden ($G_1 = G_2 = G$), ergibt sich im Grenzfall $\Delta t \to 0$ wieder die bekannte Form (vgl. 7.11)

$$\begin{aligned} z(T,Y) = \exp\Big\{ &\int_t^T \langle F_1(Y,s) - F_2(Y,s), \Omega(Y,s)^- dY\rangle \\ &-\tfrac{1}{2}\int_t^T [\langle F_1(Y,s), \Omega(Y,s)^- F_1(Y,s)\rangle \\ &-\langle F_2(Y,s), \Omega(Y,s)^- F_2(Y,s)\rangle]ds\Big\} \end{aligned}$$

(vgl. Liptser u. Shiryayev, 1977, Band I, Satz 7.19 und Abs. 7.6.4) [17]

Somit ist der Ein-Punkt-Schätzer

$$\hat{E}[g(Y(T))] = g(Y_J)\frac{p_1(Y_J,\ldots,Y_0)}{p_2(Y_J,\ldots,Y_0)} \tag{9.128}$$

unverzerrt ($E_2[g\frac{p_1}{p_2}] = E_1[g]$) und die Dichte p_2, aus der die Zufallszahlen Y_j gezogen werden, kann entsprechend gewählt werden. Ein Problem hierbei ist,

[17] Ω^- ist die Pseudo-Inverse der Matrix $\Omega = GG'$

daß die endlichdimensionale Dichte $p_1(Y_J, \ldots, Y_0)$ des Itô-Prozesses (9.119) nicht explizit bekannt ist. Sie kann jedoch durch die Euler-Dichte

$$q(Y_J, \ldots, Y_0) = \prod_{j=0}^{J-1} \phi(Y_{j+1}; Y_j + F(Y_j, t_j)\Delta t, GG'(Y_j, t_j)\Delta t) \quad (9.129)$$

mit dem Drift-Koeffizienten $F = \{f, v\}$ und Diffusionskoeffizienten $G = [g', 0]'$ approximiert werden. Somit ergibt sich der *varianz-reduzierende Euler-Schätzer* für das Funktional $E[g(Y(T))]$ als

$$\hat{E}[g(Y(T))]_{\text{Euler}} = g(Y_J)\frac{q(Y_J, \ldots, Y_0)}{p_2(Y_J, \ldots, Y_0)} \quad (9.130)$$

(die Zufallszahlen Y_j sind aus p_2 zu ziehen). Man kann zeigen, daß die optimale Wahl für p_2 durch

$$p_{\text{opt}} = p_1(Y_J, \ldots, Y_0)\frac{|g(Y_J)|}{E_1|g(Y_J)|} \quad (9.131)$$

gegeben ist (vgl. Kloeden u. Platen, 1992, Kap. 16.3). In der Tat ergibt sich aus der *Liapunov-Ungleichung*

$$(E|X-a|^r)^{1/r} \leq (E|X-a|^s)^{1/s}\,;\; 0 < r < s \quad (9.132)$$

die Abschätzung $(s = 2, r = 1)$

$$\text{Var}_2(g\tfrac{p_1}{p_2}) = E_2[g\tfrac{p_1}{p_2}]^2 - (E_2[g\tfrac{p_1}{p_2}])^2 \quad (9.133)$$

$$\geq (E_2|g\tfrac{p_1}{p_2}|)^2 - (E_2[g\tfrac{p_1}{p_2}])^2 \quad (9.134)$$

$$= (E_1|g|)^2 - (E_1[g])^2. \quad (9.135)$$

Daher ist die minimale Varianz gleich Null,wenn die Funktion g nur positiv oder negativ ist und die optimale Dichte ist $p_2 = |g|\frac{p_1}{E|g|}$. Setzt man diese Wahl in $E_2[g\frac{p_1}{p_2}]^2$ ein, so ergibt sich $(E_1|g|)^2$, was tatsächlich zur minimalen Varianz führt. □

Die so bestimmte optimale Dichte ist proportional zu $|g|$ und weist große Werte in den Gebieten auf, die wesentlich zum Funktional beitragen. Ersetzt man die unbekannte Dichte p_1 wieder durch die Euler-Dichte q, so ergibt sich die Form $p_{\text{opt}} = q|g|/E|g|$.

Beispiel 9.6.1 (Varianz-Reduktion bei der Black-Scholes-Formel).
Nimmt man als Modell die geometrische Brownsche Bewegung und einen konstanten Zinssatz r, so ist der Preis einer Kauf-Option durch

$$dS(t) = rS(t)dt + \sigma S(t)dW(t)$$
$$C(S,t) = e^{-r(T-t)}E[(S(T) - K)^+ \mid S(t) = S]$$

gegeben. Der Zinssatz ist konstant und kursunabhängig, wodurch der Term $\exp - \int_t^T$
$r(S(s), s)ds$ vor das Integral gezogen werden kann. Da die Endbedingung

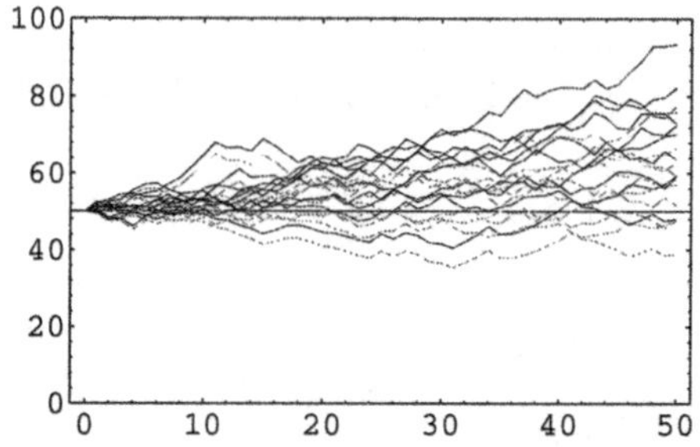

Abbildung 9.4. $N = 10$ Trajektorien für $r = 0.07$ (grau) und $r_2 = 4r$ (schwarz). Für höhere Zins-Werte übersteigen mehr Trajektorien den Ausübungspreis $K = 50$.

$(S(T) - K)^+$ nur Beiträge im Integral (Erwartungswert) von $S(T) > K$ zuläßt, wurde zur Varianzreduktion die Zufallsvariable η_{nI} im Euler-Schema

$$\begin{aligned}\eta_{n,i+1} &= \eta_{ni} + f(\eta_{ni}, t_i)\Delta t_i + g(\eta_{ni}, t_i)\Delta\tilde{W}_{ni};\\ &\quad i = 0, \ldots, I-1; n = 1, \ldots, N\end{aligned}$$

$(f(\eta_{ni}, t_i) = r\eta_{ni}; g(\eta_{ni}, t_i) = \sigma\eta_{ni})$ mit einem erhöhten Zinssatz $r_2 > r$ simuliert, da dies die Anzahl der Trajektorien erhöht, die ausgehend von $S(t) = S$ den Wert $S(T) = K$ übersteigen. Dies wird in Abb. (9.4) verdeutlicht. Der varianzreduzierende Euler-Schätzer ist dann durch

$$\hat{C}(S,t) = e^{-r(T-t)} \sum_{n=1}^{N} (\eta_{nI} - K)^+ \frac{q(\eta_n; r)}{q(\eta_n; r_2)}$$

$\eta_n := \{\eta_{n0}, \ldots, \eta_{nI}\}$ gegeben, wobei die Euler-Dichte q für die Parameterwerte r und $r_2 > r$ (σ konstant) ausgewertet wurde. Der Bruch $p_1/p_2 = q(\eta_n; r)/q(\eta_n; r_2)$ läßt sich dabei als Likelihood-Quotient der approximierten Trajektorien η_n interpretieren. Da die Zufallszahlen η_n bzgl. der Dichte $p_2 = q(\eta; r_2)$ simuliert wurden, ist der Quotient i.a. kleiner als Eins und korrigiert die vergrößerten $(\eta_{nI} - K)^+$-Werte.

Abb. (9.5) zeigt Streudiagramme der simulierten Optionspreise ($M = 50$ Replikationen) für $r_2 = kr, k = 1, \ldots 9$. Auf der x-Achse wurden die einfachen Euler-Schätzer (ohne Varianzreduktion) aufgetragen. Weiterhin wurde eine Stichprobengröße von $N = 10$ und $J = 10$ Diskretisierungsschritte der Restlaufzeit $T = 1$ (Jahr) zugrundegelegt. Weiterhin war $S = 50$, $K = 50$ (Option am Geld) und $r = 0.07, \sigma = 0.2$ (pro Jahr). Als Störgrößen im schwachen Euler-Schema wurden gleichverteilte Zufallsgrößen verwandt.

Das Streudiagramm zeigt deutlich die Verringerung der Varianz bei Erhöhung des Zinssatzes r_2. Das Minimum ist bei etwa $r_2 = 4r$ erreicht. Zu große Werte führen wieder zu einer Vergrößerung. Interessant ist auch, daß die Resultate abhängig von r_2 korreliert sind und die minimale Streuung bei Unkorreliertkeit eintritt. Abb. (9.6) zeigt die gleiche Situation unter Verwendung antithetischer Zufallszahlen, d.h. anstatt $\Delta\tilde{W}_{ni}$ wurden die Paare $\{\Delta\tilde{W}_{ni}, -\Delta\tilde{W}_{ni}\}, n = 1, \ldots, N/2$ im Euler-Schema benutzt (vgl. Hull,

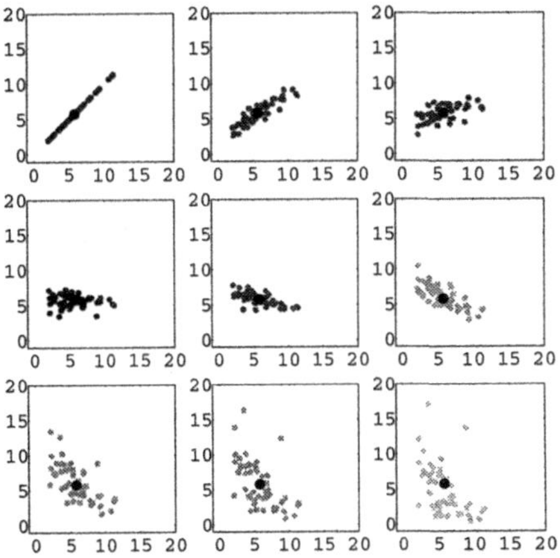

Abbildung 9.5. Varianz-Reduktion beim Euler-Schätzer ($J = 10, \Delta t = 0.1$). Simulation mit $r_2 = r, 2r, \ldots, 9r$ (von links oben). Minimale Varianz bei etwa $r_2 = 4r$. Der exakte Black-Scholes-Wert $C(S = 50, T = 1, K = 50, r = 0.07, \sigma = 0.2)$ ist als Punkt eingezeichnet.

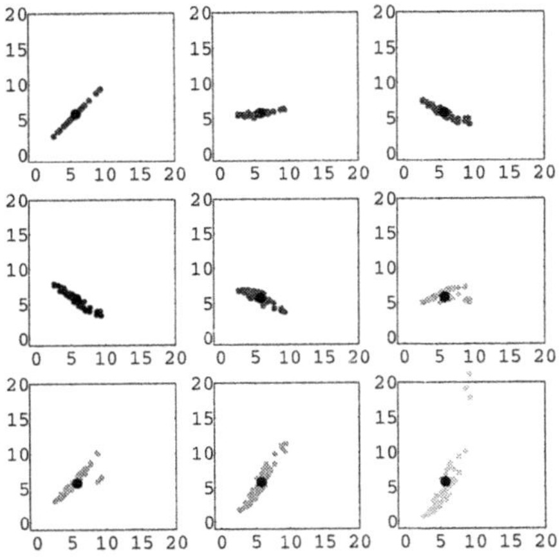

Abbildung 9.6. Antithetische Zufallsvariablen. Varianz-Reduktion beim Euler-Schätzer ($J = 10, \Delta t = 0.1$). Simulation mit $r_2 = r, 2r, \ldots, 9r$ (von links oben). Minimale Varianz bei etwa $r_2 \approx 2r$. Der exakte Black-Scholes-Wert $C(S = 50, T = 1, K = 50, r = 0.07, \sigma = 0.2)$ ist als Punkt eingezeichnet.

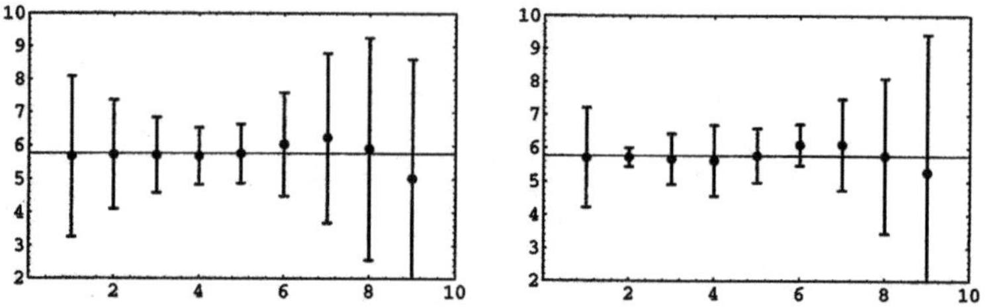

Abbildung 9.7. Varianz-Reduktion beim Euler-Schätzer mit $J = 10, \Delta t = 0.1$. Die Mittelwerte und Standardabweichungen sind als Funktion von $r_2 = r, 2r, \ldots, 9r$ abgetragen. Linkes Bild: Minimum bei etwa $r_2 = 4r$. Rechtes Bild: antithetische Zufallszahlen. Minimum bei etwa $r_2 = 2r$ und starke Varianzreduktion.

1993, Kap. 14.1). Da die Input-Trajektorien spiegelsymmetrisch sind, sind auch die simulierten Kurspaare $\{\eta_{nI}(\Delta\tilde{W}_{ni}), \eta_{nI}(-\Delta\tilde{W}_{ni})\}$ negativ korreliert und die Varianz von $\hat{C}(S,t) = \frac{1}{2}(C^+ + C^-)$ ist geringer (C^- wurde mit den $N/2$ antithetischen Kurstrajektorien berechnet). Die Abhängigkeit der Varianz des simulierten Optionspreises von der Wahl von r_2 ist in Abb. (9.7) noch einmal verdeutlicht. Im linken Bild wurde eine Stichprobe von $N = 10$ Trajektorien, im rechten Bild die antithetische Simulationstechnik benutzt. Diese führt zu einer zusätzlichen deutlichen Varianzreduktion.

Beispiel 9.6.2 (Simulation des CEV-Optionspreises).
In diesem Beispiel soll die Abhängigkeit des statistischen Fehlers von der Stichprobengröße N am Beispiel des CEV-Modells für $\alpha = 3$ untersucht werden. Dies ist insofern von Interesse, da die Ableitungen von Emanuel u. MacBeth (1982) '... necessarily a bit mysterious' sind (S. 536) und daher eine zusätzliche numerische Verifikation angebracht erscheint. Folgende Parameterwerte wurden der Simulation zugrundegelegt: $S = 40, T = 1, K = 40, r = \log[1.05], \sigma_{BS} = 0.2, \alpha = 3, \sigma_\alpha = \sigma_{BS} S^{1-\alpha/2}$. Der varianzreduzierende Euler-Schätzer aus Bsp. 9.3 wurde für die Stichprobengrößen $N = \{10, 100, 500\}$ berechnet und in Abb. (9.8) für die drei varianzreduzierenden Werte $r_2 = r, 2r, 3r$ als Funktion von N aufgetragen (Abb.(9.8) und Tab. (9.1)). Einerseits ist deutlich die Verringerung der Streuung mit N als auch die Wirkung der Varianzreduktion zu sehen. Um systematische Fehler zu verringern, wurde eine Diskretisierung der Restlaufzeit $T = 1$ mit $J = 100$ Schritten vorgenommen. Die Resultate zeigen, daß die Erhöhung des Stichprobenumfangs und des Zinssatzes zu einer Varianzreduktion führen. Weiterhin stimmen die simulierten Werte in diesem Fall gut mit der von MacBeth u. Merville angegebenen analytischen Lösung überein.

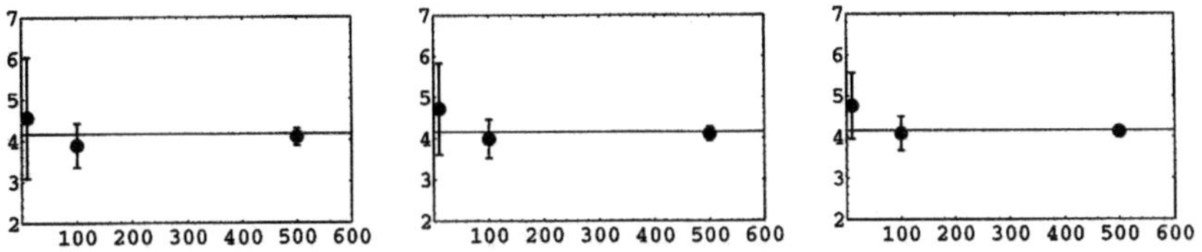

Abbildung 9.8. Simulation des CEV-Optionspreises mit Stichprobengrößen von $N = 10, 100, 500$ und 3 verschiedenen Zinssätzen zur Varianzreduktion $r_2 = r, 2r, 3r$ (von links nach rechts). Der analytisch berechnete CEV-Wert $C(S = 40, T = 1, K = 40, r = \log(1.05), \sigma = 0.2, \alpha = 3)$ ist als Linie eingezeichnet.

Analytischer Wert: $C = 4.15605$						
	$r_2 = r$		$r_2 = 2r$		$r_2 = 3r$	
N	$\bar{C}$	Std(C)	$\bar{C}$	Std(C)	$\bar{C}$	Std(C)
10	4.557	1.475	4.719	1.115	4.758	0.8073
100	3.878	0.5353	3.984	0.4692	4.082	0.4136
500	4.076	0.2057	4.108	0.1637	4.127	0.1285

Tabelle 9.1. Simulation des CEV-Optionspreises mit Stichprobengrößen von $N = 10, 100, 500$ und 3 verschiedenen Zinssätzen r_2 (Mittelwerte und Standardabweichungen mit $M = 10$ Replikationen pro Kombination).

9.6.2 Endliche Differenzen-Methoden

Ein völlig anderer Zugang zur Lösung der (hyperbolischen) partiellen Differentialgleichung

$$\begin{aligned} 0 &= u_t + f(y,t)u_y + \tfrac{1}{2}g(y,t)^2 u_{yy} + v(y,t)u; \; t \leq T \qquad (9.136) \\ &= u_t + L(y,t)u + v(y,t)u \end{aligned}$$

ist durch die Ersetzung der Differentiale mit endlichen Differenzen gegeben (vgl. etwa Ames, 1992). Zu Anwendungen dieser Methode im Rahmen der Optionsbewertung siehe etwa Smith (1976), Weßels (1991), Loistl (1992, Kap. 5). Anstelle der Funktion $u(y,t)$ betrachtet man eine Matrix $u_{ij} = u(y_0 + j\Delta y, t_0 + i\Delta t), i = 0, \ldots, I, j = 0, \ldots, J$ [18] mit geeignet gewählten Anfangswerten y_0, t_0 und eine Approximation U_{ij} hiervon. Diese genügt einer approximativen Differenzengleichung in beiden Indizes, wobei Zeitableitungen u_t durch

$$u_t(y_j, t_i) = \frac{u_{i+1,j} - u_{ij}}{\Delta t} + O(\Delta t) \qquad (9.137)$$

und Raumableitungen durch

[18] Die Zeitachse entspricht den Zeilen, die Raum(Kurs)achse den Spalten der Matrix

$$u_y(y_j, t_i) = \frac{u_{i,j+1} - u_{ij}}{\Delta y} + O(\Delta y) \tag{9.138}$$

bzw. (zweiseitige Ableitung)

$$u_y(y_j, t_i) = \frac{u_{i,j+1} - u_{i,j-1}}{2\Delta y} + O(\Delta y^2). \tag{9.139}$$

definiert sind. Weglassen der Fehlerterme führt zur approximativen Differenzengleichung

$$\frac{U_{i+1,j} - U_{ij}}{\Delta t} + f_{ij}\frac{U_{i,j+1} - U_{i,j-1}}{2\Delta y} + \tfrac{1}{2}g_{ij}^2\frac{U_{i,j+1} - 2U_{ij} + U_{i,j-1}}{\Delta y^2} + v_{ij}U_{ij} = 0 \tag{9.140}$$

wobei die 2. Raumableitung u_{yy} durch Kombination der ersten Ableitungen in Vorwärts- und Rückwärtsrichtung, d.h.

$$u_{yy}(y_j, t_i) = [(u_{i,j+1} - u_{ij})/\Delta y - (u_{ij} - u_{i,j-1})/\Delta y]/\Delta y + O(\Delta y^2)$$

entsteht (symmetrisch in j). Nach Umordnen der Gleichung entsteht das Schema

$$U_{i+1,j} - U_{ij} + g_1 f_{ij}(U_{i,j+1} - U_{i,j-1}) + g_2 g_{ij}^2(U_{i,j+1} - 2U_{ij} + U_{i,j-1}) + v_{ij}\Delta t U_{ij} = 0$$

mit $g_1 := \frac{\Delta t}{2\Delta y}, g_2 := \frac{\Delta t}{2\Delta y^2}$ oder in Matrix-Schreibweise (Zustandsvektor $U_i := \{U_{i0}, \ldots, U_{iJ}\}$)

$$U_{i+1} - U_i + g_1\{-f_{i,j-1}, 0, f_{i,j+1}\}U_i + g_2\{g_{i,j-1}^2, -2g_{ij}^2, g_{i,j+1}^2\}U_i + \{0, v_{ij}\Delta t, 0\}U_i = 0$$

bzw.

$$U_{i+1} + [-I + (L_i + v_i)\Delta t]U_i = 0. \tag{9.141}$$

mit

$$\begin{aligned} I &= \{0, 1, 0\} \\ L_i\Delta t &= \{-g_1 f_{i,j-1} + g_2 g_{i,j-1}^2, -2g_2 g_{ij}^2, g_1 f_{i,j+1} + g_2 g_{i,j+1}^2\} \\ v_i &= \{0, v_{ij}, 0\}. \end{aligned}$$

Hierbei wurde die Tridiagonalmatrix

$$\begin{bmatrix} b_0 & c_0 & 0 & \cdots & 0 \\ a_1 & b_1 & c_1 & 0 & 0 \\ 0 & a_2 & b_2 & c_2 & 0 \\ \vdots & 0 & \ddots & \ddots & \ddots \\ 0 & 0 & 0 & a_J & b_J \end{bmatrix} \tag{9.142}$$

durch $\{a_j, b_j, c_j\}_{j=0}^J$ abgekürzt. Schreibt man das Schema in Vorwärtsrichtung ($U_i \to U_{i+1}$), so ist es explizit, während bei Lösung in Rückwärtsrichtung, wie es bei der Optionsbewertung erforderlich ist (ausgehend von der Endbedingung $u(y, T) = h(y)$), das tridiagonale System

$$[I - (L_i + v_i)\Delta t]U_i \quad := \quad A_i U_i = U_{i+1} \tag{9.143}$$

aufgelöst werden muß (implizites Schema). Hierbei ist zu beachten, daß das explizite Schema in Vorwärtsrichtung instabil werden kann. Beispielsweise kann bei der Diffusionsgleichung $u_t = \frac{1}{2}u_{yy}$ gezeigt werden, daß die Bedingung $\Delta t/(\Delta y^2) \leq 1$ erfüllt werden muß, um ein stabiles explizites System zu erhalten (vgl. Ames, 1992, Kap. 2). Das implizite Schema erfordert einen höheren Rechenaufwand durch die fortgesetzte Lösung des tridiagonalen Gleichungssystems, jedoch können größere Schrittweiten Δt benutzt werden, ohne daß das System instabil wird.

Eine Kombination von explizitem und implizitem Schema wurde durch Crank u. Nicholson vorgeschlagen (vgl. Ames, a.a.O., Kap. 2). Hierbei wird die Dgl.

$$0 \quad = \quad u_t + [L(y,t) + v(y,t)]u$$

mit Hilfe einer (konvexen) Linearkombination

$$0 \quad = \quad (U_{i+1} - U_i)/\Delta t + \lambda[L_{i+1} + v_{i+1}]U_{i+1} + (1-\lambda)[L_i + v_i]U_i$$

diskretisiert. Umordnen ergibt die Matrix-Gleichung

$$(I + (\lambda - 1)\Delta t[L_i + v_i])U_i \quad = \quad (I + \lambda\Delta t[L_{i+1} + v_{i+1}])U_{i+1} \tag{9.144}$$

bzw.

$$A_i U_i \quad = \quad B_{i+1}U_{i+1}. \tag{9.145}$$

Für die spezielle Wahl $\lambda = 1$ erhält man so ein explizites Rückwärts-Schema, während die Wahl $\lambda = 1/2$ die Crank-Nicholson-Form ergibt. Stabilitätsfragen lassen sich auf die Untersuchung der Matrix $A_i^{-1}B_{i+1}$ reduzieren, deren Eigenwerte im Betrag ≤ 1 sein müssen (vgl. Ames, a.a.O., Kap. 2.5). Alternativ hierzu ist die Stabilitätsanalyse nach von Neumann von Interesse. Setzt man für U_{ij} den Ansatz [19]

$$U_{ij} \quad = \quad \xi(k)^i e^{\imath kj\Delta y} := e^{-zi\Delta t}e^{\imath kj\Delta y} \tag{9.146}$$

in das Differenzenschema ein, so erhält man eine Dispersionsrelation zwischen $\xi(k)$ (Verstärkungsfaktor) und der Wellenzahl k (vgl. Press et al., 1992). Damit die Lösung nicht explodiert, muß in Vorwärtsrichtung (Rückwärtsrichtung) $|\xi(k)| \leq (\geq) 1$ gelten. Alternativ muß der Realteil von z positiv (negativ) sein. Der Ansatz läßt sich als Fourier-Transformation im Raum und Laplace-Transformation in der Zeit interpretieren und wird daher auch als Fourier-Methode bezeichnet (Ames, 1992, Kap. 2). Da sich die Fourier-Transformation auf ein unendlich ausgedehntes Gebiet bezieht, werden dadurch Randeffekte vernachlässigt, die bei der Matrix-Eigenwert-Methode berücksichtigt sind.

Im Fall der Black-Scholes-Dgl. (Differenzenschema 9.144) erhält man

[19] Um den Index i und die imaginäre Zahl $\imath = \sqrt{-1}$ zu unterscheiden, wurde hier ein anderes Symbol benutzt.

$$\xi^{-1}(k) = \frac{1 - \lambda E_{i+1,j}}{1 + (1-\lambda)E_{ij}} \tag{9.147}$$

$$E_{ij} = -\frac{f_{ij}\Delta t}{\Delta y}\imath \sin(k\Delta y) + \frac{\Omega_{ij}\Delta t}{\Delta y^2} 2\sin^2\left(\frac{k\Delta y}{2}\right) - v_{ij}\Delta t. \tag{9.148}$$

Für den Spezialfall $f = 0$, $v = 0$ und konstantem Diffusionskoeffizienten ergibt sich $E = \frac{\Omega\Delta t}{\Delta y^2} 2\sin^2\left(\frac{k\Delta y}{2}\right) > 0$. Daher ist für das verallgemeinerte Crank-Nicholson-Schema mit $\lambda < 1$ die Bedingung $|\xi^{-1}(k)| \leq 1$ erfüllt. Im Fall $\lambda = 1$ (explizit rückwärts) ergibt sich $\xi^{-1}(k) = 1 - E$ und daraus $\frac{\Omega\Delta t}{\Delta y^2} \leq 1$. Dies ist die schon erwähnte Stabilitätsbedingung für das explizite Differenzenschema bei der Diffusionsgleichung.

Bei Berücksichtigung von Drift und Potential ist die Situation schwieriger. Im Fall der Optionsbewertung ist $-v = r$, also im allgemeinen positiv, während der imaginäre Term $-f_{ij}\imath\sin(k\Delta y)$ i.A. auch zu $|\xi^{-1}| > 1$ führen kann. Dann ist die Stabilitätsbedingung verletzt und das Schema divergiert. Das Verhalten des Verstärkungsfaktors $\xi(k)$ ist in Abb. (9.9) dargestellt. Die Graphik zeigt links oben $|\xi^{-1}| = \frac{1-\lambda E}{1+(1-\lambda)E}$ als Funktion von E ($\mathrm{Im}(E) = 0$) für die Werte $\lambda = 0, .25, .5, .75, 1$. Inbesondere ist für $\lambda \leq 0.5$ der Verstärkungsfaktor immer betragsmäßig kleiner 1, wenn $\mathrm{Re}(E) \geq 0$ ist. Dies ist im Fall der Optionsgleichung erfüllt, da $-v = r > 0$ ist. Die weiteren Teilbilder der Graphik zeigen den Verlauf von $|\xi^{-1}(k)|$ als Funktion der Wellenzahl k für verschiedene typische Werte $y = 5, 10, 15$ und die Parameter aus Bsp. (9.6.3). Man kann zeigen, daß für $\lambda \leq 0.5$ und $\mathrm{Re}(E) \geq 0$ die Funktion $|\xi^{-1}| = \frac{|1-\lambda E|}{|1+(1-\lambda)E|} \leq 1$ und somit die Stabilität des Schemas gewährleistet ist.

Bei der bisherigen Diskussion wurde das Problem der Randbedingungen vernachlässigt. Im allgemeinen wird beim Optionsbewertungsproblem eine Lösung im Bereich $(y, s) \in [0, \infty) \times [t, T]$ gesucht. Dabei ist die Endbedingung $u(y, T) = h(y)$ durch den Typ der Option bestimmt ($(y - K)^+$ bei einer Kaufoption). Da das Differenzenschema nur für endliche Matrizen $u_{ij} : (I+1) \times (J+1)$ definiert ist, ist es sinnvoll, das Problem in einem Rechteck $(y, s) \in [y_0, y_1] \times [t, T]$ zu betrachten ($y_1 = y_0 + J\Delta y$). Dann müssen aber die Werte $u_{i,-1} = u(y_0 - \Delta y, t_i), u_{i,J+1} = u(y_1 + \Delta y, t_i)$ vorgegeben werden (Dirichlet-Randbedingungen). Da diese in den Matrix-Gleichungen nicht vorkommen ($j = 0, \ldots, J$), kann Gleichung (9.145) durch Randterme zu

$$A_i U_i + \rho_{Ai} = B_{i+1} U_{i+1} + \rho_{B,i+1} \tag{9.149}$$

erweitert werden. Diese Vektoren enthalten die entsprechenden Koeffizienten und Randwerte $U_{i,-1}, U_{i,J+1}$. Im Optionsbewertungproblem wurde der asymptotische Black-Scholes-Wert $C(S, s) = S - Ke^{-r(T-s)}$ für große bzw. 0 für kleine Kurse S auf dem Rand S_0, S_1 vorgegeben.

Beispiel 9.6.3 (Black-Scholes-Preis).

Als erstes Beispiel soll die Methode der finiten Differenzen am Black-Scholes-Modell untersucht werden. Insbesondere ergibt sich die Möglichkeit eines

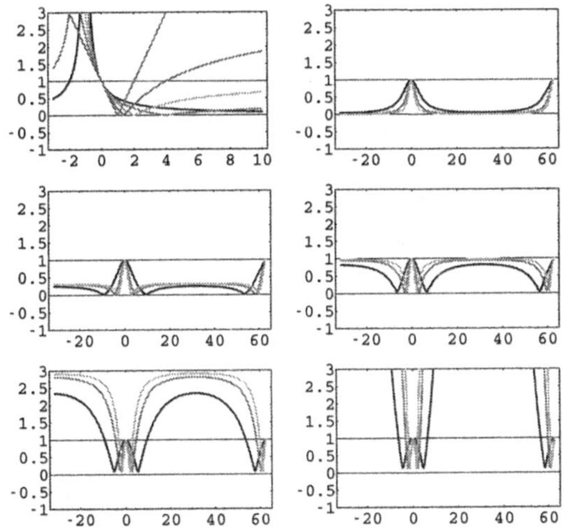

Abbildung 9.9. Stabilitätsverhalten des verallgemeinerten Crank-Nicholson-Schemas. Von links oben: (a) Verstärkungsfaktor $|\xi^{-1}|$ als Funktion von E für $\lambda = 0, \ldots, 1$, (b) $|\xi^{-1}(k)|$ als Funktion der Wellenzahl für $\lambda = 0$ (implizites Schema), (c) $\lambda = 0.25$, (d) $\lambda = 1/2$ (Crank-Nicholson Schema), (e) $\lambda = 0.75$ und (f) $\lambda = 1$ (explizites Schema). Für $\lambda > 0.5$ verläßt ξ^{-1} den stabilen Bereich.

Vergleichs mit dem exakten Verlauf. Variable Volatilitäten und kursabhängige Zinssätze werden in den weiteren Beipielen dargestellt.

Als Parameter wurden zunächst die Werte $J = 100; I = 10; S_0 = 5; S_1 = 15; t_0 = 0; t_1 = 1; \Delta S = (S_1 - S_0)/J = 0.1; \Delta t = (t_1 - t_0)/I = 0.1; K = 10; \{r, \sigma\} = \{0.06, 0.2\}; C_{i,-1} = 0; C_{i,J+1} = S_1 + \Delta S - K\exp[-ri\Delta t]$ angenommen. Die Vektoren C_{-1}, C_{J+1} sind hierbei die Dirichlet-Randbedingungen bei S_0 und S_1. Der Wertebereich wurde dabei so gewählt, daß ein Bereich von 0.5 bis 1.5-fachen des Basis-Preises erfaßt wird (vgl. Loistl, 1992, S. 362). Figur (9.10) zeigt den Einfluß des Gewichtungsfaktors λ auf das Differenzenschema. Dargestellt ist der exakte Black-Scholes-Preis $C(S,t)$ (links oben) als Funktion von S für unterschiedliche Restlaufzeiten $0 \leq T-t \leq 1$. Die restlichen Bilder (b–f) zeigen die numerische Approximation für $\lambda = 0, \ldots, 1$. Die angegebenen Eigenwerte der Matrix $A^{-1}B$ determinieren das Stabilitätsverhalten der Vektorgleichung (9.145). Wie bei der Fouriermethode ist für $\lambda > 1/2$ der kleinste oder größte Eigenwert betragsmäßig größer als 1 und das Schema divergiert.

Figur (9.11) stellt die Differenz zwischen exakter Lösung und Approximation für die unterschiedlichen Zeitpunkte als Funktion von S dar. Dabei wurden nur die 3 nichtdivergenten Werte $\lambda = 0, .25, .5$ dargestellt.

Tabelle (9.2) zeigt die Fehler in Abhängigkeit von λ und J (Diskretisierung der Kursachse) bei fixiertem Zeitschritt $\Delta t = 1/10$. Offenbar schneidet das

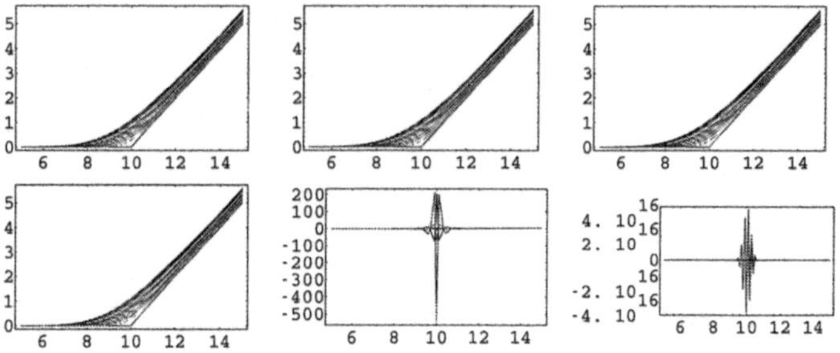

Abbildung 9.10. Einfluß des Gewichtungsfaktors λ auf das Stabilitätsverhalten des verallgemeinerten Crank-Nicholson-Schemas. Von links oben: (a) exakte Lösung (Black-Scholes), (b) $\lambda = 0, \mu = \{0.00592, 0.9767\}$ (implizit), (c) $\lambda = 0.25, \mu = \{-0.3216, 0.8969\}$, (d) $\lambda = 0.5, \mu = \{-0.9726, 0.8240\}$ (Crank-Nicholson), (e) $\lambda = 0.75, \mu = \{-2.896, 0.7533\}$, (f) $\lambda = 1, \mu = \{-166.225, 0.6827\}$ (explizit). Divergenz der Methode für $\lambda > 0.5$. μ ist der minimale und maximale Eigenwert von $A^{-1}B$

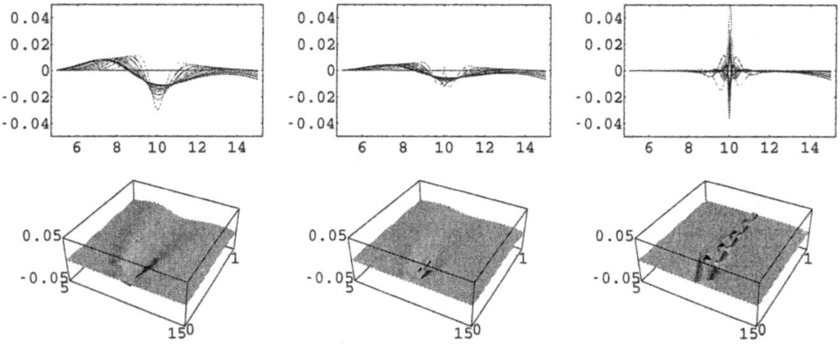

Abbildung 9.11. Differenz von exakter Lösung und den Approximationen mit $\lambda = 0$ (implizit, links), $\lambda = 0.25$ (mitte), $\lambda = 0.5$ (Crank-Nicholson, rechts). $\Delta S = (S_1 - S_0)/J = 0.1, \Delta t = (t_1 - t_0)/I = 0.1$.

	J			
λ	100	50	20	10
0	0.0300748	0.0340789	0.0571164	0.103265
0.25	0.0126089	0.0148243	0.0353805	0.094249
0.5	0.0600138	0.049178	0.0197829	0.0833736
0.75	546.94	88.6219	0.0457425	0.0698929
1	4.382710^{16}	6.1126310^{10}	207.458	0.0525574

Tabelle 9.2. Implizite und explizite Differenzenmethoden. Maximaler Fehler $\max_{ij} |C_{ij} - C_{ij,BS}|$ der Approximation in Abhängigkeit von λ und J ($\Delta t = 0.1, \Delta S = (15-5)/J$).

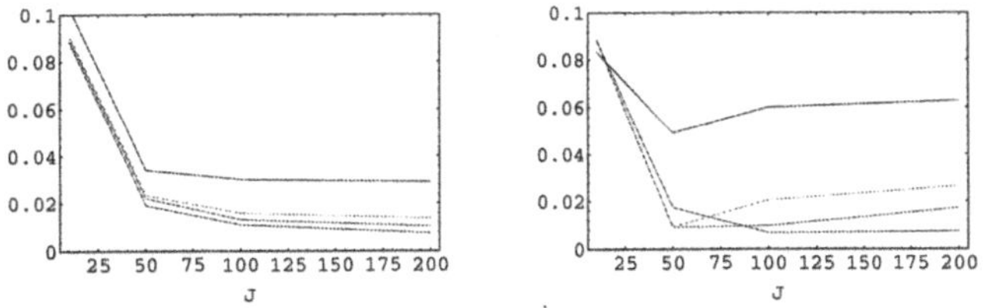

Abbildung 9.12. Differenz von exakter Lösung und Approximationen mit $\lambda = 0$ (implizit, links), $\lambda = 0.5$ (Crank-Nicholson, rechts). Maximaler Fehler $\max_{ij} |C_{ij} - C_{ij,BS}|$ für unterschiedliche $I = \{10, 50, 100, 500\}$ als Funktion von $J = \{10, 50, 100, 200\}$.

implizite Schema ($\lambda = 0$) für große J-Werte am besten ab, während das Crank-Nicholson-Schema bei kleineren J bessere Resultate liefert.

Schließlich gibt Figur (9.12) den Zusammenhang von Zeitschritt und Kursschritt an. Im linken Bild ist der maximale Fehler $\max_{ij} |C_{ij} - C_{ij,BS}|$ über alle Zeitpunkte und Kurswerte für das implizite Schema, rechts für das Crank-Nicholson-Schema gezeichnet. Interessant ist, daß der Fehler im wesentlichen vom gewählten Kursschritt $\Delta S = (S_1 - S_0)/J$ determiniert wird, während eine weitere Verkleinerung der Zeitschritte $\Delta t = (t_1 - t_0)/I$ nach einer schnellen Abnahme zu keiner wesentlichen Fehler-Reduktion führt.

Beispiel 9.6.4 (Zeitvariable Volatilität).
In Abschnitt 9.5 wurde bei der Ableitung der Black-Scholes-Formel der Fall zeitvariabler Volatilitäten $\sigma(t)$ diskutiert. Dabei zeigte sich, daß der Term $\sigma^2(T-t)$ durch $\int_t^T \sigma^2(s)ds := \bar{\sigma^2}(t,T)(T-t)$ ersetzt werden muß. Daher ist die gemittelte Entwicklung der quadrierten Volatilität im Bereich der Restlaufzeit relevant. Folgende Modellsituation wird angenommen (vgl. Abb. 9.13): Im Zeitraum $[0, T = 1]$ steigt die Volatilität $\sigma(t)$ von 0.2 auf 0.4 und fällt wieder auf 0.2. Da die Volatilität deterministisch ist, gilt die übliche Black-Scholes-Formel mit der Ersetzung $\sigma^2(t) \to \bar{\sigma^2}(t,T)$. Üblicherweise wird jedoch in der Praxis einfach der aktuelle Wert $\sigma^2(t)$ in die Formel eingesetzt. Wie Abb. 9.13(a) zeigt, ist jedoch der über den Zeitraum $[t, T]$ gemittelte Wert am Anfang höher, da ja mit einem Anstieg von $\sigma^2(t)$ zu rechnen ist. Zum Ende der Laufzeit ist jedoch der aktuelle Wert höher, so daß $C_{BS}\big(S, T-t, \sigma^2(t)\big)$ über $C_{BS}\big(S, T-t, \bar{\sigma^2}(t,T)\big)$ liegt. In Abb. 9.13(b) ist die Differenz von exakter Lösung und naivem Ansatz dargestellt. Der Unterschied wirkt sich besonders für Optionen am Geld aus, da hier die Sensitivität *Vega*

$$\Lambda = \frac{\partial C}{\partial \sigma} \tag{9.150}$$

am größten ist (vgl. Hull, 1993, Kap. 13.9 und Abb. 9.14). In den Teilbildern (c) und (d) ist der vom Crank-Nicholson-Schema ($\lambda = 0.5$) berechnete Optionspreis (Lösung von $C_t + rSC_S + \frac{1}{2}[\sigma(t)S]^2 C_{SS} - rC = 0$) und die

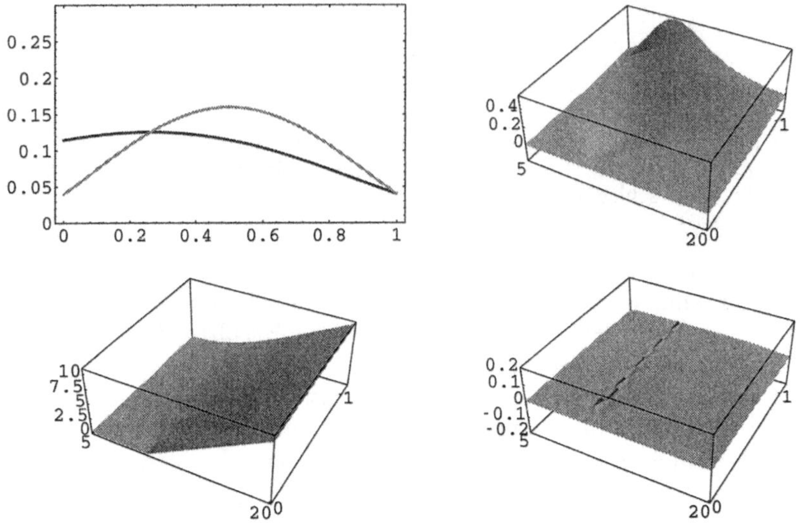

Abbildung 9.13. Zeitvariable Volatilität $\sigma(t) = \sigma[1 + 4t(1-t)]$; $0 \leq t \leq 1$. Von links oben: (a) Zeitverlauf der Volatilität $\sigma^2(t)$ (hellgrau) und der gemittelten Volatilität $\bar{\sigma^2}(t,T)$ (dunkelgrau), (b) $C_{BS}\left(S, T-t, \bar{\sigma^2}(t,T)\right) - C_{BS}\left(S, T-t, \sigma^2(t)\right)$ (c) Optionspreis $C(S,t)$ mit Crank-Nicholson-Methode ($\lambda = 0.5, I = 10, J = 100$) (d) Differenz $C(S,t) - C_{BS}(S, T-t, \bar{\sigma^2}(t,T))$.

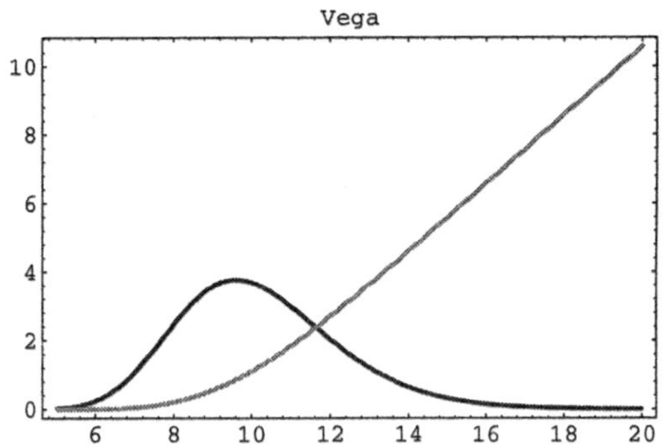

Abbildung 9.14. $Vega = \partial C/\partial\sigma$ als Funktion von S.

Differenz zwischen $C(S,t)$ und $C_{BS}(S,T-t,\bar{\sigma}^2(t,T))$ (exakt) aufgetragen. Der Approximationfehler steigt mit wachsendem Kurs und Restlaufzeit. Dabei wurde das Gebiet $[5,20]\times[0,1]$ mit $J = 100, I = 10$ Schritten diskretisiert und die asymptotische Dirichlet-Randbedingung $C_{i,-1} = 0$, $C_{i,J+1} = S_1 + \Delta S - K\exp[-ri\Delta t]$, $i = 0,\ldots,I$. eingesetzt. Der obere Kurswert von $S_1 = 20$ wurde gewählt, da sich bei kleineren Werten der Fehler in der Randbedingung (exakt wäre $C_{BS}(S_1+\Delta S, T-i\Delta t, \bar{\sigma}^2(T-i\Delta t, T)))$ stark auf den Approximationsfehler auswirkt, insbesondere bei großen Volatilitäten. Im allgemeinen ist jedoch die exakte Lösung nicht bekannt, so daß auf den asymptotischen Wert $S - K\exp(-r(T-t))$ für $S\to\infty$ zurückgeriffen werden muß.

Diskussion: Kritisch kann zu dem Beispiel angemerkt werden, daß vom heutigen Standpunkt t aus $(t\le T)$ die zukünftige Volatilitätsentwicklung gar nicht bekannt ist und daher, auch wenn es sich um eine deterministische Größe handelt, nur ein Schätzwert für die Zukunft, etwa der konstante Wert $\sigma(s) = \sigma(t), t < s \le T$, in die Black-Scholes-Formel eingesetzt werden kann. Dies würde auf $\int_t^T \sigma(t)^2 ds = \sigma(t)^2(T-t)$ führen und damit der üblichen Praxis (Einsetzen des aktuellen Werts) entsprechen. Da jedoch die Volatilität nicht direkt beobachtet werden kann, sind sowieso nur Schätzungen des Parameters σ (deterministisch, zeitunabhängig) oder $\sigma(s), t\le s\le T$ (deterministisch, zeitabhängig) empirisch erhältlich. Dann hängt die Funktion $\sigma(s) = h(s,\psi)$ von weiteren Parametern ab, die aus Kursdaten $S(u), u\le t$ geschätzt werden müssen.

Alternativ kann die Volatilität als stochastischer Prozeß modelliert werden (vgl. die Modelle aus Kap. 8.3 und 9.5). Dann ergibt sich jedoch ein bivariates System für $\{S(s),\sigma(s)\}$ und eine Optionsformel

$$C(S,\sigma,t) = E\Big[E[(S(T)-K)^+ \mid F_T]\,\Big|\, S(t)=S, \sigma(t)=\sigma\Big] \tag{9.151}$$

die vom Startwert des Volatilitätsprozesses abhängt (vgl. 9.96, Kap. 9.5). Im Spezialfall $\rho = 0$ (keine Korrelation zwischen den Störprozessen) ergibt sich die einfache Form

$$\begin{aligned} C(S,\sigma,t) &= E\Big[S\Phi(d_1) - e^{-r(T-t)}K\Phi(d_2)\,\Big|\, S(t)=S,\sigma(t)=\sigma\Big] \\ d_2 &= \frac{\log(S/K) + r(T-t) - \frac{1}{2}\int_t^T \sigma(s)^2 ds}{\sqrt{\int_t^T \sigma(s)^2 ds}} \\ d_1 &= \frac{\log(S/K) + r(T-t) + \frac{1}{2}\int_t^T \sigma^2(s) ds}{\sqrt{\int_t^T \sigma(s)^2 ds}} \end{aligned}$$

also der Erwartungswert der Black-Scholes-Formel, die bedingt auf die zeitvariable Trajektorie $\sigma(s); t\le s\le T$ berechnet wurde. In diesem Sinn kann die oben diskutierte Berechnung mit deterministischen zeitvariablen Volatilitäten als bedingte Betrachtung verstanden werden.

Beispiel 9.6.5 (Kursabhängiger Zinssatz $r(S)$).
Im folgenden wird angenommen, daß der risikolose Zinssatz r eine Funktion des Aktienkurses ist, d.h. $r = r(S)$, und zwar modellhaft $r(S) = r + \beta(S/S_0 - 1)$. Der Sinn des Ansatzes ist folgender: Für negatives β ist der Zinssatz umgekehrt proportional zur Höhe der Aktienkurse. Dies modelliert grob den Sachverhalt, daß in Zeiten steigender Aktienkurse das Niveau der festverzinslichen Wertpapiere fällt. Die Lösung der Gleichung $C_t + r(S)SC_S + \frac{1}{2}[\sigma S]^2 C_{SS} - r(S)C = 0$ muß numerisch berechnet werden ($\sigma = 0.2, r = 0.06, S_0 = 5, S_0 = 10, \beta = \pm 0.04$. In Abbildung (9.15) ist der Effekt der Zinsvariabilität dargestellt. Bei einer inversen Relation wirkt sich der Anstieg des Kurses in einem verringerten Zinssatz aus, was den Optionspreis relativ zum konstanten Fall (schwach) absenkt. Dies ist in (9.15 c) zu sehen. Allerdings muß der Approximationsfehler des Differenzenschemas in Betracht gezogen werden. Dieser ist in Teilfigur (a) für konstanten Zins dargestellt, da hier die exakte Lösung bekannt ist. Figur (b) stellt die Differenz zwischen numerischer Approximation (variabler Zins) und exakter Lösung (konstanter Zins) dar. Da der systematische Fehler des Differenzenschemas in beiden Fällen ähnlich wirkt, wurde in Bild (c) die Differenz (b) – (a) berechnet. Dies ergibt die erwartete Absenkung des Optionspreises bei hohen Kursen und geringeren Zinsen. Abb. (9.16) zeigt den umgekehrten Effekt bei Zinsanstieg mit den Kursen des Basispapiers (erhöhter Optionspreis).

Daß sich die Zinsänderung vorwiegend rechts von $K = 10$ auswirkt, ist mit Hilfe der griechischen Variable $\rho = \partial C/\partial r$ leicht zu verstehen. Abb. (9.17) zeigt, daß die Sensitivität für Änderungen in r oberhalb von K stark zunimmt, was den oben diskutierten Effekt erklärt.

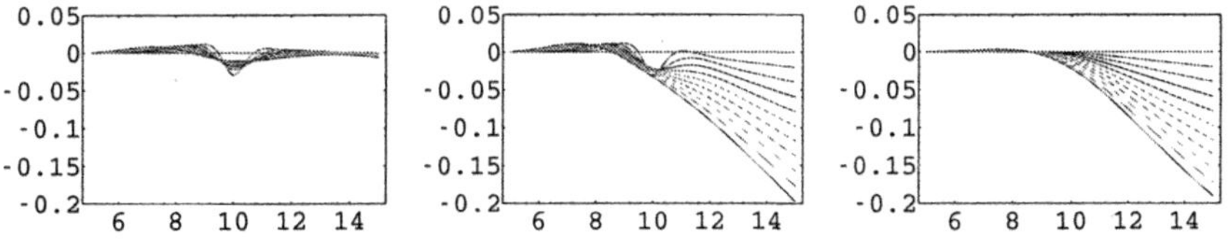

Abbildung 9.15. Kursabhängiger Zinssatz $r(S) = r + \beta(S/S_0 - 1); \beta = -0.04 < 0; S_0 = 10$. Implizites Schema ($I = 10; J = 100$). Von links: (a) Differenz von numerischer Approximation und Black-Scholes-Preis bei konstantem Zins $r = 0.06$. (b) Differenz von numerischer Approximation (variabler Zins; $0.08 \geq r(S) \geq 0.04$) und Black-Scholes-Preis bei konstantem Zins $r = 0.06$. (c) Differenz von numerischer Approximation (variabler Zins; $0.08 \geq r(S) \geq 0.04$) und numerischer Approximation bei konstantem Zins $r = 0.06$.

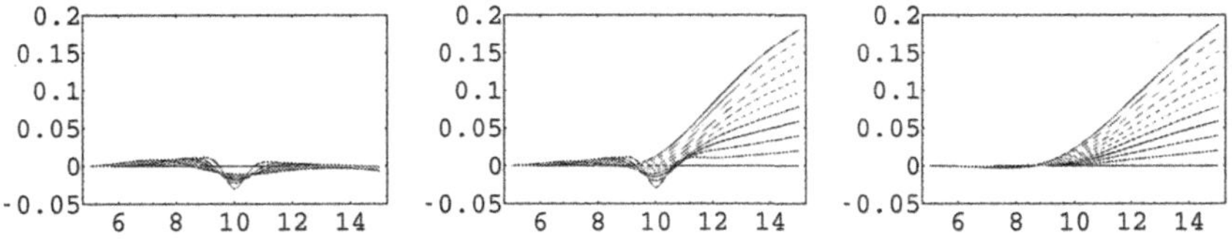

Abbildung 9.16. Wie oben, aber $\beta = 0.04 > 0$. (variabler Zins; $0.04 \leq r(S) \leq 0.08$).

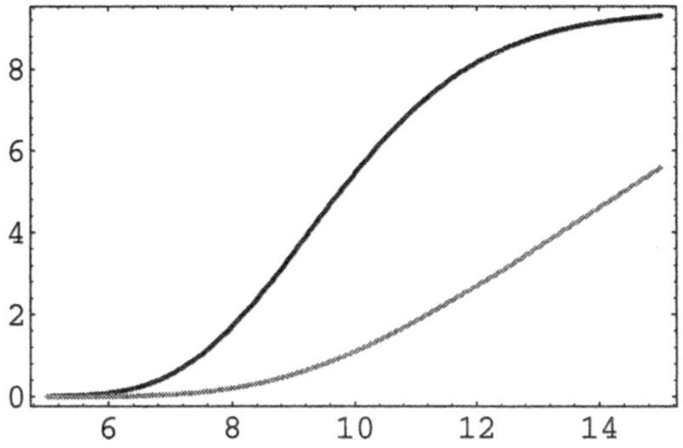

Abbildung 9.17. Griechische Variable $\rho = \partial C/\partial r$ als Funktion von S (konstanter Zinsatz $r = 0.06$) und Optionspreis $C(S)$. ($K = 10, \sigma = 0.2, T - t = 1$).

10. Parameterschätzung

In den Kapiteln 6 und 7 wurde die Parameterschätzung von stochastischen Differentialgleichungen mit kontinuierlichen und diskreten Datensätzen dargestellt. Die dort entwickelten Methoden werden im folgenden auf die Schätzung von in der Optionsbewertung und empirischen Kapitalmarktforschung benutzten Kursmodellen angewandt. Dies ist von besonderer Relevanz bei der Anwendung von Optionspreisformeln, da in diese nicht beobachtbare Größen wie die Volatilität σ oder der Elastizitätskoeffizient α beim CEV-Modell eingehen. In dieser Arbeit wird die Ansicht vertreten, daß die relevanten Parameter aus bis zum Bewertungszeitpunkt erhältlichen Kursdaten des Basispapiers geschätzt werden müssen. Die häufig benutzte Methode der *impliziten Volatilität*, bei der aus Kenntnis der Optionspreisformel $C(S,t,\sigma)$ und den empirischen Daten $C(t)$ und $S(t)$ eine Lösung $\sigma(t)$ der Gleichung $C(t) = C(S(t),t,\sigma)$ gesucht wird, ist nach meiner Meinung zirkulär, da die Gültigkeit der Optionspreisformel und der Modell-Spezifikation des Basispapiers hier schon unterstellt wird.

10.1 ML-Schätzung von Diffusionskoeffizienten

Im Rahmen der Schätzung von stochastischen Differentialgleichungen mit stetigen Datensätzen $y = \{y(t)|t_0 \leq t \leq t_T\}$ wird der Likelihood-Quotient (vgl. Glg. 7.11)

$$\begin{aligned} \frac{d\mu_{y_1}}{d\mu_{y_2}}(y) &= \exp\Big\{ \int_{t_0}^{t_T} \langle f_1(y,s) - f_2(y,s), \Omega(y,s)^- dy \rangle \\ &\quad -\tfrac{1}{2} \int_{t_0}^{t_T} [\langle f_1(y,s), \Omega(y,s)^- f_1(y,s) \rangle \\ &\quad - \langle f_2(y,s), \Omega(y,s)^- f_2(y,s) \rangle] ds \Big\} \end{aligned}$$

als Likelihood-Funktion benutzt (vgl. Liptser u. Shiryayev, 1977, Band I, Satz 7.19 und Abs. 7.6.4, Band II, Kap.17). [1] Hierbei ist Ω^- die Pseudo-Inverse

[1] $\mu_{y_1}(B) = P\{\omega | y_1 \in B\}$ ist ein Maß auf dem Raum C_T der stetigen Funktionen $y(t), t_0 \leq t \leq t_T$ und $\frac{d\mu_{y_1}}{d\mu_{y_2}}(y)$ ist die Radon-Nikodym-Dichte des Maßes μ_{y_1} bzgl. μ_{y_2} (vgl. Liptser u. Shiryayev, 1977, Kap. 7).

der Matrix $\Omega = gg'$ und f_1, f_2 sind Drift-Koeffizienten. Das oben definierte Likelihood-Funktional ist die Radon-Nikodym-Dichte der Prozesse

$$\begin{aligned} dy_1(s) &= f_1(y_1, s)ds + g(y_1, s)dW(s) \\ dy_2(s) &= f_2(y_2, s)ds + g(y_2, s)dW(s) \end{aligned}$$

$(y_1(t_0) = y_2(t_0))$. Hierbei ist zu beachten, daß sich die Prozesse nur durch die Drift, jedoch nicht durch die Diffusionskoeffizienten unterscheiden. Wie schon in Kap. 7.1 diskutiert, ergibt sich die Form des Likelihood-Quotienten durch den Kontrast (approximative Likelihood, 7.9)

$$\begin{aligned} L(\psi, y) &= \prod_{i=0}^{T-1} |2\pi\Omega(y_i, t_i, \psi)\Delta t|^{-1/2} && (10.1) \\ &\times \exp[-\tfrac{1}{2}(\Delta y_i - f(y_i, t_i, \psi)\Delta t)'(\Omega(y_i, t_i, \psi)\Delta t)^- && (10.2) \\ &\times (\Delta y_i - f(y_i, t_i, \psi)\Delta t)] \end{aligned}$$

$\Delta y_i := y_{i+1} - y_i; \Omega := gg', f_1 := f(\psi_1), f_2 := f(\psi_2)$, aus dem diskreten Datensatz $y = \{y_0, \ldots, y_T\}$. Wenn nun der Diffusionskoeffizient Ω vom Parametervektor ψ abhängt, hat man das Problem, daß sich der Jacobi-Term bei der Bildung von $L(\psi_1, y)/L(\psi_2, y)$ nicht wegkürzt und außerdem der Term

$$\Delta t^{-1} \sum_{i=0}^{T-1} \Delta y_i'[\Omega(y_i, t_i, \psi_1)^- - \Omega(y_i, t_i, \psi_2)^-]\Delta y_i$$

im Exponent stehenbleibt. Im Limes $\Delta t \to 0$ divergiert aber dieser Term, da

$$\begin{aligned} &\sum \mathrm{tr}\Big\{[\Omega(y_i, t_i, \psi_1)^- - \Omega(y_i, t_i, \psi_2)^-]\Delta y_i \Delta y_i'\Big\} \quad \to \\ &\int_{t_0}^{t_T} \mathrm{tr}\Big\{[\Omega(y, t, \psi_1)^- - \Omega(y, t, \psi_2)^-]\Omega(y, t, \psi_0)\Big\}dt \end{aligned}$$

gegen einen endlichen Wert strebt, jedoch der Vorfaktor Δt^{-1} gegen Unendlich geht (ψ_0 ist der wahre Parameter).

Daher wird üblicherweise $\Omega(y, t)$ als bekannt vorausgesetzt und ist unabhängig von ψ. In vielen Fällen kann der Diffusionskoeffizient mit Hilfe der quadratischen Variation von $y(t)$ [2], d.h. durch die Goldstein-Formel (Goldstein, 1969)

$$\begin{aligned} \langle y, y \rangle &= \text{p-}\lim_{\Delta t \to 0} \sum_{i=0}^{T-1} \Delta y_i \Delta y_i' := \int_{t_0}^{t_T} dy dy' && (10.3) \\ &= \int_{t_0}^{t_T} g(y, t) g(y, t)' dt && (10.4) \end{aligned}$$

[2] Für den bivariaten Prozeß $\{x, y\}$ wird die quadratische Variation zwischen x und y durch $\langle x, y \rangle = \text{p-}\lim_{\Delta t \to 0} \sum_{i=0}^{T-1} \Delta x_i \Delta y_i$ erklärt (vgl. Karatzas u. Shreve, 1991, Kap. 1.5). Man kann zeigen, daß sich die Kreuzvariation als $\langle x, y \rangle = \frac{1}{4}[\langle x+y, x+y \rangle - \langle x-y, x-y \rangle]$ schreiben läßt.

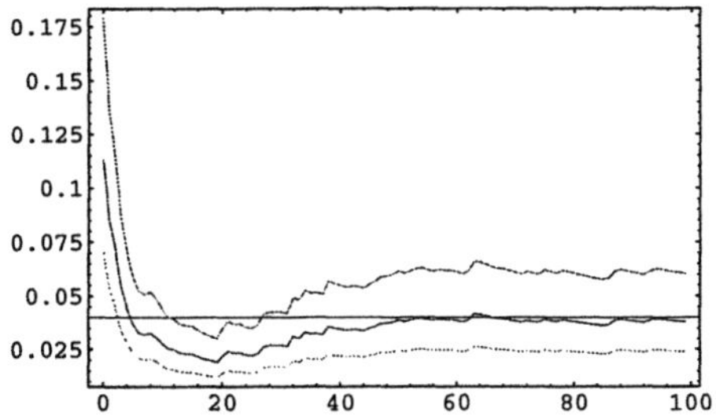

Abbildung 10.1. $\sigma^2(T)$ als Funktion von T für $\alpha = 0.9, 1, 1.1$ (wahre Werte $\sigma^2 = 0.04, \alpha = 1$).

in jedem endlichen Intervall $[t_0, t_T]$ bestimmt werden. Im konstanten Fall $g(y,s) = g$ ergibt sich beispielsweise

$$\int_{t_0}^{t_T} dy(s)dy(s)' \quad = \quad \int_{t_0}^{t_T} gg'ds = (t_T - t_0)\Omega. \tag{10.5}$$

Analog findet man im Fall des CEV-Modells $g = \sigma y^{\alpha/2}$

$$\int_{t_0}^{t_T} dy(s)^2 \quad = \quad \sigma^2 \int_{t_0}^{t_T} y(s)^\alpha ds, \tag{10.6}$$

was bei bekanntem α und stetigen Messungen zu einer exakten Bestimmung von σ führt. Abb. (10.1) zeigt den Verlauf von

$$\sigma^2(T) \quad = \quad \frac{\int_{t_0}^{t_T} dy(s)^2}{\int_{t_0}^{t_T} y(s)^\alpha ds} \approx \frac{\sum_{i=0}^{T-1}(\Delta y_i - \mu y_i \Delta t)^2}{\sum_{i=0}^{T-1} y_i^\alpha \Delta t}$$

als Funktion der Datenlänge $T = 1, \ldots, 100$ (Parameter: $\mu = 0.2, \sigma = 0.2, \alpha = 1, \Delta t = 1/250$). Der Schätzer nähert sich einem asymptotischen Wert, der jedoch nur für ein korrekt gewähltes $\alpha = 1$ mit dem wahren Wert übereinstimmt. In obiger Formel wurde anstelle der diskretisierten quadratischen Variation $\sum \Delta y_i^2$ die um die Drift korrigierte Formel $\sum(\Delta y_i - \mu y_i \Delta t)^2$ benutzt, die für größere Zeitschritte Δt zu besseren Resultaten führt (vgl. Beispiel 7.1, Kap. 7).

Da die Ausführung des Grenzwerts stetiger Messungen zu einem unendlich großen Kontrast $L(\psi, \Delta t)$ (10.1) bzw. zu Problemen bei der Bildung des Likelihood-Quotienten $L(\psi_1)/L(\psi_2)$ führt, wenn die Diffusionsmatrix von Parametern abhängt, kann alternativ der Standpunkt eingenommen werden, daß zwar Δt klein ist, jedoch der Grenzwert nicht ausgeführt wird. Wie schon in Abs. 7.1 erläutert, stimmt die so erhaltene Wahrscheinlichkeitsdichte der Trajektorie $\{y_0, y_1, \ldots, y_T\}$ mit dem Konzept der funktionalen Wahrscheinlichkeitsdichte (Stratonovich, 1989) überein. Die ML-Schätzung des CEV-Modells mit diesem approximativen Kontrast wird in Kap. 10.3 exemplarisch untersucht.

10.2 GBB: Maximum-Likelihood-Methode

Im Fall der geometrischen Brownschen Bewegung, welche grundlegend für die Black-Scholes-Optionsbewertung ist, können die ML-Schätzer der Parameter explizit berechnet werden, und zwar im Fall stetiger und diskreter Messungen. Wie schon mehrfach gezeigt, kann für $y = \log S$ mit dem Lemma von Itô

$$\begin{aligned} dS(t) &= \mu S(t)dt + \sigma S(t)dW(t) \\ dy(t) &= (\mu - \sigma^2/2)dt + \sigma dW(t) := \mu^- dt + \sigma dW(t) \end{aligned}$$

geschrieben werden. Die Lösung für den logarithmierten Kurs ist

$$y(t) = y(t_0) + (\mu - \sigma^2/2)(t - t_0) + \sigma W(t), \tag{10.7}$$

d.h. ein Wiener-Prozeß mit Drift.

10.2.1 Stetige Datensätze

Die Volatilität σ ist daher einfach durch die quadratische Variation von y

$$\sigma^2 = (t_T - t_0)^{-1} \int_{t_0}^{t_T} dy^2 \tag{10.8}$$

oder mit den Originaldaten als

$$\sigma^2 = \frac{\int_{t_0}^{t_T} dS(s)^2}{\int_{t_0}^{t_T} S(s)^2 ds} \tag{10.9}$$

gegeben. Für den Drift-Schätzer ergibt sich aus dem Likelihood-Quotienten

$$\frac{d\mu_{\mu^-}}{d\mu_0}(y) = \exp\left[\int \mu^- \sigma^{-2} dy - \tfrac{1}{2} \int (\mu^-)^2 \sigma^{-2} dt\right]$$

durch Nullsetzen der Ableitung die Formel

$$\begin{aligned} \hat{\mu}^- &= \frac{y(t_T) - y(t_0)}{t_T - t_0} \qquad &(10.10) \\ \hat{\mu} &= \hat{\mu}^- + \sigma^2/2. \qquad &(10.11) \end{aligned}$$

Mit Hilfe von 10.7 gilt für den ML-Schätzer

$$\hat{\mu} = \mu + \sigma \frac{W(t_T) - W(t_0)}{t_T - t_0}$$

was unmittelbar die Erwartungstreue und Konsistenz für $t_T \to \infty$ ergibt.

In den Originaldaten lauten die entsprechenden Gleichungen

$$\frac{d\mu_\mu}{d\mu_0}(S) = \exp\left[\int \frac{\mu S}{\sigma^2 S^2} dS - \tfrac{1}{2} \int \frac{\mu^2 S^2}{\sigma^2 S^2} dt\right]$$

und daraus

$$\hat{\mu} = \frac{\int dS/S}{t_T - t_0} = \mu + \sigma \frac{W(t_T) - W(t_0)}{t_T - t_0}, \tag{10.12}$$

also auch wieder der gleiche erwartungstreue und konsistente Schätzer.

10.2.2 Diskrete Datensätze

Wenn nur Messungen an den Zeitpunkten $t_0, t_1, \ldots, t_T$ verfügbar sind, kann Gleichung (10.7) in der Form

$$y_{i+1} = y_i + \mu^- \Delta t_i + \sigma \Delta W_i \tag{10.13}$$

(exaktes diskretes Modell, EDM) geschrieben werden. Daher sind die Inkremente $y_{i+1} - y_i$ unabhängig normalverteilt $N(\mu^-, \sigma^2 \Delta t_i)$ und die ML-Schätzer lauten (uniforme Meßintervalle)

$$\hat{\mu}^-_{EDM} = \frac{y_T - y_0}{T \Delta t} \tag{10.14}$$

$$\hat{\mu}_{EDM} = \hat{\mu}^- + \hat{\sigma^2}/2 \tag{10.15}$$

$$\hat{\sigma^2}_{EDM} = \frac{1}{T\Delta t} \sum_{i=0}^{T-1} \Delta y_i^2 - (\hat{\mu}^-)^2 \Delta t. \tag{10.16}$$

Läßt man im Volatilitäts-Schätzer den Korrektur-Term $(\hat{\mu}^-)^2 \Delta t$ weg, so ergibt sich die diskretisierte Form der quadratischen Variation $\sum_{i=0}^{T-1} \Delta y_i^2$, die man auch aus dem zeitkontinuierlichen Schätzer erhält. Im Grenzfall $\Delta t \to 0$ ergeben sich wieder die Formeln für zeitstetige Messungen.

Interessant ist, daß sowohl im stetigen als auch diskreten Fall der Schätzer für die Wong-Zakai-korrigierte Drift μ^- die gleiche Form hat und nur vom ersten und letzten Meßwert abhängt. Aus der bedingten Log-Normal-Verteilung von $S_{i+1}|S_i$ lassen sich analoge Schätzer als Funktion der Kursdaten ableiten. Durch die diskreten Messungen sind allerdings die Schätzer verzerrt. Man erhält $E[\hat{\sigma^2}_{EDM}] = \frac{T-1}{T}\sigma^2$. Da für ein fixiertes Meßintervall $[t_0, t_0 + T\Delta t = t_T]$ die Stichprobengröße T umgekehrt proportional zu Δt ist, verschwindet die Verzerrung im Limes stetiger Messungen ($T\Delta t = const.$). Das gleiche gilt im Fall eines konstanten Diskretisierungsintervalls Δt und Erhöhung der Stichprobengröße T.

Andere approximative diskrete Schätzer ergeben sich auf zwei Arten: einerseits können in den Formeln für die zeitstetigen Schätzer die auftretenden Integrale durch Summen ersetzt werden (diskretisiertes kontinuierliches Sampling DKS), andererseits kann man von einem approximativen diskreten Schema für die SDE ausgehen, d.h. $\Delta S_i = \mu S_i \Delta t + \sigma S_i \Delta W_i$. [3] Die hieraus resultierenden Schätzer werden im folgenden mit dem Index *Euler* versehen, da man das Differenzenschema als Euler-Approximation der SDE auffassen kann. Der so erhaltene Schätzer ist mit dem Maximum-Kontrast-Schätzer (MCE) identisch, der durch Maximierung der approximativen Likelihood (10.1) entsteht. In beiden Fällen ist für endliches Δt mit asymptotischen Verzerrungen zu rechnen, die allerdings für realistische Werte von μ, σ sehr gering

---

[3] Andere Diskretisierungen, die durch lokale Linearisierungen der Drift oder durch Einsetzen der Itô-Formel entstehen, werden von Shoji und Ozaki (1997) diskutiert. Vgl. Kap. 10.4.

Methode	$\hat{\mu}$	$E[\hat{\mu}]$
stetig	$\frac{y(t_T)-y(t_0)}{t_T-t_0}+\frac{1}{2}\sigma^2=\frac{\int dS/S}{t_T-t_0}$	μ
EDM	$\frac{y_T-y_0}{T\Delta t}+\frac{1}{2}\hat{\sigma^2}$	$\mu-\frac{\sigma^2}{2T}$
DKS	$\frac{1}{T\Delta t}\sum\frac{\Delta S}{S}$	$\frac{1}{\Delta t}(e^{\mu\Delta t}-1)$
MCE	$\frac{1}{T\Delta t}\sum\frac{\Delta S}{S}$	$\frac{1}{\Delta t}(e^{\mu\Delta t}-1)$
Methode	$\hat{\sigma^2}$	$E[\hat{\sigma^2}]$
stetig	$\frac{\int dy^2}{t_T-t_0}=\frac{\int dS^2}{\int S^2 ds}$	σ^2
EDM	$\frac{1}{T\Delta t}\sum\Delta y_i^2-(\hat{\mu}^-)^2\Delta t.$	$\frac{T-1}{T}\sigma^2$
DKS	$\frac{1}{T\Delta t}\sum\Delta y^2$	$\sigma^2+(\mu^-)^2\Delta t$
MCE	$\frac{1}{T\Delta t}\sum(\frac{\Delta S}{S}-\hat{\mu}_{MCE})^2$	$(1-\frac{1}{T})e^{2\mu\Delta t}\frac{1}{\Delta t}(e^{\sigma^2\Delta t}-1)$

Tabelle 10.1. ML-Schätzer und Erwartungswerte für die geometrische Brownsche Bewegung. EDM = exaktes diskretes Modell, DKS = diskretisiertes kontinuierliches Sampling, MCE = Maximum-Kontrast-Schätzer (Euler-Approximation).

ausfallen (vgl. Abb. 10.3). Die resultierenden Schätzer und ihre Erwartungswerte sind in Tabelle (10.1) zusammengefaßt. Der ML-Schätzer, der aus dem exakten diskreten Modell resultiert, ist für fixiertes Δt asymptotisch unverzerrt ($T \to \infty$). Dagegen sind die aus einer approximativen Diskretisierung hervorgegangenen Schätzer verzerrt, und zwar von Ordnung $O(\Delta t)$, wie man leicht aus einer Taylor-Entwicklung sehen kann. Diese Verzerrungen bleiben erhalten, wenn große Stichproben $T \to \infty$ betrachtet werden. Beispielsweise gilt $E[\hat{\sigma^2}] = (1-\frac{1}{T})e^{2\mu\Delta t}\frac{1}{\Delta t}(e^{\sigma^2\Delta t}-1) = \sigma^2+O(\Delta t)+O(1/T)$ für den Maximum-Kontrast (Euler)-Schätzer. Der zeitstetige Schätzer für μ ist in jedem Intervall $[a = t_0, t_T = b]$ unverzerrt, was im allgemeinen jedoch nicht gilt (vgl. Liptser u. Shiryayev, 1978, Band II, S. 207 und Bsp. 6.2 in dieser Arbeit). Abb. (10.2) zeigt die abgeleiteten Drift- und Volatilitätsschätzer im Vergleich, und zwar exemplarisch für eine Kurs-Trajektorie, die mit den Werten $T = 2000, dt = 1/250, \mu = 0.05, \sigma = .2$ als geometrische Brownsche Bewegung simuliert wurde, d.h. $S(idt) = S(0)\exp[(\mu - \sigma^2/2)idt + \sigma W(idt)]$. Diese Trajektorie wurde mit Meß-Intervallen von $5, 20, 60dt$ abgetastet (entsprechend 1, 4 und 12 Wochen (Woche, Monat, Quartal). Die sequentiellen

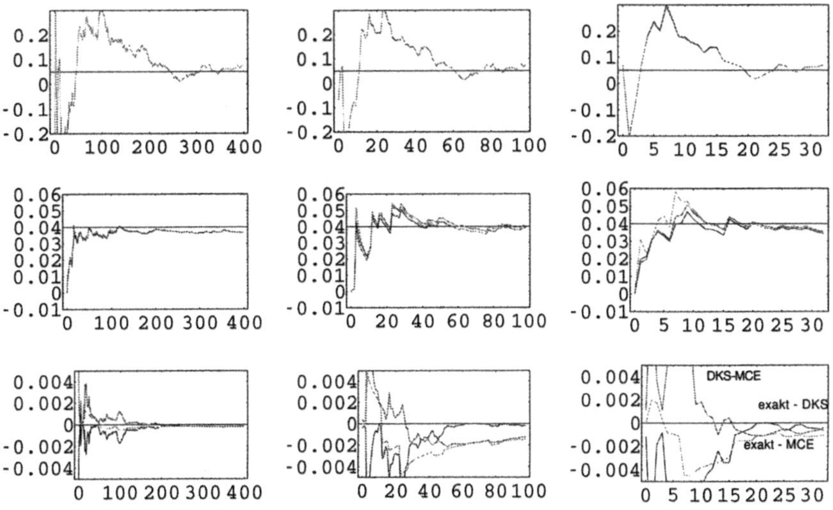

Abbildung 10.2. Drift und Volatilitätsschätzer (exakt diskret, DKS, MCE) für unterschiedliche Meßintervalle ($\Delta t = 5/250, 20/250, 60/250$; von links nach rechts). Als Diskretisierungsintervall für die simulierte Trajektorie wurde $dt = 1/250$ (Jahr) gewählt ($T = 2000$). 1. Zeile: $\hat{\mu}$, 2. Zeile: $\hat{\sigma^2}$, 3. Zeile: $\hat{\sigma^2}$ (Differenzen der verschiedenen Methoden).

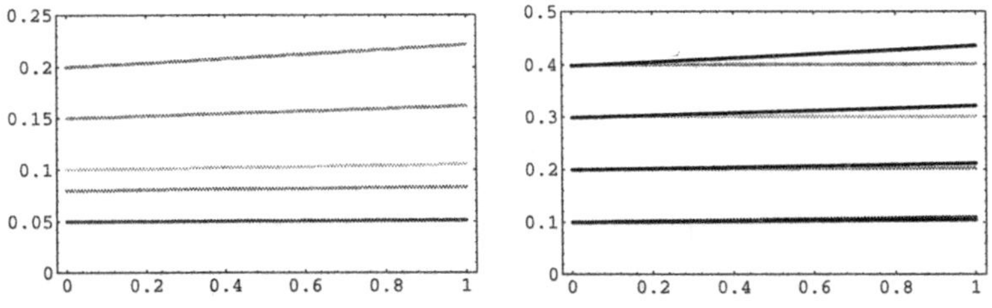

Abbildung 10.3. Verzerrung des Drift-Schätzers als Funktion von $\Delta t = 0, \ldots, 1$ für unterschiedliche Renditen $\mu = \{.05, .08, .1, .15, .2\}$ (links). Verzerrung der Volatilitäts-Schätzer als Funktion von $\Delta t = 0, \ldots, 1$ für unterschiedliche Volatilitäten $\sigma = \{.1, .2, .3, .4\}$. Schwarz: Euler (MCE), grau: DKS (rechtes Bild).

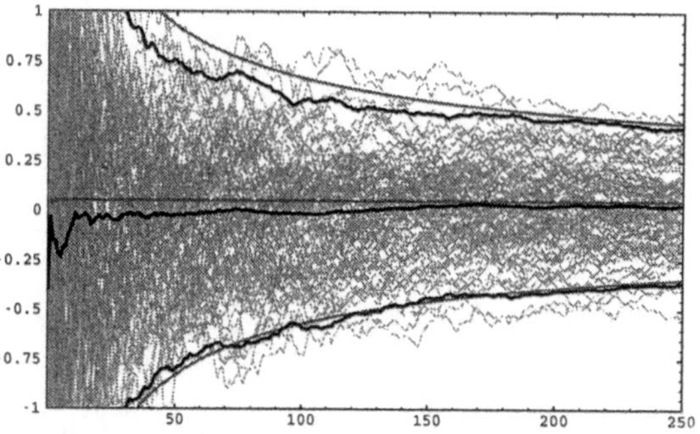

Abbildung 10.4. $M = 100$ Replikationen von $\hat{\mu}_{EDM}$, asymptotische 95%-Konfidenzintervalle $\bar{\mu} \pm 1.96 \times \text{Std}$ und Erwartungswert $E[\hat{\mu}] \pm 1.96 \times \text{Std}(\hat{\mu})$. $T = 250, dt = 1/250, \mu = 0.05, \sigma^2 = 0.04$.

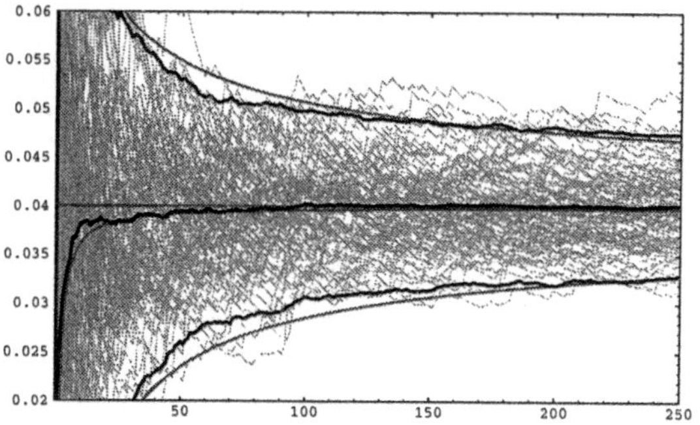

Abbildung 10.5. $M = 100$ Replikationen von $\hat{\sigma^2}_{EDM}$, asymptotische 95%-Konfidenzintervalle $\bar{\sigma^2} \pm 1.96 \times \text{Std}$ und Erwartungswert $E[\hat{\sigma^2}] \pm 1.96 \times \text{Std}(\hat{\sigma^2})$.

Verläufe der Schätzer sind sehr ähnlich, was auch durch die in Abb. (10.3) aufgetragenen Verzerrungen bestätigt wird. Erst für sehr große Renditen und Volatilitäten sind die Verzerrungen merklich, so daß alle Schätzmethoden für praktische Zwecke das gleiche Resultat liefern. Dies ist insbesondere interessant in Fällen, wo keine exakte diskrete Likelihood berechnet werden kann. Dort liefert die DKS- bzw. MCE (Euler)-Methode eine relativ einfache und genaue Methode der ML-Parameterschätzung (vgl. aber Kap. 6.1.5, 7.1). Die Verhältnisse werden in den Abbildungen (10.4 - 10.5) noch einmal verdeutlicht. Aufgetragen sind $M = 100$ Replikationen der ML-Schätzer des exakten diskreten Modells als Funktion der Zeit zusammen mit den Mittelwerten $\bar{\psi} = M^{-1} \sum \hat{\psi}_m$, ± 1.96 Standardabweichungen Std $= [(M-1)^{-1} \sum (\hat{\psi}_m - \bar{\psi})^2]^{1/2}$ und den Erwartungswerten bzw. theoretischen Standardabweichungen (Std $= \sqrt{\text{Var}}$)

$$E[\hat{\mu}_{EDM}] = \mu - \frac{\sigma^2}{2T} \tag{10.17}$$

$$E[\hat{\sigma^2}_{EDM}] = (\tfrac{T-1}{T})\sigma^2 \qquad (10.18)$$

$$\mathrm{Var}[\hat{\mu}_{EDM}] = \frac{\sigma^2}{T\Delta t} + \tfrac{1}{2}(\tfrac{T-1}{T})\frac{\sigma^4}{T} \qquad (10.19)$$

$$\mathrm{Var}[\hat{\sigma^2}_{EDM}] = 2(\tfrac{T-1}{T})\frac{\sigma^4}{T}. \qquad (10.20)$$

Die Graphik zeigt, daß auch nach 250 Tagen noch mit erheblichen Streuungen der Schätzer für die Rendite und die Volatilität zu rechnen ist. Das Problem ist daher weniger die Verzerrung als der große Stichprobenfehler, der über das Delta-Theorem in den Optionspreis eingeht, wenn die Volatilitätsschätzung in die Black-Scholes-Formel $C(S, t, \sigma)$ eingesetzt wird.

10.3 CEV-Modell

Die Parameterschätzung im Cox-CEV-Modell gestaltet sich schwieriger als im Black-Scholes-Modell, da ein weiterer Parameter involviert ist. Die in diesem Fall analytisch berechenbare Likelihood-Funktion kann als Produkt der Übergangswahrscheinlichkeit (Glg. 9.101) geschrieben werden kann (vgl. Abb. 9.2). Die Auswertung dieser Likelihood erfordert einen hohen Rechenaufwand, so daß auch einfachere und leichter zu implementierende Schätzmethoden von Interesse sind, die auf Regressionsverfahren basieren. Die in Abb. (10.6) aufgetragenen Trajektorien zeigen einen CEV-Prozeß für die Elastizitäten $\alpha = 0$ (absolutes Modell), $\alpha = 1$ (Quadratwurzel-Modell), $\alpha = 2$ (GBB) und $\alpha = 3$ mit den Parameterwerten $\{\mu, \sigma\} = \{.2, .2\}, dt = 1/250, T = 2500$, d.h. ein Verlauf über 10 Jahre. Der Erwartungswert $E[S(t)] = S_0 \exp(\mu t)$ ist zusätzlich eingezeichnet. Je weiter α von 2 abweicht, desto stärker wirken sich Unterschiede im absoluten Kursniveau auf den Diffusionsterm und auf die Volatilität

$$\mathrm{Var}[dS(t)/S(t)|S(t)] = \sigma^2 S(t)^{\alpha-2} dt \qquad (10.21)$$

aus. Insbesondere bewirken für $\alpha < 2$ Kursstürze eine Erhöhung der bedingten Varianz.

10.3.1 Kleinste-Quadrate-Methoden

Die von Beckers (1980) vorgeschlagene Regressionsmethode, die auch für europäische Aktien einsetzt wurde (Adjaoute, 1993), beruht auf einer Logarithmierung von (10.21) d.h.

$$\log \mathrm{Std}(dS(t)/S(t)|S(t)) = \log\sigma + \tfrac{1}{2}(\alpha - 2)\log S(t) + (\log dt) \qquad (10.22)$$

(der letzte Term wurde von Beckers vergessen). Addiert man hierzu einen ad hoc-Störterm ϵ, so ergibt sich ein lineares Regressionsmodell $y_i = a + bx_i + \epsilon_i, i = 0, \ldots, T$. Da jedoch die bedingten Standardabweichungen nicht direkt meßbar sind, ersetzt Beckers den Term $\mathrm{Std}[(S_{i+1} - S_i)/S_i|S_i]$ durch

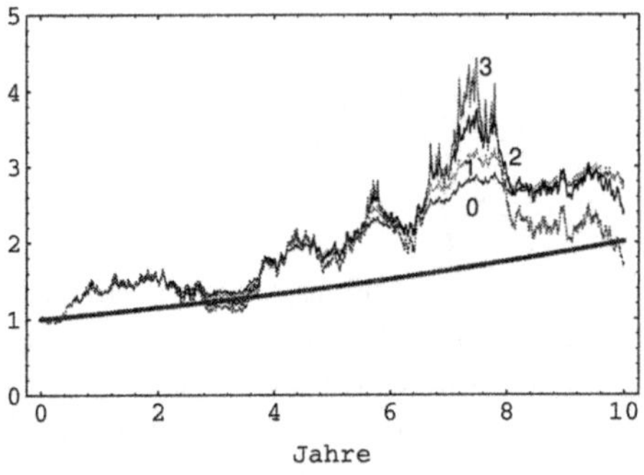

Abbildung 10.6. Simulierte Trajektorien im CEV-Modell für unterschiedliche Elastizitäten $\{\alpha\} = \{0, 1, 2, 3\}$. ($\{\mu, \sigma\} = \{.2, .2\}, dt = 1/250, T = 2500$).

$|\log(S_{i+1}/S_i)|$. Dies wird wie folgt begründet: Falls $y = \log S(t)$ normalverteilt ist, kann der Erwartungswert von $|y|$ wie folgt geschrieben werden:

$$E|y| \approx \gamma\sqrt{2/\pi};\ y \sim N(\nu, \gamma^2);\ \nu \to 0. \tag{10.23}$$

Nun ist aber $S_{i+1}/S_i - 1 \approx \log(S_{i+1}/S_i) = y_{i+1} - y_i$, was bekanntlich beim Modell der geometrischen Brownschen Bewegung normalverteilt ist $N((\mu - \sigma^2/2)dt, \sigma^2 dt)$. Daher gilt $E|y_{i+1} - y_i| \approx \sigma\sqrt{2dt/\pi}$. Damit läßt sich die Volatilität als $E|\log(S_{i+1}/S_i)|$ approximieren. Läßt man auch noch den Erwartungswert weg, ergibt sich (bis auf eine Konstante)

$$\log|\log(S_{i+1}/S_i)| = \log(\sigma\sqrt{dt}) + \frac{\alpha - 2}{2}\log(S_i) + \epsilon_i \tag{10.24}$$

(Beckers, 1980, Glg. 3). Dies soll laut Beckers auch für die hier betrachtete CEV-Diffusion gelten, '...since the CEV class of distributions differs from the lognormal in scale only ...'. (S. 662). Wie auch immer man zu dem vorgetragenen Argument stehen mag – Simulationsstudien zeigen, daß die Schätzmethode zu stark verzerrten Schätzern führt (vgl. Tabelle 10.2).

Aufgrund der zweifelhaften Herleitung des Beckers-Ansatzes wurde eine alternative Methode getestet, die auf der Levy-Goldstein-Formel

$$\int_{t_0}^{t_T} dS(t)^2 = \sigma^2 \int_{t_0}^{t_T} S(t)^\alpha dt, \tag{10.25}$$

bzw.

$$dS(t)^2 \approx \sigma^2 S(t)^\alpha dW(t)^2 \tag{10.26}$$

beruht. Nimmt man den Logarithmus, so ergibt sich das Regressionsmodell

$$\log(dS_i^2) \approx \log(\sigma^2 dt) + \alpha\log(S_i) + 2\log|z_i| \tag{10.27}$$

für die Daten $S_i = S(t_i)$, wobei für die Zuwächse des Wiener-Prozesses $dW_i = \sqrt{dt}z_i$ eingesetzt wurde. Da die Störgröße einen Erwartungswert von

T	μ	σ	α	Beckers	dS^2	$(dS - \mu Sdt)^2$	ML
500	.07					0.0696 (0.0080)	0.0695 (0.0080)
		.20		0.0829 (0.3154)	0.1565 (0.5951)	0.2835 (3.3394)	0.7703 (2.2717)
			1	1.0241 (1.0103)	1.0240 (1.0105)	0.9469 (1.0047)	0.9783 (0.6414)
500	.20					0.1997 (0.0069)	0.1996 (0.0066)
		.20		0.0160 (0.0145)	0.0302 (0.0274)	0.2104 (0.2362)	0.2395 (0.1506)
			1	1.9906 (0.3038)	1.9906 (0.3040)	0.9829 (0.3438)	0.9908 (0.2198)
500	.50					0.4997 (0.0053)	0.4998 (0.0041)
		.20		0.0388 (0.0052)	0.0735 (0.0098)	0.2054 (0.0859)	0.2091 (0.0554)
			1	2.0743 (0.0430)	2.0743 (0.0431)	0.9935 (0.1364)	0.9953 (0.0877)
1000	.07					0.0699 (0.0055)	0.0698 (0.0055)
		.20		0.0773 (0.0668)	0.1459 (0.1262)	0.2200 (0.2246)	0.2377 (0.1286)
			1	1.1392 (0.3247)	1.1392 (0.3248)	0.9704 (0.3528)	0.9828 (0.2105)
1000	.20					0.1999 (0.0042)	0.1999 (0.0037)
		.20		0.0105 (0.0027)	0.0198 (0.0051)	0.2066 (0.0739)	0.2075 (0.0424)
			1	2.1577 (0.0845)	2.1577 (0.0846)	0.9920 (0.1228)	0.9934 (0.0731)
1000	.50					0.4999 (0.0028)	0.5000 (0.0012)
		.20		0.0440 (0.0022)	0.0832 (0.0042)	0.2019 (0.0371)	0.2028 (0.0214)
			1	2.0301 (0.0126)	2.0301 (0.0126)	1.0004 (0.0501)	0.9970 (0.0292)
2000	.07					0.0698 (0.0034)	0.0697 (0.0031)
		.20		0.0662 (0.0219)	0.1250 (0.0413)	0.2019 (0.0669)	0.2044 (0.0432)
			1	1.2258 (0.1222)	1.2258 (0.1222)	0.9991 (0.1219)	0.9996 (0.0798)
2000	.20					0.1999 (0.0023)	0.1999 (0.0012)
		.20		0.0107 (0.0011)	0.0203 (0.0021)	0.2017 (0.0289)	0.2009 (0.0185)
			1	2.1530 (0.0282)	2.1530 (0.0282)	0.9999 (0.0430)	0.9996 (0.0278)
2000	.50					0.4999 (0.0014)	0.5000 (0.0001)
		.20		0.0472 (0.0010)	0.0893 (0.0018)	0.1764 (0.0312)	0.2003 (0.0110)
			1	2.0095 (0.0036)	2.0095 (0.0036)	1.0397 (0.0508)	0.9997 (0.0111)

Tabelle 10.2. CEV-Modell: OLS- und Maximum Likelihood(MCE)-Schätzungen der Parameter μ, σ und α ($M = 500$ Replikationen, $dt = .01$). Die σ-Schätzungen der Methoden dS^2 und $(dS - \mu Sdt)^2$ sind verzerrungskorrigiert (Methode 2: $\hat{\sigma}_{korr2} = \hat{\sigma} / \exp[\frac{1}{8}\hat{\text{Var}}(\hat{a})]$).

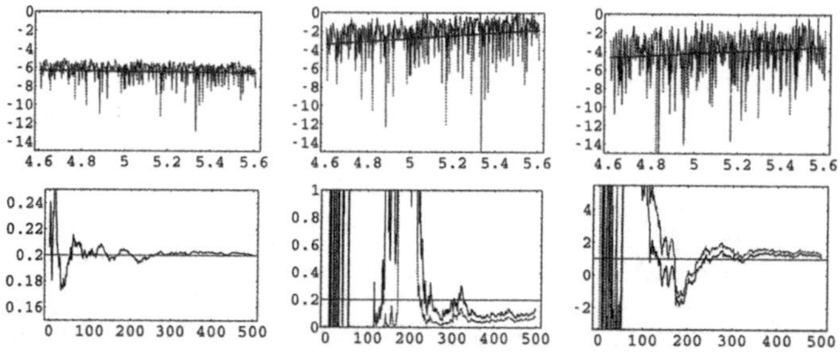

Abbildung 10.7. CEV-Modell. Regressionsmethoden im Vergleich (siehe Text). $\{\mu, \sigma, \alpha\} = \{.2, .2, 1\}, dt = .01, T = 500$. Von links oben: (a) Beckers-Methode. (b) dS^2-Methode. (c) $(dS - \mu dt)^2$-Methode. untere Zeile (Methode c): (d) $\hat{\mu}$ im Zeitverlauf . (e) $\hat{\sigma}$ im Zeitverlauf. (f) $\hat{\alpha}$ im Zeitverlauf. Schwarze Kurven: Korrektur mit $\hat{\mu}(T)$, Graue Kurven: Korrektur mit $\hat{\mu}(i), i = 1, \ldots, T$.

$$m = E(\log |z_i|^2) = -\gamma - \log(2) \approx -1.27036 \tag{10.28}$$

aufweist, muß dieser in der Regressionsgleichung korrigiert werden. [4] Somit ergibt sich

$$\begin{aligned}
y_i &= a + bx_i + \epsilon_i \\
y_i &= \log(\Delta S_i^2) \\
x_i &= \log S_i \\
\epsilon_i &= 2\log|z_i| - m \\
\sigma^2 &= \Delta t^{-1} e^{a-m} \\
\alpha &= b
\end{aligned}$$

Als Variante kann die Euler-Form $(dS - \mu S dt)^2 = (\sigma S^{\alpha/2} dW)^2$ logarithmiert werden und man erhält ein analoges Regressionsmodell mit der Ersetzung $y_i = \log[(\Delta S_i - \mu \Delta t)^2]$, im folgenden als $(dS - \mu dt)^2$-Methode bezeichnet. Dabei kann μ aus der Rendite $r_i = \Delta S_i/(S_i \Delta t) = \mu + \sigma S_i^{\alpha/2}(\Delta W_i/\Delta t)$ für $\Delta t \to 0$ unverzerrt geschätzt werden:

$$\hat{\mu}(T) = T^{-1} \sum_{i=0}^{T-1} r_i.$$

Durch die Logarithmierung ergibt sich der Schätzer für die Volatilität als nichtlineare Funktion $\widehat{\sigma^2} = \Delta t^{-1} e^{\hat{a}-m}$. Daher ist mit einer Verzerrung zu rechnen, auch wenn $\hat{a}$ erwartungstreu ist. Entwickelt man $\exp \hat{a}$ um a, so ergibt sich

[4] $\gamma = 0.577216$ ist die Eulersche Konstante. Für die Varianz ergibt sich $\pi^2/2$. Eine analoge Berechnung erfolgt bei der Quasi-ML-Methode im Fall stochastischer Volatilitäten, wo $\log(r_i^2) = h_i + \log z_i^2; z_i \sim N(0, 1)$ für die quadrierten Renditen gesetzt wird (vgl. Ruiz, 1994).

$$E[\exp \hat{a}] = \exp(a)\{1 + \tfrac{1}{2}E[\hat{a} - a]^2 + O(E[\hat{a} - a]^4)\},$$

falls die Verteilung von $\hat{a}$ symmetrisch um a ist. Vernachlässigt man höhere zentrale Momente, so ergibt sich ein verzerrungskorrigierter Schätzer als

$$\hat{\sigma^2}_{korr1} = \hat{\sigma^2}/(1 + \tfrac{1}{2}\hat{\text{Var}}(\hat{a})). \tag{10.29}$$

Hierbei wurde die geschätzte Varianz des KQ-Schätzers $\hat{a}$ eingesetzt. Als Variante kann die asymptotische Normalität von $\hat{a}$ benutzt werden. Dann ergibt sich aus der Log-Normalverteilung die Form

$$E[\exp \hat{a}] \approx \exp[a + \tfrac{1}{2}\text{Var}(\hat{a})]$$

und der korrigierte Schätzer

$$\hat{\sigma^2}_{korr2} = \hat{\sigma^2}/\exp[\tfrac{1}{2}\hat{\text{Var}}(\hat{a})]. \tag{10.30}$$

In Tabelle (10.3) ist die Auswirkung der Verzerrungskorrekturen auf die

T	μ	$\hat{\sigma}$	$\hat{\sigma}_{korr1}$	$\hat{\sigma}_{korr2}$
500	.07	14.6471 (261.8955)	2.8609 (48.7740)	0.2835 (3.3394)
	.20	0.3097 (0.3602)	0.2234 (0.2533)	0.2103 (0.2362)
	.50	0.2229 (0.0933)	0.2060 (0.0862)	0.2054 (0.0859)
1000	.07	0.3193 (0.3292)	0.2328 (0.2381)	0.2200 (0.2246)
	.20	0.2189 (0.0782)	0.2069 (0.0740)	0.2066 (0.0739)
	.50	0.2051 (0.0377)	0.2020 (0.0371)	0.2019 (0.0371)
2000	.07	0.2130 (0.0706)	0.2022 (0.0670)	0.2019 (0.0669)
	.20	0.2038 (0.0292)	0.2017 (0.0289)	0.2017 (0.0289)
	.50	0.1770 (0.0313)	0.1764 (0.0312)	0.1764 (0.0312)

Tabelle 10.3. CEV-Modell: Verzerrungskorrektur der KQ-Schätzer für σ: $(dS - \mu Sdt)^2$-Methode, $M = 500$ Replikationen, Standardfehler in Klammern. Wahre Werte: $\sigma = .2, \alpha = 1$.

Volatilitätsschätzungen dargestellt. Die Korrektur wirkt sich bei kleinen Stichprobengrößen ($T = 500$) und Renditen ($\mu = 0.07$) vorteilhaft aus, insbesondere Methode 2 (Log-Normalverteilung von $\exp \hat{a}$).

10.3.2 Approximative und exakte ML-Schätzung

Geht man wie eben von der Euler-Näherung aus, so ergibt sich das approximative Schema

$$S_{i+1} = (1 + \mu\Delta t)S_i + \sigma S_i^{\alpha/2}\Delta W_i; i = 0, \dots, T-1$$

Daher ist die Übergangswahrscheinlichkeit $p(S_{i+1}|S_i) \approx \phi((1 + \mu\Delta t)S_i, \sigma^2 S_i^\alpha \Delta t)$ (vgl. Abb. 9.2) und die approximative Likelihood (Kontrast) ergibt sich als Produkt

$$L(\mu, \sigma, \alpha) = \prod_{i=0}^{T-1} p(S_{i+1}|S_i).$$

Da keine analytische Lösung der ML-Gleichungen $\partial L/\partial\{\mu, \sigma, \alpha\} = 0$ möglich scheint, wurde die log-Likelihood numerisch mit Hilfe eines Newton-Raphson-Algorithmus maximiert. Dabei wurden Score und Hesse-Matrix mit Hilfe des Computer-Algebra-Programms Mathematica analytisch berechnet.

Weiterhin besteht in diesem Fall die Möglichkeit, die exakte Likelihood-Funktion (9.101) zu maximieren. Dies ist erforderlich, wenn die Zeitabstände der Messungen sehr groß sind. Wie Abb. (9.2) verdeutlicht, sind jedoch für typische Parameterwerte geringe Fehler zu erwarten. Daher wurde aufgrund des wesentlich höheren Rechenaufwands (insbesondere bei Berechnung analytischer Gradienten) nur der approximative ML-Schätzer in der Simulations-Studie berechnet (Tabelle 10.2).

10.3.3 Zusammenfassung

Die Simulationsstudie (Tabelle 10.2) zeigt, daß die ML (MCE-Euler)-Methode am besten abschneidet, sowohl was die Verzerrung der Schätzer als auch die Standardfehler angeht. Dagegen ist die modifizierte dS^2-Methode ($(dS - \mu S dt)^2$) mit Verzerrungskorrektur weniger effizient als ML, jedoch von praktischem Wert, da keine iterativen Berechnungen erforderlich sind und ein sequentieller Schätzer (als Funktion der Stichprobengröße) leicht berechnet werden kann. Dies ist von Vorteil bei finanzwirtschaftlichen Zeitreihen, wo permanent mit Strukturbrüchen (tatsächliche Veränderung der wahren Werte) gerechnet werden muß. Abb. (10.7) zeigt das sequentielle Verhalten von $\{\hat{\mu}, \hat{\sigma}, \hat{\alpha}\}(t)$, berechnet mit der modifizierten dS^2-Methode. Deutlich zu sehen sind die enormen Fluktuationen der Schätzer, was Stichprobengrößen von $T > 500$, entsprechend 5 Jahre nahelegt, ein für die Praxis völlig unrealistischer Wert. Eine weitere Konsequenz der Simulation ist das Versagen der Beckers-Methode. Sie führt zu starken Verzerrungen der Volatilitätsschätzungen, was auf die Addition eines ad hoc-Störterms in der Regressionsgleichung zurückzuführen sein könnte. Weiterhin ist auch die Schätzung für den Elastizitätskoeffizienten α stark verzerrt, insbesondere bei großen Renditen ($\mu = .2, .5$). Dies trifft auch auf die dS^2-Methode zu, bei der $\mu S dt$ nicht korrigiert wurde. Aufgrund der Ergebnisse sind die Resultate von Adjaoute (1993) für den Schweizer Aktien- und Optionsmarkt (SOFFEX) von zweifelhafter Relevanz, da die Beckers-Methode zugrundegelegt wurde.

10.4 Schätzmethoden für allgemeine Itô-Prozesse

Für den allgemeinen Itô-Prozeß (nichtlineares Diffusionsmodell)

$$dy(t) = f(y, t, \psi)dt + g(y, t, \psi)dW(t)$$

sind im allgemeinen keine einfachen und leicht implementierbaren Schätzmethoden verfügbar, insbesondere bei großen Meßintervallen Δt. Unterschieden werden können Verfahren, die

1. auf einer Diskretisierung der Differentialgleichung,
2. einer Diskretisierung der zeitstetigen Likelihood
3. einer approximativen Berechnung der exakten diskreten Übergangswahrscheinlichkeit
4. einer generalisierten Momenten-Methode

beruhen.

Methode (1) weist eine große Nähe zu numerischen Simulationsmethoden für die stochastische Differentialgleichung auf, da ein möglichst gutes Differenzenschema für die Diskretisierungsschritte Δt erzeugt werden soll. Einfachstes Beispiel ist die schon mehrfach erwähnte Euler-Methode mit dem Schema (die Zeitabhängigkeit von f und g wurde weggelassen)

$$y_{i+1} = y_i + f(y_i)\Delta t + g(y_i)\Delta W_i$$

bei der die Werte $y(t), t \in [t_i, t_{i+1}]$ am Anfang des Intervall 'eingefroren' werden. Alternativ kann die Itô-Formel für $f(y(t))$ in die SDE eingesetzt werden. Dies entspricht einer Itô-Taylor-Entwicklung (vgl. Abs. 3.4.2 und Kloeden u. Platen, 1992, Kap. 5) und wurde im Kontext der Parameterschätzung von Shoji und Ozaki (1997) benutzt. Setzt man das stochastische Differential $df = f_y dy + \frac{1}{2} f_{yy} g^2 dt$ bzw.

$$f(y(t)) - f(y(t_i)) = \int_{t_i}^{t} f_y(y(s))dy(s) + \int_{t_i}^{t} \tfrac{1}{2} f_{yy}(y(s))g^2(y(s))ds$$

(analog für g) in die SDE ein, so ergibt sich nach Einfrieren der Koeffizienten f_y und $f_{yy}g^2$ bei $y(t_i) = y_i$ die *lokal linearisierte Form*

$$\begin{aligned} dy(t) &= [f_y(y_i)y(t) + \tfrac{1}{2} f_{yy}(y_i)g^2(y_i)t + \\ &+ (f(y_i) - f_y(y_i)y_i - \tfrac{1}{2} f_{yy}(y_i)g^2(y_i)t_i)]dt \\ &+ [g_y(y_i)y(t) + \tfrac{1}{2} g_{yy}(y_i)g^2(y_i)t + \\ &+ (g(y_i) - g_y(y_i)y_i - \tfrac{1}{2} g_{yy}(y_i)g^2(y_i)t_i)]dW(t). \end{aligned}$$

Dies ist eine lineare Gleichung im weiteren Sinn (Kap. 3.7), da Drift und Diffusionskoeffizient lineare Funktionen des Zustands sind. In der Arbeit von Shoji und Ozaki (1997) wurde ein konstanter Diffusionskoeffizient $g(y) = g$ vorausgesetzt, was sich durch eine Transformation der ursprünglichen SDE im Eingleichungsfall immer erreichen läßt (vgl. Bsp. 3.6, Kap. 3). Allerdings ist bei einer Abhängigkeit vom Parameter ψ die Transformation von unbekannten Größen abhängig. In diesem einfacheren Fall gilt

$$\begin{aligned} dy(t) &= [f_y(y_i)y(t) + \tfrac{1}{2} f_{yy}(y_i)g^2 t + \\ &+ (f(y_i) - f_y(y_i)y_i - \tfrac{1}{2} f_{yy}(y_i)g^2 t_i)]dt + gdW(t) \\ &:= A_i y(t)dt + b_i(t)dt + gdW(t) \end{aligned}$$

und somit das exakte diskrete Modell

$$y_{i+1} = \exp(A_i \Delta t) y_i + \int_{t_i}^{t_{i+1}} \exp(A_i(t_{i+1} - s))[b_i(s)ds + g dW(s)].$$

Ein einfacheres lokal linearisiertes Modell ergibt sich aus der Taylor-Entwicklung $f(y(t)) \approx f(y_i) + f_y(y_i)[y(t) - y_i]$ des Vektorfelds und Umschreibung in ein exaktes diskretes Modell (Ozaki, 1985). Der Term 'exakt diskret' bedeutet allerdings nur, daß das exakte Differenzenschema zur Taylor- bzw. Itô-Taylor-Entwicklung berechnet wurde. Das Modell der lokalen Taylor-Entwicklung ist auch implizit in der EKF-Methode enthalten, die in Kap. 7.2 auf einem Raster der Feinheit δt formuliert wurde. Entwickelt man das Vektorfeld bis zur 2. Ordnung, so erhält man den Term $\frac{1}{2} f_{yy}(y_i)[y(t) - y_i]^2$ und somit das Gleichungs-System $(t_{i+1} \geq t \geq t_i)$

$$\begin{aligned} \dot{y}(t|t_i) &= f(y(t|t_i)) + \tfrac{1}{2} f_{yy}(y(t|t_i)) P(t|t_i) \\ \dot{P}(t|t_i) &= f_y(y(t|t_i)) P(t|t_i) + P(t|t_i) f_y(y(t|t_i)) + g^2(y(t|t_i)) \end{aligned}$$

für die bedingten Momente 1. und 2. Ordnung (siehe Kap. 3.10 und 7.2). Da für kleine Zeitschritte $P(t|t_i) \approx g^2(y(t|t_i))(t - t_i)$; $P(t_i|t_i) = 0$ gilt, erhält man eine zum Ansatz von Shoji und Ozaki analoge Form. Deren Vorgehensweise läßt sich daher auch im Rahmen von Filtern höherer Ordnung interpretieren (Jazwinski, 1970, Kap. 9).

Da alle resultierenden Differenzen-Schemata zu bedingt gaußverteilten Variablen $y_{i+1}|y_i$ führen, kann die Likelihood-Funktion mit Hilfe der Markoff-Eigenschaft als Produkt von Normalverteilungsdichten aufgebaut werden.

Ein anderes verbreitetes Verfahren, die verallgemeinerte Momenten-Methode (4) (GMM: Hansen, 1982, Hansen u. Scheinkman, 1995), stützt sich dagegen auf ein bestimmtes diskretes Schema, etwa die Euler-Näherung, und daraus abgeleitete Momenten-Gleichungen (Orthogonalitätsrelationen). Ersetzt man die theoretischen Momente durch Stichproben-Mittelwerte, so werden die GMM-Schätzer so bestimmt, daß die generalisierte Distanz zwischen beiden Größen minimiert wird. Beispielsweise wurden in der Arbeit von Shoji und Ozaki (1997) die Momente

$$\begin{aligned} M_1 &= E[y_{i+1} - y_i - f(y_i)\Delta t | y_i] := E[\epsilon_{1i}|y_i] = 0 \\ M_2 &= E[(y_{i+1} - y_i - f(y_i)\Delta t)^2 - g^2 \Delta t | y_i] := E[\epsilon_{2i}|y_i] = 0 \\ M_3 &= E[\epsilon_{1i} y_i | y_i] = 0 \\ M_4 &= E[\epsilon_{2i} y_i | y_i] = 0 \end{aligned}$$

benutzt und mit den Stichprobenmomenten $Z_T = T^{-1} \sum_{i=0}^{T-1} \{\epsilon_{1i}, \epsilon_{2i}, \epsilon_{1i} y_i, \epsilon_{2i} y_i\}$ verglichen, im Sinne der Minimierung der Zielfunktion $S(\psi) = Z_T' W_T Z_T$, wobei die Gewichtsfunktion W_T ein konsistente Kovarianzmatrix ist.

Die Simulationsstudien von Shoji und Ozaki (1997) zeigen, daß die GMM-Methode bei einem linearen System mit multiplikativem Rauschen am schlechtesten abschneidet, verglichen mit den beiden Linearisierungsmethoden

		EKF		EKF 2. Ordnung	
	wahre Werte	Mittelwert	Std	Mittelwert	Std
$\Delta t = 0.5$					
α	-1.	-0.7608	0.2817	-0.9744	0.3626
β	0.1	0.09741	0.02708	0.1002	0.02942
σ	2.	2.028	0.1617	1.989	0.1475
$\Delta t = 1$					
α	-1.	-0.5145	0.4284	-0.6365	0.2748
β	0.1	0.08236	0.05755	0.07118	0.02423
σ	2.	1.992	0.3542	1.804	0.1785
$\Delta t = 2$					
α	-1.	-0.4363	0.5689	-0.2728	0.2227
β	0.1	0.1192	0.1545	0.04142	0.04057
σ	2.	2.204	0.9013	1.554	0.242

Tabelle 10.4. Mittelwerte und Standardabweichungen der ML-Schätzungen des Modells $dy = -(\alpha y + \beta y^3)dt + \sigma dW$ in $M = 100$ Replikationen. Vergleich von EKF (Gaußsche Likelihood) und EKF 2. Ordnung für unterschiedliche Meßintervalle Δt (Diskretisierungsintervall δt jeweils 0.1).

(Taylor bzw. Itô-Taylor), der Euler-Methode und der Likelihood-Quotienten-Methode (Maximum-Kontrast-Schätzung), sowohl in der Verzerrung als auch bei der Effizienz. Die Itô-Taylor-Methode ist am besten, während das Euler-Verfahren zwischen beiden liegt. Dagegen ist bei einem System mit nichtlinearer Drift die Driftschätzung mit GMM nur wenig verzerrt, während auch hier die Itô-Taylor-Methode am besten ist. Vergleicht man die Resultate mit den Simulationen aus Kap. 7.7, so sind auch dort starke Verzerrungen der Drift-Schätzer mit der EKF-Methode zu verzeichnen, die der oben diskutierten einfachen Taylor-Entwicklung entspricht.

Tabelle (10.4) zeigt einen Vergleich der Parameterschätzungen für das EKF und ein Filter 2. Ordnung (entsprechend der Itô-Taylor-Entwicklung des Vektorfelds $f = -\alpha y - \beta y^3$ aus Kap. 7.7) für unterschiedliche Meßintervalle $\Delta t = 0.5, 1, 2$ mit jeweils $M = 100$ Replikationen. Während für die Meßintervalle $\Delta t = 0.5, 1$ das Filter 2. Ordnung besser abschneidet bzgl. der Verzerrung des Parameterschätzungen von α, ist im Fall $\Delta t = 2$ für das EKF eine kleinere Verzerrung, jedoch größere Standardabweichung zu verzeichnen. Zum Vergleich wurden bei Shoji und Ozaki (1997) kleinere Meßintervalle von $\Delta t = 0.05, 0.1, 0.15, 0.2$ angenommen. Wie schon gesagt, schnitt dort das dem Filter 2. Ordnung entsprechende Modell mit Itô-Taylor-Entwicklung am besten ab, in Übereinstimmung mit obigen Resultaten.

10.5 Multivariate Ansätze und State Space-Modelle

Im Black-Scholes- und CEV-Diffusionsmodell wurde unterstellt, daß das Modell für den Aktienkurs als Lösung einer einzelnen stochastischen Differentialgleichung gefunden werden kann. Dagegen ist bei einer Modellierung der Volatilität als stochastischer Prozeß eine zweite Gleichung zu spezifizieren, welche deren Dynamik zum Inhalt hat. Damit stößt man auf das Problem eines bivariaten (i.a. multivariaten) Diffusionsprozesses, der zudem noch latente (unbeobachtete) Komponenten aufweist. Ein Übersicht von gängigen Ansätzen wurde bereits in Tabelle (8.1) gegeben.

In ähnlicher Weise wird man bei Zinsmodellen durch die stochastische Modellierung des langfristigen Werts auf multivariate Ansätze geführt (vgl. Kap. 8.2). Beispielsweise diskutiert Chen (1996) einen Drei-Faktor-Ansatz, bei dem sowohl der langfristige Zinssatz als auch die Voltilität als latente stochastische Prozesse modelliert werden:

$$dr(t) = k(\theta(t) - r(t))dt + \sqrt{\sigma(t)}\sqrt{r(t)}dW_1(t) \tag{10.31}$$
$$d\theta(t) = \nu(\bar{\theta} - \theta(t))dt + \zeta\sqrt{\theta(t)}dW_2(t) \tag{10.32}$$
$$d\sigma(t) = \mu(\bar{\sigma} - \sigma(t))dt + \eta\sqrt{\sigma(t)}dW_3(t) \tag{10.33}$$

$$z_i = r(t_i) + \epsilon_i. \tag{10.34}$$

Hierbei wurde schon ein Meßmodell angesetzt, da die Problematik am einfachsten im Rahmen eines kontinuierlich-diskreten Zustandsraum-Modells diskutiert werden kann. Der Meßfehler ϵ_i kann etwa dazu verwendet werden, Codierungsfehler bei der Speicherung der Daten zu modellieren. Außerdem bietet das Meßmodell wieder eine Möglichkeit, fehlende Daten an Wochenenden oder Feiertagen mit der Idee eines permanent weiterlaufenden latenten Prozesses zu verbinden.

Da die Behandlung derartiger latenter nichtlinearer Diffusionsmodelle schwierige Schätzprobleme aufwirft (vgl. Kap. 7), soll im folgenden exemplarisch die Schätzung eines stochastischen Volatitäten-Modells diskutiert werden, dessen zeitdiskretes Analogon in der Literatur wohlbekannt ist (vgl. Kap. 8.3).

Stochastische Volatilitäten

Im folgenden wird das Modell

$$\begin{aligned} dS(t) &= \mu S(t)dt + \sigma(t)S(t)dW(t) \\ d\log\sigma^2(t) &= \lambda[\log\sigma^2(t) - \log\bar{\sigma}^2]dt + \gamma dV(t) \\ (dh(t) &= \lambda[h(t) - \bar{h}]dt + \gamma dV(t)) \end{aligned} \tag{10.35}$$

betrachtet, bei dem der Logarithmus der Volatilität $h(t) = \log\sigma(t)^2$ als CAR(1)-Prozess (Ornstein-Uhlenbeck-Prozeß) modelliert wird. Wie man mit dem Satz von Itô leicht zeigen kann, erfüllt der logarithmierte Kursprozeß $y = \log S$ die Gleichung

$$\begin{aligned} dy(t) &= [\mu - \sigma(t)^2/2]dt + \sigma(t)dW(t) \\ d\log\sigma^2(t) &= \lambda[\log\sigma^2(t) - \log\bar{\sigma}^2]dt + \gamma dV(t) \end{aligned} \tag{10.36}$$

was der zeitstetige Grenzwert eines AR(1)-EGARCH-Modells ist (Nelson, 1990, Abschnitt 3.3) Dies ist analog zum zeitdiskreten Modell

$$\begin{aligned} y_i &= \exp(h_i/2)\epsilon_i \\ h_{i+1} - \bar{h} &= \lambda[h_i - \bar{h}] + \gamma\eta_i \\ (h_i &= \log\sigma_i^2) \end{aligned}$$

für die mittelwertskorrigierten Renditen (Kim et al., 1996).

Hier wird versucht, direkt das zeitstetige Modell (10.35) mit zeitdiskreten Messungen des Kurses $S_i = S(t_i)$ zu behandeln. Dazu wurden die nichtlinearen Filtermethoden aus Kap. 5 und 7 eingesetzt, insbesondere der erweiterte Kalman-Filter EKF, zusätzlich modifiziert durch eine Taylor-Entwicklung des Diffusionskoeffizienten bis zu ersten Ordnung, und weiterhin die simulationsbasierten Filtermethoden mit Gaußschen Kerndichten (KDF) bzw. einer Monte-Carlo-Integration des Extrapolations-Integrals (FIF). Da die Parameter $\psi = \{\mu, \lambda, \bar{h}, \gamma, \rho\}$ in Anwendungen nicht bekannt sind, stellt sich zusätzlich zur Filterung des Systems (Schätzung des Prozesses $h(t)$) das Problem, die Systemparameter zu schätzen.

Aufgrund der in Kap. 7 erwähnten Probleme bei der Maximierung der Likelihood-Funktion (Rauhigkeit der simulierten Likelihood) wurde hier ein Bayes-Ansatz gewählt, bei dem die Parameter als stochastische Prozesse mit trivialer Dynamik $d\psi = 0$ aufgefaßt und der Systemdynamik hinzugefügt werden werden. Zwar wird dadurch der Prozeß höherdimensional, jedoch ergeben sich rekursiv im Zeitablauf simultane bedingte Dichten der Zustände und Parameter und der Schätzwert $\hat{\psi}(t)$ kann als Erwartungswert oder Maximum der a posteriori-Dichte berechnet werden. Weiterhin ist von Vorteil, daß die Variabilität (Streuung) der Parameterschätzungen schon in den gefilterten Zuständen automatisch berücksichtigt ist. Dies wäre nicht der Fall, wenn Maximum-Likelihood-Schätzer von ψ einfach in die Filter eingesetzt werden.

Folgende Situation wurde der Simulation der täglichen Daten zugrundegelegt: Startwerte $S_0 = 100, \sigma_0 = 0.2$, wöchentliche Messungen, d.h. $\delta t = 1/365; \Delta t = 7/365$. Die wahren Parameterwerte sind $\{\mu, \lambda, \bar{h}, \gamma, \rho\} = \{.07, -1, \log(0.2^2) = -3.21888, 2, 0\}$ und die a priori-Verteilung des Zustands $\eta = \{S, h\}$ ist $\eta(0) = \{S(0), h(0)\}$ mit $p_{0|-1} \sim N(\{100, -3.\}, \text{diag}(100, 0.1))$. Dies soll in etwa das Vorwissen ohne Messungen widerspiegeln, wenn noch keine Daten vorliegen. Eine sehr große Varianz würde bedeuten, daß keinerlei Vorinformation vorliegt und bei Maximierung der a posteriori-Dichte der ML-Methode entsprechen. Bei Mittelung der Dichte erhält man einen bedingten Erwartungswert-Schätzer.

In Übereinstimmung mit den Arbeiten von Kim et al. (1996) wurde die Korrelation ρ zwischen den Wiener-Prozessen W und V gleich Null gesetzt. Diese Restriktion ist jedoch ohne Schwierigkeiten aufzulösen. Außerdem wurde im Meßmodell der Meßfehler auf eine kleine Varianz von $R = 0.01$ gesetzt. Dies bedeutet, daß der Kurs ziemlich genau gemessen werden kann, dient jedoch der Vermeidung numerischer Probleme in den Filtern. In

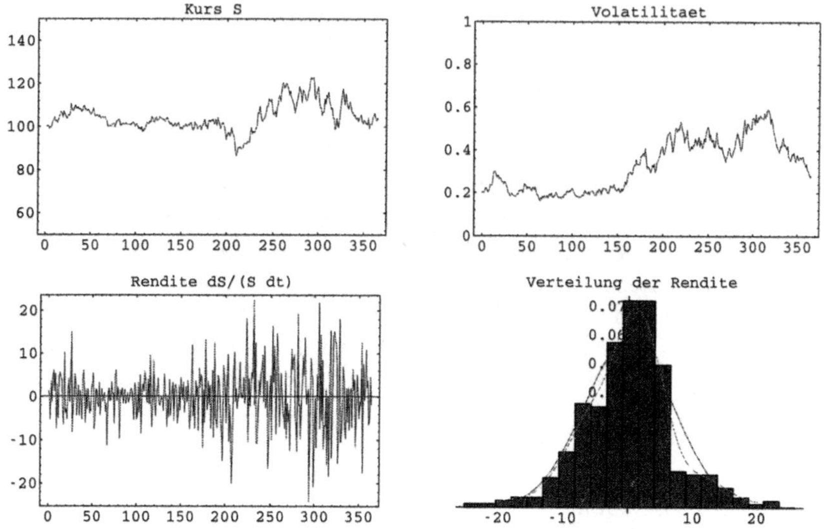

Abbildung 10.8. Stochastische Volatilität. Simulierter täglicher Aktienkurs und Volatilität (obere Zeile), Renditen und deren leptokurtische Verteilung (Histogramm, Kernschätzer und Gaußdichte mit gleichem Mittelwert und Standardabweichung) (unten).

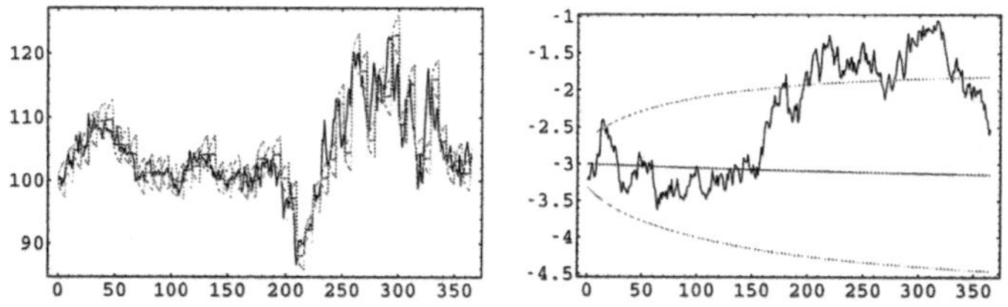

Abbildung 10.9. Erweiterter Kalman-Filter EKF: Gefilterte Zustände und Konfidenzintervalle $E[\eta(t)|Z^t] \pm 1.96 \times \mathrm{Std}[\eta(t)|Z^t]$ des Aktienkurses und der log-Volatilität mit wöchentlichen Messungen.

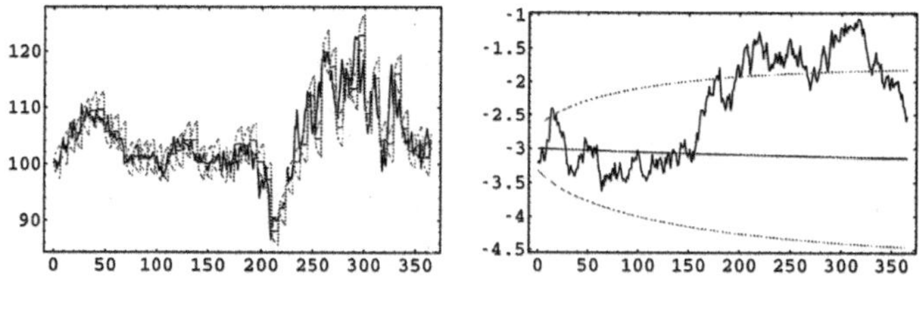

Abbildung 10.10. Bilinearer erweiterter Kalman-Filter: Gefilterte Zustände und Konfidenzintervalle $E[\eta(t)|Z^t] \pm 1.96 \times \mathrm{Std}[\eta(t)|Z^t]$ des Aktienkurses und der log-Volatilität mit wöchentlichen Messungen.

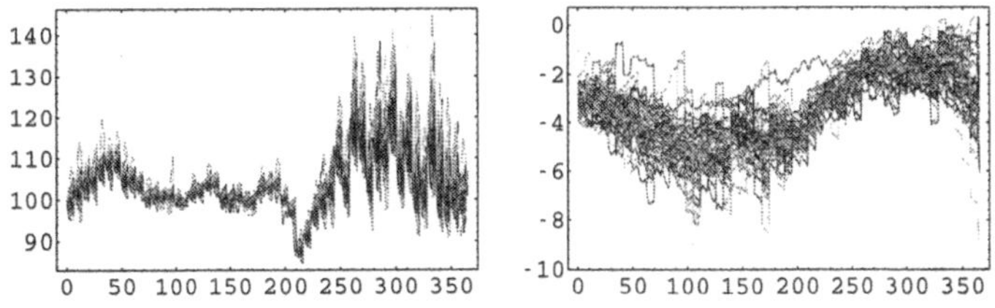

Abbildung 10.11. Kerndichte-Filter KDF: $N = 50$ Stichproben-Trajektorien.

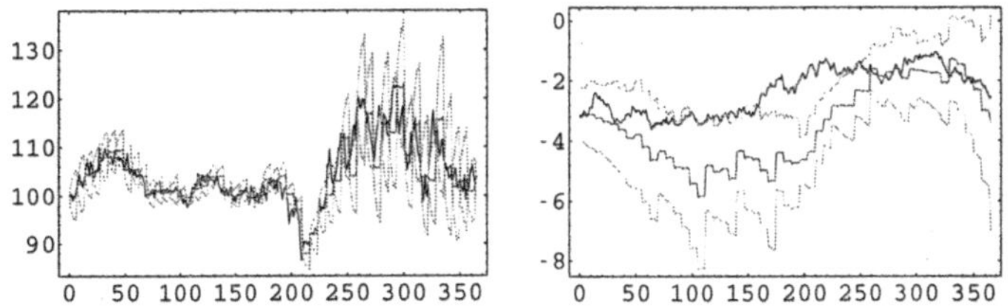

Abbildung 10.12. Kerndichte-Filter KDF: Mittelwerte ± 1.96 Standard-Abweichungen der $N = 50$ Stichproben-Trajektorien und wahre Verläufe von Aktienkurs $S(t)$ und log-Volatilität $h(t)$.

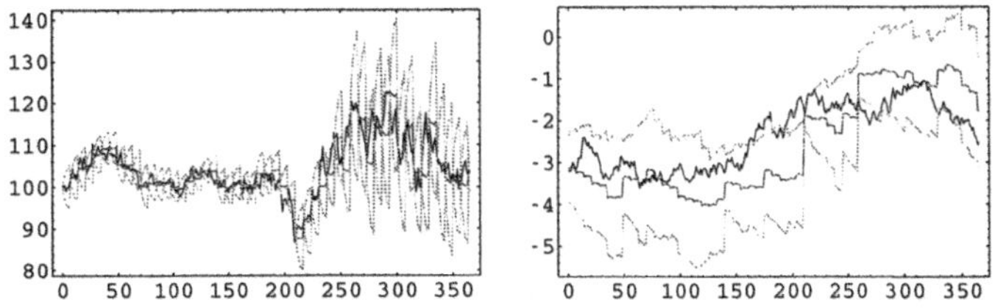

Abbildung 10.13. Funktional-Integral-Filter FIF: Mittelwerte ± 1.96 Standard-Abweichungen der $N = 50$ Stichproben-Trajektorien und wahre Verläufe von $S(t)$ und $h(t)$.

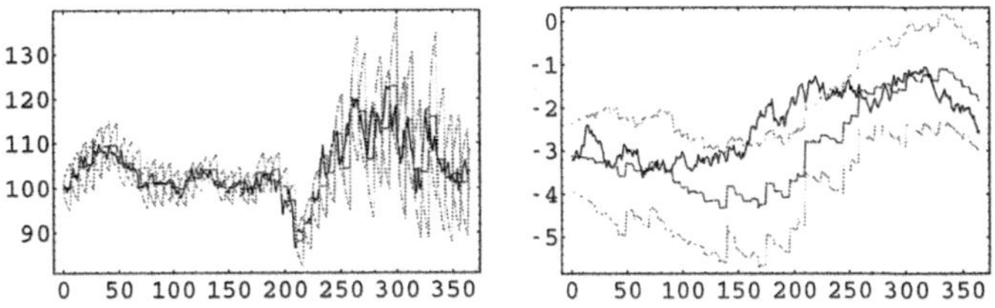

Abbildung 10.14. Diskretisiertes kontinuierliches Sampling DKS: Mittelwerte ± 1.96 Standard-Abweichungen der $N = 50$ Stichproben-Trajektorien und wahre Verläufe von $S(t)$ und $h(t)$.

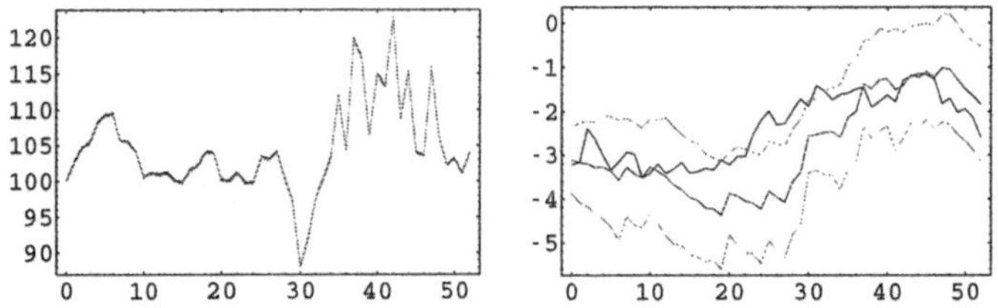

Abbildung 10.15. DKS: Mittelwerte $\pm$ 1.96 Standard-Abweichungen der $N = 50$ Stichproben-Trajektorien und wahre Verläufe von $S(t)$ und $h(t)$. Wöchentliche Daten ohne tägliche Interpolation.

Figur (10.8) ist der simulierte Kurs $S(t)$, die Volatilität $\sigma(t)$ und die täglichen Renditen $r(t) = dS/(Sdt)$ $(dt = 1/365)$ abgebildet. Die Volatilität nimmt in dieser Simulation etwa nach 150 Tagen stark zu, um dann am Ende des Beobachtungszeitraums in etwa wieder auf den Anfangswert abzufallen. Dies zeigt sich am deutlichsten bei der Betrachtung des Rendite-Prozesses, dessen Varianz entsprechend zunimmt. Das letzte Bild (rechts unten) zeigt eine Häufigkeitsverteilung der Renditen und den typischen und empirisch häufig gefundenen leptokurtischen Verlauf (Histogramm, Kernschätzer und Gaußdichte mit gleichem Mittelwert und Standardabweichung).

Zuerst wird das Verhalten der Filter bei bekannten Parametern untersucht (Filterung des bivariaten Zustands $\{S(t), h(t)\}$). Die Figuren (10.9 - 10.10) zeigen die Filterlösungen eines erweiterten Kalman-Filters EKF mit und ohne modifizierten Diffusions-Term (Taylor-Entwicklung der Diffusions-Matrix bis zur ersten Ordnung; vgl. Kap. 5.9) Überraschenderweise liefern beide EKFs keine Schätzungen von $h(t) = \log \sigma^2$ und die Resultate der Algorithmen sind fast gleich. Die Trajektorie $\hat{h}(t) = E[h(t)|Z^t]$ relaxiert einfach zum stationären Wert $\bar{h}$ und ist offenbar unbeeinflußt von den alle 7 Tage eintreffenden Messungen. Auch die Taylor-Entwicklung von $g = \sigma S = \exp(h/2)S$ um den bedingten Erwartungswert führt hier zu keiner Verbesserung (vgl. Kap. 5.9).

Im Gegensatz hierzu reagiert das Kerndichte-Filter KDF, das Funktional-Integral-Filter FIF und das diskretisierte kontinuierliche Sampling DKS auf die Messungen und produziert gefilterte Trajektorien (Schätzungen) für die Log-Volatilität $h(t)$. Figur (10.11) zeigt $N = 50$ Stichproben-Trajektorien für $\{S(t), h(t)\}$ und Figur (10.12) faßt das Resultat durch den bedingten Erwartungswert $\pm 1.96\times$ bedingte Standardabweichung zusammen (Mittelwert und Standardabweichung der Stichprobentrajektorien). Dies entspricht approximativen 95%-HPD-Konfidenz-Intervallen. [5] Zwischen den Messungen werden diese Intervalle breiter, da keine Information über die Trajektorie vorliegt. Figur (10.13) zeigt das Verhalten des Funktional-Integral-Filters. Im

[5] Das HPD (highest posterior density)-Konfidenzintervall ist ein Bereich der a posteriori-Dichte, in dem eine bestimmte Posterior-Wahrscheinlichkeit lokalisiert und wo die Dichte größer ist als außerhalb (vgl. Box u. Tiao, 1973, Kap. 2).

Vergleich zum KDF ist die geschätzte Log-Volatilität näher an der wahren Trajektorie und die Konfidenzintervalle sind enger. Das Resultat für die DKS-Methode ist ähnlich (Fig. 10.14). Schließlich wird in (10.15) nur eine wöchentliche Diskretisierung benutzt (DKS, $\delta t = \Delta t = 7/365$), so daß keine tägliche Interpolation zwischen den Messungen besteht. Die Ergebnisse sind jedoch ähnlich zu der DKS-Methode mit Interpolation ($\delta t = 1/365, \Delta t = 7/365$).

In einem weiteren Schritt wurden die unbekannten Parameter $\psi = \{\mu, \lambda, \bar{h}, \gamma\} = \{.07, -1, \log(0.2^2) = -3.21888\}$ simultan mit dem Preis und Volatilitätsprozeß gefiltert. Die a priori-Dichte wurde nun $p_{0,-1} = \phi(m_0, S_0)$ mit $m_0 = \{100, \log(0.2^2), 0.07, -1, \log(0.2^2), 2\}$ gesetzt und die Kovarianzmatrix $S_0 = \text{diag}\{0.1, 0.1, 0.1, 0.1, 0.1, 0.1\}$ modelliert ein moderates Vorwissen über den erweiterten Zustand $\eta = \{S, h = \log(\sigma^2), \psi\}$ mit der trivialen Dynamik $d\psi = 0$ für die Parameter. Fig. (10.16) zeigt wieder die gefilterten Trajektorien und 95%-Konfidenz-Intervalle berechnet mit dem FIF und $N = 200$ Stichproben-Trajektorien. In diesem Fall wurde angenommen, daß Kurs-Daten $S(t)$ von Montag bis Freitag mit fehlenden Werten an den Wochenenden verfügbar sind ($T = 365, \delta t = 1/365$). Die fehlenden Daten und Schätzwerte der latenten Variablen bzw. Parameter werden durch das Filter rekonstruiert. Dies demonstriert die Flexibilität der Methode. Auch Feiertage und andere Anlässe, warum Daten nicht verfügbar sind, können so im Modell integriert werden. Eine Ausschnittsvergrößerung zeigt Abb. (10.17), wo nur 4 Wochen dargestellt wurden. Durch den Informationsmangel über den Kurs am Wochenende werden die Konfidenzintervalle für Samstag und Sonntag breiter.

Um allerdings allgemeine Aussagen machen zu können, muß die relative Qualität der Filter- bzw. Schätzalgorithmen in Simulations-Studien überprüft werden (entweder als ML-Schätzer oder als Bayes-Schätzer im erweiterten System $\eta = \{S, \log(\sigma^2), \psi\}$).

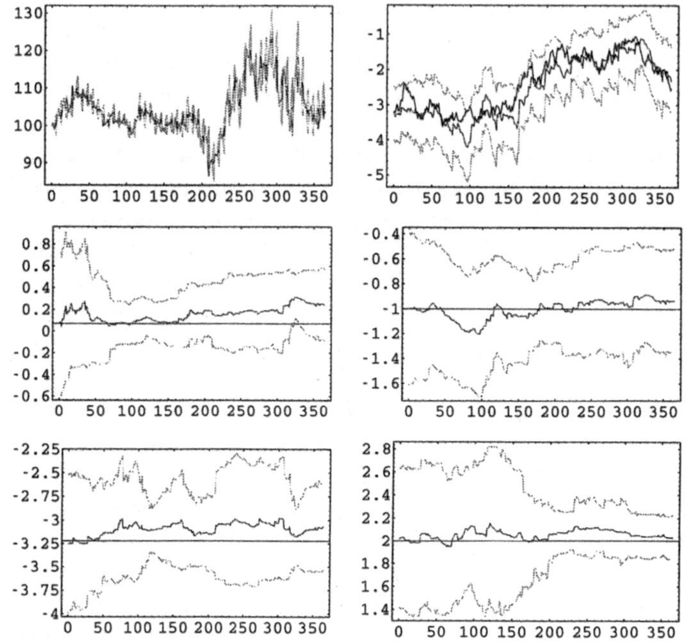

Abbildung 10.16. FIF: Mittelwerte $\pm$ 1.96 Standardabweichungen von $N = 200$ Stichproben-Trajektorien: Gefilterte und wahre Trajektorien von Aktien-Kurs, Log-Volatilität und Parametern (Messungen Montag bis Freitag, Wochenenden: fehlende Werte).

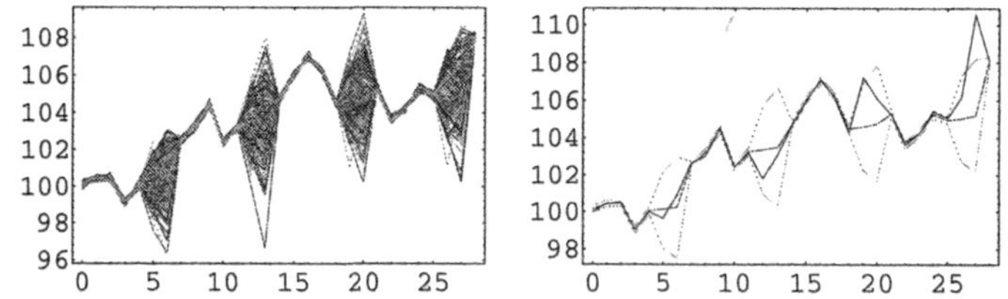

Abbildung 10.17. FIF: $N = 200$ Stichproben-Trajektorien für den Kursverlauf (links), Mittelwerte $\pm$ 1.96 Standardabweichungen (rechts). (erste 4 Wochen, Wochenenden: fehlende Werte).

11. Empirische Analyse ausgewählter Aktien und Optionsscheine

Die im vorigen Kapitel diskutierten Schätzmethoden für das Black-Scholes (GBB)- und das CEV-Diffusionsmodell werden im folgenden auf reale Kurse (Aktien und zugehörige Optionsscheine) angewandt. Ein Hauptschwerpunkt liegt dabei auf der vergleichenden Analyse des Standardmodells und des wesentlich komplizierteren CEV-Modells. Optionsscheine (warrants) haben dabei den Vorteil, daß relativ lange Laufzeiten (bis zu 10 Jahren und mehr) bestehen, was die Möglichkeit einer Parameterschätzung mit langfristigen Zeitreihen eröffnet. [1] Im Gegensatz zu Optionen, die an spezialisierten Börsen oder im Over-the-Counter-Markt (OTC) gehandelt werden, sind Optionsscheine Wertpapiere, die eine Verbriefung des Optionsrechts beinhalten, d.h. die zugrundeliegende Sache (Basiswert: etwa Aktien, Währungen, Anleihen, Rohstoffe, Indizes, Körbe von Finanztiteln etc.) zum festgelegten Basispreis zu beziehen oder an den Emittenten (Stillhalter) zu verkaufen.

Optionsscheine auf Aktien können zum einen von der Aktiengesellschaft selbst, zum anderen von Banken und Investmenthäusern begeben (emittiert) werden. Somit werden einerseits Optionsanleihen (auf eigene Aktien) und gedeckte Optionscheine (covered warrants) unterschieden. Im ersten Fall wird bei Ausübung des Bezugsrechts die Zahl der Aktien größer (junge Aktien verstärken das Eigenkapital des Unternehmens, Rechte der Altaktionäre werden verwässert), während im zweiten Fall die Anzahl konstant bleibt, da die Emittenten die fremden Aktien bereits in ihrem Besitz haben (Deckungsbestand).

Das sogenannte Umtausch(Bezugs)verhältnis BV liegt bei gedeckten Scheinen meist höher als bei Optionsanleihen, so daß mehrere Scheine notwendig sind, um eine Aktie zu erhalten oder zu verkaufen. Daher sind die Kurse numerisch niedrig, müssen aber mit BV multipliziert werden, wenn der Kurs mit dem inneren Wert $(S-K)^+$ oder mit einem Bewertungsmodell verglichen werden soll. Diesbezüglich sind traditionelle und gedeckte Optionsscheine gleich zu behandeln. Meist wird von den Emittenten das Black-Scholes-Modell unterstellt, so daß der Kurs modellgerecht berechnet wird. Einer

---

[1] Quellen der folgenden Darstellung sind: Bankers Trust (1995), Effektenspiegel (9/1997), Steiner u. Bruns (1995, Kap. 3 und 7), Bruns u. Meyer-Bullerdiek (1996, S. 199 ff).

der größten Emittenten auf dem deutschen Markt, der Schweizer Bankverein (SBV), schreibt etwa in einer Informationsbroschüre:

> Der Preis 'kommt' vom SBV... Dieser berechnet ihn nach Maßgabe seiner Optionspreisparameter, vor allem nach Maßgabe des momentanen Kurses des zugrundeliegenden Basisinstruments, der Restlaufzeit und der impliziten Volatilität.

(zitiert nach Effektenspiegel, 9/97, S. 28). Hier hat also, anders wie in der Naturwissenschaft, die Theorie die Realität geschaffen, die sie erklärt. Der letzte freie Parameter, die Volatilität des Aktienkurses, wird zugunsten der sogenannten 'impliziten Volatilität' ersetzt, einer künstlichen Größe, die sich aus dem Bewertungsmodell und dem tatsächlichen Kurs ergibt. Zu fragen bleibt nur, welche Volatilität am Tag der Emission eingesetzt wird, da ja noch kein Optionskurs existiert.

In der folgenden Analyse wird (in Vermeidung eines Zirkelschlusses) versucht, die Volatilität (und andere Parameter wie die Elastizität α) aus dem Aktienkursverlauf zu schätzen und in die entsprechenden Bewertungsformeln einzusetzen. Dies dient vor allem dem Vergleich der prognostischen Kraft des Black-Scholes- und CEV (Cox)-Optionspreismodells. Da sich der Wert von Optionsscheinen zu jedem Zeitpunkt genau bestimmen läßt (kontinuierliche Kursfeststellung), erscheint ein zeitstetiges Modell als angemessen.

Bei der Ausübung kann die Regulierung der Option auf zwei Arten erfolgen:

1. Kontraktregulierung – der Investor hat Anspruch auf den Differenzbetrag zwischen Basiswert und Kurswert am Verfalls- oder Bewertungstag (europäische bzw. amerikanische Option)
2. Physische Regulierung – Der Investor zahlt den Basispreis und erhält den Basiswert (Kaufoption) oder der Anleger liefert den Basiswert an den Emittenten (Verkaufsoption).

Dabei kann die amerikanische Option (american style) während der Laufzeit an jedem Börsentag bis zum Verfalltag ausgeübt werden, während die europäische Option (european style) nur am Verfalltag ausgeübt werden kann. Der Verfalltag ist also der letzte Ausübungstag für amerikanische und der einzige Ausübungstag für europäische Optionen. Der Börsenhandel endet in der Regel eine Woche früher.

Im folgenden werden noch einige im Optionscheinhandel benutzte Begriffe definiert (nur für den Fall der Kaufoption):

1. Aufgeld

   Dies gibt an, um wieviel Prozent der Kauf des Basiswerts über die Option teurer ist als direkt im Kassamarkt: $Aufgeld = [C * BV - (S - K)]/S$. Demgegenüber ist die Prämie ein absolutes Maß, d.h. $Prämie = Aufgeld * S$.

2. Innerer Wert
   Wenn der Kurs S des Basiswerts über dem Basispreis K liegt, ist die Differenz $InnererWert = (S - K)^+/BV$ der innere Wert, ansonsten 0.
3. Zeitwert
   Dieser drückt die Differenz zwischen Optionspreis und innerem Wert aus, d.h. $Zeitwert = C * BV - (S - K)^+$. Dies bedeutet auch, daß Optionen, die am und aus dem Geld sind ($S \leq K$) keinen inneren Wert, nur Zeitwert aufweisen.
4. Hebelwirkung
   Als klassischer Hebel wird der Quotient $Hebel = S/(C * BV)$ bezeichnet. Da der Optionsschein mit einem niedrigeren Kapitaleinsatz verbunden ist als beim direkten Kauf des Basispapiers, sind dessen prozentuale Veränderungsraten höher als die des Basiswerts. Daher läßt sich der Hebel in einer besseren Form als Quotient der Renditen schreiben, d.h. $Hebel = (dC/C)/(dS/S)$.

Im folgenden wird wie üblich angenommen, daß ein *vollkommener Kapitalmarkt* vorliegt. Transaktionskosten, Einschußleistungen und Steuern werden nicht berücksichtigt. Zudem fallen während der Optionslaufzeit keine Dividenden und Bezugsrechtszahlungen an. Weiterhin ist der risikolose Zinssatz konstant und Leerverkäufe sind möglich (vgl. Steiner u. Bruns, 1995, S. 136). Unter diesen Voraussetzungen muß nicht zwischen amerikanischen und europäischen Optionen unterschieden werden, da das Recht der vorzeitigen Ausübung dann keinen Wert besitzt (vgl. Merton (1973) und Kap. 9.1).

Der Versuch einer empirischen Überprüfung von Bewertungsmodellen gilt in der Literatur als schwierig. Loistl (1992, S. 369) schreibt etwa

> Ein empirischer Test, also eine Überprüfung der Modellwerte anhand der im täglichen Optionshandel aufgezeichneten Werte, ist ebenfalls problematisch. Zum einen handelt es sich bei der Optionsbewertung um ein schlecht strukturiertes Problem, denn verschiedene Parameter wie z.B. der Zinssatz und die Volatilität müssen für einen zukünftigen Zeitraum geschätzt werden und unterliegen daher individuellen Abweichungen. Zum anderen können Marktunvollkommenheiten das Ergebnis verfälschen.

Hier stellt sich, wie schon diskutiert (Kap. 9.5 und Bsp. 9.6) das Problem, daß im Black-Scholes- und CEV-Modell die Volatilität und der Zinssatz konstante, deterministische Parameter sind. Der Marktzinssatz bezieht sich dabei auf die Verzinsung des Hedge-Portefeuilles bis zum Fälligkeitszeitpunkt T, d.h. es muß ein Termin-Zinssatz $r = r(t, \tau)$ gewählt werden, der von der Restlaufzeit $\tau = T - t$ und dem aktuellen Zinsniveau zur Zeit t abhängt. Wie schon gezeigt, ist dann der Zeitmittelwert $\bar{r}(t, T-t) = (T-t)^{-1} \int_t^T r(s, T-s)ds$ in die Black-Scholes-Formel einzusetzen. Üblicherweise wird statt dessen einfach der aktuelle Zinssatz $r(t, \tau)$ genommen, was einer konstanten Prognose $r(s, T-s) = r(t, \tau); T \geq s \geq t$ entspricht. Außerdem sind diese Überlegungen nur für deterministische Verläufe oder bedingt auf eine Zinstrajektorie gültig.

Da das Hauptziel der Analyse der Vergleich von Black-Scholes- und CEV-Modell ist, wurde folgende Prozedur gewählt:

1. Die Modellgleichungen für den Aktienkurs lauten:
   $dS = \mu S dt + \sigma S dW$ (GBB – Black-Scholes)
   $dS = \mu S dt + \sigma S^{\alpha/2} dW$ (CEV-Modell)
2. Die Rendite und Volatilität (bzw. Rendite, Volatilität und Elastizität) wurde aus dem Aktienkursverlauf $S(t)$ mit einer Datenbasis von täglichen Kursen im Intervall $[t_0, t_2], t_0 < t \leq t_2 \leq T$ sequentiell mit der ML- und KQ-Methode geschätzt, d.h. man erhält eine Schätzung der Form $\hat{\sigma}_i = \hat{\sigma}(S_{i_0}, \ldots, S_i), i_0 = 1 \leq i \leq i_2$. Dabei ist i_2 die Länge der verfügbaren Zeitreihe, z.B. 1250 Zeitpunkte entsprechend 5 Geschäftsjahren ($\Delta t = 1/250$ bei 250 Geschäftstagen). Analoge Schätzungen ergeben sich für die Elastizität α und die Rendite μ.
   Es muß betont werden, daß es sich bei der Schätzung des CEV-Modells um eine *originale Schätzprozedur* handelt, d.h. es werden keine Rückgriffe auf das Modell der GBB oder andere aus dem Black-Scholes-Modell extrahierte Adjustierungen vorgenommen (etwa wie in MacBeth u. Merville (1980); vgl. Adjaoute (1993, Abs. 2.2)).
3. Die Modellwerte für den Optionspreis und die Marktpreise wurden im Intervall $[t_1, t_2], t_0 < t_1 < t_2 \leq T$ verglichen. Dabei ist t_1 genügend groß zu wählen, damit sich die Parameterschätzungen schon stabilisiert haben, da ansonsten (vor allem im CEV-Modell) mit numerischen Problemen zu rechnen ist (Abb. 11.1). Beispielsweise wurden beim Allianz-Optionschein 501 Zeitpunkte benutzt ($i_1 = 750, i_2 = 1250$).
4. Als Zinssatz wurde der Wert genommen, der im Black-Scholes-Modell den prozentualen Fehler im Quadratmittel über den Bewertungszeitraum $[t_1, t_2]$ minimiert, d.h. $r = \arg\min_r \sum_{i=i_1}^{i_2} [(C_i - C_{BS,i}(r))/C_i]^2$ und der Jahreszins p auf ganze Prozentwerte gerundet, d.h. $1 + p = e^r, p \to [p] = 1, 2, 3, \ldots\%$. Da bei der Bewertung keine Transaktionskosten, Steuern etc. berücksichtigt wurden, enthält diese Verzinsung des Hedge-Portefeuilles implizit derartige Einbußen.

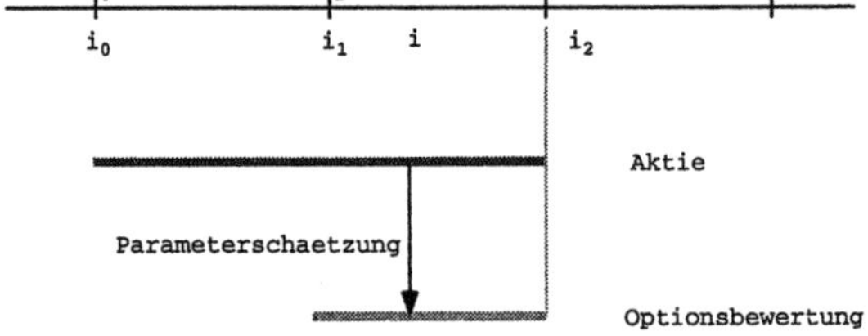

Abbildung 11.1. Schema von Parameterschätzung und Optionsbewertung (siehe Text).

Die Daten (Aktien- und Optionsscheinkurse, Fälligkeitsdatum, Ausübungspreis, Bezugsverhältnis etc.) wurden dem Programm Market Maker (1997) als ASCII-Dateien entnommen und mit einem Mathematica-Programm analysiert, in welchem die Schätz- und Bewertungsformeln implementiert wurden. Das theoretische Verhalten der Schätzalgorithmen wurde bereits in Simulationsstudien untersucht (Kap. 10.3). Außerdem stimmen die Bewertungsformeln mit in der Literatur publizierten Werten überein (Cox u. Rubinstein, 1985, S. 364).

Welche Resultate sind aus der empirischen Literatur zu erwarten? Was das Black-Scholes-Modell angeht, zeigt die Arbeit von MacBeth u. Merville (1979), daß Optionen aus dem Geld von Black-Scholes zu hoch, im Geld als zu niedrig bewertet werden. Dies wurde von den Autoren mit Hilfe der impliziten Volatilität ausgedrückt, die also für Optionen aus dem Geld niedrig, für Optionen im Geld hoch ist (ad hoc-Adjustierung der Black-Scholes-Formel an die Realität).

Andererseits findet Rubinstein (1985) in *einer* Zeitperiode das gleiche Resultat, in der darauffolgenden das Gegenteil. Gängig ist auch die Vorstellung des *volatility smile*, daß also die implizite Volatilität als Funktion von S oberhalb und unterhalb von K zunimmt, somit der Black-Scholes-Wert nach oben hin korrigiert wird (C ist eine monoton steigende Funktion von σ; vgl. Hull, 1993, S. 449).

Analysen des CEV-Modells zeigen, daß sowohl Elastizitätswerte unterhalb als auch oberhalb von 2 empirisch möglich sind. Beispielsweise ergibt eine Wahl von $\alpha = 1$ (Quadratwurzelmodell) eine bessere Bewertung von Optionsscheinen (warrants) als das Black-Scholes-Modell (Lauterbach u. Schultz, 1990). Adjaoute (1993) findet Werte zwischen -6.080 und +28.26 für 37 Schweizer Aktien. Allerdings wurde, wie schon erwähnt, die zweifelhafte Methode von Beckers benutzt. Außerdem wurde der Wert von α bei der Bewertung ad hoc auf 1 fixiert und nicht die Schätzung verwendet. Daher prüfen beide Studien eigentlich nur das Quadratwurzelmodell.

Dagegen finden Ferri et al. (1986) keine inverse Beziehung zwischen Kurs und Varianz der returns, d.h. $\alpha > 2$ im Gegensatz zur ursprünglichen Theorie. Dies wird sich im folgenden bestätigen.

11.1 Allianz

Der Allianz-Optionsschein 93/98 ist mit folgenden Attributen ausgestattet (Tabelle 11.1). Abb. (11.2) zeigt den Verlauf des Aktienkurses vom 29.9.92

Name:	Allianz 93/98
Emittent:	Allianz
Typ:	Call
Wertpapier-Kenn-Nummer (WKN):	840410
WKN der Aktie:	840400
Verfalldatum T:	23.2.1998
Daten:	29.9.1992 - 30.9.1997
Bezugskurs K:	201.50 DM
Bezugsverhältnis BV:	1:1

Tabelle 11.1. Allianz-Optionsschein 93/98

bis 30.9.97 ($n_2 = 1250$ Zeitpunkte), den Optionsscheinpreis und die Differenz $S - K$. Die Option ist die meiste Zeit im Geld und der Zeitwert wird immer kleiner (linkes Bild). Auf dem mittleren Bild ist der Optionspreis als Funktion des Aktienkurses und der innere Wert $(S - K)^+$ dargestellt. Es handelt sich um eine Projektion der Trajektorie $\{C(t), t, S(t)\}$ auf die C-S-Ebene (Verlauf im erweiterten Phasenraum, rechtes Bild). Deutlich ist zu erkennen, daß der innere Wert (theoretische Schranke) zeitweise sogar unterschritten wird.

GBB

Die ML-Parameterschätzungen für $\{\mu, \sigma\}$ (GBB) sind in Abb. (11.3) sequentiell aufgetragen. Hierbei wurde der Datensatz $\{S_1, \ldots, S_i\}, i = 1, \ldots, i_2 = 1250$ benutzt, um die Konvergenz des Schätzers gegen die wahren Parameter zu untersuchen (vgl. die Simulationen in Kap. 10.2). Dies ist im Gegensatz zur üblichen Methode gleitender Durchschnitte, bei der ein Datensatz konstanter Länge aus den Daten herausgeschnitten wird. In diesem Fall kann keine Konvergenz eintreten, da die Stichproben gleich groß sind.

Die Graphik zeigt die bekannte Form (starke Fluktuationen zu Beginn, Stabilisierung bei längeren Zeitreihen). Nur gegen Ende (ab 1997) entsteht der Eindruck, daß sich eine Änderung in σ abzeichnet. Solche Effekte sind natürlich nur in Modellen mit zeitvariablen deterministischen oder stochastischen Parametern sauber zu diskutieren. Die sequentielle Darstellung der Parameterschätzungen ist keinesfalls so zu verstehen, daß die Parameter in irgend einer Weise stochastisch sind, sondern dient als Veranschaulichung der Konvergenz $(\hat{\psi}(t) \to \psi)$ oder der Aufdeckung von Strukturbrüchen.

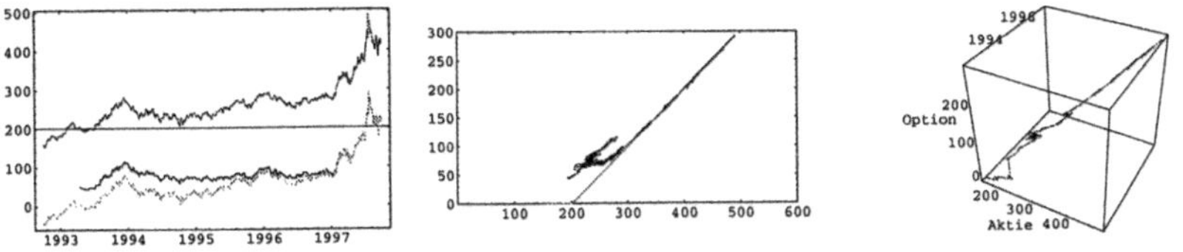

Abbildung 11.2. Allianz-Holding: Aktienkurs S, Optionsscheinkurs C und Differenz $S-K$ (links), C als Funktion von S (Projektion) (mitte) und Trajektorie $\{C(t), t, S(t)\}$ im erweiterten Phasenraum (rechts).

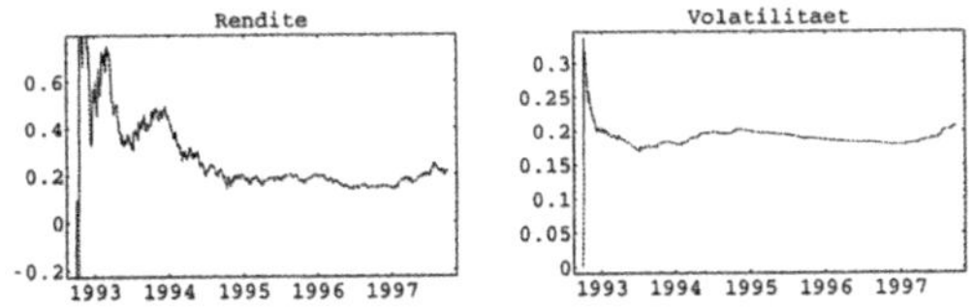

Abbildung 11.3. Allianz-Holding: GBB: Sequentielle Maximum-Likelihood-Schätzung der Parameter $\{\mu, \sigma\}$.

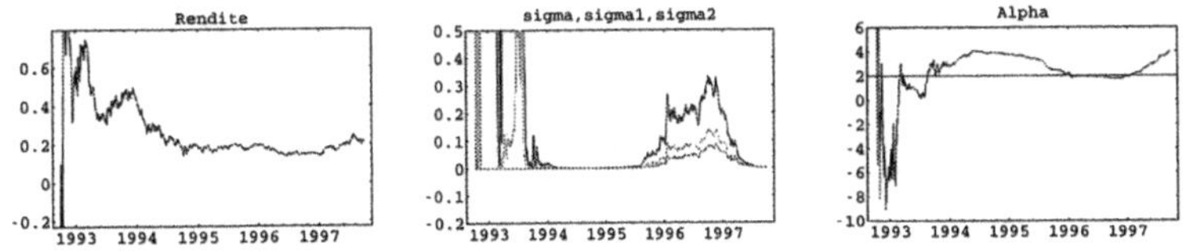

Abbildung 11.4. Allianz-Holding: CEV/OLS: Sequentielle Kleinste-Quadrate-Schätzung der Parameter $\{\mu, \sigma, \alpha\}$. Mittleres Bild: Verläufe mit Verzerrungskorrektur σ_1, σ_2.

Abbildung 11.5. Allianz-Holding: CEV/ML: Sequentielle Maximum-Likelihood-Schätzung der Parameter $\{\mu, \sigma, \alpha\}$.

CEV

Im Gegensatz zur GBB sind die Parameterschätzungen im CEV-Modell starken Fluktuationen unterworfen. Dies ist aus den Simulationen schon bekannt (Kap. 10.3), jedoch zeigt sich in diesem Fall eine hohe Diskrepanz zwischen der Kleinste-Quadrate(CEV/OLS)- und der Maximum Likelihood-Methode (CEV/ML), die in den Simulationstudien effizienter war (Tab. 10.2). Während die Regressionsmethode zwischen 1996 und 1997 einen starken Anstieg von $\hat{\sigma}(t)$ zeigt, fällt im selben Zeitraum $\hat{\alpha}(t)$ auf Werte von ≈ 2, was der GBB entspricht. Dagegen ergibt die ML-Schätzung im selben Zeitraum Werte von $\hat{\alpha}(t)$ um 1, was durch höhere Volatilitätsschätzungen ausgeglichen wird. Entscheidend für das Modell ist jedoch die Gesamtbilanz im Diffusionsterm

$$\hat{g}(t) \quad = \quad \hat{\sigma}(t)S(t)^{\hat{\alpha}(t)/2}, \tag{11.1}$$

die für alle Modelle und Schätzmethoden ähnlich ausfällt und wesentlich weniger fluktuiert. Da die Schätzungen für σ und α stark negativ korreliert sind, ist ein solch gegenläufiges Verhalten zu erwarten. Dieser Effekt macht auch verständlich, warum in der Literatur häufig der Wert von α fixiert wird (etwa ad hoc auf 1 beim Quadratwurzel-Prozeß), um entsprechende Schätzprobleme zu vermeiden. In Abb. (11.6) ist der geschätzte Diffusionsterm geteilt durch S, d.h. der Diffusionsterm der Rendite $dS/S = \mu dt + \sigma S^{\alpha/2-1}dW$ als Funktion der Zeit (links) und gegen den Kurs aufgetragen (rechts). Wie zu erwarten, ergibt sich im Fall der GBB ein etwa konstanter Verlauf ($g/S = \sigma$) und für das CEV-Modell ($g/S = \sigma S^{\alpha/2-1}$) eine wachsende Potenzfunktion (ungefähr linear), wobei die Verläufe für CEV/ML und CEV/OLS ähnlich sind. Man findet also gerade nicht den theoretisch erwarteten inversen Verlauf (leverage effect; vgl. Kap. 8.3).

Optionsbewertung

Setzt man die sequentiellen Parameterschätzungen in die Bewertungsmodelle ein, so ergibt sich ein prognostizierter Optionspreis. Dieser kann in realer Zeit berechnet werden, da zu jedem Zeitpunkt nur Daten aus Gegenwart und Vergangenheit benutzt werden (vgl. Abb. 11.1). Wie oben diskutiert, gilt dies nicht für den Zinssatz r, der so gewählt wurde, daß im Black-Scholes-Modell eine minimaler quadratischer Fehler ensteht. Die Ergebnisse sind in den Abb. (11.7 – 11.8) und Tabelle (11.2) zusammengefaßt. Insgesamt sind die Prognosen der konkurrierenden Modell sehr ähnlich – der Vorteil des CEV-Modells ist gering (4 Pfennig im Mittel)– besonders in Anbetracht des enormen Rechenaufwands, analytisch und numerisch. Die prozentuale Abweichung ist zu Mitte des Jahres 1996 am größten (ca. 15%), und zwar wird der Preis von beiden Modellen unterschätzt. Diese starke Abweichung ist bei einem niedrigen Kursniveau von ca. 250 DM zu beobachten, während bei höheren Kursen nur sehr geringe Fehler gemacht werden (Abb. 11.8).

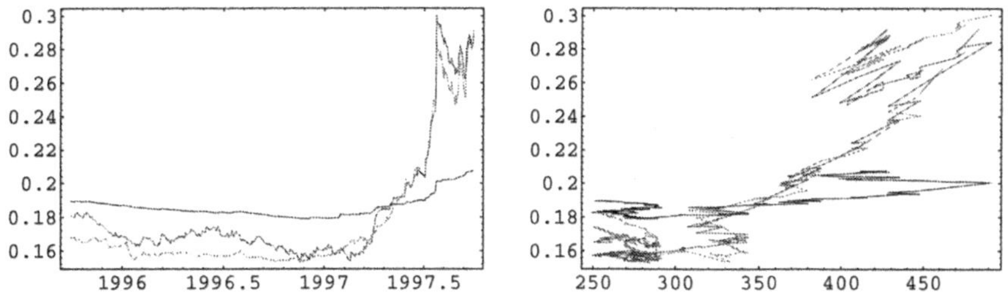

Abbildung 11.6. Allianz-Holding: Geschätzter Diffusionsterm $\hat{g}(t)/S(t)$ der Rendite als Funktion der Zeit (links) und als Funktion des Aktienkurses für GBB, CEV/ML und CEV/OLS (rechts).

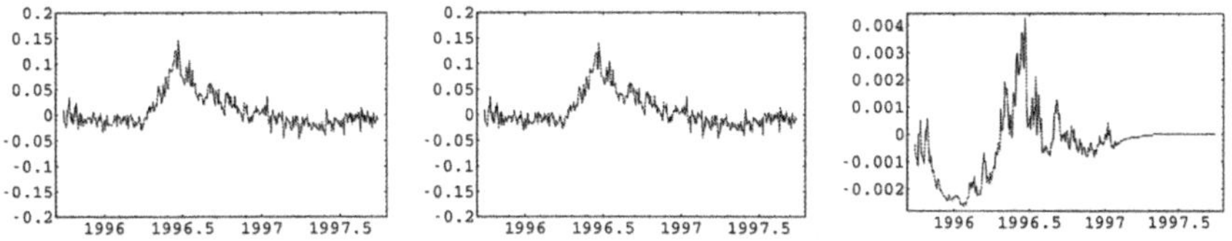

Abbildung 11.7. Allianz 93/98: Prozentuale Abweichung von Optionspreis und Bewertungsmodell als Funktion der Zeit. Black-Scholes (links), CEV/ML (mitte), Differenz der prozentualen Abweichungen Black-Scholes – CEV/ML (rechts).

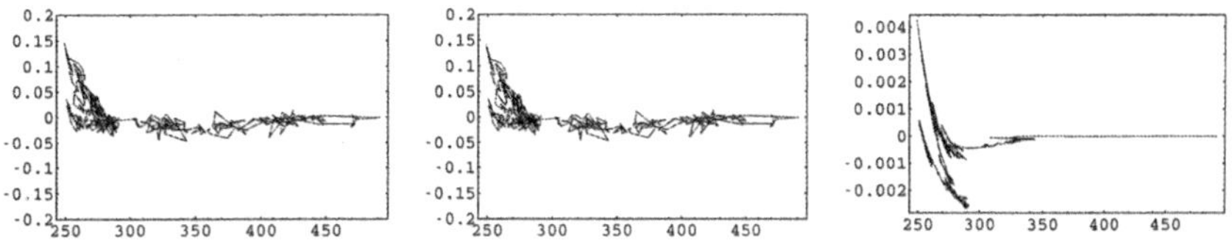

Abbildung 11.8. Allianz 93/98: Prozentuale Abweichung von Optionspreis und Bewertungsmodell als Funktion des Aktienkurses. Black-Scholes (links), CEV/ML (mitte), Differenz der prozentualen Abweichungen Black-Scholes – CEV/ML (rechts).

Zinssatz $r = \log(1.02)$	Black-Scholes	CEV/ML
mittlere prozentuale Abweichung $(i_2 - i_1 + 1)^{-1} \sum_{i=i_1}^{i_2} [(C_i - C_{Modell,i})/C_i]$	0.00714062	0.00750182
mittlere prozentuale quadratische Abweichung $\sqrt{(i_2 - i_1 + 1)^{-1} \sum_{i=i_1}^{i_2} [(C_i - C_{Modell,i})/C_i]^2}$	0.0332515	0.0326363
mittlere quadratische Abweichung $\sqrt{(i_2 - i_1 + 1)^{-1} \sum_{i=i_1}^{i_2} [C_i - C_{Modell,i}]^2}$	2.83883	2.7983

Tabelle 11.2. Allianz-Optionsschein 93/98: Kumulierte Fehlermaße über $i_2 - i_1 + 1 = 501$ Zeitpunkte.

Beide Formeln nähern sich dann dem asymptotischen Wert $S - K$. Im Mittel liegt der Marktpreis minimal höher (0.7 %) und der mittlere prozentuale quadratische Fehler ist bei ca. 3%, absolut ca. 2.80 DM (Tabelle 11.2).

11.2 Münchner Rück

Der Münchner Rück-Optionsschein 94/98 ist mit folgenden Attributen ausgestattet (Tabelle 11.3). Abb. (11.9) zeigt den Verlauf des Aktienkurses

Name:	Münchner Rück 94/98
Emittent:	Münchner Rück
Typ:	Call
Wertpapier-Kenn-Nummer (WKN):	843009
WKN der Aktie:	843002
Verfalldatum T:	13.3.1998
Daten:	30.9.1992 - 1.10.1997
Bezugskurs K:	248.20 DM
Bezugsverhältnis BV:	4:10

Tabelle 11.3. Münchner Rück-Optionsschein 94/98

vom 30.9.92 bis 1.10.97 (n_2 = 1250 Zeitpunkte), den Optionsscheinpreis und die Differenz $S - K$. Die Option ist die meiste Zeit im Geld und der Zeitwert wird immer kleiner (linkes Bild). Auf dem mittleren Bild ist der Optionspreis als Funktion des Aktienkurses und der innere Wert $(S - K)^+$ dargestellt. Es handelt sich um eine Projektion der Trajektorie $\{C(t), t, S(t)\}$ auf die C-S-Ebene (Verlauf im erweiterten Phasenraum, rechtes Bild). Wieder ist zu erkennen, daß der innere Wert (theoretische Schranke) zeitweise unterschritten wird.

GBB

Die ML-Parameterschätzungen für $\{\mu, \sigma\}$ (GBB) sind in Abb. (11.10) sequentiell aufgetragen. Der Verlauf ist sehr ähnlich wie im Fall der Allianz (Ansteigen der Volatilitätsschätzung an Anfang 1997). Die Renditeschätzung spiegelt den starken Kurs-Anstieg zwischen 1993-1994, den anschließenden Kursverfall und den starken Anstieg ab 1996 wider. Sie ist aber erstaunlich konstant bei etwa 0.2, nur ab Mitte 1997 ist ein Anstieg zu beobachten (aufgrund der langen Zeitreihen sind die Fluktuationen gering).

CEV

In diesem Fall sind die von CEV/OLS und CEV/ML produzierten Schätzungen der Parameter stärker übereinstimmend als im Fall der Allianz (der ML-Schätzer wurde erst ab Zeitpunkt $i_1 = 750$ berechnet, da ansonsten numerische Probleme bei der Maximierung der Likelihood auftraten). Die OLS-Methode sagt Elastizitäten oberhalb von 2 (3–4) und entsprechend kleine Schätzungen von σ vorher. Ähnliches gilt auch für die ML-Schätzung.

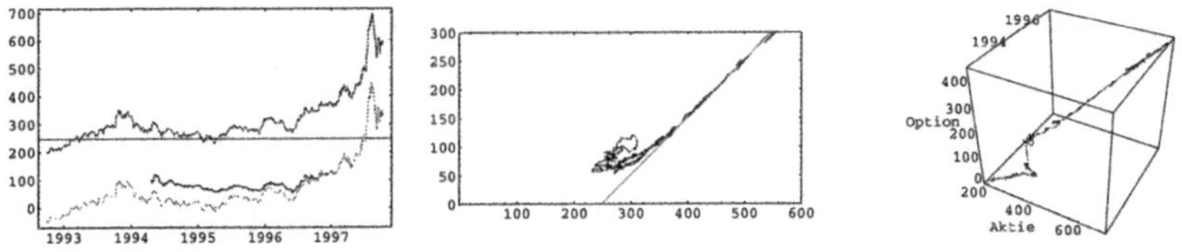

Abbildung 11.9. Münchner Rück: Aktienkurs S, Optionsscheinkurs C und Differenz $S-K$ (links), C als Funktion von S (Projektion) (mitte) und Trajektorie $\{C(t), t, S(t)\}$ im erweiterten Phasenraum (rechts).

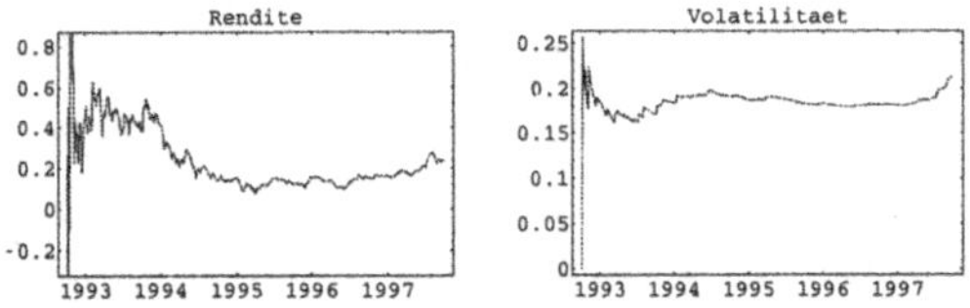

Abbildung 11.10. Münchner Rück: GBB: Sequentielle Maximum-Likelihood-Schätzung der Parameter $\{\mu, \sigma\}$.

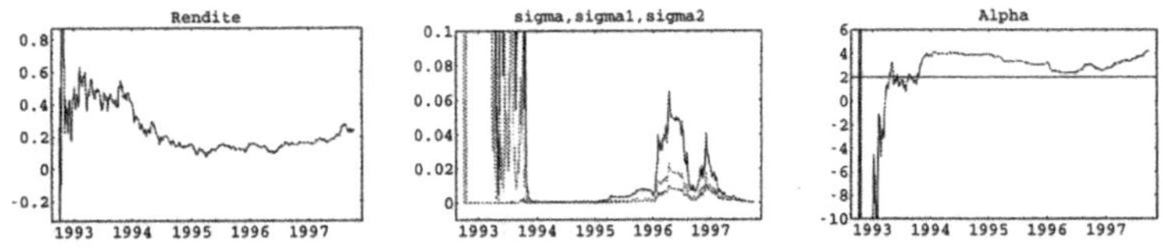

Abbildung 11.11. Münchner Rück: CEV/OLS: Sequentielle Kleinste-Quadrate-Schätzung der Parameter $\{\mu, \sigma, \alpha\}$.

Abbildung 11.12. Münchner Rück: CEV/ML: Sequentielle Maximum-Likelihood-Schätzung der Parameter $\{\mu, \sigma, \alpha\}$.

Zinssatz $r = \log(1.04)$	Black-Scholes	CEV/ML
mittlere prozentuale Abweichung $(i_2 - i_1 + 1)^{-1} \sum_{i=i_1}^{i_2} [(C_i - C_{Modell,i})/C_i]$	-0.0224092	-0.0223632
mittlere prozentuale quadratische Abweichung $\sqrt{(i_2 - i_1 + 1)^{-1} \sum_{i=i_1}^{i_2} [(C_i - C_{Modell,i})/C_i]^2}$	0.0748994	0.0751001
mittlere quadratische Abweichung $\sqrt{(i_2 - i_1 + 1)^{-1} \sum_{i=i_1}^{i_2} [C_i - C_{Modell,i}]^2}$	7.99085	8.00648

Tabelle 11.4. Münchner Rück-Optionsschein 94/98: Kumulierte Fehlermaße über $i_2 - i_1 + 1 = 501$ Zeitpunkte.

Wieder ist die Gesamtbilanz im Diffusionsterm interessant. Die geschätzten Diffusionsterme der Rendite sind qualitativ ähnlich für die verschiedenen Schätzmethoden, mit dem auffälligen Anstieg Mitte 1997, aber die Differenz zeigt sich in der Darstellung g/S gegen S: konstanter Verlauf für die GBB, etwa linearer Verlauf für CEV/ML und CEV/OLS, korrespondierend zu $\alpha = 4, \alpha/2 - 1 = 1$ (Abb. 11.13).

Optionsbewertung

Die Ergebnisse sind in den Abb. (11.14 – 11.15) und Tabelle (11.4) zusammengefaßt. Wieder sind die Prognosen der konkurrierenden Modelle sehr ähnlich – der Vorteil des CEV-Modells ist gering (absolut 1 Pfennig im Mittel) Die prozentuale Abweichung (Verzerrung) schwankt nach oben und unten bis zu 20%, ist im Mittel aber nur -2%. Eine Überbewertung durch die Modelle ist vor allem bei Kursen zwischen 300 und 500 DM gegeben ($K = 248.20$), bei Kursen über 500 DM sind die Fehler sehr gering (hier reicht die einfache Faustformel $S - K$). Global schneidet das CEV-Modell sogar etwas schlechter ab ($RMSE \approx 7.5\%$), hat jedoch eine geringere Verzerrung.

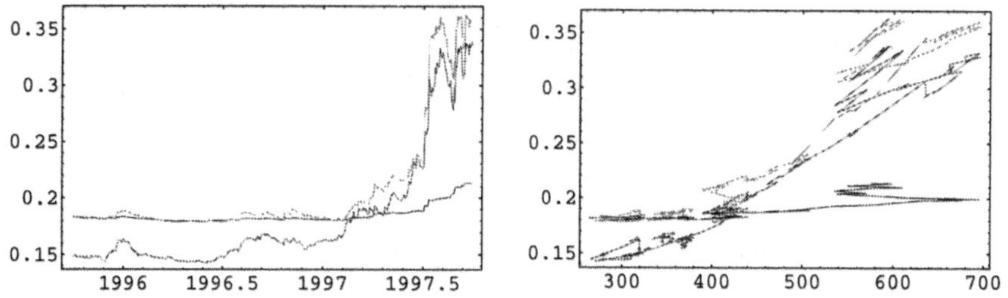

Abbildung 11.13. Münchner Rück: Geschätzter Diffusionsterm $\hat{g}(t)/S(t)$ der Rendite als Funktion der Zeit (links) und als Funktion des Aktienkurses für GBB, CEV/ML und CEV/OLS (rechts).

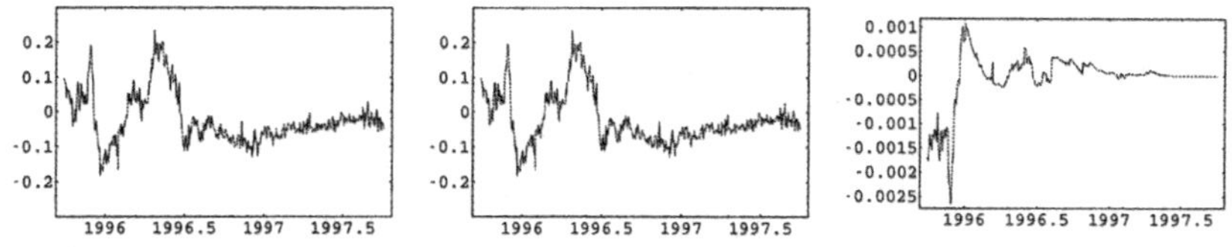

Abbildung 11.14. Münchner Rück 94/98: Prozentuale Abweichung von Optionspreis und Bewertungsmodell als Funktion der Zeit. Black-Scholes (links), CEV/ML (mitte), Differenz der prozentualen Abweichungen Black-Scholes – CEV/ML (rechts).

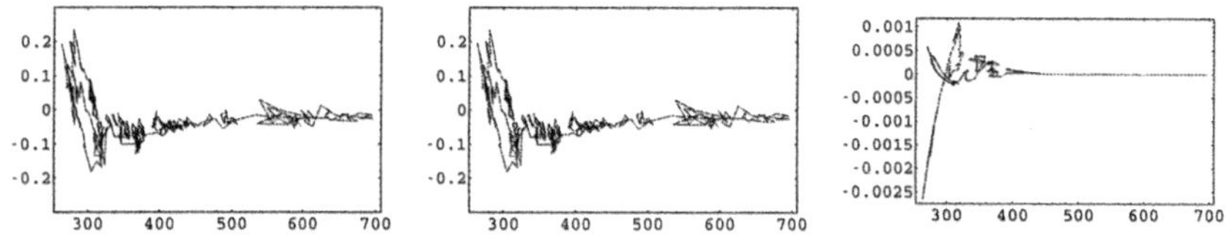

Abbildung 11.15. Münchner Rück 94/98: Prozentuale Abweichung von Optionspreis und Bewertungsmodell als Funktion des Aktienkurses. Black-Scholes (links), CEV/ML (mitte), Differenz der prozentualen Abweichungen Black-Scholes – CEV/ML (rechts).

11.3 Bayer 87/97

Der Optionsschein Bayer 87/97 hat folgende Ausstattung (Tabelle 11.5). Abb.

Name:	Bayer 87/97
Emittent:	Bayer
Typ:	Call
Wertpapier-Kenn-Nummer (WKN):	575210
WKN der Aktie:	575200
Verfalldatum T:	28.8.1997
Daten:	8.10.1992 - 29.9.1995
Bezugskurs K:	330 DM
Bezugsverhältnis BV:	1:1

Tabelle 11.5. Bayer-Optionsschein 87/97

(11.16) zeigt den Verlauf des Aktienkurses vom 8.10.1992 bis 29.9.1995 ($n_2 =$ 750 Zeitpunkte), den Optionsscheinpreis und die Differenz $S-K$. Die Option ist anfangs aus dem Geld und später im Geld (linkes Bild). Gegenüber dem inneren Wert ist ein deutliches Aufgeld zu beobachten (Mitte).

GBB

Die ML-Parameterschätzungen für $\{\mu, \sigma\}$ (GBB) sind in Abb. (11.17) sequentiell aufgetragen. Hierbei wurde der Datensatz $\{S_1, \ldots, S_i\}, i = 1, \ldots, i_2 =$ 750 benutzt. Der Kurseinbruch im Frühjahr 1993 führt zu einem Abfall der Renditeschätzung, die jedoch schnell wieder auf Werte um 0.3/Jahr ansteigt, um sich dann bei ca. 0.2 zu stabilisieren. Die Volatilitätsschätzung konvergiert ungefähr gegen 0.18^2/Jahr.

CEV

Der Elastizitätswert wird zunächst stark negativ, dann ab 1994 positiv bei etwa 3 geschätzt, und zwar übereinstimmend von CEV/OLS und CEV/ML.

Abb. (11.20, links) zeigt den Verlauf des geschätzten Diffusionsterms geteilt durch S, d.h. den Diffusionsterm der Rendite dS/S als Funktion der Zeit. In Abb. (11.20) ist der Diffusionsterm der Rendite gegen die Zeit (links) und gegen den Kurs aufgetragen (rechts). Der Verlauf für die GBB liegt in etwa in der Mitte zwischen CEV/ML (oben) und CEV/OLS unten. In diesem Fall kein eindeutiges Ansteigen mit dem Kurs zu beobachten, sondern die Fluktuationsterme bleiben in etwa auf ihrem Niveau.

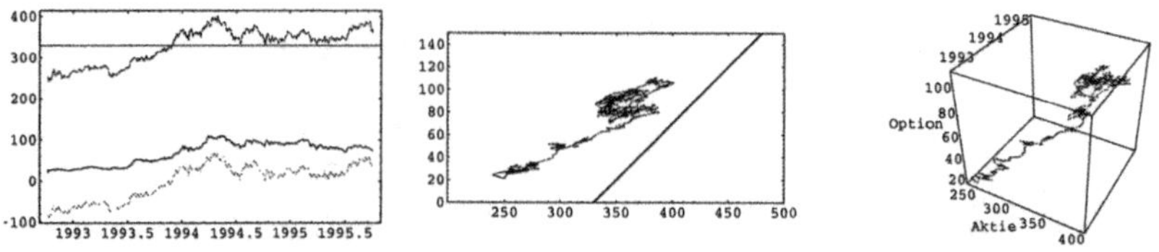

Abbildung 11.16. Bayer 87/97: Aktienkurs S, Optionsscheinkurs 87/97 und Differenz $S-K$ (links), C als Funktion von S (Projektion) (mitte) und Trajektorie $\{C(t), t, S(t)\}$ im erweiterten Phasenraum (rechts).

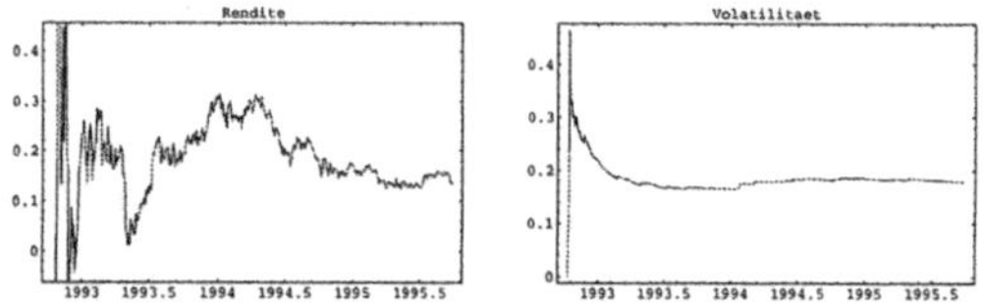

Abbildung 11.17. Bayer 87/97: GBB: Sequentielle Maximum-Likelihood-Schätzung der Parameter $\{\mu, \sigma\}$.

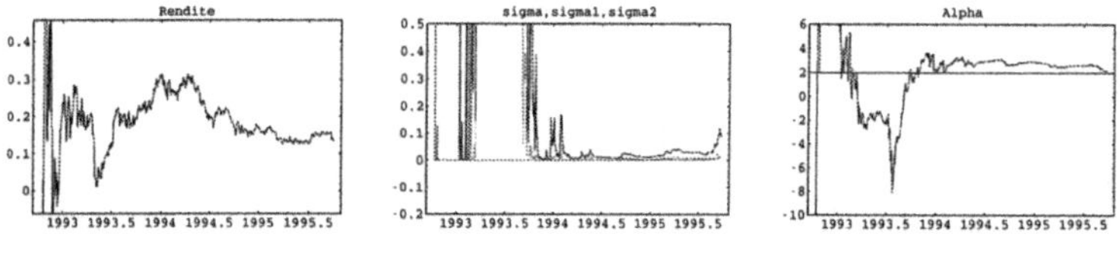

Abbildung 11.18. Bayer 87/97: CEV/OLS: Sequentielle Kleinste-Quadrate-Schätzung der Parameter $\{\mu, \sigma, \alpha\}$.

Abbildung 11.19. Bayer 87/97: CEV/ML: Sequentielle Maximum-Likelihood-Schätzung der Parameter $\{\mu, \sigma, \alpha\}$.

Zinssatz $r = \log(1.05)$	Black-Scholes	CEV/ML
mittlere prozentuale Abweichung $(i_2 - i_1 + 1)^{-1} \sum_{i=i_1}^{i_2} [(C_i - C_{Modell,i})/C_i]$	0.0103069	0.00998553
mittlere prozentuale quadratische Abweichung $\sqrt{(i_2 - i_1 + 1)^{-1} \sum_{i=i_1}^{i_2} [(C_i - C_{Modell,i})/C_i]^2}$	0.164043	0.152951
mittlere quadratische Abweichung $\sqrt{(i_2 - i_1 + 1)^{-1} \sum_{i=i_1}^{i_2} [C_i - C_{Modell,i}]^2}$	13.3226	12.8803

Tabelle 11.6. Bayer-Optionsschein 87/97: Kumulierte Fehlermaße über $i_2 - i_1 + 1 =$ 501 Zeitpunkte.

Optionsbewertung

Die Verzerrung bei der Optionsbewertung ist in beiden Fällen im Mittel bei etwa einem Prozent, wobei Ausschläge bis –20% (1994, Kursniveau 320–360) und +20% (1995, Kursniveau 340–360) vorkommen. Deutlich ist zu sehen, daß bei steigendem Kursniveau die Verzerrung in etwa linear abnimmt, um dann in den negativen Bereich zu gelangen (Abb. 11.22, links und Mitte). Die Fehler im Quadratmittel ($RMSE$) fallen für das CEV-Modell etwas geringer aus (15.2 % zu 16.4 %), absolut ca. 40 Pfennig.

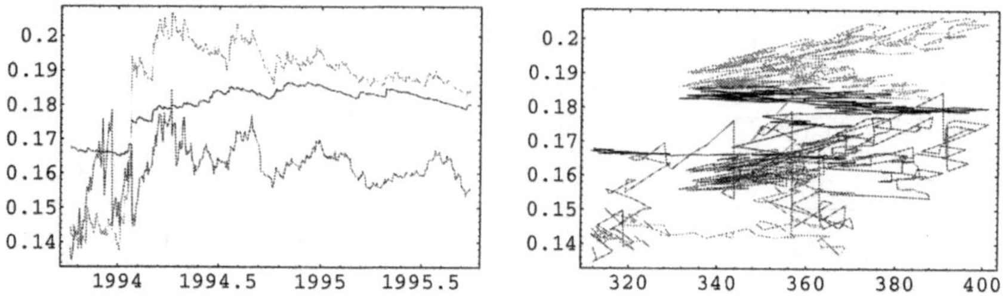

Abbildung 11.20. Bayer 87/97: Geschätzter Diffusionsterm $\hat{g}(t)/S(t)$ der Rendite als Funktion der Zeit (links) und als Funktion des Aktienkurses für GBB, CEV/ML und CEV/OLS (rechts).

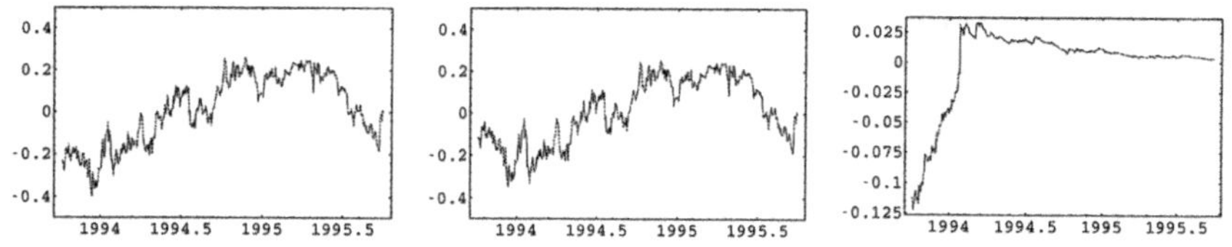

Abbildung 11.21. Bayer 87/97: Prozentuale Abweichung von Optionspreis und Bewertungsmodell als Funktion der Zeit. Black-Scholes (links), CEV/ML (mitte), Differenz der prozentualen Abweichungen Black-Scholes – CEV/ML (rechts).

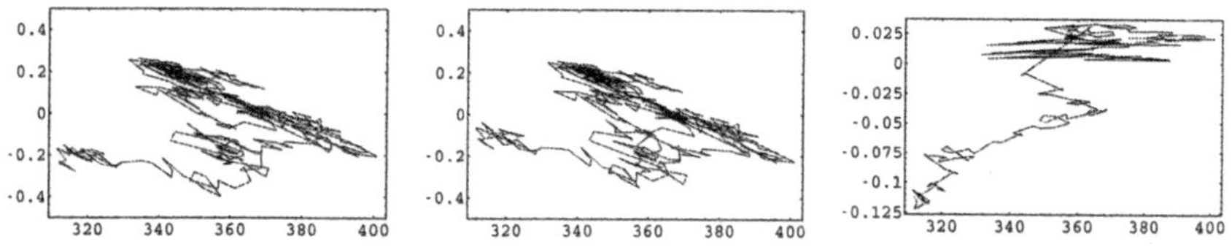

Abbildung 11.22. Bayer 87/97: Prozentuale Abweichung von Optionspreis und Bewertungsmodell als Funktion des Aktienkurses. Black-Scholes (links), CEV/ML (mitte), Differenz der prozentualen Abweichungen Black-Scholes – CEV/ML (rechts).

11.4 Bayer 85/95

Der Optionsschein Bayer 85/95 hat folgende Ausstattung (Tabelle 11.7).

Name:	Bayer 85/95
Emittent:	Bayer
Typ:	Call
Wertpapier-Kenn-Nummer (WKN):	575204
WKN der Aktie:	575200
Verfalldatum T:	1.3.1995
Daten:	3.3.1992 - 22.2.1995
Bezugskurs K:	168 DM
Bezugsverhältnis BV:	1:1

Tabelle 11.7. Bayer-Optionsschein 85/95

Aufgrund des niedrigeren Ausübungspreises von $K = 168$ DM ist die Option weit im Geld, teilweise ist ein Abgeld zu beobachten (Abb. 11.23, Mitte). Im wesentlichen ist der Optionspreis jedoch durch seinen inneren Wert $(S-K)^+$ bestimmt.

GBB

Die ML-Parameterschätzungen für $\{\mu, \sigma\}$ (GBB) sind in Abb. (11.24) sequentiell aufgetragen. Die Renditeschätzung ist zunächst negativ, da Kursverluste bis Mitte 1993 zu verzeichnen sind, anschließend steigt die Schätzung bis auf ein Niveau von ca. 0.15. Die Volatilitätsschätzung stabilisiert sich bei etwa 0.17.

CEV

Die Volatilitätsschätzung für CEV/OLS (Bild 11.25, Mitte) zeigt im Bereich bis 1994 extreme Ausschläge nach oben, was mit stark negativen α-Schätzungen einhergeht. Aus numerischen Gründen wurde daher der ML-Schätzer erst ab Anfang 1994 ($i_2 = 500$) berechnet. Er stimmt qualitativ mit der OLS-Methode überein. Differenzen zeigen sich dagegen im Vergleich der Diffusionsterme (Abb. 11.27). Hier liefert die ML-Methode einen deutlich größeren Diffusionskoeffizienten, die GBB liegt in der Mitte. Das CEV-Modell liefert einen geringen, etwa linearen Anstieg des Koeffizienten $\hat{g}/S$ mit dem Kursniveau (Abb. 11.27, rechts).

Optionsbewertung

Hier wurde ein optimaler Zinsatz von $r = \log(1 + 0.01)$ der Bewertung zugrundegelegt (minimaler Fehler im Quadratmittel des Black-Scholes-Modells, $i_2 - i_1 + 1 = 750 - 500 + 1 = 251$ Zeitpunkte). Es ergibt sich der

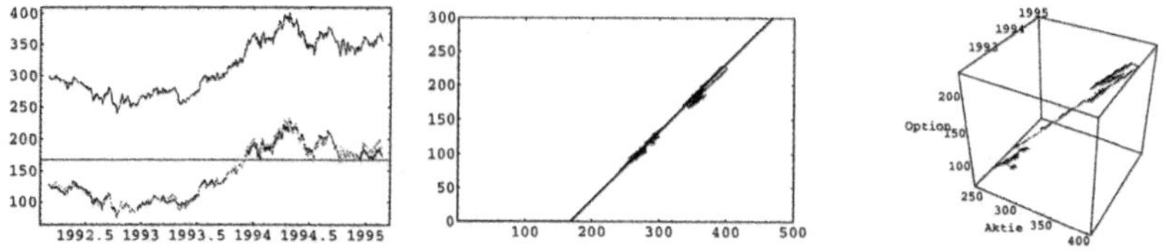

Abbildung 11.23. Bayer 85/95: Aktienkurs S, Optionsscheinkurs 85/95 und Differenz $S - K$ (links), C als Funktion von S (Projektion) (mitte) und Trajektorie $\{C(t), t, S(t)\}$ im erweiterten Phasenraum (rechts).

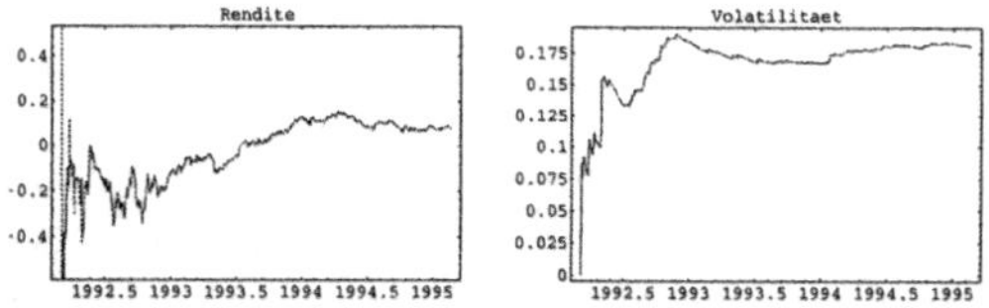

Abbildung 11.24. Bayer 85/95: GBB: Sequentielle Maximum-Likelihood-Schätzung der Parameter $\{\mu, \sigma\}$.

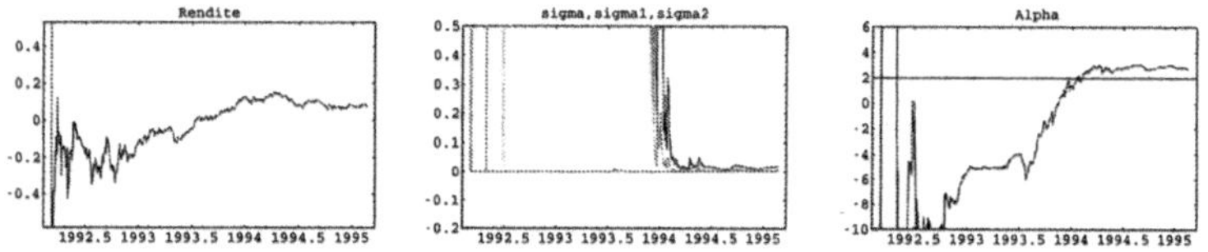

Abbildung 11.25. Bayer 85/95: CEV/OLS: Sequentielle Kleinste-Quadrate-Schätzung der Parameter $\{\mu, \sigma, \alpha\}$.

Abbildung 11.26. Bayer 85/95 : CEV/ML: Sequentielle Maximum-Likelihood-Schätzung der Parameter $\{\mu, \sigma, \alpha\}$.

Zinssatz $r = \log(1.01)$	Black-Scholes	CEV
mittlere prozentuale Abweichung $(i_2 - i_1 + 1)^{-1} \sum_{i=i_1}^{i_2} [(C_i - C_{Modell,i})/C_i]$	-0.0173529	-0.0173529
mittlere prozentuale quadratische Abweichung $\sqrt{(i_2 - i_1 + 1)^{-1} \sum_{i=i_1}^{i_2} [(C_i - C_{Modell,i})/C_i]^2}$	0.0345156	0.0345156
mittlere quadratische Abweichung $\sqrt{(i_2 - i_1 + 1)^{-1} \sum_{i=i_1}^{i_2} [C_i - C_{Modell,i}]^2}$	6.41342	6.41342

Tabelle 11.8. Bayer-Optionsschein 85/95 : Kumulierte Fehlermaße über $i_2 - i_1 + 1 = 251$ Zeitpunkte.

eigenartige Effekt, daß die Abweichung zwischen Marktpreis und Modell zuerst auf einem negativen Niveau fluktuiert (–0.05%, Überbewertung durch das Modell), um dann plötzlich auf ein höheres Niveau zu springen. Ab Anfang 1995 fällt dann die Abweichung wieder auf und sogar unter das alte Niveau. Eine Ausschnittvergrößerung des Übergangs zeigt, daß am 25.4.1994 ein Kurssprung von $S = 386$ auf 395 am 26.4.1994 und dann auf 401.2 am 27.4.1994 erfolgte. Darauf fiel der Kurs am 28.4.94 auf $S = 393$, was sich zwar im Bewertungsmodell, jedoch nicht im Marktpreis der Option widerspiegelte. Diese blieb etwa auf ihrem Niveau. Der Effekt ist nicht durch einen Sprung in der Volatilitätsschätzung bewirkt. Einsetzen eines konstanten Werts führt zum gleichen Resultat. Betrachtet man die gleiche Zeitspanne im Fall des Bayer 87/97-Scheins, so tritt der Effekt dort nicht auf (Abb. 11.21).

Insgesamt verhalten sich Black-Scholes- und CEV-Modell fast identisch, da die Option weit im Geld ist (Abb. 11.29 und Tabelle 11.8). Der Fehler im Quadratmittel ist ungefähr 3%, absolut 6.41 DM.

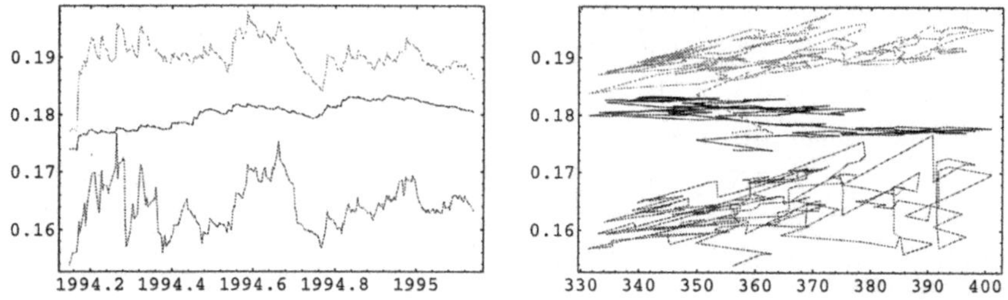

Abbildung 11.27. Bayer 85/95: Geschätzter Diffusionsterm $\hat{g}(t)/S(t)$ der Rendite als Funktion der Zeit (links). und als Funktion des Aktienkurses für GBB, CEV/ML und CEV/OLS (rechts).

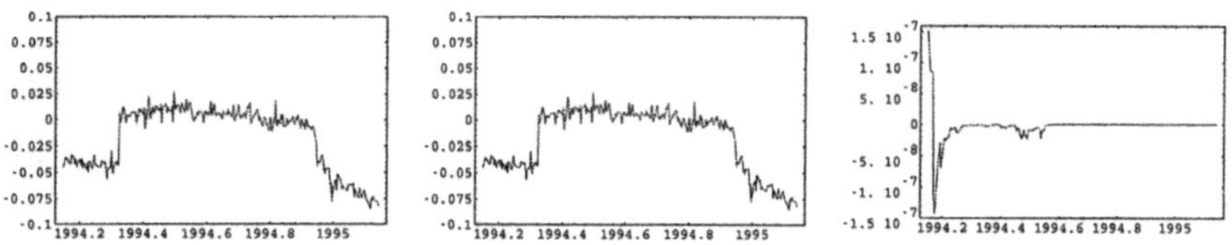

Abbildung 11.28. Bayer 85/95 : Prozentuale Abweichung von Optionspreis und Bewertungsmodell als Funktion der Zeit. Black-Scholes (links), CEV/ML (mitte), Differenz der prozentualen Abweichungen Black-Scholes – CEV/ML (rechts).

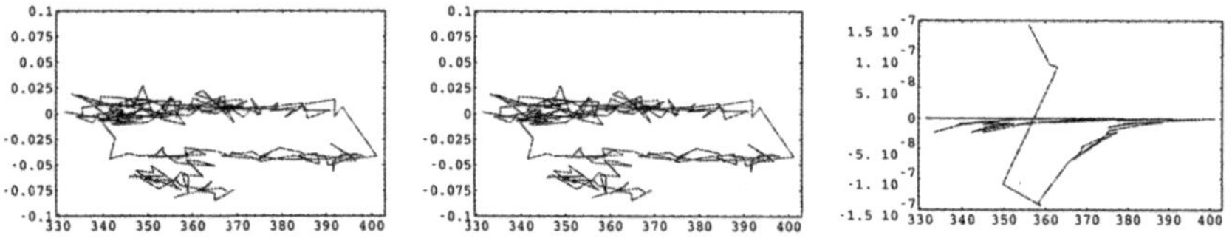

Abbildung 11.29. Bayer 85/95 : Prozentuale Abweichung von Optionspreis und Bewertungsmodell als Funktion des Aktienkurses. Black-Scholes (links), CEV/ML (mitte), Differenz der prozentualen Abweichungen Black-Scholes – CEV/ML (rechts).

11.5 Simulierter CEV-Optionsschein

Für den simulierten CEV-Optionsschein wurde folgendes angenommen (Tabelle 11.9). Um einen Vergleich der Analyse mit realen Daten und idealen

Name:	CEV
Emittent:	CEV
Typ:	Call
Wertpapier-Kenn-Nummer (WKN):	
WKN der Aktie:	
Verfalldatum T:	31.12.0003
Daten:	1.1.0000 - 31.12.0003
Bezugskurs K:	100 DM
Bezugsverhältnis BV:	1:1

Tabelle 11.9. CEV-Optionsschein.

Verhältnissen zu ermöglichen, wurde in einer Zeitspanne von 3 Jahren (750 Zeitpunkte) ein CEV-Diffusionsprozeß für die Aktie simuliert und daraus mit der CEV-Formel ein Optionspreis berechnet (Wahre Parameter: $\psi = \{\mu, \sigma, \alpha\} = \{0.2, 0.02, 3\}, S_0 = 80, r = \log(1.06)$. Abb. (11.30) zeigt den Kursverlauf, der die Option schnell ins Geld führt. Die Größenordnung der Parameter wurde den Schätzergebnissen der vorigen Abschnitte nachempfunden.

GBB

Die ML-Parameterschätzungen für $\{\mu, \sigma\}$ (GBB) sind in Abb. (11.31) sequentiell aufgetragen. Die Schätzung der Rendite spiegelt den starken Kursanstieg und die darauffolgende Stagnation wider. Die Volatilitätsschätzung stabilisiert sich auf einem Niveau von ca. 0.2 (Faustformel $\sigma_{GBB} = \sigma_{CEV} S^{\alpha/2-1} = 0.02 \times 100^{1/2} = 0.2$).

CEV

Die Volatilitätsschätzung für CEV/OLS (Bild 11.32, Mitte) zeigt eine Unterschätzung von σ und eine Überschätzung von α, die bei der ML-Methode geringer ausfällt (Abb. 11.33). Die Balance der Effekte ist wieder in Abb. (11.34) dargestellt, wo Kursanstiege mit einem etwa linearen (bzw. Quadratwurzel)-Verhalten des CEV-Modells und konstantem Diffusionsterm der Rendite beim GBB-Modell korrespondieren.

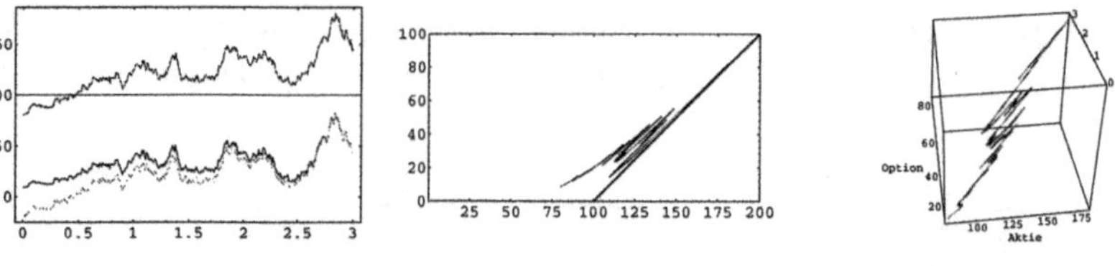

Abbildung 11.30. CEV-Modell: Aktienkurs S, Optionsscheinkurs 85/95 und Differenz $S - K$ (links), C als Funktion von S (Projektion) (mitte) und Trajektorie $\{C(t), t, S(t)\}$ im erweiterten Phasenraum (rechts).

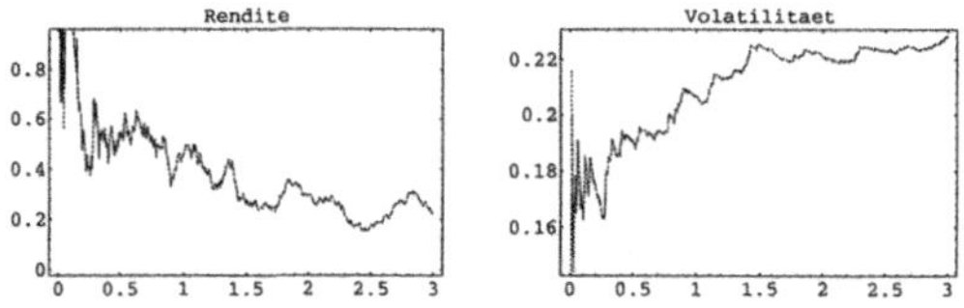

Abbildung 11.31. CEV als GBB: Sequentielle Maximum-Likelihood-Schätzung der Parameter $\{\mu, \sigma\}$ (Fehlspezifikation).

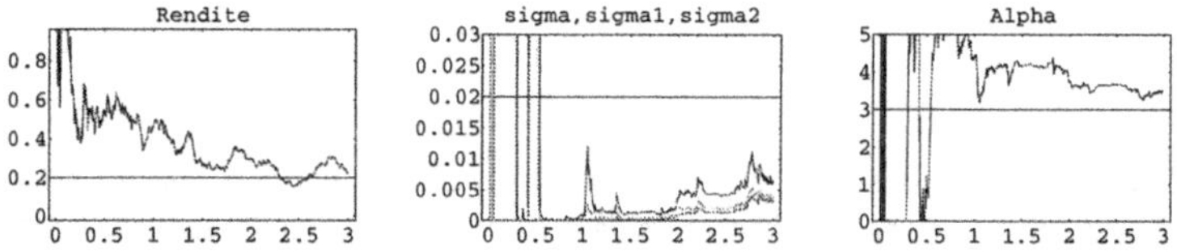

Abbildung 11.32. CEV: CEV/OLS: Sequentielle Kleinste-Quadrate-Schätzung der Parameter $\{\mu, \sigma, \alpha\}$.

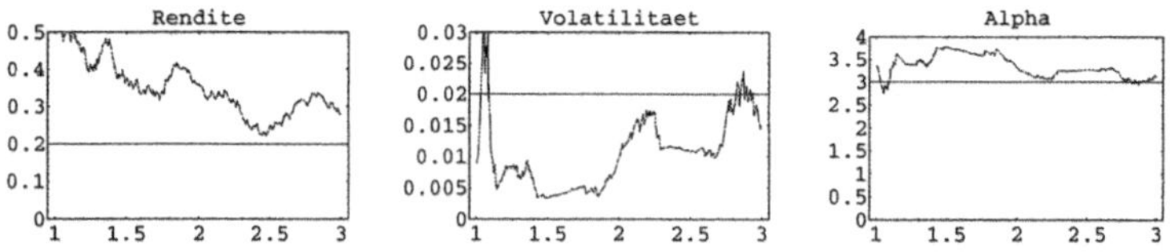

Abbildung 11.33. CEV : CEV/ML: Sequentielle Maximum-Likelihood-Schätzung der Parameter $\{\mu, \sigma, \alpha\}$.

Zinssatz $r = \log(1.06)$	Black-Scholes	CEV/ML
mittlere prozentuale Abweichung $(i_2 - i_1 + 1)^{-1} \sum_{i=i_1}^{i_2} [(C_i - C_{Modell,i})/C_i]$	-0.00583699	-0.00389226
mittlere prozentuale quadratische Abweichung $\sqrt{(i_2 - i_1 + 1)^{-1} \sum_{i=i_1}^{i_2} [(C_i - C_{Modell,i})/C_i]^2}$	0.010281	0.00557967
mittlere quadratische Abweichung $\sqrt{(i_2 - i_1 + 1)^{-1} \sum_{i=i_1}^{i_2} [C_i - C_{Modell,i}]^2}$	0.2456	0.164019

Tabelle 11.10. Simulierter CEV-Optionsschein: Kumulierte Fehlermaße über $i_2 - i_1 + 1 = 501$ Zeitpunkte.

Optionsbewertung

Hier wurde ein optimaler Zinsatz von $r = \log(1 + 0.06)$ der Bewertung zugrundegelegt (minimaler Fehler im Quadratmittel des Black-Scholes-Modells). Dies stimmt mit dem tatsächlich bei der Simulation benutzten Zinssatz überein. Das Black-Scholes-Modell erfaßt, obwohl fehlspezifiziert, den Marktpreis erstaunlich gut (11.35, links), außer an den Zeitpunkten $t = 1.5$ und 2.5, wo eine starke Überbewertung eintritt, die mit dem in etwa konstanten geschätzten Volatilitätsniveau der GBB zusammenhängt (vgl. Abb. 11.34, links).

Dagegen ist das CEV-Modell in der Lage, dies zu berücksichtigen (11.35, Mitte). Es reagiert sozusagen elastischer und berücksichtigt die Einbrüche im Volatilitätsniveau bei 1.5 und 2.5. Wie ein Blick auf den Verlauf der Aktie zeigt, sind dort Einbrüche im Kursniveau zu verzeichnen, die über $g/S = \sigma S^{\alpha/2-1}$ bzw. $\mathrm{Var}(dS/S|S) = \sigma^2 S^{\alpha-2}$ die Volatilität verringern. Da dies im CEV-Modell eingebaut ist, fällt die Überbewertung geringer aus.

Global zeigt sich die Verbesserung in einem RMSE von 0.00557967 im Gegensatz zu 0.010281 beim Black-Scholes-Modell. Absolut ist dies eine Verbesserung von 8 Pfennig im Quadratmittel.

Da allerdings, wie im Einleitungsabschnitt erwähnt, die Kurse von den Emittenten sowieso nach dem Black-Scholes-Modell berechnet werden, ist der Einsatz alternativer Modelle von zweifelhaftem Wert, es sei denn, die Optionskurse würden nach dem CEV-Modell bestimmt oder es wären tatsächliche Marktpreise, die ungefähr dem Modell der konstanten Elastizitäten folgen.

11.6 Zusammenfassung

Zusammenfassend kann gesagt werden, daß die Erweiterungen im CEV-Bewertungsmodell nur einen geringen Vorteil zum klassischen Black-Scholes (GBB)-Ansatz erbringen. Besonders deutlich war dies im Fall der simulierten

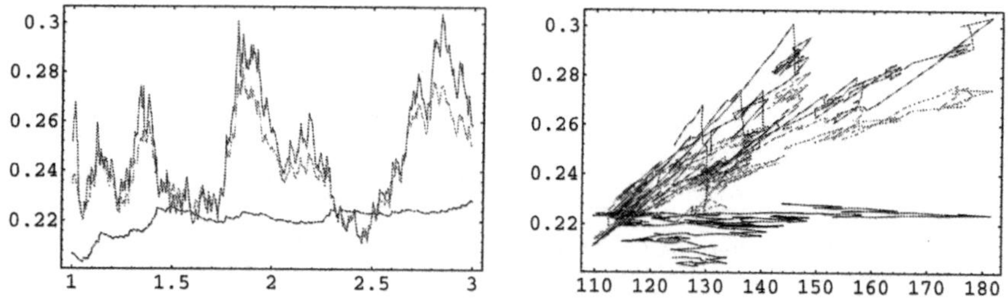

Abbildung 11.34. CEV-Modell: geschätzter Diffusionsterm $\hat{g}(t)/S(t)$ der Rendite als Funktion der Zeit (links) und als Funktion des Aktienkurses für GBB, CEV/ML und CEV/OLS (rechts).

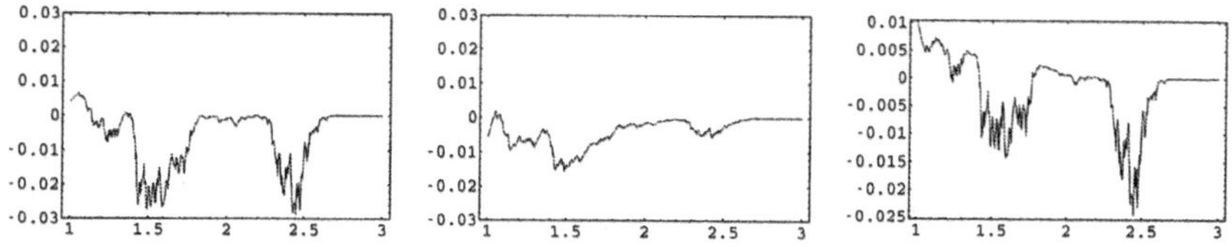

Abbildung 11.35. CEV-Option: Prozentuale Abweichung von Optionspreis und Bewertungsmodell als Funktion der Zeit. Black-Scholes (links), CEV/ML (mitte), Differenz der prozentualen Abweichungen Black-Scholes – CEV/ML (rechts).

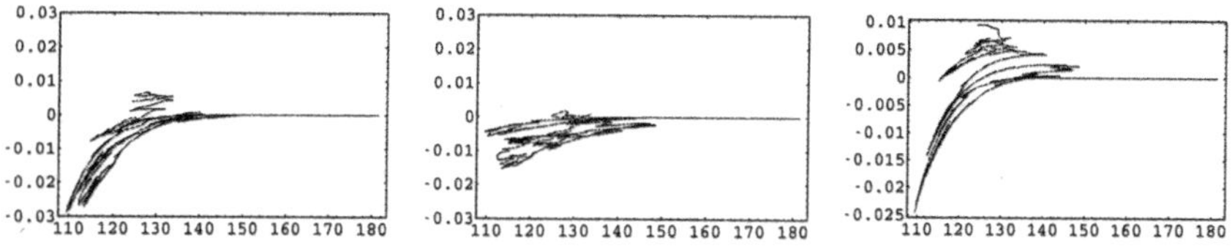

Abbildung 11.36. CEV-Option: Prozentuale Abweichung von Optionspreis und Bewertungsmodell als Funktion des Aktienkurses. Black-Scholes (links), CEV/ML (mitte), Differenz der prozentualen Abweichungen Black-Scholes – CEV/ML (rechts).

CEV-Option, wo sich Volatilitätsschwankungen negativ auf die Güte der Black-Scholes-Formel auswirkten. Diese ist offenbar sehr robust gegenüber Fehlspezifikationen im Kursmodell. Die durch die beiden Parameter $\{\sigma, \alpha\}$ spezifizierte Kursdynamik läßt sich auch über den einzigen freien Parameter σ_{GBB} ausreichend gut abbilden, was eine befriedigende Bewertung ermöglicht.

Betrachtet man die empirischen Analysen, so scheinen Anomalien der realen Kurse die Verbesserungen durch das kompliziertere Modell bei weitem zu übersteigen. Hull (1993, S. 447) spekuliert, daß makroökonomische Variablen den Optionspreis in einer Weise beeinflussen, der noch nicht erfaßt werden kann. Stellt man den wesentlich größeren Rechenaufwand und teilweise auftretende numerische Probleme in Rechnung [2] , so ist verständlich, warum sich alternative Modelle (stochastische Volatilitäten, CEV, Sprung-Diffusion, displaced diffusion etc.) bisher in der Praxis nicht durchsetzen konnten.

[2] Beipielsweise können ungünstige Parameterschätzungen für σ und α dazu führen, daß 50 000 und mehr Terme summiert werden müssen. Weiterhin ist die ML-Parameterschätzung auf iterative Optimierungsalgorithmen angewiesen, die nicht immer zum Ziel führen.

Abkürzungen und Bezeichnungen

$\dot{}$, $\frac{d}{dt}$	Ableitung nach der Zeit
∂_t, $\frac{\partial}{\partial t}$	Partielle Ableitung nach der Zeit
$\|z\|$	Absolutbetrag von z
$A^\dagger = A'^*$	adjungierte Matrix (transponiert und konjugiert komplex)
$\arg\max(\min) f(x)$	Argument x, bei dem f maximal (minimal) ist
AIC	Akaike-Informations-Kriterium
AR	Auto-Regressiv
ARMA	Auto-Regressiv-Moving-Average
BFGS	Broyden-Fletcher-Goldfarb-Shanno-Sekanten-Update
CARMA(p, q)	Zeitkontinuierliches Autoregressives-Moving-Average-Modell der Ordnung (p, q)
col	spaltenweiser Vektor-Operator
CEV	Constant Elasticity of Variance
$\|A\| = \det(A)$	Determinante der Matrix A
$\hat{\psi}$	ψ-Dach (Schätzer)
$:=$	Definition
$\delta(x)$	Diracsche Delta-Funktion
$\Delta t, \delta t$	Meß- bzw. Diskretisierungsintervall
ΔW	Zuwachs des Wiener-Prozesses im Intervall Δt
DKS	diskretisiertes kontinuierliches Sampling
EM	Expectation-Maximization
EDM	exaktes diskretes Modell
$E[X]$	Erwartungswert der Zufallsvariablen X
$E[X\|Z]$	Erwartungswert der Zufallsvariablen X, gegeben Z
$E_\psi[X]$	Erwartungswert zum Wahrscheinlichkeitsmaß P_ψ (mit Parameterwert ψ)
$E^*[X]$	Erwartungswert zum Wahrscheinlichkeitsmaß P^* (äquivalentes Martingalmaß)

I_p	$p \times p$-Einheitsmatrix
$\square$	Ende einer Definition oder eines Beweises
Filter	EKF: erweiterter Kalman-Filter
	KDF: Kerndichte-Filter
	FIF: Funktional-Integral-Filter
	DKS: diskretisiertes kontinuierliches Sampling
Φ	Fundamentalmatrix
GBB	Geometrische Brownsche Bewegung
GARCH	Generalized Autoregressive Conditional Heteroskedasticity
HPD	Highest Posterior Density (Bayes-Konfidenzintervall)
i.i.d.	independent and identically distributed
A^{-1}, A^{-}	Inverse und Pseudo-Inverse von A
$(I)\int, (S)\int$	Itô- bzw. Stratonovich-Integral
KQ	Kleinste Quadrate
$\mathrm{Cov}(X, Y)$	Kovarianzmatrix der Zufallsmatrizen X und Y $:= E[(X - EX)(Y - EY)']$
$\mathrm{Cov}(X, Y \mid Z)$	bedingte Kovarianzmatrix der Zufallsmatrizen X und $Y := E[(X - E[X\mid Z])(Y - E[Y\mid Z])'\mid Z]$
$A \otimes B$	Kronecker-Produkt $C_{ik,jl} = A_{ij}B_{kl}$
log	natürlicher Logarithmus
$O(\epsilon)$	Landau-Symbol (*groß O*): $\lvert O(\epsilon)/\epsilon\rvert < M$ für $\epsilon \to 0$
$o(\epsilon)$	Landau-Symbol (*klein o*): $\lvert o(\epsilon)/\epsilon\rvert \to 0$ für $\epsilon \to 0$
p-lim	Limes in Wahrscheinlichkeit
qm-lim	Limes im Quadratmittel
LSDE	Linear Stochastic Differential Equations (Programmpaket)
LISREL	Linear Structural Relationships (Programmpaket)
$\frac{\partial Y}{\partial X}$	Matrix-Ableitung (McDonald-Swaminathan) $:= \frac{\partial \mathrm{row}(Y)}{\partial \mathrm{row}(X)}$
ML	Maximum-Likelihood
MCE	Maximum Contrast Estimator

$N(\mu, \Sigma)$	Normal(Gauß)-Verteilung mit Erwartungswert μ und Kovarianzmatrix Σ
$\phi(x; \mu, \Sigma)$	Dichte der Normal-Verteilung mit Erwartungswert μ und Kovarianzmatrix Σ
$\Phi(x; \mu, \Sigma)$	(kumulierte) Verteilungsfunktion der Normal-Verteilung
$\|\|A\|\|$	Norm von A
$\|\|A\|\|_\infty$	Unendlich-Norm $:= \max \|A_{ij}\|$
$\|\|A\|\|_p$	p-Norm $:= (\sum \|A_{ij}\|^p)^{1/p}$
OLS	Ordinary Least Squares (kleinste Quadrate)
ODE	Ordinary Differential Equation (gewöhnliche Differentialgleichung)
p.d. ($>$), p.s.d. ($\geq$)	positiv definit, positiv semidefinit
R	Menge der reellen Zahlen
row	Zeilenweiser Vektor-Operator
RMSE	Root Mean Square Error ($:= \sqrt{E[\hat{\psi} - \psi]^2}$)
SDE (SDGl)	stochastische Differentialgleichung
$\langle f, g \rangle = f'g$	Skalarprodukt der $p \times 1$-Vektoren f und g
$\mathrm{tr}(A) = \sum A_{ii}$	Spur (trace) der Matrix A
$g \circ dW$	Stratonovich-Differential
Std	Standardabweichung ($= \sqrt{\mathrm{Var}}$)
A'	Transponierte Matrix
$\mathrm{Var}(X) = \mathrm{Cov}(X, X)$	Varianz der Matrix X
$\mathrm{Var}(X\|Z) = \mathrm{Cov}(X, X\|Z)$	bedingte Varianz der Matrix X
VAR	Vektor-Autoregressiv (multivariat AR)
$[x_1, x_2, \ldots, x_p]'$	$p \times 1$-Spaltenvektor
$[x_1, x_2, \ldots, x_p]$	$1 \times p$-Zeilenvektor
$\{x_1, x_2, \ldots, x_p\}$	p-Vektor
$W(t)$	Wiener-Prozeß
$y(t)$	stochastischer Prozeß (stetiger Zeitindex)
y_i bzw. $y_i := y(t_i)$	zufällige Folge – Zeitreihe (diskreter Zeitindex)
$\overleftarrow{T}$, $\overrightarrow{T}$	Zeitordnungsoperator

Literaturverzeichnis

1. K. Aase. Contingent claims valuation when the security price is a combination of an Itô process and a random point process. *Stochastic Processes and their Applications*, 28:185–220, 1988.
2. K. Adjaoute. The Valuation of Options for Constant Elasticity of Variance Processes. *Finanzmarkt und Portfolio Management*, 7:495–509, 1993.
3. D.L. Alspach and H.W. Sorenson. Nonlinear Bayesian estimation using Gaussian sum approximations. *IEEE Transactions on Automatic Control*, 17:439–448, 1972.
4. W.F. Ames. *Numerical Methods for Partial Differential Equations*. Academic Press, Boston, third edition, 1992.
5. T.G. Andersen and B.E. Sörensen. GMM Estimation of a Stochastic Volatility Model: A Monte Carlo Study. *Journal of Business and Economic Statistics*, 14:328–352, 1996.
6. T.G. Andersen and B.E. Sörensen. GMM and QML asymptotic standard deviations in stochastic volatility models: Comments on Ruiz (1994). *Journal of Econometrics*, 76:397–403, 1997.
7. B.D.O. Anderson and J.B. Moore. *Optimal Filtering*. Prentice Hall, Englewood Cliffs, 1979.
8. M. Arato. Estimation of the parameters of a stationary Gaussian Markov Process. *Sov. Math. Dokl.*, 3:905–909, 1962.
9. M. Arato, A.N. Kolmogoroff, and Ja.G. Sinai. Estimation of the parameters of a complex stationary Gaussian Markov process. *Sov. Math. Dokl.*, 3:1368–1371, 1962.
10. G. Arminger. Linear stochastic differential equation models for panel data with unobserved variables. In N.B. Tuma, editor, *Sociological Methodology*, pages 187–212. 1986.
11. L. Arnold. *Stochastische Differentialgleichungen*. Oldenbourg Verlag, Opladen, Wien, 1973.
12. V.I. Arnold. *Ordinary Differential Equations*. MIT Press, Cambridge (Mass.), London, 1973.
13. V.I. Arnold. *Mathematical Methods of Classical Mechanics*. Springer, Heidelberg, New York, 1978.
14. V.I. Arnold. *Catastrophy Theory*. Springer, Berlin, 1986.
15. K. Aström. Maximum likelihood and prediction error methods. *Automatica*, 16:551–574, 1980.
16. L. Bachelier. Theory of Speculation. In P.H. Cootner, editor, *The Random Character of Stock Market Prices*, pages 17–78. MIT Press, Cambridge, MA, 1964.
17. C.A. Ball and W.N. Torous. Bond price dynamics and options. *Journal of Financial and Quantitative Analysis*, 18:517–531, 1983.

18. Bankers Trust International. Leitfaden für Optionsschein-Anleger. Frankfurt/Main, 1995.
19. M.S. Bartlett. On the theoretical specification and sampling properties of autocorrelated time-series. *Journal of the Royal Statistical Society (Supplement)*, 7:27–41, 1946.
20. M.S. Bartlett. *An Introduction to Stochastic Processes.* Cambridge University Press, Cambridge, 1955, 1978.
21. I.V. Basawa and B.L.S. Prakasa Rao. *Statistical Inference for Stochastic Processes.* Academic Press, London, 1980.
22. R. W. Bass. Kalman filtering. *IEEE Transactions on Automatic Control*, 40, 11:1983–1985, 1995.
23. S. Beckers. The constant elasticity of variance model and its implications for option pricing. *Journal of Finance*, XXXV:661–673, 1980.
24. M. Beinert and S. Trautmann. Jump-diffusion models of German stock returns. *Statistical Papers*, 32:269–280, 1991.
25. B. Bellach. Consistency, Asymptotic Normality and Asymptotic Efficiency of the Maximum-Likelihood-Estimator in Linear Stochastic Differential Equations. *Math. Operationsforsch. Statist., Ser. Statistics*, 11:227–266, 1980.
26. B. Bellach. Parameter Estimators in Linear Stochastic Differential Equations and their Asymptotic Properties. *Math. Operationsforsch. Statist., Ser. Statistics*, 14:141–191, 1983.
27. A.R. Bergstrom. Non Recursive Models as Discrete Approximations to Systems of Stochastic Differential Equations. In A.R. Bergstrom, editor, *Statistical Inference in Continuous Time Models*, pages 15–26. North Holland, 1976.
28. A.R. Bergstrom, editor. *Statistical Inference in Continuous Time Models.* North Holland, 1976.
29. A.R. Bergstrom. The history of continuous-time econometric models. *Econometric Theory*, 4:365–383, 1988.
30. A.R. Bergstrom. *Continuous Time Econometric Modelling.* Oxford University Press, Oxford, 1990.
31. W. Bien, P. Schmidt, and R. Schürhoff. Strukturgleichungsmodelle für Paneldaten und die Schätzung von Differentialgleichungsmodellen. preprint, Universität Gießen, 1990.
32. J.D. Bjorken and S.D Drell. *Relativistische Quantenmechanik.* Bibliographisches Institut, Mannheim, 1966.
33. F. Black and M. Scholes. The pricing of options and corporate liabilities. *Journal of Political Economy*, 81:637–654, 1973.
34. H. M. Blalock. *Theory Construction: From Verbal to Mathematical Formulations.* Prentice Hall, Englewood Cliffs, N.J., 1969.
35. T. Bollerslev. Generalized autoregressive conditional heteroskedasticity. *Journal of Econometrics*, 31:307–327, 1986.
36. T. Bollerslev, R.Y. Chou, and K.F. Kroner. ARCH modeling in finance. *Journal of Econometrics*, 52:5–59, 1992.
37. T. Bollerslev, R.F. Engle, and D.B. Nelson. ARCH models. In R.F. Engle and D. McFadden, editors, *Handbook of Econometrics, Vol. 4*, pages 2959–3038. North Holland, 1994.
38. A. Borodin and P. Salminen. *Handbook of Brownian Motion – Facts and Formulae.* Birkhäuser-Verlag, Basel, 1996.
39. G.E.P. Box and G.C. Tiao. *Bayesian Inference in Statistical Analysis.* Addison Wesley, Reading, MA, 1973.
40. I.N Bronstein and K.A. Semendjajew. *Taschenbuch der Mathematik.* Harri Deutsch, Frankfurt/Main, Zürich, 12. edition, 1972.

41. C. Bruns and F. Meyer-Bullerdiek. *Professionelles Portfolio-Management.* Schäffer-Poeschel-Verlag, Stuttgart, 1996.
42. S.G. Brush. A History of Random Processes. *Archives for History of Exact Sciences*, 5:1–36, 1968.
43. M.G. Bulmer. A Statistical Analysis of the 10-year Cycle in Canada. *J. Anim. Ecol.*, 43:701–718, 1974.
44. H. Bunke. *Gewöhnliche Differentialgleichungen mit zufälligen Parametern.* Akademie-Verlag, Berlin, 1972.
45. P.E. Caines. *Linear Stochastic Systems.* Wiley, New York, 1988.
46. F. Campillo and F. Le Gland. MLE for partially observed diffusions: direct maximization vs. the EM algorithm. *Stochastic Processes and their Applications*, 33:245–274, 1989.
47. B.P. Carlin, N.G. Polson, and D.S. Stoffer. A Monte Carlo Approach to Nonnormal and Nonlinear State-Space Modeling. *Journal of the American Statistical Association*, 87, 418:493–500, 1992.
48. L. Chen. *Interest rate dynamics, derivatives pricing, and risk management.* Springer, Berlin, Heidelberg, 1996.
49. E.A. Coddington and N. Levinson. *Theory of Ordinary Differential Equations,.* McGraw-Hill, New York, 1955.
50. J.S. Coleman. The mathematical study of change. In H.M. Blalock and Blalock A.B., editors, *Methodology in Social Research*, pages 428–478. McGraw-Hill, 1968.
51. P.H. Cootner, editor. *The Random Character of Stock Market Prices.* MIT Press, Cambridge, MA, 1964.
52. R. Courant and D. Hilbert. *Methoden der Mathematischen Physik.* Springer, Berlin, Heidelberg, New York, 1968.
53. J.C. Cox, J.E. Ingersoll, and S.A. Ross. A theory of the term structure of interest rates. *Econometrica*, 53:385–407, 1985.
54. J.C. Cox and S.A. Ross. The valuation of options for alternative stochastic processes. *Journal of Financial Economics*, 3:145–166, 1976.
55. J.C. Cox and M. Rubinstein. *Options Markets.* Prentice-Hall, Englewood Cliffs, N.J., 1985.
56. J. Danielsson. Stochastic volatility in asset prices. Estimation with simulated maximum likelihood. *Journal of Econometrics*, 64:375–400, 1994.
57. P. De Jong. Smoothing and interpolation with the state-space model. *Journal of the American Statistical Association*, 84:1085–88, 1989.
58. P. De Jong and M.J. Mackinnon. Covariances for smoothed estimates in state space models. *Biometrika*, 75:601–602, 1988.
59. G. Deelstra and F. Delbaen. Long-term returns in stochastic interest rate models: Covergence in law. *Stochastics and Stochastics Reports*, 55:253–277, 1994.
60. A. Dembo and O. Zeitouni. Parameter Estimation of Partially Observed Continuous Time Stochastic Processes Via the EM Algorithm. *Stochastic Processes and their Applications*, 23:91–113, 1986.
61. J.E. Dennis Jr. and R.B. Schnabel. *Numerical Methods for Unconstrained Optimization and Nonlinear Equations.* Prentice Hall, Englewood Cliffs, 1983.
62. J.L. Doob. The Brownian Movement and Stochastic Equations. In N. Wax, editor, *Selected Papers on Noise and Stochastic Processes*, pages 351–369. Dover, New York, 1954.
63. P. Doreian and N.P. Hummon. *Modelling Social Processes.* Elsevier, New York, Oxford, Amsterdam, 1976.
64. J. Dreitlein and M.L. Smoes. A Model for Oscillatory Kinetic Systems. *J. theor. Biol.*, 46:559–572, 1974.

65. D. Duffie. *Dynamic Asset Pricing Theory.* Princeton University Press, Princeton, N.J., 1992.
66. Effektenspiegel. Modalitäten im Optionsscheinhandel. *Effektenspiegel*, September 1997:28, 1997.
67. A. Einstein. Über die von der molekularkinetischen Theorie der Wärme geforderte Bewegung von in ruhenden Flüssigkeiten suspendierten Teilchen. *Annalen der Physik*, 4, 17:549–560, 1905.
68. D.C. Emanuel and J.D. MacBeth. Modelling the persistence of conditional variances. *Journal of Financial and Quantitative Analysis*, XVII, 4:533–554, 1982.
69. R.F. Engle. Autoregressive conditional heteroskedasticity with estimates of the variance of U.K. inflation. *Econometrica*, 50:987–1008, 1982.
70. R.F. Engle and L. Mustafa. Implied ARCH models from options prices. *Journal of Econometrics*, 52:289–311, 1992.
71. L. Fahrmeir. Approximation von stochastischen Differentialgleichungen auf Digital- und Hybridrechnern. *Computing*, 16:359–371, 1976.
72. L. Fahrmeir, A. Hamerle, and G. Tutz, editors. *Multivariate Statistische Methoden.* de Gruyter, Berlin, New York, 2. edition, 1996.
73. L. Fahrmeir and H. Kaufmann. Regression models for nonstationary categorical time series. *Journal of Time Series Analysis*, 8:147–160, 1987.
74. L. Fahrmeir and H. Kaufmann. On Kalman Filtering, Posterior Mode Estimation and Fisher Scoring in Dynamic Exponential Family Regression. *Metrika*, 38:37–60, 1991.
75. L. Fahrmeir and G. Tutz. *Multivariate statistical modelling based on generalized linear models.* Springer, New York, 1994.
76. W. Feller. Two singular diffusion problems. *Annals of Mathematics*, 54:173–182, 1951.
77. M.G. Ferri, J.W. Kremer, and H.D. Oberhelman. An analysis of the pricing of corporate warrants. *Advances in Options and Futures Research*, 1:201–225, 1986.
78. R.P. Feynman. Space-time approach to nonrelativistic quantum mechanics. *Review of Modern Physics*, 20:367–387, 1948.
79. R.P. Feynman. The theory of positrons. *Physical Review*, 76:749–759, 1948.
80. R.P. Feynman. *Quantum Electrodynamics.* Benjamin, New York, 1961.
81. R.P. Feynman and A. Hibbs. *Quantum Mechanics and Path Integrals.* McGraw-Hill, New York, 1965.
82. E. Fick. *Einführung in die Grundlagen der Quantentheorie.* Akademische Verlagsgesellschaft, Frankfurt (Main), 1968.
83. D.L. Fisk. Quasi-Martingales and Stochastic Integrals. Dept. of Mathematics, Tech. Rep. 1, Michigan State University, 1963. zit. nach Karatzas u. Shreve, 1991.
84. D. Florens-Zmirou. Approximate Discrete-Time Schemes for Statistics of Diffusion Processes. *Statistics*, 20:547–557, 1989.
85. A.D. Fokker. *Annalen der Physik*, 43:810, 1914.
86. M.R. Frey. A Wiener Filter, State-Space Flux-Optimal Control Against Escape from a Potential Well. *IEEE Transactions on Automatic Control*, 41, 2:216–223, 1996.
87. G. Gandolfo. *Qualitative Analysis and Econometric Estimation of Continuous Time Dynamic Models.* North Holland, Amsterdam, 1981.
88. G. Gandolfo. *Economic Dynamics.* Springer, Berlin, Heidelberg, 1996.
89. T.C. Gard. *Introduction to stochastic differential equations.* Dekker, New York, 1988.

90. A. Gelb, editor. *Applied Optimal Estimation.* MIT Press, Cambridge, Mass., 1974.
91. I.M. Gelfand and N.J. Wilenkin. *Verallgemeinerte Funktionen, Band 4.* VEB Deutscher Verlag der Wissenschaften, Berlin, 1964.
92. V. Genon-Catalot. Maximum Contrast Estimation for Diffusion Processes from Discrete Observations. *Statistics*, 21:99–116, 1990.
93. J.A. Goldstein. Second order Itô processes. *Nagoya Math. J.*, 36:27–63, 1969.
94. R.M. Goodwin. *Chaotic Economic Dynamics.* Oxford University Press, Oxford, 1990.
95. W.H. Greene. *Econometric Analysis.* MacMillan, New York, 1993.
96. M. Grewal and A.P. Andrews. *Kalman Filtering.* Prentice Hall, Englewood Cliffs, 1993.
97. J. Guckenheimer and P. Holmes. *Nonlinear Oscillations, Dynamical Systems and Bifurcations of Vector Fields.* Springer, Berlin, New York, 1986.
98. A. Hackenbroch, W. Thalmeier. *Stochastische Analysis.* Teubner, Stuttgart, 1994.
99. H. Haken. *Synergetics.* Springer, Berlin, 1977.
100. A. Hamerle, W. Nagl, and H. Singer. Problems with the estimation of stochastic differential equations using structural equations models. *Journal of Mathematical Sociology*, 16, 3:201–220, 1991.
101. A. Hamerle, W. Nagl, and H. Singer. Identification and estimation of continuous time dynamic systems with exogenous variables using panel data. *Econometric Theory*, 9:283–295, 1993.
102. L.P. Hansen. Large Sample Properties of Generalized Method of Moments Estimators. *Econometrica*, 50:1029–1054, 1982.
103. L.P. Hansen and T.J. Sargent. The dimensionality of the aliasing problem in models with rational spectral density. *Econometrica*, 51:377–387, 1983.
104. L.P. Hansen and J.A. Scheinkman. Back to the Future: Generating Moment Implications for Continuous-Time Markov Processes. *Econometrica*, 63:767–804, 1995.
105. W. Härdle. *Smoothing Techniques.* Springer, New York, 1991.
106. J.M. Harrison and D.M. Kreps. Martingales and Arbitrage in Multiperiod Security Markets. *Journal of Economic Theory*, 20:381–408, 1979.
107. J.M. Harrison and S.R. Pliska. Martingales and stochastic integrals in the theory of continuous trading. *Stochastic Processes and their Applications*, 11:215–260, 1981.
108. J.M. Harrison and S.R. Pliska. A stochastic calculus model of continuous trading: Complete markets. *Stochastic Processes and their Applications*, 15:313–316, 1983.
109. A.C. Harvey. *Forecasting, structural time series models and the Kalman filter.* Cambridge University Press, Cambridge, 1989.
110. A.C. Harvey, E. Ruiz, and N. Shephard. Multivariate stochastic variance models. *Review of Economic Studies*, 61:247–264, 1994.
111. A.C. Harvey and J. Stock. The estimation of higher order continuous time autoregressive models. *Econometric Theory*, 1:97–112, 1985.
112. H. Hauptmann and F. Schmid. Spezifikations und Schätzprobleme bei dynamischen Systemen. In H. Hauptmann and K.E. Schenk, editors, *Anwendungen der Systemtheorie und Kybernetik in Wirtschaft und Verwaltung.* Dunker und Humblot, 1980.
113. J.P. Herings. *Static and Dynamic Aspects of General Disequilibrium Theory.* Kluwer, Boston, London, Dordrecht, 1996.
114. T. Hida. *Brownian Motion.* Springer, New York, 1980.

115. M.W. Hirsch and S. Smale. *Differential Equations, Dynamical Systems, and Linear Algebra*. Academic Press, New York, 1974.
116. Ph. J. Holmes. Center manifolds, normal forms and bifurcations of vector fields. *Physica D*, 2:449–481, 1981.
117. J. Hull and A. White. The Pricing of Options with Stochastic Volatilities. *Journal of Finance*, XLII,2:281–300, 1987.
118. J.C. Hull. *Options, Futures, and Other Derivative Securities*. Prentice Hall, Englewood Cliffs N.J., 2. edition, 1993.
119. J.E. Ingersoll. *Theory of Financial Decision Making*. Rowman & Littlefield, Savage, Maryland, 1987.
120. K. Itô. On stochastic differential equations. *Memoirs Amer. Math. Soc*, 4:4, 1951.
121. E. Jaquier, N.G. Polson, and P.E. Rossi. Bayesian Analysis of Stochastic Volatility Models. *Journal of Business and Economic Statistics*, 12, 4:371–389, 1994.
122. A.H. Jazwinski. *Stochastic Processes and Filtering Theory*. Academic Press, New York, 1970.
123. R.I. Jennrich and P.B. Bright. Fitting Systems of Linear Differential Equations Using Computer Generated Exact Derivatives. *Technometrics*, 18, 4:385–392, 1976.
124. H. Johnson and D. Shanno. Option Pricing when the Variance is Changing. *Journal of Financial and Quantitative Analysis*, 22:143–151, 1987.
125. R.H. Jones. Fitting multivariate models to unequally spaced data. In E. Parzen, editor, *Time Series Analysis of Irregularly Observed Data*, pages 158–188. Springer, New York, 1984.
126. K. Jöreskog and D. Sörbom. *LISREL 7. A guide to the program and its applications*. SPSS Inc., 1988.
127. M. Kac. On distributions of certain Wiener functionals. *Trans. Amer. Math. Soc.*, 65:1–13, 1949.
128. T. Kailath. A General Likelihood-Ratio Formula for Random Signals in Gaussian Noise. *IEEE Transactions on Information Theory*, 15:350–396, 1969.
129. R.E. Kalman. A new approach to linear filtering and prediction problems. *Trans. ASME, Ser. D: J. Basic Eng.*, 82:35–45, 1960.
130. R.E. Kalman and R.S. Bucy. New Results in Linear Filtering and Prediction Theory. *Trans. ASME, Ser. D: J. Basic Eng.*, 83:95–108, 1961.
131. E. Kappler. Versuche zur Messung der Avogadro-Loschmidtschen Zahl aus der Brownschen Bewegung einer Drehwaage. *Annalen der Physik*, 11:233–256, 1931.
132. I. Karatzas and S.E. Shreve. *Brownian Motion and Stochstic Calculus*. Springer, New York, Berlin, Heidelberg, 1991.
133. S. Kim, N. Shephard, and S. Chib. Stochastic Volatility: Likelihood Inference and Comparision with ARCH Models. *preprint*, 1996.
134. G. Kitagawa. Non-Gaussian state space modeling of nonstationary time series. *Journal of the American Statistical Association*, 82:1032 – 1063, 1987.
135. P.E. Kloeden and E. Platen. *Numerical Solution of Stochastic Differential Equations*. Springer, Berlin, 1992.
136. M. Kohlmann. The Forward and Backward Itô's Formulas for Forward and Backward Itô Processes. Diskussionsbeiträge 98/s, Universität Konstanz, 1987.
137. A.N. Kolmogoroff. Über die analytischen Methoden in der Wahrscheinlichkeitsrechnung. *Mathematische Annalen*, 104:415–458, 1931.
138. S.J. Koopman and N. Shephard. Exact score for time series models in state space form. *Biometrika*, 79:117–126, 1992.

139. T.C. Koopmans. Models involving a continuous time variable. In T.C. Koopmans, editor, *Statistical inference in dynamic economic models.* J. Wiley, 1950.
140. H.A. Kramers. *Physica*, 7:284, 1940.
141. R. Kubo. The Fluctuation-Dissipation Theorem. *Reports on Progress in Physics*, 29:255–284, 1966.
142. H.H. Kuo. *White Noise Distribution Theory.* CRC Press, Boca Raton, 1996.
143. H. Kushner. On the Differential Equations Satisfied by Conditional Probability Densities of Markov Processes. *SIAM J. of Control*, 2:106–119, 1964.
144. Y. A. Kutoyants. *Parameter estimation for stochastic processes.* Heldermann Verlag, Berlin, 1984.
145. P. Langevin. Sur la théorie du mouvement brownien. *C.R. Acad. Sci. Paris*, 146:530–533, 1908.
146. B. Lauterbach and P. Schultz. Pricing Warrants: An Empirical Study of of the Black-Scholes-Model and its Alternatives. *Journal of Finance*, 40:1181–1210, 1990.
147. A. Le Breton. On continuous and discrete sampling for parameter estimation in diffusion type processes. *Mathematical Programming Study*, 5:124–144, 1976.
148. B. Leblanc. Une approche unifiee pour une forme exacte du prix d'une option dans les different modeles a volatilite stochastique. *Stochastics and Stochastics Reports*, 57:1–35, 1996.
149. R.P. Leland. A New Formula for the Log-Likelihood Gradient for Continuous-Time Stochastic Systems. *IEEE Transactions on Automatic Control*, 40:1295–1300, 1995.
150. R.P. Leland. An Improved Log-Likelihood Gradient for Continuous-Time Stochastic Systems with Deterministic Input. *IEEE Transactions on Automatic Control*, 41:1207–1210, 1996.
151. M.J. Lighthill. *Einführung in die Theorie der Fourier-Analysis und der Verallgemeinerten Funktionen.* Bibliographisches Institut, Mannheim, Wien, Zürich, 1966.
152. R.S. Liptser and A.N. Shiryayev. *Statistics of Random Processes, Volumes I and II.* Springer, New York, Heidelberg, Berlin, 1977, 1978.
153. L. Ljung. Convergence analysis of parametric identification methods. *IEEE Transactions on Automatic Control*, 23:770–783, 1978.
154. L. Ljung. Asymptotic Behavior of the Extendend Kalman Filter as a Parameter Estimator for Linear Systems. *IEEE Transactions on Automatic Control*, 24:36–50, 1979.
155. L. Ljung. Estimation of Parameters in Dynamical Systems. In E.J. Hannan, P.R. Krishnaiah, and M.M. Rao, editors, *Handbook of Statistics*, pages 189–211. Elsevier Science Publishers, 1985.
156. L. Ljung. *System Identification.* Prentice Hall, Englewood Cliffs, 1987.
157. L. Ljung and P.E. Caines. Asymptotic normality of prediction error estimation for approximate system models. *Stochastics*, 3:29–46, 1979.
158. L. Ljung and T. Söderström. *Theory and Practice of Recursive Identification.* MIT press, Cambridge, Mass., 1983.
159. A.W. Lo. Maximum Likelihood Estimation of Generalized Itô Processes with Discretely Sampled Data. *Econometric Theory*, 4:231–247, 1988.
160. O. Loistl. *Computergestütztes Wertpapiermanagement.* Oldenbourg Verlag, München, Wien, 1992.
161. E. Lorenz. Deterministic Nonperiodic Flow. *J. Atmos. Sci.*, 20:130, 1963.
162. T.A. Louis. Finding the Observed Information Matrix when Using the EM Algorithm. *Journal of the Royal Statistical Association B*, 44, 2:226–233, 1982.
163. H. Lütkepohl. *Introduction to Multiple Time Series.* Springer, Berlin, 1991.

164. J.D. MacBeth and L.J. Merville. An Empirical Examination of the Black-Scholes Call Option Pricing Model. *Journal of Finance*, 34:1173–1186, 1979.
165. J.D. MacBeth and L.J. Merville. Tests of the Black-Scholes and Cox Call Option Valuation Models. *Journal of Finance*, 35:285–300, 1980.
166. B.B. Mandelbrot. *Die fraktale Geometrie der Natur*. Birkhäuser, Basel, 1987.
167. Market Maker GmbH, Kaiserslautern. *Market Maker Software*, 1997.
168. T.A. Marsh and E.R. Rosenfeld. Stochastic Processes for Interest Rates and Equilibrium Bond Prices. *Journal of Finance*, XXXVIII, 2:635–645, 1983.
169. G. Maruyama. Continuous Markov processes and stochastic equations. *Rend. Circ. Matem. Palermo*, 10:48–90, 1955. zit. nach Karatzas u. Shreve, 1991.
170. R.P. McDonald and H. Swaminathan. A simple matrix calculus with applications to multivariate statistics. *General Systems*, XVIII:37–54, 1973.
171. H.P. McKean Jr. *Stochastic Analysis*. Academic Press, New York, 1969.
172. A. Melino and S.M. Turnbull. Pricing Foreign Currency Options with Stochastic Volatility. *Journal of Econometrics*, 45:239–265, 1990.
173. R.C. Merton. Theory of Rational Option Pricing. *Bell Journal of Economics and Mangement Science*, 4:141–183, 1973. reprinted in Merton, 1990.
174. R.C. Merton. Option pricing when the underlying stock returns are discontinuous. *Journal of Financial Economics*, 3:125–144, 1976.
175. R.C. Merton. *Continuous-Time Finance*. Blackwell, Cambridge MA, Oxford UK, 1990.
176. G.N. Milstein. Approximate integration of stochastic differential equations. *Theor. Prob. Appl.*, 19:557–562, 1974.
177. P. Mirowski. *More Heat than Light*. Cambridge University Press, Cambridge UK, 1989.
178. C. Möbus and W. Nagl. Messung, Analyse und Prognose von Veränderungen. In *Hypothesenprüfung, Band 5 der Serie Forschungsmethoden der Psychologie der Enzyklopädie der Psychologie*. Hogrefe, 1983.
179. A. Monfort and H.K. Van Dijk. Simulation-based Econometrics. In H.K. Van Dijk, A. Monfort, and B.W. Brown, editors, *Econometric Inference using Simulation Techniques*, pages 1–20. John Wiley, 1995.
180. P. A. P. Moran. The statistical analysis of the Canadian lynx cycle. *Austr. J. Zool.*, 1:163–173, 1953.
181. J.E. Moyal. Stochastic Processes and Statistical Physics. *J. Roy. Stat. Soc.*, B, 11:150–210, 1949.
182. M. Nagasawa. *Schrödinger Equations and Diffusion Theory*. Birkhäuser Verlag, Basel, 1993.
183. D.B. Nelson. ARCH models a diffusion approximations. *Journal of Econometrics*, 45:7–38, 1990.
184. D.B. Nelson. Conditional heteroskedasticity in asset returns: a new approach. *Econometrica*, 59:347–370, 1991.
185. D.B. Nelson. Filtering and forecasting with misspecified ARCH models I. *Journal of Econometrics*, 52:61–90, 1992.
186. D.B. Nelson and D.P. Foster. Asymptotic filtering theory for univariate ARCH models. *Econometrica*, 62:1–41, 1994.
187. D.B. Nelson and D.P. Foster. Filtering and forecasting with misspecified ARCH models II. *Journal of Econometrics*, 67:303–334, 1995.
188. E. Nelson. *Dynamical Theories of Brownian Motion*. Princeton University Press, Princeton, 1967.
189. J.R. Nesselroade and P.B. Baltes. *Longitudinal Research in the Study of Behavior and Development*. Academic Press, New York, 1979.

190. M.F.M. Osborne. Brownian Motion in the Stock Market. In P.H. Cootner, editor, *The Random Character of Stock Market Prices*, pages 100–128. MIT Press, Cambridge, MA, 1964.
191. J.H.L. Oud and R.A.R.G Jansen. Nonstationary Longitudinal LISREL Model Estimation from Incomplete Panel Data Using EM and the Kalman Smoother. In U. Engel and J. Reinecke, editors, *Analysis of Change*, pages 135–159. de Gruyter, Berlin, New York, 1996.
192. J.H.L. Oud and R.A.R.G Jansen. Continuous Time State Space Modeling of Panel Data by Means of SEM. *preprint*, 1997.
193. J.H.L. Oud, J.F.J van Leeuwe, and R.A.R.G Jansen. Kalman Filtering in discrete and continuous time based on longitudinal LISREL models. In J.H.L. Oud and R.A.W. van Blokland-Vogelesang, editors, *Advances in longitudinal and multivariate analysis in the behavioral sciences*, pages 3–26, Nijmegen, 1993. ITS.
194. T. Ozaki. Nonlinear Time Series and Dynamical Systems. In E.J. Hannan, editor, *Handbook of Statistics*, pages 25 – 83. North Holland, Amsterdam, 1985.
195. E. Parzen. *Stochastic Processes*. Holden-Day, San Francisco, 1962.
196. J. Perrin. *Die Atome*. Steinkopff, Dresden, Leipzig, 1914.
197. A. Pfeifer and P. Schmidt. *LISREL – Die Analyse komplexer Strukturgleichungsmodelle*. Fischer, Stuttgart, New York, 1987.
198. A.W. Phillips. The estimation of parameters in systems of stochastic differential equations. *Biometrika*, 46:67–76, 1959.
199. P.C.B. Phillips. The estimation of linear stochastic differential equations with exogenous variables. In A.R. Bergstrom, editor, *Statistical Inference in Continuous Time Models*, pages 135–173. North Holland, 1976.
200. P.C.B. Phillips. The problem of identification in finite parameter continuous time models. In A.R. Bergstrom, editor, *Statistical Inference in Continuous Time Models*, pages 123–134. North Holland, 1976a.
201. P.C.B. Phillips. The structural estimation of a stochastic differential equation system. In A.R. Bergstrom, editor, *Statistical Inference in Continuous Time Models*, pages 97–122. North Holland, 1976b.
202. M. Planck. *Sitzungsberichte der preußischen Akademie der Wissenschaften*, page 324, 1917.
203. W.H. Press, S.A. Teukolsky, W.T. Vetterling, and B.P. Flannery. *Numerical Recipes in C*. Cambridge University Press, Cambridge, second edition, 1992.
204. M.B. Priestley. *Non-linear and Non-stationary Time Series Analysis*. Academic Press, London, 1988.
205. A. Quêtelet. *Physique Sociale*. Brüssel (dt. Ausgabe: Jena, 1914), 1835.
206. H.E. Rauch, F. Tung, and C.T Striebel. Maximum likelihood estimates of linear dynamic systems. *AIAA Journal*, 3, 8:1445–1450, 1965.
207. D. Revuz and M. Yor. *Continuous Martingales and Brownian Motion*. Springer, Berlin, Heidelberg, second edition, 1994.
208. H. Risken. *The Fokker-Planck Equation*. Springer, Berlin, Heidelberg, New York, second edition, 1989.
209. G. Roepstorff. *Path Integral Approach to Quantum Physics*. Springer, Berlin, Heidelberg, New York, 1994.
210. T.J. Rothenberg. Identification in parametric models. *Econometrica*, 39,3:577–591, 1971.
211. M. Rubinstein. Nonparametric Tests of Alternative Option Pricing Models Using all Reported Trades and Quotes on the 30 Most Active CBOE Option Classes from August 23, 1976 through August 31, 1978. *Journal of Finance*, XL:455–480, 1985.

212. E. Ruiz. Quasi-maximum likelihood estimation of stochastic volatility models. *Journal of Econometrics*, 63:289–306, 1994.
213. W. Rümelin. Numerical treatment of stochastic differential equations. *SIAM J. Numer. Anal.*, 19, 3:604–613, 1982.
214. P.A. Ruymgaart and T.T. Soong. A Sample Treatment of Langevin-Type Stochastic Differential Equations. *Journal of Mathematical Analysis and Applications*, 34:325–338, 1971.
215. J.D. Sargan. Some discrete approximations to continuous time stochastic models. In A.R. Bergstrom, editor, *Statistical Inference in Continuous Time Models*, pages 27–79. North Holland, 1976.
216. K. Schäfer. *Optionsbewertung mit Monte-Carlo-Methoden.* Verlag Josef Eul, Bergisch Gladbach, Köln, 1994.
217. R. Schöbel. *Kapitalmarkt und zeitkontinuierliche Bewertung.* Physica-Verlag, Heidelberg, 1995.
218. H.G. Schuster. *Deterministic Chaos.* Physik-Verlag, Weinheim, 1984.
219. F. Schweppe. Evaluation of likelihood functions for gaussian signals. *IEEE Transactions on Information Theory*, 11:61–70, 1965.
220. L.O. Scott. Option pricing when the variance changes randomly: Theory, estimation, and an application. *Journal of Financial and Quantitative Analysis*, 22:419–438, 1987.
221. M. Segal and E. Weinstein. A New Method for Evaluating the Log-Likelihood Gradient (Score) of Linear Dynamic Systems. *IEEE Transactions on Automatic Control*, 33:763–766, 1988.
222. S. Sethi and J.P. Lehoczky. A comparision of the Ito and Stratonovich formulations of problems in finance. *Journal of Economic Dynamics and Control*, 3:343–356, 1981.
223. N. Shephard. Fitting nonlinear time-series models with applications to stochastic variance models. In H.K. Van Dijk, A. Monfort, and B.W. Brown, editors, *Econometric Inference using Simulation Techniques*, pages 151–168. John Wiley, 1995.
224. I. Shoji and T. Ozaki. Comparative Study of Estimation Methods for Continuous Time Stochastic Processes. *Journal of Time Series Analysis*, 18, 5:485–506, 1997.
225. B.W. Silverman. Some Aspects of the Spline Smoothing Approach to Non-parametric Regression Curve Fitting. *Journal of the Royal Statistical Society B*, 47, 1:1–52, 1985.
226. B.W. Silverman. *Density estimation for statistics and data analysis.* Chapman and Hall, London, 1986.
227. K. Simonyi. *Kulturgeschichte der Physik.* Verlag Harry Deutsch, Thun, Frankfurt a.M., 1990.
228. C.A. Sims. Macroeconomics and reality. *Econometrica*, 48:1–48, 1980.
229. B. Singer and S. Spilerman. Representation of social processes by Markov models. *American Journal of Sociology*, 82:1–53, 1976.
230. H. Singer. Parameter estimation in stochastic differential equations: comparision of some estimators. Diskussionsbeiträge 112, Universität Konstanz, 1988a.
231. H. Singer. *Parameterschätzung in zeitkontinuierlichen dynamischen Systemen.* Hartung-Gorre-Verlag, Konstanz, 1990.
232. H. Singer. *LSDE - A program package for the simulation, graphical display, optimal filtering and maximum likelihood estimation of Linear Stochastic Differential Equations, User's guide.* Meersburg, 1991.
233. H. Singer. *Zeitkontinuierliche Dynamische Systeme.* Campus-Verlag, Frankfurt a.M./New York, 1992a.

234. H. Singer. Dynamic structural equations in discrete and continuous time. In G. Haag, U. Mueller, and K.G. Troitzsch, editors, *Economic Evolution and Demographic Change*, pages 306–320. Springer, Berlin, Heidelberg, New York, 1992b.
235. H. Singer. The aliasing phenomenon in visual terms. *Journal of Mathematical Sociology*, 17, 1:39–49, 1992d.
236. H. Singer. Continuous-time dynamical systems with sampled data, errors of measurement and unobserved components. *Journal of Time Series Analysis*, 14, 5:527–545, 1993b.
237. H. Singer. Analytical score function for irregularly sampled continuous time stochastic processes with control variables and missing values. *Econometric Theory*, 11:721–735, 1995.
238. H. Singer. Continuous-time dynamic models for panel data. In U. Engel and J. Reinecke, editors, *Analysis of Change*, pages 113–133. de Gruyter, Berlin, New York, 1996a.
239. H. Singer. Nonlinear Continuous-Discrete Filtering and ML Estimation using Kernel Density Estimates and Functional Integrals. Regensburger Beiträge zur Statistik und Ökonometrie, Universität Regensburg, 1997a.
240. H. Singer. Continuous Panel Models with Time Dependent Parameters. *Journal of Mathematical Sociology*, 23, 1998.
241. H. Singer and M. Hautzinger. Kausalattributionen, Depressivität und kritische Lebensereignisse als Stochastischer Prozeß. In D. Kammer and M. Hautzinger, editors, *Kognitive Depressionsforschung*, pages 42–56. Huber, Bern, Stuttgart, Toronto, 1988.
242. N.K. Sinha and G.J. Lastman. Identification of continuous-time multivariable systems from sampled data. *International Journal of Control*, 35:117–126, 1982.
243. C.W. Smith. Option pricing - a review. *Journal of Financial Economics*, 3:3–51, 1976.
244. T. Söderström and P. Stoica. *System Identification*. Prentice Hall, New York, London, 1989.
245. T.T. Soong. *Random Differential Equations in Science and Engineering*. Academic Press, New York, London, 1973.
246. H.W. Sorenson and D.L. Alspach. Recursive Bayesian estimation using Gaussian sums. *Automatica*, 7:465–479, 1971.
247. K. Spremann. *Investition und Finanzierung*. Oldenbourg, München, 1991.
248. M. Steiner and C. Bruns. *Wertpapiermangement*. Schäffer-Poeschel-Verlag, Stuttgart, 1995.
249. J. Stoer and R. Bulirsch. *Numerische Mathematik 2*. Springer, Berlin, 1990.
250. R.L. Stratonovich. Conditional Markov Processes. *Theor. Probability Appl.*, 5:156–178, 1960.
251. R.L. Stratonovich. A new representation for stochastic integrals and equations. *SIAM Journal of Control*, 4:362–371, 1966.
252. R.L. Stratonovich. Some Markov methods in the theory of stochastic processes in nonlinear dynamic systems. In F. Moss and P. McClintock, editors, *Noise in nonlinear dynamic systems*, pages 16–71. Cambridge University Press, 1989.
253. Ch. Striebel. Densities for Stochastic Processes. *Annals of Mathematical Statistics*, 30:559–567, 1959.
254. H. Tanizaki and R.S. Mariano. Prediction, Filtering and Smoothing in Nonlinear and Non-normal Cases using Monte-Carlo Integration. In H.K. Van Dijk, A. Monfort, and B.W. Brown, editors, *Econometric Inference using Simulation Techniques*, pages 245–261. John Wiley, 1995.
255. S.J. Taylor. *Modelling Financial Time Series*. J. Wiley, Chichester, 1986.

256. S.J. Taylor. Modelling stochastic volatility. *Mathematical Finance*, 4:183–204, 1994.
257. H. Tong. Some comments on the canadian lynx data. *J. R. Statist. Soc. A*, 140:432–436, 1977.
258. N.B. Tuma and M. Hannan. *Social Dynamics*. Academic Press, New York, 1984.
259. G.E. Uhlenbeck and L.S. Ornstein. On the Theory of Brownian Motion (1930). In N. Wax, editor, *Selected Papers on Noise and Stochastic Processes*, pages 93–111. Dover, New York, 1954.
260. K. Urbanik. Generalized Stochastic Processes. *Studia Mathematica*, 16:268–334, 1958.
261. N.G. Van Kampen. Itô vs. Stratonovich. *Journal of Statistical Physics*, 24:175–187, 1981.
262. N.G. Van Kampen. How do stochastic processes enter into physics. In S. Albeverio, Ph. Blanchard, and L. Streit, editors, *Stochastic Processes - Mathematics and Physics II*, pages 245–261. Springer, Berlin, Heidelberg, New York, 1987.
263. N.G. Van Kampen. *Stochastic Processes in Physics and Chemistry*. North Holland, Amsterdam, New York, Oxford, 3. edition, 1992.
264. M. von Smoluchowski. *Abhandlungen über die Brownsche Bewegung und verwandte Erscheinungen*. Akademische Verlagsgesellschaft, Leipzig, 1923.
265. G. Wahba. Smoothing noisy data with spline functions. *Numer. Math.*, 24:383 –393, 1975.
266. M.W. Watson and R.F. Engle. Alternative algorithms for the estimation of dynamic factor, mimic and varying coefficient regression models. *Journal of Econometrics*, 23:385–400, 1983.
267. T. Weßels. *Numerische Verfahren zur Bewertung von Aktienoptionen*. Dissertation, Paderborn, 1991.
268. N. Wiener. Differential Space. In P. Masani, editor, *Collected Works, Vol. I*, pages 131–174. MIT Press,, Cambridge, Mass, 1976.
269. N. Wiener, A. Siegel, B. Rankin, and W. Martin. *Differential Space, Quantum Systems and Prediction*. M.I.T. Press, Cambridge, Mass., 1966.
270. J.B. Wiggins. Option values under stochastic volatility. *Journal of Financial Economics*, 19:351–372, 1987.
271. R.M. Wilcox. Exponential operators and parameter differentiation in quantum physics. *Journal of Mathematical Physics*, 8:962, 1967.
272. E. Wong and B. Hajek. *Stochastic Processes in Engineering Systems*. Springer, New York, 1985.
273. E. Wong and M. Zakai. On the convergence of ordinary integrals to stochastic integrals. *Ann. Math. Statistics*, 36:1560–1564, 1965a.
274. E. Wong and M. Zakai. The oscillation of stochastic integrals. *Z. Wahrscheinlichkeitstheorie verw. Geb.*, 4:103–112, 1965b.
275. E. Wong and M. Zakai. Riemann-Stieltjes approximation of stochastic integrals. *Z. Wahrscheinlichkeitstheorie verw. Geb.*, 12:87–97, 1969.
276. N. Yoshida. Estimation for Diffusion Processes from Discrete Observation. *Journal of Multivariate Analysis*, 41:220–242, 1992.
277. P. Young. Parameter Estimation for Continuous Time Models - A Survey. *Automatica*, 17, 1:23–39, 1981.
278. G.U. Yule. On a method for investigating periodicities in disturbed series with special reference to wolfer's sunspot numbers. *Philos. Trans. Roy. Soc. London, Ser. A*, 226:267–298, 1927.

Index

Wirtschaftswissenschaftliche Beiträge

Band 140: M. Braun, Bid-Ask-Spreads von Aktienoptionen, 1997, ISBN 3-7908-1008-8

Band 141: M. Snelting, Übergangsgerechtigkeit beim Abbau von Steuervergünstigungen und Subventionen, 1997, ISBN 3-7908-1013-4

Band 142: Ph. C. Rother, Geldnachfragetheoretische Implikationen der Europäischen Währungsunion, 1997, ISBN 3-7908-1014-2

Band 143: E. Steurer, Ökonometrische Methoden und maschinelle Lernverfahren zur Wechselkursprognose, 1997, ISBN 3-7908-1016-9

Band 144: A. Groebel, Strukturelle Entwicklungsmuster in Markt- und Planwirtschaften, 1997, ISBN 3-7908-1017-7

Band 145: Th. Trauth, Innovation und Außenhandel, 1997, ISBN 3-7908-1019-3

Band 146: E. Lübke, Ersparnis und wirtschaftliche Entwicklung bei alternder Bevölkerung, 1997, ISBN 3-7908-1022-3

Band 147: F. Deser, Chaos und Ordnung im Unternehmen, 1997, ISBN 3-7908-1023-1

Band 148: J. Henkel, Standorte, Nachfrageexternalitäten und Preisankündigungen, 1997, ISBN 3-7908-1029-0

Band 149: R. Fenge, Effizienz der Alterssicherung, 1997, ISBN 3-7908-1036-3

Band 150: C. Graack, Telekommunikationswirtschaft in der Europäischen Union, 1997, ISBN 3-7908-1037-1

Band 151: C. Muth, Währungsdesintegration – Das Ende von Währungsunionen, 1997, ISBN 3-7908-1039-8

Band 152: H. Schmidt, Konvergenz wachsender Volkswirtschaften, 1997, ISBN 3-7908-1055-X

Band 153: R. Meyer, Hierarchische Produktionsplanung für die marktorientierte Serienfertigung, 1997, ISBN 3-7908-1058-4

Band 154: K. Wesche, Die Geldnachfrage in Europa, 1998, ISBN 3-7908-1059-2

Band 155: V. Meier, Theorie der Pflegeversicherung, 1998, ISBN 3-7908-1065-7

Band 156: J. Volkert, Existenzsicherung in der marktwirtschaftlichen Demokratie, 1998, ISBN 3-7908-1060-6

Band 157: Ch. Rieck, Märkte, Preise und Koordinationsspiele, 1998, ISBN 3-7908-1066-5

Band 158: Th. Bauer, Arbeitsmarkteffekte der Migration und Einwanderungspolitik, 1998, ISBN 3-7908-1071-1

Band 159: D. Klapper, Die Analyse von Wettbewerbsbeziehungen mit Scannerdaten, 1998, ISBN 3-7908-1072-X

Band 160: M. Bräuninger, Rentenversicherung und Kapitalbildung, 1998, ISBN 3-7908-1077-0

Band 161: S. Monissen, Monetäre Transmissionsmechanismen in realen Konjunkturmodellen, 1998, ISBN 3-7908-1082-7

Band 162: Th. Kötter, Entwicklung statistischer Software, 1998, ISBN 3-7908-1095-9

Band 163: C. Mazzoni, Die Integration der Schweizer Finanzmärkte, 1998, ISBN 3-7908-1099-1

Band 164: J. Schmude (Hrsg.), Neue Unternehmen in Ostdeutschland, 1998, ISBN 3-7908-1109-2

Band 165: A. Rudolph, Prognoseverfahren in der Praxis, 1998, ISBN 3-7908-1117-3

Band 166: J. Weidmann, Geldpolitik und europäische Währungsintegration, 1998, ISBN 3-7908-1126-2

Band 167: A. Drost, Politökonomische Theorie der Alterssicherung, 1998, ISBN 3-7908-1139-4

Band 168: J. Peters, Technologische Spillovers zwischen Zulieferer und Abnehmer, 1999, ISBN 3-7908-1151-3

Band 169: P.J.J. Welfens, K. Gloede, H.G. Strohe, D. Wagner (Hrsg.), Systemtransformation in Deutschland und Rußland, 1999, ISBN 3-7908-1157-2

Band 170: Th. Langer, Alternative Entscheidungskonzepte in der Banktheorie, 1999, ISBN 3-7908-1186-6

GPSR Compliance

The European Union's (EU) General Product Safety Regulation (GPSR) is a set of rules that requires consumer products to be safe and our obligations to ensure this.

If you have any concerns about our products, you can contact us on ProductSafety@springernature.com

In case Publisher is established outside the EU, the EU authorized representative is:

Springer Nature Customer Service Center GmbH
Europaplatz 3
69115 Heidelberg, Germany

Batch number: 10815974

Printed by Printforce, the Netherlands